Karl Stellwag von Carion, C. Wedl, E. Hampel

Abhandlungen aus dem Gebiete der praktischen Augenheilkunde

Karl Stellwag von Carion, C. Wedl, E. Hampel

Abhandlungen aus dem Gebiete der praktischen Augenheilkunde

ISBN/EAN: 9783743357310

Hergestellt in Europa, USA, Kanada, Australien, Japan

Cover: Foto ©berggeist007 / pixelio.de

Manufactured and distributed by brebook publishing software (www.brebook.com)

Karl Stellwag von Carion, C. Wedl, E. Hampel

Abhandlungen aus dem Gebiete der praktischen Augenheilkunde

ABHANDLUNGEN

AUS DEM GEBIETE DER

PRAKTISCHEN AUGENHEILKUNDE.

ERGÄNZUNGEN ZUM LEHRBUCHE

VON

DR. KARL STELLWAG VON CARION

K. K. O. Ö. PROFESSOR DER AUGENHEILKUNDE AN DER UNIVERSITÄT WIEN.

UNTER MITWIRKUNG

DER HERREN

PROF. DR. C. WEDL UND DR. E. HAMPEL.

WIEN, 1882.

WILHELM BRAUMÜLLER

K. K. HOF- UND UNIVERSITÄTSBUCHHÄNDLER.

VORWORT.

Der ungewöhnlich rasche Absatz, welchen die ersten drei
Auflagen meines Lehrbuches der praktischen Augenheilkunde gefunden haben, war für mich selbstverständlich eine Quelle grösster
Genugthuung. Doch fehlte es auch nicht an Schattenseiten. Um
den jeweiligen Stand der Augenheilkunde womöglich zu einem
vollen Ausdrucke zu bringen, war bei jeder neuen Auflage eine
wahre Fluth literarischer Erzeugnisse zu bewältigen, das Gute und
Versprechende von der Spreu zu sondern und mit dem früher Bestehenden organisch zu verbinden. Die Eröffnung neuer Standpunkte liess immer wieder ganze Abschnitte der Lehre in anderem
Lichte und in völlig veränderten Umrissen erscheinen, so dass durchgreifende Umarbeitungen zur zwingenden Nothwendigkeit wurden.
Zwölf Jahre, ich kann es wohl sagen, aufreibender Thätigkeit habe
ich so dem Lehrbuche gewidmet. Immer mehr drängte sich mir
die Ueberzeugung auf, eine längere Pause sei geboten, innerhalb
welcher ich, der mehr formellen Redactionsgeschäfte ledig, mich
für ruhige Arbeiten sammeln könne. Die seltene Munificenz des
Herrn Verlegers ist meinem Wunsche, wenn auch nicht freudig,
so doch bereitwillig entgegengekommen, die vierte wurde als
Doppelauflage gedruckt. Mannigfaltige Umstände haben nun
zusammengewirkt, um den Vertrieb des Werkes in ganz uner-
warteter Weise zu verlangsamen und meinen Calcul zu einem irr-
thümlichen zu gestalten. Die Musse, welche ich solchermassen
gewann, habe ich nach Kräften ausgenützt. Es entstand unter
Anderem eine längere Reihe ophthalmologischer Aufsätze, von
welchen manche schon seit Jahren im Pulte ruhen. Ein Theil derselben wurde überholt und ist werthlos geworden. Ein anderer
Theil konnte nicht zu einem befriedigenden Abschlusse gebracht

IV

werden, er bedarf weiterer Untersuchungen und Studien, um mit
Ehren in die Oeffentlichkeit treten zu können. Den Rest lege ich
im Nachstehenden dem augenärztlichen Publicum vor und wiege
mich in der angenehmen Hoffnung, es werde mir vergönnt sein,
eine oder die andere Fortsetzung in angemessener Zeit folgen lassen
zu können.

Ein Aufsatz rührt von meinem hochverehrten Freunde und
Collegen, Herrn Prof. Dr. C. Wedl, her und dies bedarf einer
kurzen Erläuterung. Es wird sich wohl Niemand darüber täuschen,
dass in der Lehre vom Glaukome eine Anzahl tief einschneidender
Fragen der definitiven Erledigung noch harre und dass die Lösung
vorzugsweise von gründlichen und vorurtheilsfreien pathologisch-
anatomischen Untersuchungen erwartet werden dürfe. Ich habe
mir darum seit Jahren viele Mühe gegeben, in den Besitz glaukom-
kranker Augen zu gelangen und glaubte, wo ich deren habhaft
wurde, selbe keinen besseren Händen überliefern zu können als
jenen des Herrn Prof. Wedl. Um diese bewährte Kraft aber voll
und unbeeinflusst wirken zu lassen, habe ich es vermieden, meine
Ansichten kundzugeben und nur auf einzelne Punkte aufmerksam
gemacht, deren anatomische Bearbeitung mir besonders am Herzen
lag. Ursprünglich bestand die Absicht, die Ergebnisse unserer
Arbeiten gleichzeitig vor die Oeffentlichkeit zu bringen. Nachdem
aber Herr Prof. Wedl umfassendere Arbeiten auf dem Gebiete
der pathologischen Anatomie des Auges in Aussicht genommen hat,
wurde dieser Plan aufgegeben und blos eine kurze Skizze der
bisherigen Untersuchungsresultate dem Werke einverleibt.

Die Grundzahlen für die eingestreuten statistischen Zusammenstellungen hat der klinische Assistent, Herr Dr. E. Hampel, aus den
Büchern der Anstalt mit aufopfernder Mühe herausgezogen. Es ist
mir eine angenehme Pflicht, ihm meinen verbindlichsten Dank
öffentlich auszusprechen.

Wien, im Februar 1882.

Stellwag.

INHALT.

VI.

Ueber Accommodationsquoten und deren Beziehungen zur Brillenwahl S. 301.

VII.

Ueber Accommodationsquoten und deren Beziehungen zum Einwärtsschielen S. 342.

VIII.

Zur Diagnose der Augenmuskellähmungen S. 373.

——•◦)•◦(•◦——

I.

Ueber einige in der Augenheilkunde gebräuchliche Namen und deren klinische Bedeutung.

Die meisten in der Augenheilkunde gebräuchlichen Namen stammen aus einer Zeit, in welcher tiefes Dunkel über den inneren Krankheitsvorgängen lagerte und man wegen Mangelhaftigkeit der zu Gebote stehenden Hilfsmittel bei der Forschung gezwungen war, sich lediglich an Aeusserlichkeiten zu halten. Man fasste demgemäss die einzelnen Krankheiten in der Bedeutung mehr oder weniger umschriebener Symptomgruppen auf, und so kam es, dass gemeiniglich die augenfälligste hervorstechendste Erscheinung das Massgebende wurde für die Stellung des betreffenden Leidens im Systeme und für die wissenschaftliche Bezeichnung. Häufig wurde ein solches Symptom geradezu für die Krankheit hingestellt, z. B. Glaukom, Trachom, Ectropium, Exophthalmus u. s. w. In anderen Fällen wurde der Name gewissen landläufigen Dingen entnommen, an welchen eine regere Phantasie manche Aehnlichkeiten herauszufinden vermag, z. B. Hordeolum, Staphylom, Myokephalon, Onyx, Staar, Cataracta.

Heutzutage, bei den mehr geläuterten Anschauungen über das Wesen der meisten krankhaften Vorgänge, können viele dieser Namen unmöglich mehr befriedigen. Zum Theile decken sie nicht den Begriff des mit ihnen bezeichneten pathologischen Processes, sie sind viel zu enge und veranlassen leicht eine ganz irrige Auffassung des betreffenden Leidens und seiner möglichen Folgen.

Stellwag, Abhandlungen.   1

Zum Theile sind sie viel zu weit, indem sie die ihrem Wesen nach verschiedenartigsten Zustände in einen gemeinsamen Topf zusammenwerfen und es Jedem überlassen, aus der gräulichen Mischung sich herauszuklauben, was im Einzelnfalle Bedürfniss ist. Zum Theile endlich sind sie geradezu sinnverwirrend, sie erwecken, weil sie sich blos auf nebensächliche Dinge beziehen, leicht ganz falsche Vorstellungen über die wahre Bedeutung eines gegebenen Leidens und erschweren die Erkenntniss seiner Zusammengehörigkeit mit krankhaften Processen, welche sich in anderen Körpertheilen abspielen und auf augenärztlichem Gebiete nur durch die gewebliche Abänderung der anatomischen Grundlage ein etwas verschiedenes Aussehen erhalten.

Der klinische Lehrer, dem es darum zu thun ist, bei seinen Schülern ein richtiges Verständniss der krankhaften Zustände und Vorgänge anzubahnen, empfindet die Unvollkommenheiten der augenärztlichen Terminologie besonders schwer. Es kostet immer viele Mühe und Anstrengung, um die Zuhörer an die neuen Namen zu gewöhnen und ihnen die richtige Bedeutung derselben gehörig einzuprägen. Wird aber von vorneherein gleich eine Bezeichnung gewählt, welche den Schülern aus anderen Gebieten der Medicin längst geläufig ist, werden die grundsätzlichen Uebereinstimmungen und die durch die abweichenden anatomischen Verhältnisse nothwendigen Abweichungen genügend erörtert, so ist die Auffassung in der Regel eine überaus leichte und die Haftung im Gedächtnisse eine gesicherte. Wie schwer ist es z. B., den Schülern den richtigen Begriff eines Staphyloma corneae, iridis, eines Narbenstaphylomes, eines Lederhautstaphylomes und ihrer Abarten beizubringen, während es nur der Benützung des in allen übrigen Disciplinen gebräuchlichen Namens bedarf, um allen Missverständnissen auszuweichen. In der That wird es wohl kaum einen Zuhörer geben, welcher sich nicht gleich zurechtfände, wenn von einer Ausdehnung oder Ektasie der Hornhaut, eines Geschwürbodens, eines vorgefallenen Iristheiles oder einer darauf entwickelten Narbe, von einer Ektasie der Lederhaut u. s. w. gesprochen wird. Aehnliches gilt von dem Entropium, Ectropium,

Strabismus u. s. w. Es sind dieses Bezeichnungen für Symptome sehr verschiedener Krankheiten, welche auf anderen Gebieten des menschlichen Körpers ihre treffenden Analogien finden.

Eine Richtigstellung und theilweise Umstaltung thut da dringend noth. Die Zeit ist längst um, in welcher die Ophthalmologie als eine von den übrigen Zweigen der Medicin fast abgetrennte »selbstständige« Sonderwissenschaft ihr Dasein zu fristen vermochte. Der gewaltige Aufschwung, welchen dieselbe seit Ende der vierziger Jahre genommen, ist eben nur die Frucht zahlloser kräftiger Pfropfreiser, welche von der pathologischen Anatomie, der Physik und anderen Hilfswissenschaften auf oculistischen Boden überpflanzt worden sind, auf einen Boden, der seit Beer's Tode nahezu brach gelegen hatte und demgemäss einem üppigen Wachsthume, ja theilweise einer Ueberwucherung, die günstigsten Bedingungen entgegenbrachte. Soll aber die Augenheilkunde ihre ruhmvolle Stellung unter den erfolgreich vorwärts drängenden übrigen Zweigen der medicinischen Wissenschaft behaupten, so müssen die letzten Ueberbleibsel der alten Schranken fallen, welche der wechselseitigen Befruchtung hindernd in den Weg treten, sie muss sich als ein gar nicht abzugrenzender Theil einfügen in das Ganze, mit dem sie durch tausend und aber tausend Fäden zusammenhängt und aus dem sie Luft und Leben schöpft.

Aeltere Schriftsteller liebten es, ihre Abhandlungen mit einer kurzen Darstellung der Erschaffung der Welt zu beginnen. In Nachahmung derselben erlaube ich mir einen gedrängten Ueberblick der Entwickelungsgeschichte des Wirbelthierauges vorauszuschicken. [1]

Die Uranlage beider Augen wird schon frühzeitig in Gestalt zweier seitlicher Ausbauchungen der vorderen Gehirnblase

[1] Das Nähere sammt Literatur siehe bei Manz (Graefe und Sämisch, Handbuch I., 2, S. 1 u. f.); Lieberkühn (Ueber das Auge des Wirbelthierembryo. Cassel, 1872); Arnold, Beiträge zur Entwickelungsgeschichte des Auges. Heidelberg, 1874; Ayres, Arch. f. Augenheilkunde VIII., S. 1.

1*

bemerklich. Während dieselben an Grösse zunehmen, drängt sich das umgebende zellige Gefüge des mittleren Keimblattes keilförmig zwischen ihren Fuss und Körper hinein und schnürt sie als kurzgestielte Blasen von der Gehirnblase ab. Durch die weitere Entwickelung des Vorderhirnes und mannigfache Vorgänge in seiner Nachbarschaft werden die beiden »primären Augenblasen« allmälig mehr nach unten und hinten gedrängt, so dass sie nunmehr mit ihren kurzen Stielen nahe der Mittellinie aus dem Zwischenhirne hervorzugehen scheinen. Sie werden von den mittlerweile nach unten und einwärts umgeschlagenen Kopfplatten bedeckt.

Da, wo sich die primären Augenblasen am meisten der Oberfläche nähern, beginnt nun die Linse sich zu bilden. Dieselbe erscheint zuerst als eine wuchernde verdickte Stelle des epithelialen Hornblattes, welche sich grubenartig in die Wölbung der Augenblase einsenkt und deren Wandung sammt der zwischenlagernden dünnen Schichte des mittleren Keimblattes vor sich hertreibt. Bei der weiteren Vergrösserung der Linsenanlage drängt das in gleich üppigem Wachsthume begriffene mittlere Keimblatt von seiner Umbiegungsstelle am Grubenrande aus sich vor und schnürt den Linsenfuss stielartig ab. Die Linsenanlage zeigt sich nun in Gestalt eines dickwandigen Säckchens, dessen Höhlung mittelst eines feinen Canales in jenem Stiele frei nach aussen mündet. Mit der Zeit verschwindet der Stiel, das mittlere Keimblatt und das Hornblatt steigen ohne Unterbrechung über das geschlossene Linsensäckchen hinweg.

Die Linsenanlage, ringsum von einer Fortsetzung des mittleren Keimblattes umhüllt, hat nunmehr die vordere untere Wand der Augenblase ganz in die hintere obere Wandhälfte hineingestülpt und füllt die Höhlung der so entstandenen doppelwandigen Schale, der »secundären Augenblase«, fast vollständig aus. Nur dort, wo der Linsenrand an den Stiel der letzteren grenzt, bleibt ein kleiner dreieckiger Spalt, indem die Höhlung der Schale sich auf den Stiel rinnenartig fortsetzt.

In diesen Spalt hinein treibt jetzt der darüber hinwegziehende Theil des mittleren Keimblattes einen Fortsatz, welcher rasch an Mächtigkeit gewinnt und die stetig fortwachsenden, durch Hirnwasser von einander getrennten Blätter der secundären Augenblase mehr und mehr von dem hinteren Umfange der Linse hinwegdrängt. Es ist dies die zellige Uranlage des Glaskörpers, welche bald mit dem das Linsensäckchen umschliessenden eingestülpten Theile des mittleren Keimblattes in Verbindung tritt, und bei ihrer weiteren Fortbildung sowohl Gefässe als bindegewebige Formelemente in's Dasein ruft.

Ein Theil dieser Gefässe wächst in das innere Blatt der secundären Augenblase hinein und wird daselbst ständig. Es ist das retinale Gefässsystem, dessen arterieller und venöser Hauptstamm eine Strecke weit in der Stielrinne verlaufen und dann nach aussen umbiegen.

Ein anderer Theil dieser Gefässe verästelt sich in dem bindegewebigen Gerüste des Glaskörpers und anastomosirt mit den Gefässen, welche sich mittlerweile in der Umhüllung des Linsensäckchens gebildet haben. Er ist gleich dem bindegewebigen Gerüste des Glaskörpers hinfällig. Indem nämlich immer mehr Schleimgewebe in das Gefüge des Glaskörpers abgesetzt wird, verschwinden nicht nur die bindegewebigen Bestandtheile desselben, sondern auch die reichlich darin verästelten Gefässe. Nur der Hauptstamm der letzteren, die Arteria hyaloidea besteht noch einige Zeit fort, geht schliesslich jedoch ebenfalls zu Grunde, den Cloquet'schen Canal zurücklassend, welcher von einigen Anatomen von den Gefässen aus eingespritzt werden konnte und ausnahmsweise wohl auch mit Blut gefüllt bei Erwachsenen getroffen worden ist. [1]

Bei manchen Thieren bleibt der centrale Stamm der Glaskörpergefässe als zapfen- oder strangförmiger schniger Fortsatz noch lange nach der

[1] Stellwag, Ophthalmologie I., 1853, S. 714; Sämisch und Zehender, Klin. Monatsblätter, 1863, S. 258; Gardiner, Arch. f. Augenheilkunde X., S. 340.

Geburt sichtbar. Beim Menschen ist ein solches schmiges Ueberbleibsel, welches gewöhnlich pinselartig in den Glaskörper ausstrahlt, immer nur Folge einer Bildungshemmung und im Ganzen ziemlich selten. In zwei Fällen setzte sich der Rest der Arteria hyaloidea und des umgebenden schmigen Gefüges bis an die Hinterwand der Linse fort und breitete sich daselbst kegelförmig aus, die Linse nach Art einer Schale in sich aufnehmend und so an normale Gebilde im Auge des Vogels und der Fische erinnernd.[1])

Gleichzeitig mit diesen Vorgängen in der Höhlung der secundären Augenblase haben deren beide Blätter sich einander genähert, das sie trennende Hirnwasser ist verschwunden. Sie stellen nun einen doppelwandigen Mantel dar, dessen vorderer umgeschlagener etwas wulstiger Rand den Linsengleicher umgreift, nach unten hin jedoch in Gestalt einer senkrechten Spalte über den Glaskörper gegen die Rinne des Sehnerven ausläuft. Es ist diese senkrechte Spalte nur eine Verlängerung jener dreieckigen Oeffnung, durch welche die Glaskörperanlage hinter die Linse hinein gewachsen ist. Es wird diese Spaltverlängerung bedingt durch die Flächenvergrösserung der dem Stiele zunächst gelegenen unteren Wandtheile der secundären Augenblase und hat eine Lageveränderung der Linse zur Folge, indem sich deren Gleicherebene mehr senkrecht zur Augenaxe stellt. Die Spalte selbst besteht nur kurze Zeit, sie verwächst, während gleichzeitig auch die Ränder der Sehnervenrinne sich über den Stämmen des retinalen Gefässsystems zusammenschliessen.

Die Anlage der Netzhaut und des sich rasch verlängernden Sehnerven ist nun der äusseren Form nach vollendet. Durch Höhergestaltung des vorhandenen und stetig neu zugeführten Bildungsmateriales geht nämlich aus dem inneren Blatte der secundären Augenblase die Retina und deren Ciliartheil hervor; das äussere Blatt hingegen wird stark pigmentirt und stellt fürder das Tapet dar, welches sich bis zum Pupillarrande der zukünftigen Regenbogenhaut erstreckt. Es bleibt dasselbe an der

---

[1]) Arnold, Untersuchungen im Gebiete der Anatomie und Physiologie, 1838, I., S. 215; Stellwag, Ophthalmologie I., S. 678.

Vereinigungslinie der Spaltränder eine Zeit lang sehr dünn und kennzeichnet die Raphe.

Es ist wichtig zu bemerken, dass die kurzen hohlen Stiele der primären Augenblasen die Anlagen der eigentlichen Sehnervenstämme sind. Das Chiasma entwickelt sich aus der zwischen ihnen gelegenen Lamelle des Bodens der dritten Hirnhöhle und ist demnach die ursprüngliche und erste äussere Commissur der beiden Seitenhälften des Centralnervensystems. Die beiden Tractus bilden sich durch Ablösung einer oberflächlichen Schichte von den Seitenwänden der Sehhügelregion.[1]

Lange bevor sich alle diese Veränderungen an und in der secundären Augenblase vollzogen haben, ist der umliegende Theil des mittleren Keimblattes zu einer ganz beträchtlichen Masse herangewuchert und lässt, indem sich seine Elemente verschieden gruppiren und höher entwickeln, bereits die Anlagen der Formhäute des Auges erkennen. Es erscheinen dieselben als eine ziemlich mächtige Gewebsschichte, welche sich dem äusseren Blatte der secundären Augenblase und dem von der letzteren nicht bedeckten vorderen Umfange der Linse allenthalben auf das Innigste anschmiegt. Nach vorne hin stösst diese Gewebsschichte unmittelbar an das oberflächliche Hornblatt der Kopfplatten, ist also scharf abgegrenzt. Im Uebrigen sondert sie sich nur undeutlich von den umgebenden Theilen der Kopfplatten, aus welchen später die Orbita und ihr Inhalt hervorgeht. Nach hinten setzt sie sich auf den Sehnerven fort.

Anfänglich von mehr gleichmässigem Baue, scheidet sie sich bald in zwei Lagen, welche geweblich mehr und mehr auseinander gehen. Die äussere Lage verdichtet sich und wird zur gefässarmen Bulbuskapsel (Horn- und Lederhaut). Die innere Lage dagegen behält ein mehr lockeres Gefüge und wird zur Gefässhaut, Uvea sammt Anhängen.

Der hintere Theil dieser Gefässhautanlage entwickelt sich weiterhin zur Chorioidea, während der Vordertheil im Vereine mit der von dem Linsensäckchen eingestülpten Partie des mittleren

---

[1] Reichert nach Lieberkühn, Ueber das Auge des Wirbelthierembryo. Cassel, 1872, S. 9.

Keimblattes die Tunica vasculosa lentis darstellt. Es ist dies
ein völlig geschlossener Sack, welcher die noch unverhältnissmässig
grosse Linse vollständig umhüllt und ein überaus reiches Gefässnetz in sich birgt, dessen hinterer Theil ganz von den Verzweigungen der Arteria hyaloidea gebildet wird, der vordere aber
von Stämmchen aus der Gefässhaut und aus den anliegenden
Kopfplatten seinen Ursprung ableitet.

Es erscheint die vordere Wand dieses gefässreichen Linsen-
sackes eine Zeit lang als eine ziemlich mächtige Schichte lockeren
Gefüges, welche sich nur sehr undeutlich von der darüber hinwegziehenden Hornhautanlage abgrenzt. In der Dicke derselben entstehen sehr bald zahlreiche Lücken, welche schliesslich zu einem
einheitlichen Hohlraume, zur Vorderkammer, zusammenfliessen.
Es ist der vordere Theil jener lockeren Gewebslage also eigentlich
der Fläche nach in zwei Blätter gespalten worden, wovon
das eine in untrennbarer Verbindung mit der Hornhaut bleibt,
das andere dagegen mit der Linse und der heranwachsenden
Regenbogenhaut in nächster Beziehung steht.

Die Entwickelung der Iris beginnt mit einer Wucherung
des Vorderrandes der secundären Augenblase. Derselbe schwillt
an, verbreitet sich und wächst über den Gleicher der Linse auf
deren vordere Fläche hinaus, wobei er nothwendig den anliegenden
Theil der Gefässhaut, welcher hier mit der Tunica vasculosa lentis
in einem spitzen Winkel zusammenstösst, vor sich herdrängen muss.
Beide Blätter dieses vorgeschobenen Randes der secundären Augenblase verwandeln sich nun weiterhin in die Tapetlage der Regenbogenhaut und verschmelzen mit dem darüber gelegenen Theile
der Gefässhautanlage, welcher die Substantia propria iridis
liefert.

Indem sich die Iris solchermassen in die Vorderwand der
gefässreichen Linsenkapsel hineinschiebt, wird die letztere in einen
vor der Regenbogenhaut gelegenen Theil, die Pupillarmembran,
und in einen dahinter gelegenen Theil, die Membrana capsulo-
pupillaris, abgegrenzt. Beide sind kurzlebig, der ganze Linsen-

sack verschwindet noch vor dem Ende der Fötalperiode, so dass der centrale Rand der Iris bei der Geburt frei ist.

Der periphere Rand der Regenbogenhaut bleibt für immer in organischer Verbindung mit den übrigen Abkömmlingen der embryonalen Gefässhaut. Nach hinten hin geht sein Gefüge über in jenes der vorderen Aderhautzone, welche eine Zeit lang mächtig angeschwollen erscheint und die Strahlenfortsätze sammt dem Ciliarmuskel aus sich heraus entwickelt. Nach vornehin aber setzt sich das Gefüge des peripheren Irisrandes fort auf die von der Gefässhaut stammenden hintersten Lagen der Cornea, wobei das Aufhängeband zum Theile den Vermittler spielt.

Es ist das Ligamentum pectinatum eben nichts Anderes als ein ständig gewordener und höher gestalteter Rest jenes Lückensystems, aus welchem sich die Vorderkammer in der Dicke der Gefässhaut gebildet hat. Das Balkenwerk desselben sowie der endotheliale Ueberzug seiner Maschenräume und der Descemeti, diese selbst und die anstossenden hintersten Lagen der Substantia propria corneae, welche eine Zeit lang auch Gefässe führen, sind nämlich insgesammt nur geweblich verschieden geartete Theile eines und desselben Abschnittes der Gefässhaut des fötalen Auges.

Die Hornhautanlage ist anfangs ganz unverhältnissmässig gross, indem sie fast die Hälfte des Auges deckt. Sie bleibt später aber in ihrem Wachsthume gegenüber den anderen Organen des Bulbus zurück. Ihr Zusammenhang mit der Lederhautanlage ist ursprünglich ein viel loserer als später und das Gefüge beider erscheint gleich von vorneherein so verschieden, dass sie kaum jemals als ein einheitliches Gewebsstratum aufzufassen sind. Ueber die Cornealanlage streicht in früheren Stadien eine dünne Schichte lockeren Gewebes, in welcher ein dichtes Gefässnetz sich verzweigt. Die äusserste Oberfläche wird von einer Fortsetzung des Hornblattes der Kopfplatten überkleidet und wölbt sich frei über die letzteren hervor.

Die Lider erscheinen ursprünglich in der Gestalt eines mächtigen kreisrunden Wulstes, welcher rings um den Fuss der Hornhautanlage sich aus dem Mesoderma der Kopfplatten erhebt. Entsprechend den beiden künftigen Canthis geht das Wachsthum etwas schneller vor sich, so dass die Wulstränder daselbst rasch von oben und unten an einander herantreten und zu beiden Seiten der Cornea spitze Winkel bilden, die von einer Ansammlung epidermoidaler Zellen ausgefüllt erscheinen. Indem diese Zellenanhäufung immer weiter gegen die Mitte der Wulstränder vordringt und schrumpft, werden diese allmälig ihrer ganzen Länge nach an einander und auf die höchste Wölbung des Auges hinaufgezerrt; die Lidspalte erscheint nunmehr als eine von Epidermis geschlossene wagrechte lineare Spalte, welche erst zur Zeit der Geburt sich öffnet.[1])

Während die Lider solchergestalt einen ganz ansehnlichen Flächeninhalt gewinnen, hat in ihrem anfänglich ganz gleichmässigen zelligen Gefüge schon längst die gewebliche Scheidung und Gruppirung begonnen; es wird allgemach die äussere Lidhaut mit ihren Anhängen, der Muskel, die Fascie mit ihren verdichteten Partien, dem Tarsus und den Lidbändern, und die Bindehaut bemerklich, welch' letztere ohne Unterbrechung über die vordere Lederhautzone hinweg auf den Hornhautrand sich fortsetzt und hier mit der lockeren Bettlage des präcornealen Gefässnetzes in Eins zusammenfliesst.

Gleichzeitig haben sich aus den den Bulbus umgebenden Theilen des mittleren Keimblattes die verschiedenen orbitalen Gebilde und die knöchernen Wandungen der Augenhöhle herausgesondert und sind zu entsprechender Grösse und Form herangereift.

Ueberblickt man alle diese Einzelnvorgänge in ihrem Zusammenhange, so kommt man sehr bald zur Einsicht, dass das

---

[1]) Ewetzki, Arch. f. Augenheilkunde VIII., S. 307.

ganze augenärztliche Gebiet sich eigentlich aus einem ausge-
stülpten Gehirntheile und aus einer, diesem von aussen her
angefügten, dem mittleren Keimblatte und dem Hornblatte ent-
stammenden Hülle nebst zwei Einschüblingen, dem Glaskörper
und der Linse, zusammensetze.

Der Hirntheil wird durch den Sehnerven und die Netzhaut mit dem bis zum Pupillarrande der Iris hinaufreichenden
Tapetmantel dargestellt. Der letztere hat sich geweblich am
meisten von seinem Muttergefüge entfernt, während die Netzhaut
sowohl in dem histologischen Verhalten als in der Gruppirung der
sie aufbauenden Elemente die grösste Uebereinstimmung mit der
Grosshirnrinde bewahrt [1] und, indem sie solchermassen ihre Herkunft und Zuständigkeit auf das Schlagendste bekundet, den eigentlichen Sehnerven keineswegs in der Bedeutung eines peripheren
Nerven, sondern lediglich als eine Summe centraler Verbin-
dungsfasern aufzufassen gestattet, welche mit ihrer theilweisen
Kreuzung an die Oberfläche des Gehirnes herausgerückt sind.

Es verharrt dieser Gehirntheil auch zeitlebens in einer gewissen Abschliessung. Nirgends findet nämlich ein Heraus- und
Uebertreten der ihm eigenthümlichen Formelemente statt. Im
Binnenraume trennen ihn sogar Glashäute sowohl nach aussen
bis hinauf zum Pupillarrande der Iris, [2] als nach innen von den
anliegenden Gebilden. Im Bereiche des Sehnerven aber bildet
der subvaginale Lymphraum, welcher nebst einem unter dem
Neurilem gelegenen Lymphraume [3] in den Arachnoidealraum mündet, [4] eine scharfe Grenze.

Umgekehrt jedoch wächst allerdings eine Anzahl Gefässe
mit begleitendem Bindegewebe, von den Hüllen aus die Lymphräume durchsetzend, in den Opticus hinein und ein grösserer

[1] Meynert, Der Bau der Gehirnrinde. Neuwied u. Leipzig, 1869, Taf. II.
[2] Schwalbe, Nagel's Jahresbericht I., S. 42.
[3] Axel Bey, Centralblatt 1871, Nr. 33.
[4] Manz, Deutsches Arch. f. klin. Medicin IX., S. 346.

Stamm, die Arteria centralis retinae, verzweigt sich sogar bis
in die vorderste Zone der Netzhaut. Es wiederholt sich damit eben
nur ein ganz ähnliches Verhalten des eigentlichen Gehirnes. Gleich
diesem ist nämlich auch der Hirntheil des Auges auf die Nahrungszufuhr von aussen angewiesen und die Gefässe sind die Vermittler.

Für die Ernährung und den grossen Stoffverbrauch, welchen
die lebendige Thätigkeit der Netzhaut bedingt, sind übrigens die
in der Retina selbst verzweigten Gefässe weitaus unzureichend, und dies zwar nicht nur beim Menschen, wo ein
verhältnissmässig starker Ast eintritt, sondern in noch viel be-
deutenderem Grade bei gewissen Thierclassen, bei welchen die
Retinalgefässe ganz fehlen (alle Vögel, Hase, Pferd, Elephant,
Gürtelthier¹) oder nur kleine Ausschnitte der Netzhaut durch-
stricken (Kaninchen). Es müssen daher, was die Nahrungszufuhr
und den Austausch der verbrauchten Stoffe anbelangt, die Netzhaut und namentlich deren äussere Schichten: das Tapet, die
Stab- und Zapfenlage sowie das äussere Körnerstratum, von der
Chorioidea abhängig gedacht werden.²) In der That erscheint
in der letzteren ein überaus dichtes Capillarnetz, die Choriocapillaris, unmittelbar an die äussere Oberfläche des Tapetmantels
herangerückt. Es bietet die Möglichkeit eines lebhaften und reichen
Stoffwechsels in der Netzhaut, ohne dass deren Pellucidität durch
ein ihr selbst eingefügtes enges Gefässnetz gefährdet würde.

Die Hüllen des Auges stellen ursprünglich mit den Kopfplatten ein untheilbares einheitliches Ganzes dar. Sie grenzen sich

----

¹) Sattler, Arch. f. Ophthalmologie XXII., 2, S. 38. — Nach Lan-
genbacher's und Bayer's schönen Abbildungen in der österr. Vierteljahrsschrift f. wiss. Veterinärkunde, LIII. u. LV. Band, bilden die Gefässe in der
Netzhaut des Pferdes einen schmalen strahligen Kranz um den Sehnerveneintritt herum.

²) Leber, Graefe und Sämisch, Handbuch II., S. 346. — Knies, Arch.
f. Augen- und Ohrenheilkunde VII., S. 320, 329. — Schneller, Arch. f.
Ophthalmologie XXVI., 1, S. 1 u. f.

weiterhin aber immer mehr ab und lassen sich schliesslich ganz gut in innere und äussere scheiden.

Als innere Hüllen haben die Gefässhaut mit ihren Abkömmlingen und die Hauptmasse der Bulbuskapsel mit der äusseren Opticusscheide zu gelten. Der Glaskörper mit der Zonula ist ein in den Binnenraum eingeschobener Theil derselben, welcher durch Verwachsung der Augenspalte frühzeitig von dem Mutterboden abgelöst worden ist und sich in Schleimgewebe mit glashäutigem Ueberzuge umgewandelt hat.

Als äussere Hüllen sind die Orbitalgebilde mit den Thränenorganen, die Lider mit der Bindehaut und dem conjunctivalen Blatte der Cornea, sowie der Epithelüberzug der letzteren zu betrachten. Die Linse als ein Product des Hornblattes gehört genetisch dazu, trennt sich jedoch frühzeitig ab und tritt in nähere Beziehungen zur Gefässhaut.

Der gemeinsame Ursprung aus dem zelligen Gefüge des mittleren Keimblattes klingt in dem durchwegs bindegewebigen Charakter und in dem innigen organischen Zusammenhange der betreffenden Theile nach. In der That kommt die dem freien Auge auffällige Abgrenzung der Einzelorgane mehr der höchst mannigfaltigen Gestaltung und Anordnung der Formelemente auf Rechnung, denn einer wirklichen räumlichen Scheidung.

Verhältnissmässig am weitesten gediehen ist diese Scheidung am hinteren Umfange des Bulbus. Hier tritt nämlich der Tenon'sche Lymphraum und seine Fortsetzung, der supravaginale Raum, zwischen die inneren und äusseren Hüllen. Zwischen Chorioidea und Lederhaut aber sind die suprachorioidalen Lymphräume eingeschaltet, welche durch zahlreiche Lymphwege mit dem Tenon'schen sowie mit dem subvaginalen Lymphraume und mittelbar durch diesen mit dem Arachnoidalraume in Verbindung stehen. [1]) Es hindert dies jedoch nicht, dass zahl-

---

[1]) His, Klin. Monatsblätter, 1865, S. 243; 1867, S. 133. — Schwalbe, ibid. 1873, S. 10; Arch. f. mikr. Anatomie VI., S. 47. — H. Schmidt, Arch.

reiche gefässführende bindegewebige Balken, die Lymphräume durchsetzend, von einer Wand zur andern überspringen.
Namentlich zieht von der Fusca aus, theils mit den durchtretenden
Gefässen, theils in Gestalt lockerer pigmentirter Flocken, eine grosse
Menge bindegewebiger Elemente in die Lederhaut hinein und verschmilzt mit deren Gefüge, so dass eine Trennung nur künstlich
mit dem Messer bewerkstelligt werden kann.

Am vorderen Umfange des Augapfels fliessen Cornea und
Sclera ohne scharfe Grenze in einander, während ein Theil der
Gefässhaut mit der Hornhaut geradezu verschmilzt, in die
hintersten Schichtlagen der letzteren, in die Descemeti und deren
endothelialen Ueberzug umgewandelt erscheint. Das damit enge
verknüpfte Aufhängeband der Iris und die Regenbogenhaut
selbst sind Abkömmlinge desselben Gefässhautabschnittes. Sie werden
von einer Fortsetzung des endothelialen Häutchens der Descemeti
überkleidet, so dass die Vorderkammer sich als ein mächtiger
Lymphraum darstellt.

In den äusseren Hüllen ist die gegenseitige Trennung der
einzelnen Theile eine noch unvollkommenere. Das conjunctivale
Blatt erscheint mit den oberflächlichen Hornhautschichten in
Eins zusammengeflossen und der vorderste Gürtel der Bindehaut
ist durch das episclerale Gewebe mit der Sclera sowie mit der
Tenon'schen Kapsel verwachsen. Weiter nach rückwärts aber geht
die Conjunctiva durch das submucöse Gefüge ohne alle Grenze
in das lockere Zellgewebslager der Augenhöhle über. Das
letztere verdichtet sich streckenweise und stellt so die Tenon'sche
Kapsel, die Muskelscheiden, die Periorbita nebst mancherlei
aponeurotischen Ausbreitungen dar. Es treibt dabei zahlreiche
gefässführende bindegewebige Fortsätze in die von ihm umkleideten

---

f. Ophthalmologie, XV., 2, S. 193. — Manz, ibid. XVI., 2., S. 265, 280; Deut-
sches Arch. f. klin. Med. IX., S. 346. — Wolfring, Arch. f. Ophthalmologie
XVIII., 2., S. 17. — Michel, ibid. XVIII., 1., S. 127, 154. — Kuhnt, ibid.
XXV., 3., S. 200 u. f. — Forlanini, Annali d'ott. I., S. 41.

Muskeln, Knochenwände, Fettlager, dringt als interstitielles
Zellgewebe bis in das Innerste dieser Organe und bekundet solchermassen allerwegs den Charakter des Bindenden, des gemeinsamen Bettes für sämmtliche Orbitalgebilde.

Aehnliches gilt von den Lidern, welche sich aus einer einheitlichen zelligen Grundlage aufbauen und durch Einstülpungen
des oberflächlichen Hornblattes die zahlreichen Drüsen und
Haarbälge erhalten. Conjunctiva tarsi und äussere Lidhaut
sind nichts Anderes als Verdichtungen des gemeinsamen bindegewebigen Stroma; ebenso die Fascia tarso-orbitalis mit ihren
mächtigen Anschwellungen, den beiden Lidbändern und Lid-
knorpeln. Nirgends finden sich scharfe Grenzen. So wie die Conjunctiva und äussere Lidhaut an der Randfläche der Lider unmerkbar
in einander fliessen, so steht die Bindehaut durch die Submucosa,
die äussere Lidhaut durch das subcutane und musculare Bindegewebe mit der Fascia und dem Knorpel in untrennbarem Zusammenhange. Der Tarsus löst sich an seinem freien Rande in fädige
Fortsätze auf, welche mit dem Stroma des Lidrandes verschmelzen,
und das innere Lidband zerfährt nach hinten in ein netzartiges
Balkenwerk, welches mit der sehnigen Ueberkleidung des Thränen-
sackes, mit dem Perioste und dem Zellgewebslager der Augenhöhle
Verbindungen eingeht.

— — —

Es liegt klar am Tage, dass diese innige Verquickung der
einzelnen Bestandtheile einer scharfen Abgrenzung krankhafter
Vorgänge und namentlich einer Beschränkung derselben auf ein
einzelnes bestimmtes Organ nur wenig günstige Bedingungen
entgegenbringt.

Geht man die verschiedenen krankhaften Processe
durch, welche in dem augenärztlichen Systeme mit besonderen
Namen aufgeführt erscheinen, und erwägt man die dazu gehörigen

anatomischen Befunde, so ergiebt sich in der That nur sehr ausnahmsweise eine wirkliche Uebereinstimmung der Herdgrenzen und der für die Krankheit beliebten Bezeichnung; meistens greifen die pathologischen Veränderungen weit hinaus über den Bereich jener Organe, nach welchen das Leiden benannt zu werden pflegt. Man kommt bald zur Ueberzeugung, dass, wenn etwas in dieser Beziehung massgebend ist, es vorzugsweise nur die Verzweigungs- oder besser Nährgebiete einzelner Hauptgefässe und der sie beherrschenden vasomotorischen Nervenstämme sein können, so dass die einzelnen Organe als solche dabei nur insoferne in Betracht kommen, als sie bestimmte Gefässe und sympathische Zweige in sich aufnehmen und räumlich von einander trennen.

Ed. Jäger[1]) hat nach dem Vorgange Virchow's eine ähnliche Ansicht ausgesprochen. Er unterscheidet im menschlichen Auge vier Ernährungsgebiete: das der Bindehautgefässe, der Chorioidalgefässe, des hinteren Scleralgefässkranzes und der Netzhautgefässe. An dem entwickelungsgeschichtlichen Standpunkte festhaltend und überdies dem regelrechten Verhalten der einzelnen Krankheitsprocesse die gebührende Rechnung tragend, glaube ich der Wirklichkeit näher zu kommen, wenn ich die Grenzen der einzelnen Verzweigungs- oder Ernährungsbezirke etwas weiter stecke. Ich spreche demgemäss von drei Hauptgefässbezirken, und zwar vorerst von dem lichtempfindenden Apparate und dem damit enge verknüpften Gebiete des hinteren Scleralgefässkranzes, dann von der Gefässhaut und den genetisch ihr sehr nahe stehenden Gebilden, und schliesslich von der Bindehaut im weiteren Wortsinne sammt den Lidern.

---

[1]) Ed. Jäger, Ergebnisse der Untersuchung mit dem Augenspiegel. Wien, 1876, S. 16.

Der Sehnerv mit seiner retinalen Ausbreitung ist nicht nur, was Gefäss- und Nervenverbindungen betrifft, sondern überhaupt ein verhältnissmässig gut abgeschlossenes Organ. Als vorgeschobener Gehirntheil behauptet derselbe auch sonst eine gewisse Sonderstellung gegenüber den vom Mesoderma der Kopfplatten stammenden übrigen Bestandtheilen des Augapfels, die sich zu ihm ähnlich wie die Nahrung spendenden Hüllen einer Frucht zu deren Kern verhalten. Die Diffusionsfähigkeit krankhafter Processe, welche sich in seinem Gebiete primär entwickelt haben oder von der Nachbarschaft auf ihn übertragen worden sind, ist darum auch eine weit geringere und, wo sie hervortritt, zumeist auf jene Stellen gebannt, an welchen die natürlichen Grenzscheiden lückenhaft sind, wie im Nervenkopfe, oder ganz fehlen, wie in den Centralorganen. Demgemäss sticht auf diesem Boden die Incongruenz der Krankheitsherde und der für sie beliebten Namen nicht so deutlich wie anderwärts in die Augen.

Das Schädelstück des Sehnerven einschliesslich des Chiasma und seiner Wurzeln erhält seine Gefässe sämmtlich aus den weichen Hirnhäuten, welche die genannten Theile in Gestalt einer Doppelscheide mit dazwischen gelagertem arachnoidalen Lymphraume umhüllen. Indem die Arachnoidea als Auskleidung des Zwischenscheidenraumes und die Pia als innere Scheide oder Neurilem auf das Orbitalstück des Sehnerven sich fortsetzt,[1]) gelangt auch eine Anzahl von Gefässen aus den weichen Hirnhäuten dahin. Diese Zweige stehen hier in Verbindung mit anderen, welche von der Augenhöhle aus in das Innere des Nervenstammes vordringen. Die Arteria und Vena centralis retinae sind nichts Anderes als durch ihre Mächtigkeit ausgezeichnete Aeste dieser Art. Sie liegen in Scheiden, die aus dem eingestülpten Theile der Pia stammen, und hängen durch spärliche Abzweigungen mit dem reichen Gefässnetze zusammen, welches den Nervenkopf durchstrickt und sich zum Theile aus den von hinten kommenden

---

[1]) Kuhnt, Arch. f. Ophthalmologie XXV., 3, S. 200 u. f.

Nährgefässen des Opticus, vorzugsweise aber aus dem Zinn'schen
hinteren Scleralkranze, mittelbar also aus den kurzen Ciliargefässen, recrutirt und durch diese mit den Blutbahnen des hintersten Aderhautgürtels verknüpft ist. [1]

    Nach Wolfring[2]) ist die siebförmige Membran nicht als eine
gitterförmige Modification des Scleralgewebes, sondern als ein verdichteter
Theil des Perineurium anzusehen. Die Lederhaut setzt sich nach hinten
nämlich unmittelbar in die beiden Scheiden des Sehnerven fort und lässt eine
einfache Oeffnung zurück, welche durch das dem Neurilem und den darin
verzweigten Gefässen zugehörige Bindegewebe gitterartig abgeschlossen ist.

    Nach Nettleship[3]) und Reich[4]) stehen einzelne kleinere arterielle
und venöse Aestchen der Netzhaut im Papillarbezirke in unmittelbarer Verbindung mit den zum Scleralkranze gehörigen Verzweigungen und hängen
nicht mit den retinalen Hauptgefässstämmen direct zusammen.

    Im Einklange mit diesen anatomischen Verhältnissen sieht
man sehr häufig krankhafte Processe vom Gehirne und seinen
Häuten, mitunter auch wohl von den Orbitalgebilden, auf die
nächstgelegenen Theile des Sehnerven übertreten. Gemeiniglich
schreiten sie dann auf den inneren Scheiden und auf dem davon
abgehenden neurilemmatischen Balkenwerke rasch nach vorwärts
und kommen im Augenspiegelbilde zu einem mehr oder weniger
deutlichen symptomatischen Ausdrucke.

    Von Hyperämien des Gehirnes und seiner Häute ist
dies durch klinische Erfahrungen und auch wohl durch Versuche
an Thieren[5]) festgestellt. Schon einfache Blutüberfüllungen
dieser Theile, unsomehr aber solche, welche mit erhöhtem intracraniellen Drucke oder mit allgemeinen Kreislaufsstörungen einhergehen, verrathen sich in der Regel durch eine auffällige mehr
gleichmässige Erweiterung des ganzen venösen Centralgefässsystems.
Werden meningeale Hyperämien längere Zeit unterhalten oder

---

[1]) Wolfring, Arch. f. Ophthalmologie XVIII., 2, S. 10; Leber, ibid. S. 25.
[2]) Wolfring. l. c. S. 21.
[3]) Nettleship, Ophth. Hosp. Rep. VIII., p. 512; IX., p. 161.
[4]) Reich, Nagel's Mittheilungen. Tübingen 1880. S. 130.
[5]) Manz, Arch. f. Ophthalmologie XVI., 1, S. 292.

gar ständig, z. B. im Gefolge des Alcoholismus, übertriebener
geistiger Anstrengungen, als Rückbleibsel einer Insolation, eines
abgelaufenen Typhus, Scharlachs u. s. w., so kommt es häufig zu
chronisch schleichenden Entzündungsprocessen, welche schliesslich mit Schwund des Sehnerven und der Netzhaut enden.[1]

Bei der Basilarmeningitis ist die Neigung, den krankhaften Process auf die Sehnerven bis in die Netzhäute fortzupflanzen,
eine womöglich noch mehr ausgesprochene. Bekanntlich machen
sich Hirnhautentzündungen oft schon sehr frühe im Spiegelbilde
bemerklich, zu einer Zeit, in welcher die von dem Grundleiden
unmittelbar ausgehenden Erscheinungen noch nicht genugsam
entwickelt sind, als dass darauf eine sichere Diagnose gebaut werden
könnte; daher denn heutzutage das Ophthalmoskop allenthalben als
ein wichtiges und namentlich bei Kindern sehr geschätztes Hilfsmittel zur Erkenntniss der Basilarmeningitis gilt. Man findet nämlich bei Bestand eines solchen Leidens sehr gewöhnlich eine mehr
oder weniger auffällige Erweiterung sämmtlicher Netzhautvenen
mit einer auf den Sehnerveneintritt und die zunächst daran-
stossende Zone der Retina beschränkten, oder über die ganze
Netzhaut ausgebreiteten Trübung und Schwellung des Gefüges (Neuritis und Neuroretinitis descendens). Die Trübung
ist bald kaum merkbar, bald ein feiner staubartiger Nebel, bald eine
dichte gesättigte, so dass die Gefässe streckenweise ganz verhüllt
und unsichtbar werden. Die Schwellung kann ebenso innerhalb
weiter Grenzen schwanken. In manchen Fällen ist sie eine ganz
ausserordentliche, die Papille ragt hügelartig in den Glaskörper
hinein und fällt ringsum steil gegen die Netzhaut ab. Oft, aber
nicht immer, ist dabei ein oder der andere retinale Hauptvenenast
colossal erweitert und deutet auf eine durch seitlichen Druck ver-
anlasste Stromstörung innerhalb des Nervenkopfes. Man hat diesen
Zustand auf falsche Voraussetzungen hin Stauungspapille oder
Stauungsneuritis genannt. Da aber die Blutstauung erwiesener-

[1] Mooren, Ophthalmologische Mittheilungen. Berlin, 1874. S. 93.

2*

massen nicht als eigentliche Ursache aufzufassen ist und überhaupt nur eine untergeordnete Rolle dabei spielt, empfiehlt es
sich, den Namen in Schwellungspapille, Schwellungsneuritis
umzuwandeln, am besten aber den Zustand einfach als das zu
bezeichnen, was er vom pathologisch-anatomischen Standpunkte
aus betrachtet wirklich ist.

Bei der Leichenschau erweisen sich die geschilderten Veränderungen nämlich bald als entzündliches Oedem, insoferne
das Mikroskop neben völligem Mangel von zelligen Neubildungen
und geringfügiger Hypertrophie des bindegewebigen Stützwerkes
lediglich eine starke Erweiterung sämmtlicher Gefässe einschliesslich
der Capillaren und eine mehr oder weniger massenhafte Infiltration
mit seröser Flüssigkeit ergiebt;[1] bald qualificirt sich der krankhafte
Zustand des Nervenkopfes und beziehungsweise der Netzhaut als
echte und wahre Entzündung, das bindegewebige Gerüste
sammt der Siebhaut und der Adventitialschichte der Gefässe sind
hypertrophirt, serös durchfeuchtet, blutüberfüllt, mit Rundzellen und
ihren Derivaten sowie von runden homogenen eigenthümlichen
Körperchen durchsetzt;[2] bald endlich stösst man auf Mischformen.[3]

In Bezug auf die Möglichkeit eines Uebergreifens des
Processes auf den Sehnerven ist es selbstverständlich ohne
Belang, ob die Basilarmeningitis primär als solche aufgetreten sei,
ob sie einem Allgemeinleiden ihren Ursprung verdanke, ob sie
von einem örtlichen Krankheitsherde auf dem Schädelgrunde[4]
oder im Gehirne ausgegangen sei. Die Meningitis möge dann

---

[1] Iwanoff, Klin. Monatsblätter, 1868, S. 421.

[2] Schweigger, Handbuch, 1871, S. 474; Norris, Transact. amer.
ophth. soc., 1871, p. 166.

[3] Rosenbach, Arch. f. Ophthalmologie XVIII., 1, S. 39; Herzog,
Klin. Monatsblätter, 1875, S. 263, 279; Leber, Graefe und Sämisch, Hand
buch V., S. 769.

[4] Horner, Klin. Monatsblätter, 1863, S. 75; Lütkemüller, Wiener
med. Blätter, 1880, Nr. 1—3.

vorwaltend seröse, oder plastische, oder eitrige, oder tuberculöse Producte in die weichen Hirnhäute absetzen, in einem wie in dem anderen Falle kann in der Papille und beziehungsweise in der Netzhaut der Process als entzündliches Oedem oder aber als Entzündung im engeren Wortsinne mit Producten zum Vorscheine kommen, welche den meningitischen gleichen oder einen verschiedenen Charakter bekunden.

Ich erinnere mich eines Falles, wo bei eitriger Basilarmeningitis und Encephalitis als Folge von Rotzvergiftung der Sehnerv und seine Scheiden von den Wurzeln bis in den Nervenkopf hinein mit massenhaftem eitrigen Producte infiltrirt gefunden wurden. Der Kranke war, bevor er das Bewusstsein verlor, auf beiden Augen vollständig erblindet und zeigte eine kurze Zeit hindurch eine mächtig angeschwollene, von völlig opakem stellenweise geballtem eitergelben Producte infiltrirte Papille mit zwei colossal erweiterten Venenästen. Doch bald trübte sich der Glaskörper und der Kranke starb.

Jüngst ist ein Fall veröffentlicht worden, in welchem bei tuberculöser Basilarmeningitis der Sehnerv in entzündliche Mitleidenschaft gerathen und das entzündliche Product bis in den Binnenraum des Auges mit zahlreichen Tuberkeln durchsetzt war.[1]

Bei basalen Hirnhautentzündungen mit massenhaften, überwiegend serösen oder gelatinösen Producten wird das Schädelstück des Opticus bisweilen ganz ungemein, selbst bis zur Dicke eines Mannsfingers, aufgetrieben, die Scheide von dem Nervenstamme abgetrennt und dessen bindegewebiges Gerüst von reichlichem Infiltrate durchfeuchtet, gelockert, ja theilweise sogar sammt den Nervenbündeln breiartig aufgelöst. Ich habe drei derartige Fälle 1856 unter dem Namen »Hydrops nervi optici« veröffentlicht.[2]

Spätere Beobachtungen haben herausgestellt, dass derlei Ansammlungen von vorwiegend serösen und selbst von mehr plastischen[3] Producten sich viel öfter in dem Zwischenscheidenraume des Orbitalstückes des Sehnerven vorfinden und dann durchaus nicht an ein gleiches Verhalten des Schädeltheiles des Opticus gebunden seien. Es hat sich gezeigt, dass ein solcher »Hydrops subvaginalis« allerdings auch im Gefolge einer Basilarmeningitis mit reichlichem Exsudate auftreten könne[4] und dann durch eine

[1] Chiari, Wiener med. Jahrbücher, 1877, S. 559; Sattler, Arch. f. Ophthalmologie XXIV., 3, S. 127, 154.

[2] Stellwag, Ophthalmologie II., S. 617, 620.

[3] Knapp, Transact. amer. ophth. soc., 1870, p. 118.

[4] Mauz, Klin. Monatblätter, 1865, S. 281; Reich, ibid. 1874, S. 271; Blessig, ibid. 1875, S. 420; Graefe, Arch. f. Ophthalmologie XII., 2, S. 117;

Ueberpflanzung des entzündlichen Processes auf den Sehnerven erklärt werden müsse; dass er aber häufiger mit intracraniellen Drucksteigerungen im Gefolge von Hirngeschwülsten, Hydrocephalus u. s. w. verknüpft erscheine[1] und dann eine andere Ursache haben dürfte.

Auf Grundlage klinischer Erfahrungen und directer Versuche an Thieren haben H. Schmidt und besonders Manz[2] den Hydrops subvaginalis durch eine Ueberführung von Flüssigkeit aus dem arachnoidalen Lymphraume und aus den Hirnhöhlen in den Zwischenscheidenraum begründen und mit der intracraniellen Drucksteigerung in ursächlichen Zusammenhang bringen zu müssen geglaubt. Das im Subvaginalraume enthaltene flüssige Product soll nach ihrer Meinung den Nervenkopf zusammendrücken und solchermassen Veranlassung von Stauungen und durch diese die Ursache der ungewöhnlich grossen Anschwellung der Papille werden. Es sind jedoch alsbald triftige Bedenken gegen die Möglichkeit massiger Flüssigkeitsansammlungen im arachnoidalen Lymphraume und gegen eine offene Verbindung der Hirnhöhlen mit dem Subvaginalraume laut geworden.[3] Auch ist gegen diese »Transporttheorie« mit Recht geltend gemacht worden, dass nur ein unendlich kleines Procent der Fälle mit intracraniellen Drucksteigerungen einen Hydrops subvaginalis nachweisen lasse, während dieser umgekehrt bei völligem Mangel der ersteren sich entwickeln könne. Man darf daher wohl sagen, dass die fragliche Theorie in bestimmten Fällen ihre Richtigkeit haben möge, eine Verallgemeinerung aber nicht gestatte. Am allerwenigsten kann davon die Rede sein, dass die sogenannte »Stauungspapille« stets durch eine Art Strangulirung des Nervenkopfes als Folge einer massenhaften Ansammlung von Flüssigkeit im Zwischenscheidenraume begründet werde, indem zahlreiche Erfahrungen es unwiderleglich dargethan haben, dass dieselbe bei jedweder pathogenetischen Form der Neuroretinitis gelegentlich zum Vorschein kommen,[4] bei der grössten intracraniellen Drucksteigerung ebensogut fehlen[5] als bestehen, und

---

[1] Norris, Transact. amer. ophth. soc., 1874, S. 163; H. Cohn, Schussverletzungen. Erlangen, 1872. S. 3; Böttcher, Arch. f. Augenheilkunde II., 2, S. 87; Rosenbach. Herzog l. c.

[2] H. Schmidt, Arch. f. Ophthalmologie XV., 2, S. 193; Manz, ibid. XVI., 1, S. 265; Deutsches Arch. f. klin. Medicin IX., S. 339; Michel, Arch. f. Heilkunde XIV., S. 39; Klin. Monatsblätter, 1873, S. 39.

[3] Krohn. Klin. Monatsblätter, 1872, S. 93; Forlamini, Centralblatt, 1873, S. 287.

[4] Ed. Jäger, Ergebnisse etc., S. 31, 38; Schnabel, Arch. f. Augenheilkunde V., 1, S. 113; Klein, Leidesdorf's Psychiatr. Studien, 1877, Sep.-Abdr. S. 221.

[5] Pagenstecher. Klin. Monatsblätter, 1873, S. 129.

auch wohl bei völliger Normalität des Orbitalstückes des Opticus vorhanden sein könne.[1])

Die Basilarmeningitis, die primäre sowohl als die secundäre,
muss nicht nothwendig Neuritis im Gefolge haben, sie kann den
Sehnerven auch unter der Form der reinen Atrophie in Mitleidenschaft ziehen. Die chronische Hirnhautentzündung thut dies
letztere sogar mit Vorliebe und verhält sich in dieser Beziehung
ganz ähnlich wie krankhafte Processe im eigentlichen Gehirne.

Es kommt hierbei jedoch in Betracht, dass nicht jede Atrophie oder Entzündung des Sehnerven, welche mit Meningitis oder mit
enkephalischen Krankheitsherden in pathogenetischem Zusammenhange steht, als ein fortgeleiteter Process aufzufassen sei. Abgesehen von vasomotorischen Einflüssen, welche derlei Vorgänge im Opticus von räumlich sehr entfernten Theilen des
Gehirns und seiner Häute aus anzuregen im Stande sind,[2]) vermag
auch ein mechanischer Druck sowie Unterbrechung der Blut-
zufuhr (Embolie) oder der Nervenleitung an irgend einer Stelle
des Verlaufes den Opticus in progressiven Schwund überzuführen.[3])

Schliesst man die Fälle aus, in welchen derlei Momente
eine hervorragende Rolle spielen, und fasst man blos jene Fälle
in's Auge, in welchen ein unmittelbarer Uebergang des krankhaften Processes von dem Gehirne und seinen Häuten mit aller
Wahrscheinlichkeit angenommen werden darf, so muss es auffallen,
dass entschieden entzündliche Vorgänge ebenso wie solche,
bei welchen der entzündliche Charakter mindestens zweifelhaft
ist, wenn sie auf den Sehnerven übertragen werden oder unmittelbar einwirken können, einmal eine ausgesprochene Neuritis,
das andere Mal eine graue Atrophie in's Dasein rufen.

Ich glaubte die Erklärung dessen darin suchen zu dürfen,
dass beide Processe nicht sowohl qualitativ, als vielmehr blos

[1]) Rothmund, Klin. Monatsblätter, 1873, S. 250.
[2]) Benedikt, Elektrotherapie. Wien, 1868. S. 253.
[3]) Treitel, Arch. f. Ophthalmologie XXII., 2, S. 248; Leber, Graefe
und Sämisch, Handbuch V., S. 840 u. f.

quantitativ von einander abweichen, insoferne dem entschiedenen
reinen Schwunde regelmässig ein Stadium vorangeht, in welchem
der Augenspiegel vermehrte Blutfülle, Schwellung und Trübung,
das Mikroskop aber die Zeichen der Wucherung erkennen lässt,
also dem Vorgange der Charakter einer Entzündung mehr weniger
deutlich aufgeprägt erscheint.

Leber's[1]) Untersuchungen haben die Allgemeingiltigkeit
dieser Ansicht etwas erschüttert und lassen der Möglichkeit
Raum, dass der reine Schwund unter den fraglichen Verhältnissen
auch wohl primär als solcher hervortreten könne. Wenn nicht
für alle, so doch für einen Theil dieser Ausnahmsfälle möchte ich
indessen den Schlüssel in den mit der retrobulbären Neuritis
überhaupt gemachten Erfahrungen suchen. Nach diesen ist aller
Grund zur Annahme vorhanden, dass eine von krankhaften Vorgängen im Gehirne und seinen Häuten angeregte Neuritis sich auf
einzelne tief gelegene Strecken des Verlaufes der Opticusfasern
beschränken und dort den Schwund einleiten könne. Ein so umschriebener Process mag dann aber leicht als reine Atrophie in
auf- und absteigender Richtung weiter fortschreiten, so dass derselbe am Nervenkopfe wirklich gleich von vorneherein ohne
die Wahrzeichen eines vorangegangenen Wucherungsprocesses zu
Tage kömmt.

Für die weitaus überwiegende Mehrzahl der einschlägigen
Fälle muss ich jedoch daran festhalten, dass der Entwickelung des
grauen Schwundes an der Papille Erscheinungen vorausgehen,
welche sich nur auf einen der Entzündung ähnlichen und verwandten Process beziehen lassen. In der That wird man dort, wo
die Untersuchung frühzeitig genug vorgenommen werden kann,
nur selten einige Gefässerweiterung, geringe Schwellung und stau-
bige Trübung des Sehnerveneintrittes vermissen. Dass diese Zeichen
so oft zu fehlen scheinen, hat seinen Grund darin, dass der Beginn
des Sehnervenleidens nicht immer gleich von vorneherein mit auf-

---

[1]) Leber, Graefe und Sämisch, Handbuch V., S. 815.

fallenden Sehstörungen verknüpft und der Kranke demnach nicht
veranlasst ist, augenärztliche Hilfe in Anspruch zu nehmen; oder
dass die amblyopischen Erscheinungen durch die übrigen Symptome
des im Gehirne oder in seinen Hüllen sich abspielenden Grund-
leidens gedeckt werden, der Augenspiegel also erst zu einer
Zeit in Verwendung kömmt, in welcher der entzündliche Zustand
im Nervenkopfe längst dem Bilde des reinen Schwundes gewichen ist.

In Anbetracht dessen sind die ophthalmoskopischen Untersuchungen, welche in neuester Zeit mit aufopfernder Mühe an
langen Reihen von Geisteskranken ohne Rücksicht auf das
Vorhandensein oder Fehlen von Sehstörungen vorgenommen worden
sind, von ganz ausserordentlicher Wichtigkeit und berufen, so manche
schwer empfundene Lücke in der Lehre vom »schwarzen Staare«
aufzuhellen. Es kommen nämlich bei gewissen Formen von
Geisteskrankheiten, entsprechend den ihnen zu Grunde liegenden
besonderen Hirnleiden, pathologische Zustände des Sehnerven
unverhältnissmässig häufig vor, und Irrenhäuser bieten insoferne
auf engbeschränktem Raume einen ganz vorzüglichen Boden zum
vergleichenden Studium der Verhältnisse.

Vorderhand gehen die Ergebnisse dieser Arbeiten allerdings
noch ziemlich weit auseinander. Während Einige das Procent der
Sehnervenerkrankungen bei Irren als ein kleines und nur wenig
versprechendes hinstellen, behaupten Andere das Gegentheil, und
Einzelne fühlen sich schon stark genug, um aus gewissen Eigenthümlichkeiten der Gefässerweiterung, der Trübung u. s. w. die
zu erwartenden Veränderungen im Opticuskopfe und in der
Netzhaut, ja sogar die besondere Art des centralen Grund-
leidens, z. B. den Alcoholismus, eine im Anzuge befindliche
oder bestehende Tabes u. s. w. erkennen zu können.

S. Klein[1]) beschreibt eine Retinitis paralytica, welche
sich durch eine überaus feine zarte diffuse Trübung der Papille

---

[1] S. Klein, Leidesdorf's Psychiatrische Studien. Wien, 1877. S. 113,
135, 208.

und des Augengrundes sowie durch ganz charakteristische Veränderungen an den Netzhautgefässen, vorzugsweise an den Arterien, kennzeichnet, indem bei Abgang einer auffälligen Hyperämie
einzelne Hauptäste und wohl auch kleinere Zweige jenseits der
Grenzen des Sehnerveneintrittes ihre beiden seitlichen dunklen Contouren plötzlich ansehnlich verbreitern und in's Braune verfärben, so
dass sie daselbst mächtig angeschwollen erscheinen. S. Klein sieht
in dieser eigenthümlichen Form der Retinitis das Walten desselben
chronisch schleichenden Processes, welcher bei progressiver Paralyse in der Gehirnrinde beobachtet wird, und stellt die erwähnten
Gefässerweiterungen in Parallele mit den Veränderungen, welche
Mierzejewski[1] an den Gehirnarterien von Paralytikern nachgewiesen hat. Er hält dafür, dass dieser Vorgang, insoferne er an
jedem beliebigen Punkte der Gehirnrinde und an mehreren
Stellen derselben zugleich anheben kann, auch in dem vorgeschobenen Theile der grauen Substanz, in der Netzhaut, primär
aufzutreten vermöge; dass er aber, wenn er im Augenspiegelbilde wahrnehmbar wird, eine gleiche Erkrankung in der Gehirnrinde vermuthen oder erwarten lasse und stets als der Vorläufer intellectueller Störungen mit nachfolgender allgemeiner
progressiver Paralyse zu betrachten sei.

Ich bin nicht in der Lage, ein entscheidendes Urtheil über
die volle Richtigkeit dieser Ansichten zu fällen. Doch so viel steht
nach den Beobachtungen S. Klein's und Anderer[2] wohl fest,
dass mancherlei den Geisteskrankheiten zu Grunde liegende
oder mit ihnen enger verknüpfte Hirnleiden auf den Sehnerven
und die Netzhaut übergehen, um ophthalmoskopisch als Entzündung
oder Schwund der genannten Theile zum Vorscheine zu kommen.

In ganz ähnlicher Weise erklärt sich die Neuroretinitis, welche
nicht ganz selten im Reconvalescenzstadium nach Diphthe-

---

[1] Mierzejewski, Arch. de physiol. norm. et path., 1875, p. 195;
S. Klein, l. c., S. 212.

[2] S. Klein, l. c., S. 117.

ritis auftritt. Seely [1] und vor ihm schon Bouchut [2] sowie Hulke [3] haben derartige Fälle veröffentlicht. Seely weist dabei auf die Untersuchungen von Oertel und Buhl [4] hin, nach welchen der destructive Process bei Diphtheritis schliesslich auch die Central-theile des Nervensystems angreifen und hier zu ausgebreiteten venösen Hyperämien mit zahlreichen kleinen Blutextravasaten in der weissen Marksubstanz führen, in Fällen höchster Intensität auch wohl Blutüberfüllung und hämorrhagische Erweichungsherde in allen Theilen des Gehirnes hervorrufen könne. In einem Falle fand Buhl sogar an den Rückenmarksnerven Blutergüsse mit gelber Erweichung und allen Zeichen entzündlicher Wucherung, so dass es nahe liegt, die bei Diphtheritis so häufigen Lähmungs-erscheinungen auf ähnliche Vorgänge zu beziehen.

Ebenso ist manche Neuroretinitis, welche im Gefolge von Hirnsyphilis auftritt, durch ein Uebergreifen des krankhaften Processes von der Gehirnsubstanz und vornehmlich von den Hirnhäuten auf die intracraniellen Theile des Sehnerven be-gründet. Es kann dabei geschehen, dass die gummöse Wucherung als solche im neurilemmatischen Stützwerke des Opticus bis zur Netzhaut vordringt, oder dass daselbst blos einfache entzünd-liche Zustände, namentlich Perineuritis mit allen ihren Folgen, gesetzt werden. [5] Graefe, [6] Hulke, [7] Arcoleo, [8] Barbar [9] und Schott [10] haben hieher gehörige Fälle mit gummöser Entartung

---

[1] Seely, Klin. Monatsblätter, 1877, S. 263.

[2] Bouchut, Ophthalmoscopie méd. Paris, 1876. Fig. 105—108.

[3] Hulke, Ophth. Hosp. Rep. VI., p. 108.

[4] Oertel und Buhl, Ziemssen, Handbuch der spec. Path. und Ther. II., S. 622.

[5] Virchow, Krankhafte Geschwülste II., 2, S. 461.

[6] Graefe, Arch f. Ophthalmologie VII., 2, S. 24, 33; XII., 2, S. 114, 117.

[7] Hulke, Ophth. Hosp. Rep. VI., p. 100.

[8] Arcoleo, Congrès ophth. Paris. 1868. p. 183.

[9] Barbar, Ueber einige seltenere syphilitische Erkrankungen des Auges. Zürich, 1873; und Nagel's Jahresbericht, 1873, S. 364.

[10] Schott, Arch. f. Augenheilkunde V., S. 409.

des Chiasma und Opticus bei massenhafter Ablagerung gummöser
Producte in deren Umhüllungen und theilweise bei auffälliger Mitleidenschaft der Hirnsubstanz selbst beschrieben. Als Vermittler
des Ueberganges gelten wieder die Gefässe und möglicher Weise
spielen dabei, wie Schott[1] meint, die perivasculären Lymphräume eine Rolle. So viel steht fest, dass bei Lues die Wandungen der Hirngefässe, namentlich der arteriellen, sehr
häufig in einem Zustande vorgeschrittener Wucherung betroffen
werden,[2] dass man die Kernanhäufungen in den verdickten Adven-
titialschichten mitunter bis zu den feinsten Ausläufern im neurilemmatischen Stützwerke des Sehnerven verfolgen kann, und dass
ähnliche Veränderungen auch an den Netzhautarterien syphili-
tischer Kranker gefunden werden.[3]

Ein ähnliches pathogenetisches Band ist höchst wahrscheinlich
auch in einzelnen jener Fälle anzunehmen, in welchen Hirnleiden
und Neuroretinitis oder Opticusschwund im Gefolge von mancherlei
anderen, mit veränderter Blutbeschaffenheit einhergehenden
Krankheiten auftreten. »Es scheint, dass die veränderte Blut-
»beschaffenheit gewisse Alterationen der Gefässwände hervorbringt,
»wobei diese die Diapedesis rother Blutkörperchen und die
»Transsudation abnorm beschaffener eiweissreicherer Ernährungs-
»flüssigkeiten gestatten, zuweilen auch wohl eigentliche Continuitäts-
»trennungen erfahren.«[4] Es liegt auf der Hand, dass derlei
pathologische Zustände der Gefässwandungen und vielleicht
auch der sie begleitenden perivasculären Lymphräume das
eigentliche Gehirn ebensowohl als dessen vorgeschobene Theile,
den Sehnerven und die Netzhaut, ja auch andere Organe in krankhafte Processe verwickeln können.

Man hat guten Grund, einen solchen durch Gefässerkrankungen vermittelten Entwickelungsgang in einzelnen

---

[1] Schott, l. c., S. 422.
[2] Heubner, Die luetische Erkrankung der Hirnarterien. Leipzig, 1874.
[3] Edmund und Brailey, Ophth. Hosp. Rep. X., p. 137.
[4] Leber, Arch. f. Ophthalmologie XXI., 3, S. 258.

von jenen Fällen vorauszusetzen, in welchen Hirnleiden und
Neuroretinitis oder Opticusschwund im Gefolge von Diabetes mel-
litus[1] auftreten, oder an gewisse Nierenkrankheiten[2] gebunden
erscheinen, und dann in zweiter Linie durch Schwangerschaft
und Wochenbett, oder durch gewisse fieberhafte Processe,
durch Typhus, Puerperium, Pyämie, insbesondere aber durch
Scharlach und sehr ausnahmsweise vielleicht auch durch Pocken[3]
begründet sein können. Die reichlichen Blutergüsse, welche
unter solchen Umständen sehr gewöhnlich den entzündlichen Vorgang begleiten und die Retinitis häufig zu einer »hämorrhagischen« gestalten, lassen über den krankhaften Zustand der
Gefässwände keinen Zweifel aufkommen.

Dasselbe gilt von den massenhaften Extravasationen, welche
bei Leukämie[4] und bei perniciöser Anämie vorkommen,[5]
ferner von den embolischen Gefässverstopfungen, welche bei Septi-
chämie[6] im Bereiche des lichtempfindenden Apparates und gelegentlich im Gehirne sowie in allen übrigen Körperorganen entzündliche Processe anzubahnen vermögen.

------

[1] Leber, Arch. f. Ophthalmologie XXI., 3, S. 206, 253, 258, 302;
Graefe und Sämisch, Handbuch V., S. 593, 893.

[2] Leber, Graefe und Sämisch, Handbuch V., S. 572, 952; Stellwag,
Lehrbuch, 1870, S. 214; Johnson, Nagel's Jahresbericht, 1870, S. 340;
Treitel, Arch. f. Ophthalmologie XXII., 2, S. 204, 209; Michel, ibid. XXIII.,
2, S. 216.

[3] H. Adler, Die während und nach der Variola auftretenden Augenkrankheiten. Wien, 1874. S. 73.

[4] Leber, Graefe und Sämisch, Handbuch, S. 599, 602; Stellwag,
Lehrbuch, 1870, S. 188; Roth, Klin. Monatsblätter, 1870, S. 158; Oeller,
Arch. f. Ophthalmologie XXIV., 3, S. 245, 253; Deutschmann, Klin. Monats-
blätter, 1878, S. 231, 234; Kramtsik, ibid., 1879, S. 292.

[5] Quincke, Klin. Monatsblätter, 1878, S. 128; Pflüger, ibid., 1878
Beilage, S. 175; Hirschberg, Beiträge zur praktischen Augenheilkunde III.
Leipzig, 1878. S. 18; Leber, Graefe und Sämisch, Handbuch V., S. 604.

[6] Roth, Klin. Monatsblätter, 1872, S. 344; Litten, ibid., 1877. Beilage
S. 140; Michel, Arch. f. Ophthalmologie XXIII., 2, S. 213; Leber, Graefe
und Sämisch, Handbuch V., S. 570.

Ob wirkliche Erkrankungen der Gefässe und ihrer peri-
vasculosen Lymphräume auch in einzelnen jener Fälle Einfluss
nehmen, in welchen die Neuroretinitis oder Sehnervenatrophie nach
Blutverlusten hervortritt, müssen spätere Erfahrungen aufklären.
Gemeinhin werden dieselben auf eine ex vacuo erzeugte Hyperämie
des Gehirnes und seiner Hüllen sowie auf eine seröse Durch-
tränkung derselben von Seite des mit wässerigen Bestandtheilen
überladenen eiweissärmeren Blutes als nächste Ursache zurückgeführt. [1]

Dass bei der Neuroretinitis und dem Opticusschwunde im Gefolge des Saturnismus [2] Gefässerkrankungen als pathogenetisches
Moment in Betracht kommen können, haben Kussmaul und
Maier [3] durch einen Fall erwiesen, bei welchem sie Periarteriitis
mit Verdickung und Verdichtung der Scheidenhaut der Gefässe,
besonders der kleinen Arterien bis zur Verengerung ihrer Lichtung, in der Rindensubstanz des Gehirnes fanden.

In der grössten Mehrzahl dieser Fälle sowie dort, wo die
Neuroretinitis oder der Opticusschwund durch Hirngeschwülste, [4]
Alcoholismus u. s. w. begründet erscheint, lässt sich der Zusammenhang der Grundkrankheit mit den genannten Localleiden
und dieser unter einander bisher allerdings nicht durch materielle
Veränderungen der Gefässwände erklären; es müssen vielmehr
ganz andere, je nach den gegebenen Umständen verschiedene

---

[1] Mooren, Ophthalmologische Mittheilungen. Berlin, 1874. S. 90; Fries
Klin. Monatsblätter, 1876. Beilage S. 46; Horstmann, ibid., 1878, S. 147.
160; Hirschberg. ibid., 1877, Beilage S. 53; Samelsohn, Arch. f. Ophthalmologie XXI, 1, S. 150; Leber, Graefe und Sämisch, Handbuch V., S. 901.

[2] Hutchinson, Ophth. Hosp. Rep. VI., p. 55; VII., p. 6; Schneller,
Klin. Monatsblätter, 1871, S. 240; Samelsohn, ibid., 1873, S. 246, 249;
Pufahl, Arch f. Augenheilkunde VII., S. 31; Hirschfeld, ibid. VIII.,
S. 180; Leber, Graefe und Sämisch. Handbuch V., S. 886; Stellwag, Lehr-
buch, 1870, S. 245.

[3] Kussmaul und Maier, Deutsches Arch. f. klin. Med. IX., nach
Samelsohn, l. c.

[4] Annuske, Arch. f. Ophthalmologie XIX., 3, S. 165; Reich, Klin.
Monatsblätter, 1874, S. 274; Stellwag, Lehrbuch, 1870, S. 255.

pathogenetische Verhältnisse, das Walten vasomotorischer Einflüsse u. dgl. (S. 23), untergeschoben werden.

Dagegen sind es unzweifelhaft wieder die Gefässe, welche bei Bestand gewisser Orbitalleiden [1]) den krankhaften Process auf den Sehnerven übertragen. So hat man Neurodictyitis und Sehnervenatrophie beobachtet bei Aftergebilden, welche in der Augenhöhle wucherten, [2]) bei Orbitalabscessen des verschiedensten Ursprungs, [3]) bei Erysipelas faciei et capitis [4]) und selbst bei gewissen Verbildungen des Schädels mit Verengerung der Foramina optica [5]) der Augenhöhlen.

Fasst man die im Sehnerven und im Opticus sich abspielenden krankhaften Vorgänge als ein Ganzes in's Auge, dieselben mögen nun vom Gehirne und seinen Häuten, oder von den Orbitalgebilden ausgegangen sein, oder aber sich gleich ursprünglich an einem beliebigen Punkte des lichtempfindenden Apparates festgesetzt haben, so stösst man allenthalben auf eine gewisse Neigung, sich von dem Erstlingsherde aus in auf- und absteigender Richtung längs dem Verlaufe der Opticusfaserzüge weiter zu verbreiten.

Es ist diese Neigung selbst bei gewissen Afterwucherungen bemerkbar, namentlich beim Gliome, welches von der Netzhaut aus rasch auf den Sehnerven übergreift und häufig innerhalb der Scheiden des letzteren bis in's Gehirn fortwuchert. Viel deutlicher aber spricht sich die fragliche Neigung bei entzündlichen Vorgängen und insbesondere bei dem Schwunde aus. In der That

[1]) Leber, Graefe und Sämisch, Handbuch V., S. 800; Stellwag, Lehrbuch, 1870, S. 200;

[2]) S. Klein, Wiener medicinische Presse, 1875, Nr. 23; Knapp, Arch. f. Augenheilkunde V., S. 310, 322.

[3]) Ed. Jäger, Aerztlicher Bericht des k. k. allgemeinen Krankenhauses zu Wien, 1869, S. 92.

[4]) Pagenstecher, Ophth. Hosp. Rep. VII., p. 32; Hutchinson, ibid., p. 35; Lubinsky, Klin. Monatsblätter, 1878, S. 168.

[5]) Michel, Nagel's Jahresbericht, 1873, S. 358.

ist erwiesenermassen das überaus häufige und oft schon sehr früh
zeitige Erscheinen der Neuroretinitis oder der Sehnervenatrophie im
Augenspiegelbilde bei Gegebensein von mancherlei Gehirn- und
Rückenmarksleiden sowie bei Bestand von retrobulbären und
intracraniellen Opticuserkrankungen so gewöhnlich auf ein stetiges
Vorwärtsschreiten des pathologischen Processes in der Bahn des
Sehnerven zurückzuführen, dass man allgemein eine absteigende
Form jener Processe in das System aufnehmen zu müssen geglaubt
hat. Für die Fortentwickelung in aufsteigender Richtung aber
hat Türck[1] bereits vor dreissig Jahren Belege geliefert, indem er
bei Druckatrophie des Chiasma die charakteristischen Gewebsveränderungen und insbesondere die Anhäufung von Körnchenzellen
durch die Sehnervenwurzeln bis in die knieförmigen Körper ver-
folgte. Seither haben sich die diesfälligen Erfahrungen ganz ausserordentlich gehäuft und die Ueberzeugung von der Richtigkeit des
aufgestellten Satzes allenthalben in dem Grade gefestigt, dass man
das rückläufige Fortschreiten des Schwundes längs dem Zuge
der Opticuselemente zur Entscheidung über die Frage der theilweisen Durchkreuzung der Sehnervenfasern im Chiasma
heranziehen konnte.

Es hat diese Frage in jüngster Zeit eine gewaltige Bewegung hervorgerufen und eine lange Reihe von eingehenden Untersuchungen angeregt. Es
wurden zahlreiche Fälle von Hemianopsie, Leichenbefunde nach vieljährigem
Bestande von einseitigem Augapfelschwund und Versuche an Thieren in's
Feld geführt, um für und wider die alte Anschauungsweise zu kämpfen. Auch
ich habe mich in den Jahren 1847 bis 1856 vielfach mit dem Gegenstande
beschäftigt und eine sehr grosse Anzahl von diesbezüglichen Präparaten aus
der Leichenkammer des Wiener allgemeinen Krankenhauses untersucht. Ich
fand[2] bei alten einseitigen Atrophien des Bulbus den Schwund des Sehnerven meistens mit kolbigem oder zackigem Rande im entsprechenden Vorder-
winkel des Chiasma abgegrenzt. Manchmal war der Process jedoch ganz
klärlich bis in die Sehnervenwurzeln und selbst bis in die knieförmigen Körper
vorgedrungen, und zwar erschien dann bald der gleichseitige, bald der

[1] Türck, Zeitschrift der k. k. Gesellschaft der Aerzte. Wien. 1852.
S. 298, 302.
[2] Stellwag, Ophthalmologie II., S. 567 u. f.

andere Tractus in vorwiegendem Masse ergriffen. Diese Unregelmässigkeit, welche schon Cruveilhier[1]) hervorhebt, hatte mich bestimmt, den Gefässen die massgebende Rolle bei dem Weiterschreiten des Processes zuzuweisen. Ich war damit einem Irrthume verfallen, welcher durch die auch in vielen anderen Beziehungen über den Gegenstand helles Licht werfenden Arbeiten Kellermann's[2]) wohl für immer beseitigt ist. Im Ganzen sprechen auch meine Erfahrungen für das häufige Vorkommen von Entzündungen und Atrophien des Sehnerven, welche in aufsteigender Richtung sich fortentwickeln, und stützen die von Anderen[3]) für die theilweise Kreuzung der Opticusfasern vorgebrachten Gründe.

Einige Beobachtungen geben sogar guten Grund zu dem Glauben, dass die Sehnervenatrophie, auf einzelne Gruppen von Faserbündeln beschränkt, in auf- und in absteigender Richtung eine Strecke weit sich fortpflanzen könne.

Im ophthalmologischen Bilde habe ich wiederholt sectorenförmige Ausschnitte der Papille mit haarscharfen linearen Grenzen atrophirt gefunden. In einem Falle, in welchem keine Spur eines Centralleidens nachzuweisen war, blieb der Zustand mehrere Jahre unverändert. In einem anderen Falle war die sectorenförmige Verblassung neben allen Erscheinungen einer diffusen Neuroretinitis aufgetreten und hatte einen mit Basalmeningitis einhergehenden Abscess in der Gegend des Türkensattels, an welchem die Kranke nach wenigen Tagen starb, zur Grundursache. Treitel[4]) hat an dem Stumpfe des einer Leiche entnommenen Bulbus die sectorenförmige Atrophie des Sehnerven nachgewiesen. Leber[5]) sah partielle Atrophie inselförmig oder fleckweise in den peripheren Schichten und in dem Körper des Opticus. Wilbrand[6]) will aus klinischen Beobachtungen das öftere Vorkommen einer Neuritis axialis erschliessen und mit gewissen Formen von centralen Scotomen in Zusammenhang bringen. Bei der grossen Dunkelheit, welche

[1]) Cruveilhier nach Hirschberg, Beiträge zur praktischen Augenheilkunde. Leipzig, 1878. III., S. 8.

[2]) Kellermann, Klin. Monatsblätter, 1879, Beilage S. 32, 36.

[3]) Gudden, Arch. f. Ophthalmologie XX., 2, S. 249, 263; XXV., 1, S. 1; XXV., 4, S. 237, 241; Treitel, ibid. XXV., 3, S. 82, 84, 90; Mohr. ibid. XXV., 1, S. 57; Woinow, Klin. Monatsblätter, 1875, S. 428; Schmidt-Rimpler u. A., ibid., 1877, Beilage S. 44 u. f.; Plenk, Arch. f. Augenheilkunde V., S. 140, 166; Hirschberg (l. c.); Kellermann (l. c.).

[4]) Treitel, Arch. f. Ophthalmologie XXII., 2, S. 250.

[5]) Leber, Graefe und Sämisch, Handbuch V., S. 843, 847, 850.

[6]) Wilbrand, Klin. Monatsblätter, 1878, S. 505.

dermalen noch über den Faserverlauf im Opticusstamme herrscht,[1]) scheint
bei der Annahme dessen grosse Vorsicht geboten.

Im Allgemeinen darf man sagen, dass krankhafte Processe,
welche in irgend einem Theile des lichtempfindenden Apparates
entweder selbstständig angeregt oder von der Nachbarschaft
auf denselben übertragen werden, sich regelmässig innerhalb seiner sehr scharfen natürlichen Grenzen halten und
dieselben auch bei ausgesprochener Neigung zur Weiterverbreitung
nur selten überschreiten, um anstehende Gebilde in Mitleidenschaft zu ziehen. Wo die letzteren mitergriffen werden, handelt
es sich in der That zumeist um eine Erkrankung aus gemein-
schaftlicher Ursache, namentlich dyscratischer Natur, nicht um
eine Fortpflanzung des pathologischen Vorganges von der Netzhaut
oder vom Sehnerven auf deren Umgebung. Nur bezüglich des
Glaskörpers, welcher einen Theil seiner Ernährungsstoffe aus den
Netzhautgefässen bezieht, ist eine Ausnahme zulässig.

Ein wahres Ausbrechen aus der Bahn der Nervenzüge
findet, wenn überhaupt, so nur im Bereiche der Centralorgane
oder des Zinn'schen hinteren Scleralgefässkranzes, also an
Orten statt, an welchen das bindegewebige Stützwerk des lichtempfindenden Apparates mit dem Gefüge der umlagernden Theile
auf das Innigste verschmilzt und überdies von einem gemeinschaftlichen Netze feinster Gefässe und vasomotorischer Nerven
durchstrickt wird.

Es bedarf wohl nicht erst der Erwähnung, dass diese beiden Bezirke
auch selbstständig zu erkranken, die pathologischen Processe durch
alle ihre Phasen hindurch zu führen und gelegentlich auf angrenzende Gebiete
fortzuleiten vermögen.

Bezüglich des hinteren Scleralgefässkranzes muss dies sogar als
ein ziemlich häufiges Vorkommniss erachtet werden. Es ist nämlich jener
eigenthümliche Zustand, welchen Graefe als »Amblyopie mit glauko-
matösem Sehnervenleiden« bezeichnet hat und welcher zur Zeit meistens
mit dem wahren Glaukome zusammengeworfen wird, ein auf das fragliche

[1]) Kellermann, Klin. Monatsblätter, 1878, Beilage S. 36.

Gebiet beschränkter, also rein örtlicher Process, welcher mehr oder minder rasch das bindegewebige Stützwerk des Nervenkopfes und den verdichteten Theil desselben, die Siebhaut, auflockert, erweicht und widerstandsunfähig macht, so dass dieselben ungeachtet der Fortdauer normaler Binnendruck-verhältnisse schliesslich nachgeben müssen, nach hinten gedrängt werden und dem Schwunde verfallen. Es wird dieser Vorgang, welchen bereits Ed. Jäger[1]) als einen rein örtlichen geschildert hat und seinen »Scleralglaukomen« einrechnet, in einer folgenden Abhandlung Gegenstand eingehender Erör-terung sein.

Im Uebrigen sind Reizzustände und wirkliche Entzündungen mit ein-greifenden Gewebsveränderungen im Gebiete des hinteren Scleralgefässkranzes unter Anderem auch bei fortschreitenden hinteren Lederhautaus-dehnungen (progressivem Staphyloma posticum) ein sehr gewöhnlicher Be-fund, und man hat allen Grund zur Annahme, dass sie in der Pathogenesis der allmäligen, besonders aber der ruckweisen Grössenzunahme jener Ektasien eine sehr bedeutsame Rolle spielen. Um in geradem Gegen-satze zu den bisherigen Anschauungen den Ausgangspunkt der Dehnung in den Lederhautpol zu verlegen und die Verschiebung der Scheiden als nothwendige Folge der polaren Ektasie zu erklären, bedarf es kräftigerer Beweise, als sie bisher Mauthner[2]) erbracht hat.

Ganz anders gestalten sich die Verhältnisse, wenn man den Blick von dem lichtempfindenden Apparate hinweg auf die Ge-fässhaut und auf die genetisch ihr sehr nahe stehende Bulbus-kapsel lenkt. Entsprechend dem innigen vasculären und geweblichen Zusammenhange, in welchem die einzelnen Be-standtheile der Uvea unter einander sowie mit der Sclera und Hornhaut stehen, bekunden krankhafte Processe auf diesem Ge-biete durchwegs eine ganz ausserordentliche Diffusionsfähig-keit, welche noch erhöht wird durch die Abhängigkeit, in welcher die Netzhaut und der Glaskörper bezüglich ihrer Ernährung zur

---

[1]) Ed. Jäger, Ergebnisse der Untersuchung mit dem Augenspiegel. Wien, 1876. S. 19.

[2]) Mauthner, Vorlesungen über die optischen Fehler des Auges. Wien, 1876. S. 432, 437.

Gefässhaut stehen. In der That sind hier pathologische Vorgänge, welche sich innerhalb der Grenzen eines Einzelorganes halten, eine grosse Seltenheit; die allermeisten zeigen eine ausgesprochene Neigung, sich über die verschiedensten Gewebsarten ganzer Bulbusabschnitte, ja über den gesammten Augapfel zu verbreiten.

Die Uvea und die Bulbuskapsel erhalten ihr arterielles Blut bekanntlich gemeinsam aus den Ciliarschlagadern, indem diese das Randschlingennetz für die Hornhaut liefern und, während sie die Sclera durchsetzen, um zur Uvea zu gelangen, eine Anzahl von Zweigen abgeben, welche sich in dem derben Lederhautgefüge selbst verästeln.[1] Die hinteren Ciliararterien entspringen unmittelbar aus der Arteria ophthalmica und dringen am hinteren Umfange des Augapfels in dessen Binnenraum ein. Die kurzen gehen, nachdem sie auch zwei starke Reiser zu dem hinteren Scleralgefässkranze abgesendet haben, in die Aderhaut über, wo sie das grobe Maschenwerk der Tunica vasculosa bilden helfen, eine Menge Ausläufer bis in das vordere Uvealgebiet schicken und sich in das dichte Haargefässnetz der Choriocapillaris auflösen. Die beiden langen hinteren Ciliararterien hingegen laufen ungetheilt in der Fusca nach vorne und treten, in zwei seitlich ausbiegende Aeste gespalten, in den Ciliarmuskel ein, um sich weiter zu verzweigen. Die vorderen Ciliararterien gehen aus den Schlagadern der vier geraden Augenmuskeln hervor. Ein Theil ihrer Aeste durchbohrt die vordere Lederhautzone und verästelt sich gemeinsam mit den beiden hinteren langen Ciliararterien in dem Accommodationsmuskel, in der Iris und im Strahlenkranze. Die von diesen Aesten gebildeten Netze anastomosiren vielfältig mit jenen der Tunica vasculosa chorioideae theils durch die Ausläufer der letzteren, theils durch rückläufige Reiser, welche aus dem vorderen Uvealabschnitte zur Aderhaut streichen.

[1] Siehe Leber, Denkschriften der math.-naturw. Classe der k. Akademie der Wissensch. zu Wien, 1864, XXIV. Band, S. 299 u. f.

so dass eine offene Verbindung zwischen den vorderen und
den hinteren Ciliararterien und mittelbar durch die letzteren
auch mit dem hinteren Scleralgefässkranze sowie mit den
Gefässen des Nervenkopfes hergestellt wird. Ein anderer
Theil der den vorderen Ciliargefässen zugehörigen Aeste bleibt
an der Oberfläche des Bulbus und verzweigt sich im vorderen
Gürtel der Episclera, ein gegen die Hornhautgrenze hin an Dichtigkeit und Feinheit der Maschen zunehmendes Gefässnetz bildend.
In nächster Nähe des Cornealrandes gehen zahllose Reiser aus
diesem Netze in die Bindehaut über und biegen theilweise nach
rückwärts um, um mit den Conjunctivalgefässen in offene
Verbindung zu treten, theils laufen sie nach vorne und stellen das
Randschlingennetz der Cornea dar.

Das venöse Blut des gesammten Uvealgebietes entleert
sich zum allergrössten Theile durch die Wirbelgefässe, welche
mit den mächtigen Blutadergeflechten der Strahlenfortsätze und
mittelbar durch diese mit den Venen der Iris und des Accommodationsmuskels zusammenhängen. Nur ein sehr kleiner Theil
gelangt durch einige zarte dem hinteren Scleralgefässkranze zugehörige Venenäste nach aussen. Ein anderer kleiner Theil des
venösen Blutes fliesst durch die vorderen Ciliarvenen ab, welche
die Lederhaut nahe ihrer vorderen Grenze durchbohren. Sie verlieren sich in dem dichten episcleralen Netze, welches sich
hauptsächlich aus den Venen der cornealen Randschlingen recrutirt,
mit den Blutadergeflechten der vorderen Bindehautzone anastomosirt
und bei ciliaren Reizzuständen als »pericornealer Gefässkranz«
sehr auffällig hervorzutreten pflegt. Das Venenblut der Lederhaut
ergiesst sich theilweise in die Vasa vorticosa, theilweise fliesst es
durch kleine, der Sclera eigenthümliche Zweige ab.

Es sind diese innigen Gefässverbindungen der Scheidung in
ein vorderes und hinteres Ciliargebiet offenbar wenig günstig
und man könnte sich leicht versucht fühlen, eine solche Sonderung
gänzlich aufzugeben, wenn das antagonistische Verhalten der
Gefässe im vorderen und im hinteren Uvealabschnitte bei gewissen

Erkrankungen der Binnenorgane und namentlich nach der Einwirkung mydriatischer oder myotischer Mittel nicht gar so deutlich
wäre und das Walten ganz verschiedener vasomotorischer
Nerveneinflüsse zwingend erwiese. Es ist dieser Antagonismus
übrigens angesichts der Unveränderlichkeit des jeweilig im
Binnenraume kreisenden Blutquantums im Interesse ausgleichen-
der Verschiebungen ein dringendes physiologisches Gebot und
lässt die Trennung des Ciliargefässgebietes in ein hinteres und
vorderes als geradezu unabweislich erscheinen.

In Uebereinstimmung damit stösst man denn auch wirklich
täglich auf pathologische Processe, welche sich, wenn nicht völlig,
so doch vorzugsweise in einem oder dem anderen Ciliargefäss-
gebiete abspielen. Dieselben werden ganz allgemein als Erkrankungen einzelner Organe oder Organtheile diagnosticirt und
als Chorioiditis, Kyklitis, Iritis, Keratitis, Scleritis u. s. w.
bezeichnet. Geht man aber näher in die Verhältnisse ein, so zeigt
sich gar bald in der bestimmtesten Weise, dass die geweblichen
Veränderungen weit über die Grenzen des Organes hinausreichen,
welches den Namen für das Leiden hergiebt, und dass das, was
man gemeinhin als mehr oder minder nebensächliche »Symptome«
aufzufassen gewohnt ist, zum guten Theile gleichwerthige pathologische Veränderungen der Nachbargebilde sind und sich in ihren
Ausgängen mitunter überaus misslich gestalten.

Was vorerst die krankhaften Vorgänge im hinteren Ciliargebiete, insbesondere jene betrifft, welche allenthalben als
»Chorioiditis« beschrieben werden, so ist es nothwendig, sich
vor Augen zu halten, dass die Netzhaut und der Glaskörper
bezüglich ihrer Ernährung grösstentheils von der Choriocapillaris
abhängig sind; ferner dass die Entzündung im Wesentlichen als
ein qualitativ und quantitativ veränderter Ernährungsprocess zu
gelten habe und sich der Hauptsache nach durch die vermehrte
Auswanderung weisser Blutkörperchen aus den Gefässen, überhaupt
durch das Erscheinen regelwidrig grosser Mengen von Rundzellen in dem Gefüge der Organe kennzeichne. Demgemäss ist es

theoretisch schon sehr wahrscheinlich, dass Aderhautentzün-
dungen im wahren Wortsinne kaum jemals bestehen können, ohne
dass die Producte derselben auch in der Netzhaut und im Glaskörper zum Vorschein kommen, den letzteren also das charakteristische Merkmal der Entzündung aufprägen. Die praktische
Erfahrung nun hat dafür unwiderlegliche Beweise geliefert.
Wirklich werden Trübungen des Glaskörpers und Veränderungen
der Netzhaut mit den daraus abzuleitenden Störungen der Seh-
function durchwegs zu den beständigsten »Symptomen der
Chorioiditis« gerechnet. Gleicher Weise werden allerorts die
bindegewebige Entartung und Schrumpfung des Glaskörpers, sowie
Abhebungen und mannigfaltige Schwundformen der Retina unter
den gewöhnlichen Ausgängen des fraglichen Leidens angeführt.
Ueberdies haben zahllose Leichenbefunde der Intensität des Processes entsprechende Mengen und Gestaltungen des Productes in und
auf der Aderhaut, in der Netzhaut und im Glaskörper, in der
Lederhaut und sogar in den orbitalen Weichtheilen nachgewiesen.

Ganz ähnlich verhält sich die Sache mit den Entzündungen
im vorderen Ciliargebiete. Ist es doch eine anerkannte Thatsache, dass der krankhafte Process bei der sogenannten »Iritis«
sich kaum jemals auf die eigentliche Regenbogenhaut beschränke,
sondern stets auf das mit Endothel bekleidete Balkenwerk des
Ligamentum pectinatum übergreife, ja dass dieses eine Hauptquelle jener Eitermassen sei, welche bei suppurativen Formen sich
am Boden der Vorderkammer sammeln, und dass Granulome,
beziehungsweise Gummen und Tuberkel, ebenso oft aus dem
Iriswinkel, als aus der Breite der Regenbogenhaut hervorwuchern.
Im Uebrigen kennt jeder Praktiker die Schwierigkeiten, welche
sich in der Praxis entgegenstellen, wenn es gilt, die Iritis, Iridokyklitis und Iridochorioiditis mit Zuverlässigkeit auseinander
zu halten und wie bei der Diagnose gar oft nicht sowohl wesentliche Unterschiede in der äusseren Erscheinungsweise, als vielmehr
das stärkere oder schwächere Hervortreten von Glaskörpertrübungen
und von retinalen Functionsstörungen den Ausschlag geben müssen.

Die Behauptung Schnabel's,[1] dass bei acuter Iritis fast immer
eine diffuse Netzhautentzündung nebenher laufe, welche oft lange andauernde
Sehstörungen verschuldet, und dass auch die nach chronischer Iritis häufig
vorkommenden progressiven Amblyopien auf Retinitis und Hyalitis mit nach-
folgendem Opticusschwunde beruhen, kann in dieser ihrer viel zu allgemeinen Fassung sicherlich nicht als richtig angenommen werden. Doch fusst
sie auf einer gesunden Grundlage, nämlich auf der thatsächlichen Häufigkeit von Fällen, in welchen entweder das vordere Ciliargebiet und die
Netzhaut aus einer gemeinsamen Ursache, z. B. Syphilis, erkrankt sind,
oder der ganze Uvealtract und mittelbar durch die Aderhaut und Strahlenfortsätze die Netzhaut sammt Glaskörper in den Process einbezogen wurden.

Greift man zu Leichenbefunden, um sich aus diesen Rath
zu erholen, so verschwimmen die Entzündungen der Regenbogenhaut und des Strahlenkranzes, die Iridokyklitis und
Iridochoroiditis, welche man klinisch noch immer als vier streng
zu sondernde Krankheitsformen festhalten zu müssen glaubt,
völlig unter einander, sie lassen sich in der Bedeutung pathologischer Processe gegenseitig gar nicht trennen. Wer hat wohl
je die Producte einer floriden Iritis untersucht, ohne gleichwerthige
oder ähnliche Veränderungen im Aufhängebande der Regenbogenhaut und im Strahlenkranze zu finden? wer eine Kyklitis, ohne
dass die Iris und die vordere Aderhautzone deutliche Spuren der
Entzündung dargeboten hätte?

Wollte aber Jemand im Widerstreite die Seltenheit der
Fälle betonen, in welchen eine reine Iritis oder Kyklitis zur anatomischen Untersuchung gelangt, und damit die Begründung als
eine unzulängliche erklären, so kann auf die unzweifelhaft entzündliche Natur des pericornealen Gefässkranzes hingewiesen werden, welcher bei jeder Iritis mehr weniger auffällig
hervortritt und den gleichen pathologischen Vorgang auch in den
zwischengelegenen Organen, im Strahlenkranze und Ciliarmuskel,
mit Sicherheit voraussetzen lässt. Wirklich handelt es sich hier
keineswegs um eine einfache Blutüberfüllung der episcleralen

---

[1] Schnabel, Arch. f. Augenheilkunde V., S. 113, 133.

und vorderen Bindehautgefässe, vielmehr ist während des Blüthe-
stadiums der Processe wohl immer eine erhebliche Auswanderung
weisser und mitunter auch rother Blutkörperchen neben vermehrter
Filtration gegeben, der pericorneale Gefässkranz reiht sich noso-
logisch den entzündlichen Oedemen und den Granula-
tionsbildungen an. Das öftere Durchbrechen von Eiter, von
Granulationen und Tuberkeln in der Nähe der Cornealgrenze sowie
das im Gefolge von Iritis und Iridokyklitis nicht seltene Auftreten
von Ectasien oder Sclerosen des vorderen Lederhautgürtels
steht damit im Zusammenhange.

Diese Miterkrankung des episcleralen Gefüges, aus dessen
Gefässnetzen die vasculären Randschlingen der Cornea unmittelbar
hervorgehen, wirft nun auch ein klärendes Licht auf die Pathogenese jener entzündlichen Hornhauttrübungen, welche so
gerne in Gesellschaft von Iritis, Iridokyklitis und Iridochorioiditis
sich entwickeln. Man hält dieselben zumeist für Trübungen des
Kammerwassers, deren Bestand mit Rücksicht auf die vorliegenden anatomischen Nachweise nicht im Geringsten bezweifelt
werden soll. Bei genauer Untersuchung mit seitlicher Beleuchtung
kann man sich jedoch leicht davon überzeugen, dass dieselben in
nicht wenigen Fällen durch reichliche Productmengen veranlasst
werden, welche in den mittleren und hauptsächlich in den hinteren uvealen Schichten der Cornea und mitunter an der freien
Oberfläche der Descemeti abgelagert sind. Sie erscheinen bald sulzähnlich, bald wolkig figurirt und verändern bei raschen Bewegungen
des Auges nicht ihre gegenseitige Stellung. Sie gehen meistens
rasch zurück, ohne eine Spur zu hinterlassen, wenn der entzündliche Process in der Regenbogenhaut und dem Strahlenkranze seiner
Lösung zuschreitet. Manchmal und vorzugsweise bei suppurativen
Formen der Iritis und Iridokyklitis sammeln sich jedoch auch die
zwischen den Lamellen der Hornhaut aufgestapelten Producte an
einer oder der anderen Stelle zu grösseren Massen und stellen,
indem sie verflüssigen und die anstehenden Gewebstheile zur
Schmelzung bringen, einen Cornealabscess oder ein offenes

Hornhautgeschwür dar. Keratoiritis suppurativa ist der gebräuchliche Name für einen solchen Vorgang.

Gar oft sieht man neben allen Anzeichen einer mehr chronischen schleichenden Iritis oder Iridochorioiditis mit spärlichen formbaren Producten eine sulzähnliche oder nebelige Trübung in den tieferen Schichten der Hornhaut auftauchen. Dieselbe verbreitet sich von einer Stelle der Peripherie aus binnen Kurzem über das Centrum und häufig über den ganzen Umfang des Organes. Es kann diese diffuse Trübung in längerer oder kürzerer Zeit wieder spurlos verschwinden. In anderen Fällen jedoch beschränkt sich die Aufhellung auf die Randtheile, während die Infiltrate gegen die Mitte hin sich immer mehr anhäufen, einen wolkenähnlich gezeichneten grauen Fleck bilden, oder gar in einen gleichmässig milchweissen oder gelblichweissen, völlig undurchsichtigen, umfangreichen, meistens linsenförmigen Herd mit abgerundeten, wolkig verschwommenen Grenzen zusammenfliessen. Als charakteristisch gilt für diese Art entzündlicher Ablagerungen, dass sie kaum jemals vereitern, dagegen eine sehr ausgesprochene Neigung zur Höhergestaltung, insbesondere zur Gefässentwickelung, verrathen. In der That wird man nach einigem Bestande solcher Infiltrate nur selten eine Anzahl von Gefässen vermissen, welche in den tieferen Lagen des Cornealrandes gegen die Trübung hin streichen und sich theils in derselben verlieren, theils an deren Oberfläche verzweigen. In manchen Fällen ist die Vascularisation sogar eine überaus üppige, so dass das Infiltrat von den überlagernden blutgefüllten Adernetzen fast gedeckt erscheint und die randständigen Stammtheile derselben wegen ihres nahen Aneinanderrückens leicht einen Bluterguss vortäuschen können.[1] Es stehen diese Gefässe wohl niemals mit jenen der Bindehaut, sondern immer mit den der Lederhaut selbst zugehörigen und mit den episcleralen Netzen in unmittelbarer Verbindung und unterscheiden sich

---

[1] Hutchinson. A clinical memoire on certain diseases etc. London 1863, p. 66, Fig. 1.

dadurch wesentlich von den Gefässneubildungen, welche den Entzündungen des conjunctivalen Blattes der Cornea eigenthümlich
sind. Man spricht unter solchen Umständen von einer Keratitis
diffusa und, falls die Infiltrate in den mittleren und tiefen Schichten
der Hornhaut sich bereits zu dichteren wolkigen oder herdartigen
Massen geballt haben, von einer Keratitis parenchymatosa.

Krückow[1]) hat in neuerer Zeit das seltene Glück gehabt, einen solchen
Fall anatomisch untersuchen zu können. Das Epithel der Hornhaut war
»wesentlich intact«, die Bowmann'sche Membran und die obersten
Schichten der Cornea selbst zeigten sich »ziemlich gesund«. Dagegen war die
Hornhaut von dem ersten Drittel bis nahe an die Descemeti von Gefässen
verschiedensten Kalibers durchzogen. Einzelne spärliche Gefässe stiegen
weiter nach vorne auf. Alle Gefässe bis zu den feinsten, welche man als
Capillaren ansprechen musste, waren fast ausnahmslos von einer deutlich zu
erkennenden Adventitia begleitet. Dieselbe lag dem Capillarrohr nicht knapp
an, sondern war mitunter recht weit davon entfernt, und in dem Zwischenraume fanden sich hin und wieder, wenn auch nicht in besonders reichlicher
Anzahl, weisse Blutkörperchen. Der Inhalt dieser Gefässe war aber
in einer Beziehung sehr merkwürdig. »Neben ziemlich unveränderten rothen
»Blutkörperchen fand sich nämlich eine ganz ausserordentlich grosse Zahl
»weisser Blutkörperchen, die nebenbei sehr eigenthümliche Veränderungen
»zeigten. Ihre Zahl war so gross, dass man sie an manchen Stellen haufen-
»weise zu zwanzig, dreissig nebeneinander liegen sah, meist an den Rändern,
»wie man es überhaupt findet, aber mitunter zu Gruppen angeordnet. Es lässt
»sich dieses Bild unserer Ansicht nach nicht auf die gewöhnliche randstän-
»dige Lage der weissen Blutkörperchen zurückführen, denn wer jemals Ge-
»legenheit gehabt hat, Gefässe aus den Leichen von Leukämischen zu sehen,
»der würde ohne weiters die Diagnose auf Leukämie machen. Wir haben
»deshalb nicht unterlassen, die anderen Theile des Auges zu untersuchen . . .,
»haben aber weder im Auge, noch in den umgebenden Theilen irgend etwas
»Auffälliges gefunden.«

Endlich kommen häufig Fälle vor, wo während des Verlaufes
einer chronisch schleichenden Iritis, Iridokyklitis oder Iridochorioiditis die tieferen Schichten der Cornea vom Rande aus,
und zwar in der Regel von unten her, sich sulzähnlich oder nebelig
trüben, nach einiger Zeit aber sich wieder etwas aufhellen und
nun, eingehüllt in einen zarten nicht selten von einzelnen höchst

---

[1]) Krückow, Klin. Monatsblätter, 1875, S. 494 u. f.

feinen Gefässen durchstrickten .dunstartigen Schleier, eine Unzahl
dicht aneinander gedrängter feiner staubförmiger bis mohnkorn-
grosser gelbgrauer bis brauner Punkte, oder mehr zerstreuter
grösserer, bis hirsekorngrosser, abgeflachter grauweisslicher Knötchen erkennen lassen. Es verbreiten sich diese eigenthümlichen
Trübungen gewöhnlich über grössere Abschnitte, die gröber
gekörnten auch wohl über den ganzen Umfang der Hornhaut,
während die sternhaufenähnlichen fein punktirten sich zumeist
auf die untere Hälfte beschränken und nach oben hin in einer
verschwommenen Bogenlinie abgegrenzt sind. Die Producte, welche
sie zur Anschauung bringen, lagern theils der freien Oberfläche
der Descemeti auf, theils sind sie in die hinteren Schichten
des eigentlichen Hornhautgewebes, und zwar in verschiedene Interlamellarräume eingebettet, da man bei sorglichen Untersuchungen sehr häufig mit aller Bestimmtheit nachweisen kann,
dass einzelne Punkte oder Knötchen sich theilweise decken und
bei seitlichem Einblicke sogar einen merklichen sagittalen Abstand
ergeben.

Nach den mikroskopischen Untersuchungen von Knies. [1] dem Einzigen,
welchem ausser Schweigger in neuerer Zeit ein solcher Fall zur Verfügung
stand, erscheint das Endothel der Descemeti streckenweise völlig normal,
streckenweise aber zeigt es, zumeist auf den Kittleisten, einen zarten körnigen
Beschlag (Pigment und Detritus) mit spärlich eingestreuten Rundzellen.
Zwischendurch ist es mit kleineren und grösseren Producthaufen belegt, welche
Knies in Uebereinstimmung mit Schweigger [2] aus wechselnden Mengen von
Rundzellen, Detritus und Pigment von zweifelhafter Herkunft [3] zusammengesetzt findet und, obgleich in ihnen eine eigentliche Verkäsung nicht nachzuweisen war, mit den skrophulösen und tuberculösen Ablagerungen in Be-
ziehung zu bringen geneigt ist. Die Cornea enthält zahlreiche Rundzellen,
reichlicher in ihren hinteren, weniger in ihren vorderen Lamellen. »Schein-
»bare Ansammlungen von Wanderzellen in Form von kleinen
»Herden in den hintersten Schichten lassen fast immer bei genauer
»Untersuchung den Querschnitt eines kleinen Gefässes in der Mitte oder am

---

[1] Knies, Arch. f. Augenheilkunde IX., S. 3, 15.
[2] Schweigger, Handbuch, 1871, S. 327.
[3] Leber, Klin. Monatsblätter, 1879, Beilage S. 65.

»Rande erkennen und erweisen sich dadurch als durch den Schnitt getroffene
»infiltrirte Gefässscheiden. Die zellige Infiltration der Hornhaut nimmt nach
»der Sclera hin an Intensität zu, so dass auf Flächen- und Meridionalschnitten
»die Corneascleralgrenze sich sehr deutlich markirt zeigt . . . . .«

Knies hält die Producthaufen an der freien Oberfläche der
Descemeti mit Anderen für Niederschläge aus dem Kammerwasser, und leitet dieselben von entzündlichen Vorgängen im
vorderen Uvealgebiete ab; daher er die Krankheit unter dem von
Vielen bevorzugten Namen: »Iritis (Iridokyklitis) serosa« aufführt. Nicht wenige Autoren können sich jedoch aus guten Gründen,
welchen in letzterer Zeit besonders Leber Ausdruck gegeben hat,
mit der Auffassung jener Producthaufen als Präcipitate nicht be-
freunden und lassen dieselben aus den Endothelzellen der
hinteren Wasserhautfläche hervorgehen, welche Schweigger in
Wucherung begriffen, Knies aber unter den grösseren Exsudat-
klümpchen geschrumpft oder völlig fehlend gefunden hat. Ihnen
dünkt darum auch die alte Bezeichnung: »Hydromeningitis«
gerechtfertigt. Im Hinblicke auf die Ablagerung grösserer Productmengen in die eigentliche Hornhaut und auf den in neuerer
Zeit auch von Bull und Hansen[1]) bestätigten constanten Sitz
zahlreicher Punkte und Knötchen in den hinteren uvealen Schichten
der Cornea möchte ich indessen dem ebenfalls schon seit Langem
gebräuchlichen Namen: »Keratitis punctata« den Vorzug geben
oder lieber noch: »Keratitis mit punktförmig gruppirten
Producten« wählen. Es beschränkt sich nämlich diese Bezeichnung ganz naturgemäss darauf, die rein örtliche Erscheinungsweise eines weit über die Grenzen der Cornea hinausgreifenden
Processes treffend anzudeuten und von verwandten Formen genügend
abzuscheiden.

Fasst man die Krankheit als Ganzes in's Auge, so kann
man nach Allem, was klinische Erfahrungen lehren, wahrlich nicht
umhin, dieselbe als eine Entzündung des gesammten Uveal-

---

[1]) Bull und Hansen, The leprous diseases of the eye. Christiania.
1876. S. 14.

tractus und der damit in näherer Beziehung stehenden Organe,
insbesondere der Netzhaut und des Glaskörpers, ja geradezu als
Panophthalmitis aufzufassen. Die mikroskopischen Untersuchungen von Knies[1] bestätigen dies. Derselbe fand nicht nur
in der Horn- und Lederhaut, sondern auch im subconjunctivalen
Gewebe und der Bindehaut, in der Iris und deren Aufhängebande,
in dem Strahlenkörper und der Aderhaut Rundzellenanhäufungen,
theilweise zu kleinen Herden gruppirt. Ueberdies zeigte sich ein
zweiter Entzündungsmittelpunkt im Sehnerven und namentlich
in der Pialscheide desselben. Die zellige Infiltration der letzteren
reichte bis zum Chiasma und wahrscheinlich darüber hinaus.

Knies hält es darum für »zweifellos, dass die Erkrankung in beiden
»Augen eine continuirlich zusammenhängende ist«, ja er ist geneigt,
dieser seiner Behauptung eine allgemeine Giltigkeit zuzusprechen und
die sehr häufige Doppelseitigkeit des fraglichen Processes damit zu
erklären. Er ist nämlich der Meinung, dass laut den Ergebnissen der Spiegel-
untersuchung eine nicht sehr hochgradige, aber unzweifelhafte Neuritis bei
Iritis serosa nie zu fehlen pflegt. Ausserdem stützt er sich auf eine Bemerkung Barbar's,[2] in welcher auf den häufigen Befund einer Neuritis bei
frischer sympathischer Erkrankung wie bei beginnender Iritis serosa hingewiesen wird. Es sind jedoch gegen eine derartige Verallgemeinerung eines
in manchen Fällen gewiss richtigen Satzes in der Heidelberger Versammlung
1879 wichtige Bedenken laut geworden[3] und ich theile dieselben in vollem Masse.

Aehnliches wie von der Keratitis punctata gilt, soweit rein
klinische Beobachtungen ein Urtheil gestatten, von der diffusen
und parenchymatösen Keratitis. Es ist richtig, dass die denselben eigenthümlichen Hornhautinfiltrate öfters die ersten wahrnehmbaren Veränderungen am Augapfel sind und auch wohl eine
Zeit lang allein da zu stehen scheinen. Streng genommen handelt es sich dabei indessen doch nur um eine Episode im Verlaufe
des Leidens; über kurz oder lang machen sich mehr oder weniger

---

[1] Knies, l. c., S. 3, 16.

[2] Barbar. Ueber einige seltenere syphilitische Erkrankungen des
Auges. Zürich, 1873. S. 15.

[3] Klin. Monatsblätter, 1879, Beilage S. 59.

auffällige Reizungen im ganzen vorderen Ciliargebiete geltend.
Gewöhnlich tritt die Krankheit gleich von vorneherein mit allen
Merkmalen einer echten und wahren Entzündung hervor und
bewahrt diesen Charakter mit Steigerungen und Abschwächungen
bis zu ihrem Ende. Nur selten fehlen dann deutliche Anzeichen
einer nebenhergehenden Iritis oder eigentlich Iridokyklitis, und
in vielen Fällen weisen Glaskörpertrübungen sowie unverhältniss-
mässige Functionsstörungen des lichtempfindenden Apparates auf
die Mitleidenschaft der Ader- und Netzhaut sowie des Nervenkopfes hin. Oftmals gedeiht die Entzündung dieser Organe zu
hohen Entwickelungsgraden. Die Folge dessen sind dann häufig
zeitweilige Verminderungen des intraocularen Druckes, nicht
selten auch förmlicher unheilbarer Schwund des gesammten
Augapfels. In einzelnen Fällen führt hingegen der Process zur
Ausbildung eines Buphthalmus mit krankhafter Drucksteigerung
und Sehnervenexcavation.

Ich war zweimal in der Lage, das Hervorgehen des Buphthalmus
aus einer sogenannten Keratitis parenchymatosa bei Kindern verfolgen
zu können, und vor Kurzem hat O. Bergmeister[1] einen ganz ähnlichen Fall
veröffentlicht, in welchem er durch den Gebrauch von Eserin einen Stillstand
des Wachsthums mit wesentlicher Verminderung der Beschwerden zu erzielen
vermochte. Es ist eben die mit der Entzündung der Gefässhaut und Cornea
einhergehende Lockerung und Resistenzverminderung der vorderen Hälfte
oder der ganzen Bulbuskapsel wesentliche Bedingung für die Ausbildung
derartiger Ektasien[2], und die Spuren der sie vermittelnden Processe sind sowohl am Lebenden[3] als unter dem Seiermesser[4] bei Buphthalmus immer
nachzuweisen.

Es darf nach allem dem auch die Keratitis diffusa und
parenchymatosa nicht sowohl als eine selbstständige Krankheit, sondern nur als die Theilerscheinung eines zum Mindesten

---

[1] O. Bergmeister, Mittheilungen des Wiener Doctorencollegiums VII.,
Nr. 15.
[2] Stellwag, Ophthalmologie I., S. 270.
[3] Brunhuber, Klin. Monatsblätter, 1877, S. 104.
[4] Fr. Raab, Klin. Monatsblätter, 1876, S. 22, 32, 38.

über das ganze vordere Uvealgebiet, gewöhnlich aber über
die gesammte Gefässhaut und die damit in näheren Beziehungen
stehenden Organe ausgebreiteten Processes aufgefasst werden.

Ich sehe voraus, dass ich mit dieser Darstellung vielseitig auf Widerspruch stossen werde. Ich habe darum auch seit längerer Zeit meine besondere Aufmerksamkeit auf die einschlägigen Fälle gelenkt und das reiche
Material, welches sich mir dargeboten hat, mit aller Genauigkeit durchforscht.
Ich glaube allen Grund zu haben, meine diesbezüglichen Angaben in ihrem
ganzen Umfange aufrecht zu erhalten, ohne jedoch angesichts des Krückow-
schen Befundes (S. 43) einzelne Ausnahmen völlig auszuschliessen. Doch
kann ich nicht umhin, darauf aufmerksam zu machen, dass derlei Ausnahmen
gar oft blos vorgetäuscht werden. So ist mir erst vor Kurzem ein fünf-
jähriges, zart gebautes, doch sonst bisher ganz gesund gewesenes Mädchen
vorgekommen, das linkerseits plötzlich ohne nachweisbaren Grund von einer
schulgerecht ausgebildeten Keratitis diffusa im unteren Hornhautdrittel befallen worden war. Die interstitielle Trübung war eine sehr dichte, nebelige,
mit einzelnen feinen Punkten durchstreute; die Gefässinjection in der Bindehaut und Episclera absolut fehlend; die Iris ohne Spur von Veränderung;
die Pupille durch Atropin maximal und gleichmässig erweiterbar. Nach wenigen
Tagen war unter täglich einmaligem Gebrauche des genannten Mydriaticums
die Trübung völlig verschwunden, dagegen an dem unteren äusseren Theile
des Pupillarrandes eine hintere Synechie zu Stande gekommen, während jedes
andere Zeichen von Iritis vollständig mangelte und auch kein einziges Gefäss
in dem vorderen Gürtel der Bindehaut und Episclera mit Blut eingespritzt
erschien.

So wie in diesem, habe ich auch in anderen Fällen ausnahmsweise
reichliche wolkenähnlich figurirte oder punktirte Producte unter der Anwendung von Schmiercuren, von Pilocarpin oder der Massage im Verlaufe
von kurzer Zeit aus der Hornhaut verschwinden und nebenher gehende
Iritiden zum Ausgleiche kommen sehen. Bei geringerer Aufmerksamkeit
konnte die Betheiligung der Regenbogenhaut leicht der Wahrnehmung ent-
schlüpfen und der Process auf die Hornhaut beschränkt scheinen. Um wie
viel mehr müssen sich bei der starken Trübung der Cornea entzündliche Vorgänge der Beobachtung entziehen, welche sich in dem entsprechenden Abschnitte des Strahlenkranzes abspielen? Jedenfalls können einzelne seltene
Ausnahmen den Charakter eines Leidens unmöglich ändern.

Offenbart sich schon in den Localisationsverhältnissen und in
dem ganzen Charakter der pathologischen Vorgänge, welche mit
massigen oder mit punktförmig gruppirten Ablagerungen in
den tieferen Schichten der Cornea einherzugehen pflegen, eine

gewisse Zusammengehörigkeit: so wird die Annahme einer gegenseitigen nahen Verwandtschaft geradezu unabweisbar, wenn man erwägt, dass sowohl die parenchymatöse als die punktirte Form der Keratitis sich aus der diffusen herausentwickele und dass die parenchymatösen massigen Herde, wenn sie sich zertheilen und aufhellen, nicht gar zu selten die charakteristischen Gruppen staubähnlicher oder gröberer Exsudathäufchen hervortreten lassen. Ich habe mich wiederholt von dem Uebergange der parenchymatosen Form der Keratitis in die punktirte mit voller Bestimmtheit überzeugt und denselben auch klinisch demonstrirt. Dazu kommen als weitere Gründe die beiden Processen eigenthümliche Vorliebe für doppelseitiges Auftreten, die Gemeinsamkeit der aetiologischen Verhältnisse, der Verlaufsweise und wohl auch der wirksamen Heilmittel.

Unter den ursächlichen Momenten wird, seit Hutchinson[1]) darauf hindeutete, fast allgemein hereditäre und erworbene constitutionelle Syphilis hervorgehoben. Auch ich erinnere mich an Fälle, in welchen secundäre oder tertiäre Syphilis mit Sicherheit nachgewiesen und an einem pathogenetischen Zusammenhange mit dem örtlichen Leiden kaum gezweifelt werden konnte. Wenn man aber die von Hock[2]) gelieferte fleissige Zusammenstellung einschlägiger statistischer Arbeiten und die daran geknüpften, mittlerweile allerdings von ihm selbst stark abgeschwächten, kritischen Bemerkungen würdiget: so wird man in dem Glauben, dass Syphilis in der Pathogenese der fraglichen Processe eine leitende Rolle spiele, sehr erschüttert. Zudem stimmt der Umstand mich bedenklich, dass mein Assistent, Herr Dr. Hampel, in den klinischen Protokollen bei 110 diesbezüglichen Fällen nur vier Mal Syphilis verzeichnet fand. Endlich dünkt es

---

[1]) Hutchinson, A clinical memoire etc. London, 1863. p. 26, 30, 109, 154.

[2]) Hock, Wiener Klinik II., 1876, S. 78 u. f.; Wiener medicinische Presse, 1880, Nr. 52; 1881, Nr. 10, 12.

mir nicht bedeutungslos, dass eine rein antisyphilitische Behandlung sich oftmals selbst in solchen Fällen unzulänglich erweiset, in welchen unzweideutige Merkmale der Dyskrasie gegeben sind oder früher vorhanden waren. Vielleicht wird die Syphilis nicht immer unmittelbar als solche, sondern durch Vermittelung eines unbekannten nosologischen Zwischengliedes, die Veranlassung der in Rede stehenden örtlichen Erkrankungen. Jedenfalls sind in dieser Richtung eingehende und umfassende Forschungen noch dringend geboten.

Vielen Augenärzten gilt die Scrophulose als die Hauptquelle des Localleidens. Sie wird insbesondere mit der »diffusen und parenchymatösen Keratitis« in nähere Beziehung gebracht. Um ein halbwegs treffendes Urtheil darüber abgeben zu können, wird es gut sein, vorerst den Begriff der Scrophulose festzustellen, denn bei der Zerfahrenheit, welche in den Ansichten der Augenärzte bezüglich dieses Gegenstandes herrscht, wäre sonst jede fruchtbringende Erörterung unmöglich. Ich folge in der Darstellung Schritt für Schritt den Auseinandersetzungen Virchow's [1] und ergänze den Auszug nur hier und da durch Bemerkungen, welche den Schriften anderer massgebender Forscher [2] entnommen sind. Der Hauptsache nach stimmen die Letzteren nämlich mit Virchow vollständig überein. Die ausserordentliche praktische Wichtigkeit des Gegenstandes wird die Wiedergabe hoffentlich gerechtfertigt erscheinen lassen.

Bei der Scrophulose im engeren Wortsinne wird ein Leiden der Lymphdrüsen als pathognomonisch angesehen, mag man dabei auch einen noch so grossen Kreis anderer Organleiden zulassen. Die Erkrankung der Lymphdrüsen ist keine selbst-

---

[1] Virchow, Die krankhaften Geschwülste II. Berlin, 1864. S. 582 u. f.

[2] Uhle und Wagner, Handbuch der allgemeinen Pathologie. Leipzig, 1876. S. 625; Niemeyer-Seitz, Pathologie und Therapie, 10. Auflage, II. S. 867; Rindfleisch, Lehrbuch der pathologischen Gewebelehre. Leipzig, 1878. S. 85, 511; Birch-Hirschfeld, Lehrbuch der pathologischen Anatomie. Leipzig, 1876. S. 403.

ständige und noch weniger wird sie durch eine besondere Dyskrasie, durch einen im Blute kreisenden Scrophelstoff oder eine
Scrophelschärfe, bedingt. Sie ist vielmehr eine secundäre und
von örtlichen Veränderungen in Theilen hervorgerufen, aus
welchen die betreffenden Drüsen ihre Lymphe beziehen. Von
solchen Localerkrankungen, besonders der äusseren Haut, der
Schleimhäute, des Periostes, geht der Process aus. Meistens handelt
es sich um irritative Processe, um Dermatitis, Periostitis, Katarrh,
oder um geschwürige Erkrankungen, z. B. apostematöse, diphtheritische. Doch können auch andere Vorgänge, z. B. die Dentition,
mechanische Anstrengungen dieselbe Wirkung hervorbringen.

Man kann die Lymphdrüsen nämlich als einen sehr feinporigen
Filtrirapparat betrachten, durch welchen die von den Organen
abströmende Lymphe hindurch passiren muss. Fein vertheilte
Körper, welche aus dem Gewebe mit der Lymphe zu den Lymphdrüsen gelangen, werden in letzteren zurückbehalten, z. B. Pigment.
Aber auch Stoffe mit irritirenden Eigenschaften, Infections-
stoffe, ferner mit dem Lymphstrome fortgeschwemmte Zellen und
deren Derivate aus entzündlichen Herden oder aus bösartigen Aftergebilden können durch die Lymphgefässe bis zu den nächsten
Drüsen gebracht werden, dort stecken bleiben und eine ähnliche
Reizung hervorrufen, wie sie an dem ursprünglich ergriffenen
Theile bestand. Eine solche Reizung führt dann zur hyperplastischen Zunahme der Elementarbestandtheile, zur Schwellung und nimmt sehr häufig den entzündlichen Charakter an.
Je reichlicher ein Organ mit Lymphgefässen versehen ist, um so
häufiger werden natürlich seine Erkrankungen mit Anschwellungen
der zugehörigen Drüsen verknüpft erscheinen. Aber auch je specifischer ein Process ist, um so leichter treten Lymphschwel-
lungen ein.

Nicht jede Drüsenerkrankung indessen ist scrophulös. Man
spricht von Scrophulose, wenn bei gewissen Personen schon
auf sehr leichte gewöhnliche Reize, die unter gewöhnlichen
Verhältnissen keine Drüsenanschwellungen hervorzurufen pflegen,

4*

eine solche eintritt und namentlich eine ungewöhnlich grosse. Also
die grosse Vulnerabilität der Theile, das ist das erste. Das
zweite ist die Dauerhaftigkeit der Störungen. Es muss trotz
dem Zurückgehen der ursächlichen Flächen- oder Parenchymerkran-
kung die Drüsenanschwellung fortdauern oder gar zunehmen
und so den Anschein einer selbstständigen, idiopathischen
oder protopathischen, gewinnen.

Diese grosse Vulnerabilität der Organe und die Dauerhaftig-
keit der Processe, das gleichsam Unabhängigwerden der Erkrankung in den Drüsen, deuten auf gewisse Besonderheiten hin,
welche in dem Körper bestehen müssen und diese Besonderheiten
sind es eben, die man mit dem Namen der scrophulösen Diathese, Constitution, Dyskrasie, Habitus oder sonstwie bezeichnet. Es liegt das weder im Blute, noch in den Nerven,
noch in einer Schwäche des ganzen Körpers, denn dieser
kann stark sein; sondern in einer gewissen Unvollständigkeit
in der Einrichtung der Drüsen, die gewöhnlich mit Unvollkommenheiten in der Einrichtung anderer Organe (Haut, Schleimhaut u. s. w.) zusammenhängt. Es kommen solche locale Unvollkommenheiten häufig vor und erklären die öftere Beschränkung
der scrophulösen Zustände auf die Halsgegend, auf den Thorax,
die Unterleibsorgane in einem Theile der Fälle, während in einem
anderen Theile allerdings örtliche Reizwirkungen zu Hilfe
genommen werden müssen, z. B. alimentäre Reize beim Auftreten der Bauchscrophulose, Lungenkatarrh mit Bronchialscrophu-
lose u. s. w.

Es ist diese örtliche Unvollkommenheit häufig angeboren,
ererbt, von den Eltern überkommen und macht sich dann besonders gerne im kindlichen Alter geltend, umsomehr, als die noch
unfertige, noch wachsende Drüse der Angriffspunkte sehr viele
darbietet. Eltern, die in ihrer Jugend selbst an Scrophulose gelitten haben, im Alter vorgerückt oder krank und schwächlich sind,
Mütter, welche zur Zeit der Empfängniss oder Schwangerschaft
an Tuberculose, Carcinom, veralteter Syphilis oder einem

anderen Siechthume leiden, erzeugen häufig scrophulöse Kinder (Nie-meyer-Seitz).

Nicht selten wird die fragliche Unvollkommenheit aber auch durch vorausgegangene Störungen erworben. Unter diesen sind besonders schwere Erkrankungen zu nennen, welche den Körper sehr in Mitleidenschaft ziehen, vornehmlich infectiöse Fieber, Pocken, Masern, Keuchhusten. Der häufigste Grund liegt er-fahrungsmässig jedoch in schlechter einseitiger nicht gut gewählter Nahrung, namentlich wenn schlechte Verdauung (Dyspepsie), mangel-hafte Bewegung, ungenügende Arbeit und üble Luft zum Athmen beiwirken. Gefangenhäuser sind darum wahre Brutstätten für die Scrophulose.

Ein sicheres anatomisches Merkmal für diese Unvollkommen-heit giebt es nicht. Das, was man scrophulösen Habitus nennt, ist nämlich schon die Krankheit, nicht die dahin führende beson-dere Beschaffenheit der Theile. Diese kennzeichnet sich lediglich durch die geringe Widerstandsfähigkeit der Gewebe und durch die geringe Ausgleichsfähigkeit der Störungen. Doch umfasst das Gebiet der Scrophulose einen bestimmten Kreis von Vorgängen. Ihre positiven Producte sind irritative Ver-änderungen der Gewebe, welche theils den hyperplasti-schen, theils den entzündlichen Charakter an sich tragen.

Die Veränderungen der Drüsen bei Scrophulose bestehen wesentlich in der Vermehrung der zelligen Theile, und zwar der Lymphkörperchen. Aber diese Zellen haben keine Dauerhaftig-keit, sie gehen bald zu Grunde, es beginnt in ihnen eine unvoll-ständige Fettmetamorphose. Zuweilen verbindet sich damit eine Auflösung der Zellen, eine Resorption und endliche Zertheilung der Anschwellung. Aber sehr gewöhnlich kommt es nicht dazu; ehe die Fettmetamorphose zu ihrer Vollendung gelangt, sterben die Elemente ab. Inzwischen entwickeln sich daneben vielleicht noch neue Theile, die Drüse schwillt unter mehr oder weniger deutlicher Hyperämie, namentlich der Kapsel, immer mehr an: das ist das erste, das hyperplastische Stadium. Allein bald ändert

sich das Ansehen der infiltrirten Drüse, dieselbe beginnt unter
dem Zerfalle der neugebildeten Elemente zu verkäsen. Es ist
das zweite Stadium, der nekrobiotische Ausgang eines ursprünglich hyperplastischen Processes eingetreten. In dieser
Necrobiose gehen sowohl die neugebildeten als die alten Theile
unter; die Circulation hört auf, indem die Gefässe selbst verschwinden; die Zellen zerfallen theils unter unvollständiger Fettmetamorphose, theils werden sie eingedickt und verschrumpft durch
Wasserverlust. Es entsteht so eine ganz und gar anämische trockene
dichte und fast amorphe Masse, welche der tuberculösen sehr
ähnlich ist.

Es kann diese verkäste Masse, das Caput mortuum von
Zellen, Gefässen und Zwischenbindegewebe, sich möglicherweise
ganz zertheilen und aufgesaugt werden. Sie kann auch ver-
kalken, während das umliegende Bindegewebe sich zu einer derben
Kapsel verdichtet. Gewöhnlich erweicht sie unvollständig,
löst sich in eine trübe flockige oder molkige Flüssigkeit auf,
in der noch allerlei derbere Bröckel schwimmen. Breitet sich eine
solche Schmelzung weiter aus, so bildet sich im Umfange gewöhnlich eine entzündliche Anschwellung und es kommt auch wohl zur
Eiterung: es hat sich ein serophulöses Geschwür entwickelt,
das fortbesteht, so lange die Drüse noch käsiges Material enthält,
dann aber sich schliesst und mit Hinterlassung einer eingezogenen
strahligen Narbe heilt.

Das ist das, was man Scropheln im engeren Wortsinne
nennt. Der Begriff von Scrophulose reicht indessen über das
Drüsenleiden hinaus, er schliesst die Erkrankungen an der Haut,
am Periost, an den Schleimhäuten oder an den Parenchymen, von
wo aus die betroffenen Drüsen ihre Irritamente erhalten, mit in
sich ein. So spricht man von serophulösen Augenentzündungen, von serophulösen Hautausschlägen, von serophulösen Darmkatarrhen u. s. w. Es haben diese Erkrankungen,
welche man unter dem Namen der »Scrophuliden« zusammen-
fasst, als Charaktereigenthümlichkeit die Verbindung mit der

Drüsenaffection, die grosse Vulnerabilität der Gewebe und die
Dauerhaftigkeit der Processe, endlich eine grosse Neigung zu Recidiven gemeinsam. Die Producte der Scrophuliden lassen
keinerlei specifische Elemente erkennen, sie haben nichts
Lymphatisches, primär nicht einmal etwas Käsiges oder gar Tuber-
culöses an sich. Allein sie verrathen denselben Charakter der
Schwäche, der Vulnerabilität und Hinfälligkeit, welcher den Mutter-
geweben selbst anhaftet, daher sie leicht hinsterben und, wo sie
nicht rasch entleert werden können, die käsige Metamorphose
eingehen.

Die scrophulöse Disposition, indem sie die Vulnerabilität
der Gewebe, die Pertinacität und die Recidivfähigkeit der Störungen
d. h. eben die Schwäche der Theile setzt, giebt zugleich eine
Art entzündlicher Diathese, welche je nach der individuellen
Anlage und nach den Einwirkungen der Gelegenheitsursachen die
mannigfaltigsten Theile des Körpers in Leidenschaft versetzen kann.
Wenn man dies eine »Kachexie« nennen will, so ist dagegen
nichts einzuwenden, nur darf man sie nicht primär in's Blut
verlegen. Secundär kann allerdings eine solche zu Stande kommen,
insoferne die Erkrankung vieler und namentlich lebenswichtiger
Organe: der Lungen, des Darmes, ausgebreiteter Hautflächen, der
Untergang grösserer Complexe der blutbereitenden Drüsen u. s. w.
offenbar auf die Beschaffenheit des Blutes missgünstig rückwirken
müssen.

Fasst man die Scrophulose in diesem Sinne Virchow's auf,
so lassen sich allerdings Gründe finden, welche dafür sprechen,
dass ein gewisses Procent der Fälle, in denen uveale Entzündungen mit Keratitis diffusa und deren Abzweigungen, der Keratitis
parenchymatosa und punctata, gepaart einherschreiten, mit der
Scrophulose in Verbindung zu bringen, als eine örtliche Erscheinung der letzteren zu betrachten sind. Die Geringfügigkeit und
häufige Unauffindbarkeit der veranlassenden Reizeinwirkungen, die
»Pertinacität und die Recidivfähigkeit« dieser Processe stehen
wirklich in vollem Einklange mit einer solchen Anschauung. Dazu

kommt dann noch, dass die Träger dieser Localleiden anerkanntermassen recht oft schwächliche schlecht entwickelte zart gebaute, oder aufgedunsene blasse blutarme Personen, besonders häufig Kinder und junge Leute sind. Wie viel aber andererseits damit gewonnen wird, wenn die örtliche Erkrankung aus einer angebornen oder erworbenen Schwäche der Theile, welche sich durch kein anatomisches Merkmal kennzeichnet, abgeleitet werden kann, möge dahin gestellt bleiben. Im Uebrigen darf nicht übersehen werden, dass bei den in Rede stehenden Ophthalmien das der Scrophulose pathognomonisch zugeschriebene Drüsenleiden durchaus nicht in sehr auffälligem Grade und jedenfalls nicht stärker hervorsticht, als bei anderen entschieden nicht scrophulösen Augenentzündungen gleicher Dauer; dass ebensowenig Exantheme, Periostitiden, Katarrhe u. s. w. häufige Begleiter sind, also die charakteristische Vielheit der Herde meistens vermisst wird; endlich dass gerade in dem »parenchymatösen« Hornhautinfiltrate die Hinfälligkeit der Elemente eher ausgeschlossen als zugestanden werden muss.

In vielen anderen Fällen fehlt jeder positive Anhaltspunkt, um die örtliche Erkrankung auf eine vorhandene Schwäche oder gar auf ein wirkliches Allgemeinleiden zurückführen zu können; der Process kommt, geht seine Phasen durch und endet, mehr oder weniger deutliche Spuren zurücklassend, nicht selten auch auf Ein Auge beschränkt, ohne dass man dafür irgend einen zutreffenden Grund auffinden könnte. Er entwickelt sich in jedem Alter, bei schwächlichen und starken, bei kränklichen und kerngesunden Leuten, meistens in der Gestalt einer Keratitis diffusa mit mehr oder weniger deutlicher Theilnahme der eigentlichen Gefässhaut und läuft als solche ab, oder nachdem sich die in der Hornhaut aufgestapelten Producte zu wolkig verschwommenen oder massigen Infiltraten, oder zu einer Unzahl kleiner punktförmiger Herde verdichtet haben.

Nach den Zusammenstellungen meines Assistenten, Herrn Dr. Hampel, sind in den Protokollen meiner Klinik bis zu dem gegenwärtigen Zeitpunkte 110 Fälle von Uveitis mit diffuser, parenchymatöser und punktirter

Keratitis verzeichnet. Es sind darunter alle Alterstufen vertreten. Der jüngste Kranke war 4 Wochen, der älteste 77 Jahre alt. Je einer zählte 2½, 56, 62, 72, 74 Jahre. Es waren:

Kranke	behaftet mit Keratitis diffusa	parenchy- matosa	punctata	Summe
von 4 Wochen bis 10 Jahren	11	8	3	22 o. 20 %
» 11 bis 20 Jahren	11	10	2	23 o. 20.9 »
» 21 » 30 »	19	13	7	39 o. 35.5 »
» 31 » 40 »	6	6	4	16 o. 14.5 »
» 41 » 50 »	2	1	2	5 o. 4.5 »
» 51 und mehr Jahren . .	2	2	1	5 o. 4.5 »
Summe	51	40	19	99.9 %

110

Es ist in den klinischen Ausweisen, soweit sie das Ambulatorium betreffen, gewöhnlich nur der Zustand bemerkt, in welchem sich die Krankheit zur Zeit der ersten Vorstellung offenbarte; daher in der Tabelle gar manche Fälle als Keratitis diffusa erscheinen, welche sich später zu einer parenchymatösen oder punktirten gestalteten.

Ich habe schon im Jahre 1853 die Hornhautentzündungen mit gefässbildenden Producten je nach dem vorwiegenden Sitze der letzteren in oberflächliche, parenchymatöse und profunde eingetheilt. [1] Aber erst Bergmeister [2] hat die nahen Beziehungen, in welchen die einzelnen Schichtlagen der Cornea zu den Nachbargebilden stehen, mit klaren und bestimmten Worten hervorgehoben und auch klinisch verwerthet. Er unterscheidet demgemäss conjunctivale, sclerale und uveale Formen der Keratitis. Was er darunter verstanden wissen will, kann nach dem, was über die Entwicklungsgeschichte der Hornhaut mitgetheilt wurde (S. 7, 9), keinen Augenblick zweifelhaft sein. Die conjunctivalen Formen umfassen alle jene entzündlichen Processe, welche sich vorzugsweise in dem eigentlichen Bindehautblatte der Hornhaut, d. i. in den vordersten Schichtlagen der Grundsubstanz, in der Bowmann'schen Membran und dem Epithele abspielen und stets

---

[1] Stellwag, Ophthalmologie I., 1853, S. 74.
[2] Bergmeister, Allgemeine Wiener medicinische Zeitung, 1877, Sep.-Abdr.

mit Reizzuständen in der Episclera und Conjunctiva gepaart ein
herschreiten. Als sclerale Keratitis gilt jede Entzündung, welche
vorwaltend die mittleren Lagen der Hornhaut betrifft, da diese
genetisch und morphologisch zur Lederhaut in nächster Verwandtschaft stehen und dieselbe gemeiniglich auch in Mitleidenschaft ziehen. Die uvealen Formen endlich lagern ihre Producte
zumeist in die hintersten Gewebslagen der Cornea sowie an die
freie Oberfläche der Descemeti ab und sind stets nur Theilerschei-
nungen eines über kleinere oder grössere Abschnitte der eigentlichen Gefässhaut sammt Anhängseln verbreiteten Processes.

Die Anordnung der Gefässe kommt einer solchen Dreitheilung der Keratitis wenig zu Hilfe. Nach Leber[1]) gibt es
nämlich keine tiefen, sondern nur oberflächliche Randschlingennetze, welche das gesammte Ernährungsmaterial beizuschaffen haben
und von den vorderen Ciliargefässen ausgehen. Bergmeister ist
darum nicht abgeneigt, den in den tieferen Lagen des vorderen
Scleralgürtels verästelten Abzweigungen der eigentlichen Leder-
hautgefässe und des Plexus ciliaris einen diesbezüglichen
Einfluss zuzuschreiben. Er stützt sich hierbei auf die seit Langem
anatomisch erwiesene Thatsache, dass neugebildete Gefässe der
mittleren und tiefen Hornhautschichten in der Regel nicht mit dem
oberflächlichen Randschlingennetze, sondern mit den eben erwähnten
Gefässen der tieferen Sclerallagen in Verbindung treten.

Mir scheint eine solche Beziehung der Lederhautrandgefässe zur Ernährung der Cornea mit einiger Wahrscheinlichkeit auch aus der ziemlichen
Häufigkeit interlamellarer Blutextravasate[2]) abgeleitet werden zu
können. Es kommen dieselben insbesondere gerne bei kyklitischen Processen älterer Leute vor, wiederholen sich bisweilen in demselben Falle zu
öfteren Malen und gelten mir, da sie auf Entartungsvorgänge in den Gefässwänden hindeuten, als Zeichen von übler prognostischer Bedeutung. Ihr
gewöhnlicher Sitz ist die untere Hälfte der Cornea. Bei ihrem ersten Auftreten sind sie zumeist baumartig verzweigt. pflegen aber binnen der

---

[1]) Leber, Denkschriften der math.-naturw. Classe der kaiserl. Akad.
der Wissensch. XXIV., S. 319, 322.

[2]) Stellwag, Ophthalmologie I.. S. 301; Lehrbuch, 1870. S. 62.

kürzesten Zeit zusammenzufliessen und in einen onyxartigen Streifen an der
untersten Grenze der Hornhaut sich zu sammeln.

Immerhin bleibt es misslich, so massenhafte Productanhäu-
fungen, wie sie die scleralen und uvealen Formen der Keratitis zu
setzen pflegen, aus den zarten und schütteren Gefässnetzen der
eigentlichen Lederhaut ableiten zu wollen. Bei der grossen Wegsamkeit des Cornealgefüges für Wanderzellen ist dies aber auch
gar nicht nöthig, die oberflächlichen Randschlingennetze genügen
vollauf.

Doch kann es bei Voraussetzung der alleinigen oder weitaus überwiegenden Productlieferung von Seite des oberflächlichen Randschlingennetzes unmöglich Zufall sein, dass gewisse
klinisch sehr wohl trennbare entzündliche Processe, wenn sie sich
primär in der Hornhaut festsetzen oder daselbst wenigstens ihr
Reizcentrum haben, je nach ihrer Besonderheit bald die conjunctivalen, bald die mittleren oder tiefen Lagen mit aller Ent-
schiedenheit bevorzugen. Offenbar handelt es sich dabei um bestimmte Einflüsse bestimmter Nervenverzweigungen, an
welchen die Hornhaut so reich ist.

Diese Nerven stammen zum Theile aus den conjunctivalen,
zum Theile aus den ciliaren Stämmen. Die ersteren verzweigen
sich ganz oder zumeist in dem Bindehautblatte der Hornhaut;
die letzteren treten in die mittleren Schichten der Cornea ein und
wenden sich theils nach vorne, theils nach hinten. Es bilden diese
Nerven an der vorderen Oberfläche der Hornhaut knapp unter
dem Epithel und mit den Endigungen in das letztere eingreifend
ein dichtes überaus empfindliches Geflecht, welches mit den
motorischen Nerven des Lidkreismuskels, mit den Nerven der
Thränendrüse und mit dem Opticus in dem engsten functionellen
Verbande steht. Ein zweites solches Geflecht wird in den tiefen
der Wasserhaut nahen Schichten der Cornea hergestellt.

Ganz im Einklange mit dieser Nervenvertheilung lassen sich
denn auch wirklich die conjunctivalen Formen der Keratitis,
wo sie primär als solche auftreten, ziemlich scharf von den

scleralen und uvealen sondern. Es beschränkt sich nämlich der
entzündliche Process bei den ersteren meistens, wenigstens scheinbar, auf das eigentliche Bindehautblatt und die zunächst damit
verwandten Organe, auf die Conjunctiva sammt Episclera; er greift
nicht gerne in die Tiefe, ausser längs dem Laufe eines im Reizcentrum endigenden Nerven, und entfaltet in der Regel Charakter-
eigenthümlichkeiten, welche mit jenen der scleralen und uvealen
Keratitis lebhaft contrastiren.

Ganz anders verhält sich die Sache bei jenen Formen, welche
als sclerale aufgefasst werden können: bei der parenchymatösen
Keratitis, beim Abscess und Geschwür. Hier drängen sich vielfach die engsten Beziehungen zu den conjunctivalen und uvealen
Formen hervor. Nicht nur, dass sich mehr minder tief greifende
Geschwüre gar oft secundär aus rein conjunctivalen Hornhautentzündungen entwickeln; die scleralen und conjunctivalen Formen
gehen häufig neben einander her.

So ist das matte glanzlose »gestichelte« Aussehen,
welches an der Hornhautoberfläche bei sehr verschiedenartigen, besonders bei tiefsitzenden Entzündungen der Cornea oder der
tieferen Theile des Auges beobachtet wird, durch einen reich-
licheren Zufluss von Ernährungsmaterial bedingt, in Folge dessen
die natürlichen Lücken zwischen den Epithelzellen erweitert, die
genannten Formelemente auseinander gedrängt, theilweise emporgehoben, theilweise aber abgestossen und selbst in einen Zustand
von Hypertrophie versetzt werden. [1]

In manchen Fällen ist die Wucherung im Bindehautblatte
sogar eine überaus üppige, es entwickelt sich eine mehr minder
mächtige Granulationsschichte mit reichlichen Gefässen unter
dem vorderen Epithele. Besonders bei heilenden Geschwüren
und bei der parenchymatösen Keratitis mit massigem vascularisirenden Herde hat man öfters Gelegenheit, derlei oberflächliche
Gefässbildungen zu beobachten. Die Granulationsschichte orga-

---

[1] Leber, Arch. f. Ophthalmologie XXIV., 1, S. 273, 291,

nisirt nicht selten, wird zu Bindegewebe und besteht als Pannus, weiterhin aber als vascularisirter Fleck neben den Ausgängen der scleralen Keratitis, neben der infiltrirten Narbe, beziehungsweise neben dem Leukom, zeitlebens fort.

Andererseits verschwimmt die sclerale Form, wo sie primär als solche auftritt, derart mit der uvealen, dass es schwer wird, beide gehörig auseinander zu halten. Es geht dies so weit, dass man über die Einreihung gewisser besonderer Formen unter die scleralen oder uvealen streiten kann. Während Bergmeister z. B. die parenchymatöse Keratitis zu den ersteren zählt, habe ich gute Gründe, dieselbe unter die uvealen zu rechnen. Krückow (S. 43) hat die gefässbildenden Producte nämlich vom ersten Drittel der Dicke bis nahe zur Descemeti verfolgen können. Ueberdies habe ich bereits geltend gemacht, dass die parenchymatöse und die punktirte Form sich aus der diffusen herausbilden, dass die parenchymatöse Keratitis sich bei theilweiser Aufhellung der charakteristischen Trübungen sich bisweilen in die punktirte umgestalte, und dass bei der einen wie bei der anderen Form die Betheiligung der eigentlichen Gefässhaut in der Regel eine hochgradig auffällige ist.

In Anbetracht dessen möchte ich das Hauptgewicht keineswegs auf die Dreitheilung als solche gelegt wissen, das Streben nach streng logischer Sonderung der einzelnen Formen findet in der übergangslustigen Wirklichkeit zahllose kaum zu bewältigende Schwierigkeiten. Namentlich stösst die Aufstellung einer scleralen Keratitis als autonomer Form auf eine nicht leicht zu umschiffende Klippe in der nothwendigen Rücksicht auf den innigen sowohl genetischen als morphologischen Zusammenhang, in welchem die Bulbuskapsel zur Gefässhaut steht und welcher eine eigentliche Scleritis selten anders, denn in entschiedener Abhängigkeit von uvealen Entzündungen zum Vorschein kommen lässt.

Ich lege das Hauptgewicht vielmehr auf die in jener Eintheilung enthaltene scharfe Betonung des klinisch hochwichtigen Umstandes, dass der Entzündungsprocess bei der Keratitis

sich kaum jemals auf die Hornhaut beschränkt, sondern
stets auf nachbarliche und vorzugsweise auf solche Theile
übergreift, welche in nächstem verwandtschaftlichen
Verhältnisse zu dem Sitze des cornealen Reizcentrums
stehen.

Für die uvealen Formen, d. i. für die diffuse Keratitis
mit ihren Abzweigungen, der parenchymatösen und punktirten.
bedarf es nach dem Vorhergehenden keiner weiteren Auseinandersetzungen, wohl aber bezüglich des Abscesses und Geschwüres,
welche als eitrige Hornhautentzündung den scleralen Formen
beigezählt wird.

Da hat denn bereits H. Pagenstecher[1] darauf hingewiesen,
dass bei tiefer gehenden Hornhauterkrankungen, gerade so
wie bei Iritis und Kyklitis, sich öfters die Aderhaut und Netzhaut.
der Sehnerv und der Glaskörper an der Entzündung betheiligen
und dies durch reichliche Infiltration mit Rundzellen, beziehungsweise durch starke Gefässüberfüllung und Oedem bekunden. Er
glaubt, »dass derartige Veränderungen die mangelhafte Sehschärfe
»erklären können, die wir nach lange bestehender Conjunctivitis
»phlyctenulosa und büschelförmiger Keratitis bisweilen beobachten
»und die durch die vorhandenen Hornhauttrübungen nicht aus-
»reichend gerechtfertigt ist«. Sattler[2] stimmt dem zu und betont
»das fast constante Vorkommen von Rundzellen in der Chorio-
»capillaris von Augen, welche mit einem die Aderhaut nicht direct
»betreffenden einigermassen intensiveren Entzündungsprocesse be-
»haftet sind: so bei Neuritis optica, bei eitrigen Hornhautge-
»schwüren und Infiltraten, bei Iritis und Kyklitis«.

Die klinische Erfahrung steht in vollem Einklange mit
diesen anatomischen Befunden. Wo immer eine suppurative
Keratitis mit lebhafter Nervenreizung und stark entwickeltem

[1] H. Pagenstecher, Congrés de Londres. Compte rendu, 1873. p. 174;
Nagel's Jahresbericht, 1873, S. 257.
[2] Sattler, Arch. f. Ophthalmologie XXII., 2, S. 11.

entzündlichen Gefässkranze längere Zeit anhält, den geeigneten Mitteln trotzend, da ist auch die Iridokyklitis nicht weit; es zeigen sich gemeiniglich bald neben den mehr oder weniger deutlich hervorstechenden charakteristischen Erscheinungen derselben hintere Synechien, Kapselbeschläge, Trübungen des Kammerwassers und recht oft auch des Glaskörpers mit unverhältnissmässig starken Beeinträchtigungen der Sehschärfe, welche auf die Mitleidenschaft des lichtempfindenden Apparates hinweisen. Nicht selten kömmt es sogar zur Hypopyumbildung.

Schon bei den wenig umfangreichen Geschwüren, welche sich gerne secundär aus herpetischen Efflorescenzen herausbilden, ist, falls sie mit sehr starker Nervenreizung einhergehen, ein solches Uebergreifen auf die Gefässhaut und die damit in nahem Verbande stehenden Theile etwas gar nicht Ungewöhnliches. Die eitrigen Zerstörungen der Hornhaut und auch wohl des ganzen Augapfels, welche bei Masern, Scharlach und vorzugsweise bei den Blattern so sehr gefürchtet werden, sind, wie ich schon vor nahezu dreissig Jahren gezeigt habe, nur zum kleinen Theile blennorhoischen oder metastatischen Ursprunges, sie werden in der weitaus überwiegenden Mehrzahl der Fälle durch herpetische Efflorescenzen eingeleitet, welche im Eruptions- oder Blüthestadium des Exanthems auftreten und zumeist rasch wieder abheilen, öfters aber auch in weit um sich greifende Geschwüre umgesetzt werden. Diese Geschwüre tragen dann bisweilen ganz den Charakter des Ulcus serpens, vergesellschaften sich gerne mit Iridokyklitis, Hypopyum und gehen schliesslich wohl gar in Panophthalmitis aus.[1]

[1] Stellwag, Ophthalmologie I., S. 120 u. f.; Hirschberg, Klin. Monatsblätter, 1871, S. 186; Klin. Beobachtungen. Wien, 1874. S. 27: Hulke und Hutchinson, Schmidt's Jahrbücher, 152. Band, S. 188; Bergmeister, Klin. Monatsblätter, 1874, S. 80; J. Neumann, Aerztlicher Bericht. Wien, 1874. S. 133; H. Adler, Die während und nach den Blattern auftretenden Augenkrankheiten. Wien, 1874. S. 56 u. f.; Landesberg, Beitrag zur variol. Ophthalmie. Elberfeld, 1874. S. 7, 9 u. f.

In höchst auffälliger Weise aber sticht diese Neigung zum
Umsichgreifen in Fällen hervor, in welchen Grund zur Vermuthung
gegeben ist, dass in fauliger Zersetzung befindliche Stoffe
durch ihre Einwirkung auf des schützenden Epithels beraubte Stellen
des Cornealgefüges den Eiterungsprocess hervorgerufen haben; oder
wo die eitrige Keratitis als Folge einer theilweisen unvollstän-
digen Zertrümmerung der Hornhautsubstanz durch eine
äussere stumpfe Gewalt, z. B. durch das Eindringen eines Stroh-
halmes, das Anspringen eines Holzstückes u. s. w., zu Stande
kömmt; oder endlich wo beide diese Momente als Krankheits-
ursachen zusammenzuwirken scheinen. Es ist unter solchen Umständen die Theilnahme der Gefässhaut fast Regel und setzt so
häufig, wenigstens im vorderen Uvealtracte, eitrige Producte, dass
man diese pathologischen Vorgänge unter dem Sammelnamen
»Hypopyumkeratitis« vereinigt beschrieben hat.[1]

Die äussere Form, in welcher sich der Entzündungsherd in
der Hornhaut darstellt, ist bald jene des Abscesses, bald jene
des offenen Geschwüres, mit oder ohne Nagel. Bei dem Abscesse wird in der Mitte der vorderen Fläche kaum jemals eine
umschriebene gröblich rauhe Stelle als Wahrzeichen der voraus-
gegangenen oberflächlichen Gewebszertrümmerung vermisst,
wenn man zeitlich genug Gelegenheit hat, den Process zu beobachten. Mit dem gewöhnlich sehr raschen Fortschreiten der eitrigen
Schmelzung pflegt nämlich der Abscess sich binnen Kurzem in ein
offenes Geschwür umzuwandeln. Dieses wechselt in seiner
äusseren Gestaltung ganz ausserordentlich. Bisweilen nähert es sich
in seinem ferneren Verhalten, in seiner Neigung zum »Weiter-
kriechen«, zur Ausdehnung in die Fläche, besonders nach
Einer Richtung hin, dem von Sämisch[2] beschriebenen »Ulcus
serpens«.

---

[1] Roser, Arch f. Ophthalmologie II., 2, S. 151.
[2] Sämisch, Das Ulcus corneae serpens und seine Therapie. Bonn,
1870; Graefe und Sämisch, Handbuch IV., S. 246.

Es hat dieses seinen Standort zumeist in der Mitte der Hornhaut oder nahe derselben. Es entwickelt sich in der Regel aus einem wenig tief greifenden Infiltrate, welches einen oberflächlichen Substanzverlust der Cornea umschliesst, breitet sich rasch der Fläche nach aus und kennzeichnet sich ganz vorzüglich durch eine feine zarte, oftmals deutlich strahlenartig gestreifte Trübung, welche in Gestalt eines mehr oder weniger breiten Saumes bogenartig einen Theil des dahin sich vertiefenden Geschwürsgrundes begrenzt, bis in die hintersten Hornhautlagen dringt und ihrerseits wieder peripherisch durch einen scharf umschriebenen, öfters unterbrochenen Eiterwulst von der scheinbar noch unveränderten Hornhaut abgeschlossen wird. Indem sich die streifige Randtrübung nach einer Seite immer weiter vorschiebt und den eitrigen Grenzwall vor sich herdrängt, markirt sie das allmälige Fortschreiten der geschwürigen Schmelzung und rechtfertigt den Namen »Ulcus serpens, kriechendes Geschwür«.

Das nagende Geschwür, Ulcus rodens Mooren's,[1]) ist eine davon abweichende überaus seltene Form. Es beginnt vom Rande der Cornea und schreitet langsam, aber fast unaufhaltsam unter heftigen Schmerzen und ziemlich starker pericornealer Gefässeinspritzung vorwärts, bis es nach Monate langem Verlaufe die ganze Oberfläche der Hornhaut überzogen und geschwürig zerstört hat. Charakteristisch ist auch hier ein bis eine Linie breiter grau oder eitergelb infiltrirter Saum, welcher den meistens bald vascularisirenden Geschwürsboden nach einer Seite hin bogenförmig begrenzt, von unterminirten zerfressenen Rändern überdeckt ist und sich beim Weitergreifen des Geschwürs stetig vorschiebt. Der Process geht gerne auf das andere Auge über und findet sich öfters mit Iritis. aber nicht mit Hypopyum, vergesellschaftet.

Das unverhältnissmässig häufige Vorkommen der Hypopyumkeratitis und des kriechenden Geschwürs bei Bestand von Thränensackblennorrhöe und die tausendfältig erwiesene Thatsache, dass bei Vorhandensein des letztgenannten Leidens die geringfügigsten Verletzungen der Hornhaut, ja selbst einfache Abschilferungen des Epithels im Stande sind, die verderblichsten Eiterungs-

---

[1]) Mooren, Ophthalmiatrische Beobachtungen. Berlin. 1867. S. 107; Ophthalmologische Mittheilungen. Berlin, 1874. S. 35.

processe in der Cornea hervorzurufen und mit schweren Entzündungen
im Uvealgebiete zu paaren, hat längst schon den Verdacht erregt, dass
die im Thränenschlauche sich stauenden und der Zersetzung an-
heimfallenden schleimig eitrigen Secrete, wenn sie in den Bindehautsack gelangen, auf blossliegende Theile des Cornealgefüges
nach Art septischer Stoffe ansteckend einzuwirken und so jene
pathologischen Vorgänge einzuleiten vermögen.

Impfversuche mit septischen, diphtheritischen und pyämi-
schen Stoffen (Eberth,[1]) Frisch,[2]) mit frischem und faulem Muskel-
fleische, mit Hypopyumeiter und mit gezüchteten Bakterien (Stromeyer,[3]) mit Leptothrix buccalis und Schimmelpilzen
(Leber[4]) und endlich mit Thränensacksecret (Schmidt-Rimpler[5]) haben jenem Verdachte eine feste Unterlage gegeben, indem
sie wirklich der Hypopyumkeratitis und dem Ulcus serpens ähnliche Hornhautverschwärungen mit Iritis und Eiteransammlungen
im Kammerraume, wenn nicht immer so doch in der Regel, zur
Folge hatten.   Endlich sind thatsächlich Bakterien und Mikrococcen in dem Belege des Geschwürsbodens und in dem streifigen
Randsaume des Ulcus serpens in reichlicher Anzahl und in üppiger
Vermehrung begriffen wiederholt gefunden worden.[6]) In einem
Falle konnte Leber[7]) neben Mikrococcen und Bakterien sogar den
gemeinen Schimmelpilz (Aspergillus glaucus) in grossen
Mengen nachweisen.

Viele massgebende Augenärzte halten diese Beobachtungen
für völlig zureichend, um die Hypopyumkeratitis und namentlich

---

[1]) Eberth, nach Graefe und Sämisch, Handbuch IV., S. 250.

[2]) A. Frisch, Experiment. Studien etc. Erlangen, 1874.

[3]) Stromeyer, Arch. f. Ophthalmologie XIX., 2, S. 1; XXII., 2,
S. 101, 139.

[4]) Leber, Medicinisches Centralblatt, 1873, S. 129; Arch. f. Ophthalmologie XXV., 2, S. 296.

[5]) Schmidt-Rimpler, Klin. Monatsblätter, 1876, S. 275.

[6]) Horner, Klin. Monatsblätter, 1875, S. 442; 1877, Beilage S. 131;
Strasser, Beiträge zur Anwendung der Desinficientien. Bern, 1879, S. 49.

[7]) Leber, Arch. f. Ophthalmologie XXV., 2, S. 285.

das kriechende Geschwür aus der reizenden Einwirkung von
Mikrococcen und Bakterien oder von ähnlichen Organismen
auf das eigentliche Hornhautgewebe erklären und insbesondere die
jenen Processen eigenthümliche Neigung zum Umsichgreifen mit
dem steten Weiterdringen der in rascher Fortzeugung begriffenen
Lebewesen in ursächliche Verbindung bringen zu können. Sie
fassen die in Rede stehenden Krankheitsformen darum auch gerne
unter dem Namen »Keratomykosis« oder »Keratitis mycotica«
zusammen und haben der Therapie zum Theile eine mehr anti-
septische Richtung gegeben.

Im Grunde genommen kann schon das von Sämisch[1]) eingeführte
Heilverfahren, die Schlitzung des Geschwürsgrundes in seiner ganzen Breite,
ja über die Ränder beiderseits bis in's gesunde Gewebe hinaus, und das
Offenhalten des Schlitzes bis zur beginnenden Vernarbung des Geschwüres,
gleichwie die Spaltung von Anthraxherden, als ein antiseptisches aufgefasst
werden, insoferne es die stete Entleerung der fauligen Stoffe ermöglicht
und so deren weiteres Eindringen in das Gewebe hindert. Man glaubte sich
aber damit nicht begnügen zu dürfen und hat nach mancherlei Abänderungen
der Schnittführung Betupfungen mit schwachen Höllensteinlösungen,[2])
Einträufelungen von Eserinsolutionen,[3]) Waschungen mit Aqua Chlori,
mit Lösungen von Borsäure oder Natron benzoicum,[4]) mit verdünnter Car-
bolsäure,[5]) Salycilverbände,[6]) Ueberschläge mit hypermangansaurem
Kali in Lösung,[7]) die Faradisation oder Galvanocauterisation des Geschwürsbodens[8]) und endlich die Bearbeitung der Geschwürsränder mit dem
Glüheisen[9]) in Anwendung gebracht.

---

[1]) Sämisch, Das Ulcus corneae serpens. Bonn, 1870. S. 12.

[2]) Mooren, Ophthalmologische Mittheilungen. Berlin, 1874. S. 35.

[3]) A. Weber, Arch. f. Ophthalmologie XXII., 4. S. 224; Mohr, ibid.
XXIII., 2, S. 178; Wecker, Klin. Monatsblätter, 1878. S. 216, 223; Pflüger,
Klin. Bericht. Bern, 1877, S. 27; Deutschmann, Arch. f. Ophthalmologie
XXIV., 2, S. 214 bezieht die Wirkung des Eserin auf die mit der Verbreitung
der Iris sich vermehrende Aufsaugungsfähigkeit.

[4]) Strasser, Beiträge etc. Bern, 1879. S. 47 u. f.

[5]) Horner, Klin. Monatsblätter, 1874, S. 432; Alf. Graefe, ibid. 1873. S. 91.

[6]) Horner, ibid., 1878, S. 320; Sattler, ibid., 1879. Beilage S. 140.

[7]) Logeschnikow, ibid., 1873, S. 485; Leber, ibid., S. 486.

[8]) Arcoleo, Resoconto d. clin. ottalm. Palermo, 1871. S. 143; Samelsohn, Klin. Monatsblätter, 1879. Beilage S. 148.

[9]) Sattler, ibid., S. 144; Arlt, Klin. Darstellung etc. Wien, 1881. S. 168.

Wenn nun aber auch gar nicht daran zu zweifeln ist, dass die Sepsis in der Pathogenese der Hypopynmkeratitis und des Ulcus serpens oftmals eine hervorragende Rolle spiele, so fehlt doch der Beweis, dass jene Organismen als solche das Gift bedeuten, den Verschwärungsprocess anregen und unterhalten. Feuer[1]) hat sogar gewichtige Bedenken gegen eine solche Auffassung der Dinge erhoben und stützt sich dabei auf die mykologischen Arbeiten von Panum, Raison, Bergmann, Stricker, Hiller u. A., sowie auf mehrseitige klinische Erfahrungen.

Fasse ich alles zusammen, so glaube ich die Sache mir in folgender Weise zurechtlegen zu dürfen. Vom lebenden Körper ausgeschiedene und losgetrennte Stoffe: Secrete, durch mechanische Gewalt zertrümmerte, durch chemische Einwirkungen oder organische Processe zerstörte und abgestorbene Theile verfallen allmälig einer oder verschiedenen Arten fauliger Zersetzung. In diesem Zustande üben sie, wenn sie mit lebenden, der schützenden Oberhaut beraubten Gewebstheilen in Berührung kommen, einen sehr heftigen Entzündungsreiz aus, vermögen aber auch die aus dem Entzündungsprocesse hervorgehenden Producte und Gewebstrümmer in den gleichen Zersetzungsvorgang überzuführen, so die Krankheit zu unterhalten und weiter zu verbreiten.

Es ist hierbei völlig gleichgiltig, ob die zersetzten Stoffe aus einem fremden oder dem eigenen Körper, aus entfernteren oder nächstnachbarlichen Organen übertragen, oder an Ort und Stelle durch Absterben von Gewebstheilen erzeugt worden sind, wenn sie nur eine wunde Stelle berühren. Wie diese letztere entstanden ist, ändert nichts an dem weiteren Hergange.

Es darf darum auch die Entwickelung septischer Geschwürsherde keineswegs blos mit bestimmten äusseren Veranlassungen in ursächlichen Zusammenhang gebracht und noch weniger der Hypopynmkeratitis und dem Ulcus serpens allein der

[1]) Feuer, Wiener medicinische Presse, 1877, Nr. 43—45, Sep.-Abdruck S. 6 u. f.

septische Charakter zugeschrieben werden. Vielmehr kann jedes
Geschwür, gleichviel welchen Ursprunges und welcher Form dasselbe sei, jede Wunde und jede noch so kleine Epithelab-
schilferung der Hornhaut durch Berührung mit zersetzten Stoffen
in einen Eiterherd verwandelt werden, welcher durch seine Neigung
zum Umsichgreifen und zur raschen Zerstörung der Gewebstheile
alle den septischen Geschwüren beigemessenen Eigenschaften
bekundet.

So ist es männiglich bekannt und erst neuerlich wieder durch
einschlägige Versuche [1] erwiesen worden, dass Bindehautentzündungen mit schleimig-eitrigem Producte den Heilungs-
vorgang von ganz oberflächlichen geschwürigen oder traumatischen
Substanzverlusten der Hornhaut in der misslichsten Weise zu beeinflussen und in umfangreiche Geschwüre der schlimmsten Art mit
öfters kaum zu verkennendem septischen Charakter überzuführen
im Stande sind.

Auch bricht sich die Ansicht von Tag zu Tag mehr Bahn,
dass die allermeisten Hornhautverschwärungen bei blennorrhoischen und diphtheritischen Bindehautentzündungen
septischen Charakters seien, durch Einwirkung der in den
Wulstfalten zurückgehaltenen und sich zersetzenden Secrete auf
abgeschürfte Theile der Cornealoberfläche zu Stande kommen. Die
wahrhaft ausgezeichneten Erfolge, welche sich durch stete Reinhaltung des Bindehautsackes und sehr häufig wiederholte Anwendung starker antiseptischer Spülwässer erzielen lassen, die
Möglichkeit und Wahrscheinlichkeit, durch ein zweckmässig geleite-
tes derartiges Verfahren nicht nur Verschwärungen hintanzuhalten,
sondern bereits vorhandene Geschwüre in ihrem Weitergreifen auf-
zuhalten, sprechen einer solchen Auffassung entschieden das Wort.

Nicht minder ist es Erfahrungssache, dass in dumpfen
feuchten schlecht gelüfteten und unreinlichen Wohnungen
der Verlauf von Wunden und Geschwüren ein höchst ungünstiger

[1] Castorani, Klin. Monatsblätter, 1878, S. 220; Thilo, ibid., S. 235.

zu sein pflegt, dass hier ganz unbedeutende äussere Veranlassungen,
herpetische Efflorescenzen u. s. w., häufig die verderblichsten
Eiterungsprocesse im Gefolge haben und denselben einen entschieden
septischen Charakter aufprägen. Es macht sich hier eben unter
anderen schädlichen Einflüssen ohne Zweifel die Einwirkung zersetzter organischer Stoffe auf die Gewebstheile geltend. Es steht
damit im Zusammenhange, dass arme Leute das grösste Procent
der Fälle mit Hypopyumkeratitis und Ulcus serpens liefern.

Mit den zersetzten Stoffen werden selbstverständlich sehr oft
Mikrococcen und Bakterien, unter Umständen wohl auch Leptothrix buccalis, Schimmelpilze und andere derlei Organismen
auf eine wunde Stelle der Hornhaut übertragen und finden in dem
alsbald entwickelten Eiterherde eine ihrer raschen Vermehrung
überaus günstige Brutstätte. Dieselben können aber ebenso gut
auch nachträglich, nach erfolgter Ansteckung des Gewebes, durch
trockene Sporen aus der Luft auf den Geschwürsboden übertragen werden und dort üppig gedeihen. Wenn in dem die Ansteckung vermittelnden Theile zersetzter Stoffe Organismen der
fraglichen Art fehlen und die Zuführung von Keimen durch die
Luft auf ungünstige Verhältnisse stösst, können dieselben wohl
auch in dem Geschwüre völlig vermisst werden, ohne dass dadurch der septische Charakter des Processes geändert würde.

Wirklich hat Michel[1] trotz eifrigem und wochenlang fortgesetztem
Suchen bei Eiterungsprocessen, welchen sonst der septische Charakter zugesprochen wird, namentlich beim Ulcus serpens, keine Pilze zu finden
vermocht. Ebenso scheint Sattler[2] öfters vergeblich nach jenen Organismen
geforscht zu haben, indem er nicht vollständig davon überzeugt ist, dass
alle Formen von Hornhautgeschwüren und nicht einmal alle Fälle von
Ulcus serpens auf mykotischen Ursprung zurückzuführen sind.

Dagegen steht es fest, dass derlei Organismen öfters unter
dem besten antiseptischen Verbande und bei dem günstigsten

[1] Michel, Klin. Monatsblätter, 1879, Beilage S. 156.
[2] Sattler, ibid., S. 140.

Heilungsverlaufe sich entwickeln,[1] überhaupt in Eiterherden gefunden werden, welche ihrem ganzen Verhalten nach den septischen nicht zugezählt werden können.

So haben Eberth,[2] Balogh,[3] Treitel,[4] Horner,[5]
Decker,[6] Feuer[7] u. A. die Mykosis an Geschwüren nachgewiesen, welche früher allgemein als neuroparalytische galten,
heutzutage aber als xerotische angesprochen werden müssen, nachdem es durch die ausgezeichneten Arbeiten Feuer's[8] sichergestellt ist, dass die Neuroparalysis, d. h. die Leitungshemmung
des Trigeminus und der ihm beigemischten sympathischen, beziehungsweise trophischen(?) Nerven, die Ernährung der Hornhaut
nicht in unmittelbarer Weise zu schädigen vermöge, sondern
dass die Quintuslähmung lediglich dadurch zur Hornhautentzündung
führen könne, dass sie den Lidschlag unvollständig macht oder
ganz aufhebt, nebenbei aber auch die Thränensecretion vermindert. Unter solchen Verhältnissen geschieht es nämlich leicht,
dass der in der offenen Lidspalte blossliegende Theil der Cornea
unter dem Einflusse der atmosphärischen Luft vertrocknet, stellenweise abstirbt, verschorft und dann als fremder Körper auf das
umgebende noch gesunde Gewebe reizend wirkt, eine mehr oder
weniger heftige, meistens bis zur Eiterung und Ausstossung des
Schorfes ansteigende Entzündung anregt.

Ist aber die Beirrung des Lidschlusses die eigentliche
Quelle der »Keratitis xerotica«, so versteht es sich von
selbst, dass es gar keiner materiellen greifbaren Veränderung im

---

[1] Hiller, Centralblatt für Chirurgie. 1876. Nr. 11—15, nach Feuer (l. c.).
[2] Eberth, Centralblatt für medicinische Wissenschaften. 1873. Nr. 32.
[3] Balogh. ibid., 1876, Nr. 6.
[4] Treitel. Arch. f. Ophthalmologie XXII., 2, S. 246.
[5] Horner. Klin. Monatsblätter. 1877, Beilage S. 131.
[6] Ch. Decker, Contribution à l'étude de la Keratite neuroparalyt.
Génève. 1876. p. 50.
[7] Feuer, Wiener medicinische Presse. 1877. Nr. 43—45.
[8] Feuer. Sitzungsberichte der k. Akademie der Wissenschaften zu Wien.
III. Abth., LXXIV.

Quintusstamme bedarf, um sie in's Leben zu rufen; dass vielmehr
Alles, was die Empfindlichkeit der vorderen Augapfeloberfläche auf ein Kleines herabgesetzt oder bis zur völligen
Gefühllosigkeit abstumpft und damit die Reflexe auf den Kreis-
muskel der Lider schwächt oder gänzlich zu nichte macht, ebenso
wie rein mechanische Behinderungen des Lidschlusses,
den krankhaften Vorgang in's Leben zu rufen vermag. Man findet
darum die Keratitis xerotica gar nicht selten bei höchstgradiger Er-
schöpfung des Körpers durch schwere Krankheiten, Säfteverluste
u. s. w.; die sogenannten »marantischen Hornhautgeschwüre«
sind oft xerotischen Ursprunges.

Andererseits aber bieten der Exophthalmus, das Ectropium u. s. w. Gelegenheit zur Bildung von Trockenschorfen
und erscheinen folgerecht nicht selten mit xerotischen Geschwüren gepaart.

An derlei offenliegenden Eiterherden ist nun selbstverständlich die Gelegenheit zur Ueberpflanzung von septischen
Stoffen und von Sporen durch die Luft, durch Verbände u. s. w.
eine weit günstigere als dort, wo das Auge durch die Thränen
und den Lidschlag fortwährend gesäubert und obendrein einen
grossen Theil des Tages hindurch von den geschlossenen Lidern
geschützt wird. Es darf darum gar nicht wundern, wenn xerotische
Geschwüre vielleicht häufiger als andere mykotisch befunden
werden und auch nicht selten ganz den septischen Charakter
tragen.

Die unmittelbare Wirkung, welche »ansteckende«, in Zersetzung begriffene Stoffe und die sie so häufig begleitenden kleinen
Organismen auf blossliegende Parenchymtheile ausüben, ist wahrscheinlich nicht verschieden von der Wirkung beliebiger
anderer chemischer Reize. Der septische Charakter der
durch sie angeregten und unterhaltenen Verschwärungsprocesse, d. i.
das hartnäckige Umsichgreifen der eitrigen Zerstörung und der sich
lange hinausspinnende Verlauf der Krankheit bedürfen zu ihrer
Erklärung durchaus nicht einer gewissen »Specificität des Giftes«,

sondern lassen sich ganz gut aus der fermentartigen Fortzeugung der Zersetzungsproducte und Pilze im »inficirten« Herde
begreifen. Solcher Zersetzungsvorgänge mag es nun gar mancherlei
geben, wie es auch sehr verschiedene Ansteckungsstoffe giebt.
Ich möchte darum auch die septischen Hornhautgeschwüre,
soweit sie hier Gegenstand der Erörterung waren, nicht als specifische im engeren Wortsinne bezeichnen und ihnen nicht einen
streng abgesonderten Platz im Systeme anweisen, sondern selbe
unter dem vieldeutigen Namen der »verunreinigten« aufführen.

Es gilt beim Abscesse und Geschwüre die Heftigkeit des
Reizes als die nächste Ursache dessen, dass die Entzündung bis
zur Eiterbildung gedeiht. Es ist dies aber nur dann richtig,
wenn die Reizgrösse mit dem Massstabe der vorhandenen Reizempfänglichkeit und Widerstandsfähigkeit gemessen wird.
In der That reichen bei schwächlichen elenden, durch Kummer
und Noth herabgekommenen, durch Krankheit erschöpften Leuten,
insbesondere bei derlei Kindern und hochbetagten marastischen
Greisen, absolut ganz unbedeutende Reize hin, um weit ausgreifende Eiterungen in der Hornhaut einzuleiten und auf das
uveale Gebiet überzuführen, Hypopyum, eitrige Glaskörpertrübungen
u. s. w. zu erzeugen.

Es ist der Reiz mitunter ein so geringfügiger und vorüber-
gehender, dass er der Wahrnehmung des Kranken gänzlich entschwindet und nur äusserst schwache Reflexe auf die vasomotorischen Nerven des betreffenden Gebietes auszulösen vermag; daher
denn auch diese »reizlose Art marantischer Geschwüre« gerne
mit unverhältnissmässig geringer oder ohne alle Einspritzung
des pericornealen Gefässkranzes einherzuschreiten pflegt und in ihrem
ganzen Verhalten sich den »kalten oder Lymphabscessen«
nähert. Dass es dabei fast immer zur wirklichen Verschwärung
und zum Ergusse der eitrigen Producte kömmt, nicht leicht aber
wie im Unterhautbindegewebe oder in der Umgebung der Knochen
Eindickung und Verkäsung des Eiters beobachtet wird, mag seinen
Grund in der oberflächlichen Lage des cornealen Herdes haben,

da hier die Gelegenheit zur Bildung eines hinlänglich dicken und
daher den Durchbruch hindernden Grenzwalles aus hypertrophi-
schem Gewebe fehlt.

Besonders gefährdet sind in dieser Beziehung mit allgemeiner
weit vorgeschrittener tuberculöser oder scrophulöser Phthise
behaftete Individuen. Alle Verletzungen des Auges, insbesondere
also auch operative Wunden, nehmen bei denselben ganz unverhältnissmässig häufig den Ausgang in zerstörende Vereiterung
der Hornhaut und selbst des gesammten Bulbus.

Aber auch ohne alle auffindbare äussere Veranlassung, scheinbar von selbst, entwickeln sich unter solchen Umständen mitunter corneale Infiltrate von ganz eigenthümlichem Verhalten neben
massenhaften uvealen Producten von knotigem Bau und käsigem Aussehen, welche ich mit Rücksicht auf das vorhandene Allgemeinleiden als »tuberculöse« beschrieben habe. [1] Nach den neuzeitigen
geläuterten Anschauungen dürfen dieselben aber kaum mehr anders,
denn als hyperplastische eitrige Bildungen aufgefasst und müssen
von dem echten heteroplastischen Tuberkel Virchow's [2]
strenge geschieden werden.

Ob dieser einzeln stehend oder gar primär in der Hornhaut vor-
komme, wie Einige behaupten,[3] ist nach den Untersuchungen Baumgarten's[4]
und Hänsell's[5] sehr zu bezweifeln. Ein Durchbrechen von Tuberkel-
massen aus dem vorderen Kammerraume durch die Cornea und die Möglichkeit, durch Impfung Tuberkel in der Hornhaut zu erzeugen, gelten jedoch
als erwiesene Thatsachen. Sattler[6] hat Tuberkel in der pannösen Granulationsschichte beobachtet.

[1] Stellwag, Ophthalmologie I., S. 148, 150, 338, Anmerkung 165;
II., S. 146, 451, Anmerkung 153.

[2] Virchow, Die krankhaften Geschwülste II. Berlin, 1864—1865. Vor-
lesung 21.

[3] Arcoleo, Resoconto d. clin. ottalm. Palermo, 1871, p. 127; Grade-
nigo, Ann. d'ocul., 1870, p. 177, 260; Walb, Klin. Monatsblätter, 1877,
S. 285, Literatur S. 294; Perl's Arch. f. Ophthalmologie XIX., 1, S. 221.

[4] Baumgarten, Arch. f. Ophthalmologie XXIV., 3, S. 185, 194.

[5] Hänsell, ibid. XXV., 1, S. 1, 59.

[6] Sattler, Klin. Monatsblätter, 1877, Beilage S. 64.

Die knotigen Infiltrate, welche bei der Lepra, bei der anästhetischen Form sowohl als besonders bei der knotigen, öfters in der Hornhaut, Iris, dem Strahlenkranze und in der Aderhaut sich entwickeln, sind nicht Tuberkel, sondern Granulome. Sie bestehen aus lauter Rundzellen, führen spärliche Gefässe, verkäsen gerne und schrumpfen. Wo sie vereitern, ist meistens Facialislähmung und Ectropium gegeben; die Ursache der eitrigen Schmelzung scheint in dem Blossliegen des Herdes gesucht werden zu müssen.[1]

Zu den conjunctivalen Formen der Keratitis (S. 57) übergehend, werde ich vorerst von dem Herpes ciliaris[2] und dann von der oberflächlichen gefässbildenden Hornhautentzündung sprechen.

Der Herpes ciliaris kennzeichnet sich in seiner ursprünglichen primären Gestalt durch einen äusserst scharf umschriebenen, im Querschnitte stets kreisrunden, im senkrechten Durchrisse aber spitzkegeligen, mohn- bis hirsekorngrossen, aus dicht aneinander gedrängten Rundzellen bestehenden Knoten, dessen nach hinten sehende Spitze in einen Nerven mit entzündlich infiltrirter Scheide ausläuft (Fig. 1 und 2).

Er lagert immer ganz oberflächlich, seine breite Basis dicht unter der Oberhaut diese mehr oder weniger vorbauchend, der Körper in das Gefüge eingesenkt. Sein Standort ist das Bindehautblatt der Hornhaut und das vordere Dritttheil der Conjunctiva bulbi. Nur in den allerseltensten Ausnahmsfällen, wenn jemals, findet man ihn jenseits dieser Grenze im Lidspaltentheile oder gar auf den von den Lidern gedeckten Portionen der Bindehaut.

---

[1] O. Bull und Hausen, The leprous diseases of the eye. Christiania. 1873. p. 2 u. f.; J. Neumann. Klinische Vorlesungen über Lepra. Wien. 1877. S. 13.

[2] Stellwag. Walther und Ammon's Journal für Chirurgie und Augenheilkunde IX., S. 510 u. f.; Ophthalmologie I., S. 90; Lehrbuch. 1870. S. 55, 67.

Der Knoten kann ausnahmsweise wieder zurückgehen, aber auch organisiren und ständig werden. In der Regel jedoch lockert sich bald sein Gefüge, indem eine faserstoffreiche wässerige

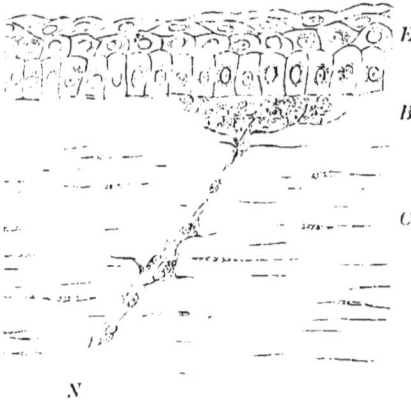

Fig. 1.

Intercellularsubstanz die Zellen auseinanderdrängt und sich gleichzeitig in grösserer Menge an der Oberfläche sammelt. Das überliegende Epithel wird solchermassen emporgehoben und bildet ein den Knoten krönendes w a s s e r h e l l e s Bläschen, das jedoch binnen Kurzem sich lymphartig und später eiterähnlich trübt, indem die Zellen rasch verfetten, zerfallen und dem mittlerweile ebenfalls differencirten Bläscheninhalte sich beimischen.

Herpesknoten im ersten Entwickelungsstadium nach Iwanoff.

E Epithel, *B* Bowmann'sche Membran, *C* Grundsubstanz der Hornhaut. *N* der erkrankte Cornealnerv, von Rundzellen reichlich besetzt, am Vorderende den Knoten tragend.

Gemeiniglich kömmt es indessen gar nicht zur Bildung eines »L y m p h- oder E i t e r - bläschens«, das zarte Epithel berstet frühzeitig und man gewahrt statt dessen eine runde mohn- bis hirsekorngrosse E x - coriation mit überhängenden fetzigen epithelialen Rändern und lymph- oder eiterartig infiltrirtem Boden. Bald aber stösst sich auch die infiltrirte Masse ab, es zeigt sich eine scharf umschriebene kreisrunde, wie mit einem Locheisen geschlagene, trichterförmige Lücke im Hornhautgefüge, deren Ränder und Boden meistens ganz durchsichtig sind, gewöhnlich aber rasch sich florartig trüben.

Der Process beginnt stets mit einem mehr weniger lebhaften örtlichen Schmerz, welcher gewöhnlich Lidkrampf, vermehrte Thränensecretion und grosse Empfindlichkeit der Netzhaut gegen Licht, also einen unter dem Namen Lichtscheu« bekannten Symptomencomplex auslöst. Dabei wird in einfachen schulgerechten

Fällen ein von dem Knoten aus gegen die Uebergangsfalte hin
streng meridional ziehender band- oder fächerförmiger Streifen
der Augapfelbindehaut und des unterliegenden episcleralen Gefüges
von Blut eingespritzt und
entzündlich geschwellt. Steht
der Knoten aber jenseits
des Randes in der Hornhaut,
so erscheint der entzündlich
geröthete und geschwellte
Sector der Conjunctiva und
Episclera Anfangs von dem
Knoten getrennt. Allmälig
aber trübt sich der zwischen-
liegende Theil der Cornea
durch Entwickelung einer subepithelialen graulichen Trü-
bung, die sich rasch mit Blutgefässen durchspinnt und nun als
Verlängerung des conjunctivalen Gefässbündels bis zu den Knoten
hinzieht.

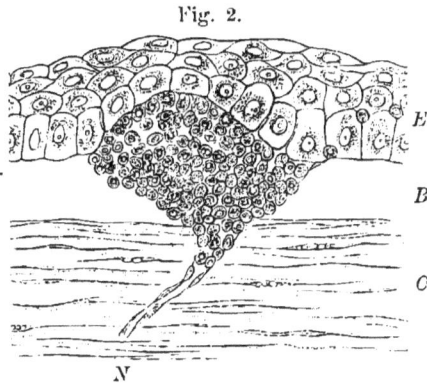

Fig. 2.

Herpesknoten vor Entwickelung des Bläschens
nach Iwanoff.

Das Epithel E erscheint bereits etwas vorgebaucht.

Die ursprünglich streng typische Gestaltung des Entzün-
dungsherdes als eines bläschentragenden scharf begrenzten kege-
ligen Knotens, welcher in einem zur vorderen Augapfeloberfläche
hinstreichenden Gefühlsnerven mit entzündlich veränderter Scheide
ausläuft, kennzeichnen den Process ganz unzweideutig als ein
zur Gruppe der Gürtelausschläge gehöriges Exanthem.
Und wirklich finden sich ganz dieselben Efflorescenzen auf
der Cornea und auf dem vorderen Drittheile der Conjunctiva bulbi
in einem grossen Procente der nicht gerade seltenen Fälle, in
welchen ein zweifelloser Herpes zoster sich auf den Lidern, der
Stirne, vornehmlich aber im Verzweigungsgebiete des Nervus
nasociliaris entwickelt hat.

Das Aufschiessen der charakteristischen Hornhautefflorescenzen
im Verlaufe des Herpes zoster nasociliaris, welches ich in zwei
Fällen der Hebra'schen Klinik zu beobachten Gelegenheit hatte,

war es auch, was mich vor dreissig Jahren bestimmt hat, die Beziehungen des bis dahin als Ophthalmia pustularis, phlyctaenulosa, scrophulosa u. s. w. beschriebenen, überaus häufigen krankhaften Vorganges zu den Gürtelausschlägen näher zu studiren. Die
Ergebnisse dieser Untersuchungen hatten mir bald die Ueberzeugung
aufgedrängt, dass beide Processe auf das Innigste zusammenhängen,
ja dass der Herpes ciliaris nichts Anderes, als ein auf das
Verzweigungsgebiet eines einzelnen oder mehrerer Ciliar-
nervenfäden beschränkter Zoster sei. Eine reiche Erfahrung
hat seither an dieser Ueberzeugung nichts zu ändern vermocht;
im Gegentheile haben meine eigenen und die veröffentlichten
Beobachtungen Anderer dieselbe bis zur Unerschütterlichkeit ge-
festiget.

Es müsste eine hübsche Reihe sein, wenn ich alle seit 1847
gesehenen Fälle von Herpes zoster der Lider, Wangen, der Stirne
und Nase mit gleichzeitigem Herpes ciliaris zusammenstellen könnte.
Ich stehe davon ab, weil die wenigsten genau genug notirt sind,
als dass sie als Beweismaterial dienen könnten. Doch war keiner
darunter, welcher als Gegengrund hätte verwerthet werden können.
Einen solchen hätte ich auf das Sorgfältigste untersucht und in
meinen Aufzeichnungen roth angestrichen. Meistens kommen auch
die Kranken erst zum Augenarzte, wenn das Augenleiden bereits
vorgeschritten und seine ursprüngliche Gestalt verwischt ist; man
findet kein Bläschen mehr und der oft winzige unterlagernde Knoten
ist bereits geschmolzen, ja häufig sind schon secundäre Zustände
gegeben, die Efflorescenzen haben sich in Geschwüre mit ganz
unregelmässigen Grenzen und durchsichtigem oder infiltrirtem Boden
verwandelt. Waren dieselben gruppenweise gehäuft, so erscheinen
sie in einen mehr weniger tiefgreifenden gemeinsamen geschwürigen Herd zusammengeflossen, auf dessen Boden man nur ausnahmsweise noch die den einzelnen Knötchen zugehörigen Substanzlücken unterscheiden kann. Hier und da stösst man indessen
doch auf Fälle, in welchen das Augenleiden von seiner Entstehung an oder doch in seiner ursprünglichen Form zu

beobachten ist und da zeigt es sich denn auch auf das Bestimmteste, dass die beim Zoster ophthalmicus im vorderen Ciliargebiete auf- schiessenden Efflorescenzen in Allem und Jedem auf das Vollstän- digste jenen gleichen, welche das eigentliche Wesen des so überaus häufigen Herpes ciliaris (corneae et conjunctivae) aus- machen.

Bei einem 22jährigen Tischlergehilfen ist angeblich seit zwei Tagen die ganze rechte Stirnhälfte, von der Medianlinie bis zur Schläfegegend und auf- wärts in den behaarten Theil der Kopfhaut hinein, ferner das innere Drittel des rechten oberen Augenlides besetzt mit grösseren und kleineren, von hämorrhagischen Extravasaten theilweise blauroth gefärbten Gruppen her- petischer Efflorescenzen, während der übrige obere Lidrand einzelne zer- streut stehende, Bläschen tragende Knoten aufweist. Die Augapfelbinde- haut ist ganz blass, mit Ausnahme eines von der Uebergangsfalte zum unteren äusseren Quadranten der Cornea meridional streichenden Bündels stark ein- gespritzter Gefässe, welche sich über den Hornhautrand hinüber bis zu einem bereits geschmolzenen herpetischen Knoten ziehen. Dieser sitzt etwa in der Mitte des Halbmessers, dringt trichterförmig tief in das Cornealgefüge ein und ist von eitergelber Farbe. Er ist nur in den tieferen Schichten scharf begrenzt, an der Oberfläche findet er sich umgeben von einer lancettlichen Excoriation mit florig getrübtem Grunde. Am Nasenflügel und im Inneren der Nase war keine Veränderung zu sehen.

Während ich die letzte Feile an das Manuscript der vorliegenden Arbeit lege, Ende September 1881, befinden sich zufällig gerade zwei Fälle von Herpes zoster ophthalmicus auf meiner Klinik in Behandlung. Ich lasse sie nach den Aufzeichnungen des Herrn Dr. Hampel folgen. Der erste Fall betrifft einen stämmig gebauten 18jährigen Drechslergehilfen, welcher zwei Tage vor seiner Aufnahme unter allgemeinem Unbehagen, Frösteln, Uebelkeiten, an heftigen brennenden Schmerzen und entzündlicher Schwellung in der Um- gebung des rechten Auges erkrankt war. Bei der Untersuchung zeigen sich an der äusseren Haut der rechten Stirn- und Nasenhälfte sowie der beiden rechtsseitigen Lider zahlreiche theils einzeln stehende, theils in grössere und kleinere Gruppen gehäufte, hirse- bis hanfkorngrosse Bläschen mit trübem, serösen bis eitergelben Inhalte. Diese Bläschen und Bläschengruppen sitzen sämmtlich auf dunkelrothem derb infiltrirten und mächtig geschwellten Boden, heben sich demgemäss sehr deutlich ab von den umgebenden nur mässig gerötheten und geschwellten Hauttheilen, welche mehr den Charakter ent- zündlichen Oedems zur Schau tragen. Der Krankheitsherd ist an der Mittel- linie der Stirne und Nase scharf abgesetzt. Er erstreckt sich nach oben und in der Schläfegegend bis nahe an die Haargrenze, nach unten bis an die Spitze und den Flügelrand der Nase. Die beiden Lider sind so stark angeschwollen, dass die Lidspalte nicht geöffnet werden kann. Der mediale Theil derselben ist von einer mächtigen Bläschengruppe bestanden, welche mit einzelnen Efflorescenzen auf die freie Lidrandfläche, ja auf die Randpartie der Conjunctiva palpebralis übergreift. Die Bläschen sind nicht alle gleichen Alters. Während die nahe der Haargrenze und an der Nasenspitze sitzenden noch prall gespannt und von einem wenig trüben Inhalte gefüllt erscheinen, sind die dem Auge näher gelegenen schon etwas eingesunken, die epitheliale Wand derselben ist deutlich gerunzelt und der Inhalt dem Eiter ähnlich. Die Oberfläche der zwischengelegenen dunkel blaurot gefärbten und stark infiltrirten Hautstellen ist von schilfriger Epidermis überkleidet. Die Conjunctiva palpebralis und bulbi ist geröthet und geschwellt, von reichlichen Thränen überfluthet. Rings um die Hornhaut ist das episclerale Gefässnetz stark eingespritzt, am meisten nach oben und aussen, wo sich bei 1mm. von dem Cornealrande entfernt ein hirsekorngrosses rundliches scharf umschriebenes grauliches Herpesknötchen entwickelt hat. Hornhaut und Iris sammt den tiefer gelegenen Theilen des Augapfels erscheinen normal, die Pupille eng, träge reagirend. Lichtscheu nicht besonders stark, Schmerzhaftigkeit gering, Bulbushärte nicht merkbar verändert. Ueber Sensibilitätsstörungen im Bereiche des Krankheitsherdes lassen sich keine sicheren Auskünfte ermitteln, doch giebt der Kranke eine Verminderung der Empfindlichkeit zu. — Tags darauf findet sich am oberen Cornealrande, im Limbus eingebettet, ein dem vorerwähnten ganz ähnliches rundes Knötchen, während in der äusseren Haut der Schläfegegend eine neue Gruppe von Bläschenknoten aufgeschossen ist. Nach weiteren 24 Stunden sind die zwei pericornealen Knötchen in kleine rundliche flache Geschwürchen mit graulichem Belage verwandelt. Dafür haben sich in der Hornhaut selbst, nahe ihrem oberen Rande, drei vollkommen wasserhelle Bläschen auf mattem trüben Boden gebildet. Nach wenigen Stunden sind dieselben geborsten und an ihrer Stelle zeigen sich ganz oberflächliche, an den Grenzen zusammenfliessende Substanzverluste mit trübem Belage. Im Uebrigen erscheint die Hornhaut sowie die Iris normal. Die Efflorescenzen an der äusseren Haut sind unter Verminderung der entzündlichen Erscheinungen zu flachen gelben und braunen Borken vertrocknet, zum Theile auch wohl schon abgefallen, so dass an ihrer Stelle mehr oder weniger tiefgreifende, unregelmässig aber scharf geränderte Substanzverluste mit Eiterbelag zu Tage treten. Der Kranke verlässt in diesem Zustande das Spital.

Der andere Fall wurde blos ambulatorisch behandelt. Ein 16jähriger schwächlich gebauter Schneider war vier Tage vor seinem Erscheinen auf der Klinik unter Schüttelfrost und allgemeinem Unbehagen erkrankt. Des Morgens darauf war im rechten Mundwinkel ein schmerzhafter Ausschlag bemerkt worden. Am zweiten Tage nach der Erkrankung begann das rechte Auge zu schmerzen, zu thränen, es röthete sich, während die Lider anschwollen und gleichzeitig in der Gegend des rechten Stirnhöckers ein ovaler, etwa silberguldengrosser Entzündungsherd zum Vorschein kam. Da der Zustand allmälig schlimmer wurde, suchte der Kranke ärztliche Hilfe. Es zeigt sich am rechten Mundwinkel eine etwa bohnengrosse, dunkel blauroth gefärbte, derb infiltrirte Stelle, welche mit gelbbraunen Krusten bedeckt ist und theilweise die äussere Haut, theilweise die Lippenschleimhaut betrifft. Einzelne der Borken lösen sich bereits und lassen unter sich rundliche, scharf und steil begrenzte, ziemlich tiefgreifende Substanzverluste erkennen. Die Lider des rechten Auges sind von entzündlichem Oedem angeschwollen. Ihr innerer Theil sowie die dem Canthus nahe Partie der äusseren Haut ist dunkel geröthet, derb infiltrirt und von einer Anzahl runder hirsekorngrosser Bläschen mit gelblichtrübem Inhalte bestanden. Eine ganz ähnliche aber grössere Efflorescenzgruppe befindet sich in der Gegend des rechten Stirnhöckers. Die Lider sind krampfhaft geschlossen, von Thränen überfluthet. Bei ihrer gewaltsamen Oeffnung zeigt sich eine intensive pericorneale Gefässinjection. Nach oben hin nimmt dieselbe noch etwas zu und dort präsentiren sich, dem Limbus aufsitzend, zwei rundliche mohnkorngrosse grauliche Knötchen. Etwas unterhalb derselben erscheint die Cornea im Umfange eines Pfefferkornes der Oberhaut beraubt, rauh, exfoliirt. Nach zwei Tagen sind die Reizerscheinungen gewichen, die beiden Knötchen am Limbus in oberflächliche Geschwürchen mit geringem graulichen Beschlage verwandelt, die Excoriationen der Cornea in Ueberhäutung und die Herpesgruppen an der äusseren Haut in Abtrocknung begriffen. Der Kranke bleibt aus.

Auch Emmert[1] beschreibt die beim Zoster ophthalmicus in der Hornhaut auftretenden Efflorescenzen als rundliche sulzige Knötchen, Jaksch[2] als feine oberflächliche Infiltrate, Hybord[3] als oberflächliche stecknadelkopfgrosse Geschwüre, Wyss[4] als Bläschen, welche in die Grundsubstanz der Hornhaut hineingreifen und auf der Bindehaut als umschriebene Grübchen und weisse Punkte erscheinen, aus denen sich etwas Eiter auspressen lässt. Hirschberg[5] erzählt von einem Falle, in welchem neben Herpes zoster nasociliaris »typische Conjunctivitis phlyctaenulosa« bestand, und Johnen[6] erklärt das Hornhautleiden bei Zoster ophthalmicus

---

[1] Emmert, Wiener medicinische Wochenschrift, 1870, Nr. 42.

[2] Jaksch, Nagel's Jahresbericht, 1870, S. 413.

[3] Hybord nach Jaclard, Contribution à l'étude de Herpes ophth. Génève, 1874, p. 11.

[4] Wyss, Arch. f. Heilkunde XII., S. 261.

[5] Hirschberg, Klinische Beobachtungen, Berlin, 1874, S. 87, 4. Fall.

[6] Johnen, Deutsche Klinik, 1868, S. 228.

geradezu für identisch mit dem, was man Keratitis lymphatica, scrophulosa oder phlyctaenulosa nennt.

In den meisten Fällen findet man die Cornealefflorescenzen
beim Zoster ophthalmicus allerdings kurzweg als Phlyctänen oder
als wasserhelle Bläschen bezeichnet, wenn es sich nicht bereits
um secundäre Zustände handelt, und Horner[1] will sogar die
Knotenform ganz hinwegläugnen. Nach ihm ist »die erste Erkran-
»kung, welche wir finden, immer das Auftreten einer Reihe voll-
»kommen wasserheller Bläschen, die meistens gruppenweise
zusammengehören und ganz gewöhnlich mehr peripherisch an der
Cornea sitzend eine Rosenkranzstellung einnehmen. Natürlich ist
»ein gewisser Wechsel in Zahl, Sitz und Gruppirung der Bläschen
vorhanden, aber charakteristisch ist immer, dass die primäre Affec-
»tion in wasserhellen Bläschen besteht, die gruppenweise zu-
sammengeordnet sind. Dabei ist im ersten Momente der Eruption
fast keine Trübung der Hornhaut, nur eine unbedeutende Trübung
des Epithels da, wo die Bläschen aufsteigen, und eine sehr leichte
Trübung der umgebenden Hornhaut. Wenn die Bläschen platzen
(die nie wie bei Keratitis phlyctaenulosa einen grauen Hügel darstellen, der offenbar durch eine Zellenanhäufung bedingt wäre),
dann haben wir einen unregelmässigen Substanzverlust, den wir
Alle auf den ersten Blick für eine traumatische Keratitis ansehen
würden.«

Es steht diese Behauptung Horner's in grellem Widerspruche
mit den zahlreichen Beobachtungen vieler Anderer, wie schon eine
oberflächliche Durchsicht der veröffentlichten Fälle mit aller Sicherheit erkennen lässt. Es ist dies Horner auch nicht entgangen, und
er fand sich darum veranlasst, die als Keratitis lymphatica, scrophulosa oder phlyctaenulosa beschriebene Krankheit nach Hasner's[2]
Vorgang dem Ekzem zuzurechnen.[3]

[1] Horner, Klinische Monatsblätter, 1871, S. 321, 324.
[2] Hasner, Entwurf einer anatomischen Begründung etc. Prag, 1847. S. 88.
[3] Horner, l. c., S. 337.

Es hat zu der herrschenden Verwirrung der Umstand viel beigetragen, dass die Dermatologen, der am meisten in die Augen springenden Erscheinung nachgehend, den Herpes einfach unter die Bläschenausschläge eingereiht haben. Es heisst in den betreffenden Lehrbüchern[1]) ziemlich übereinstimmend: »Wir verstehen »seit Willan unter Herpes eine acut und typisch verlaufende »gutartige Hautkrankheit, welche sich durch die Bildung von in »Gruppen gestellten, mit wasserheller Flüssigkeit gefüllten Bläs- »chen charakterisirt, gewisse theils anatomisch besonders vor- »gezeichnete, theils wenigstens topographisch markirte Regionen »des Körpers occupirt und jedesmal in einem bestimmten, auf relativ »kurze Zeit bemessenen Cyklus abläuft.«

Das Krankheitsbild wird im Allgemeinen folgender- massen gezeichnet: »An einer bestimmten Region der Haut ent- »stehen in acuter Weise eine oder mehrere Gruppen von kleinen »Epidermoidalelevationen, Knötchen, welche sich rasch durch »Ansammlung von Serum zu Bläschen entwickeln; damit ist die »Höhe des Processes erreicht.«

Bezüglich des Zoster heisst es: »Der Ausbruch des Zoster »erfolgt, ob mit oder ohne Prodromalneuralgien, höchst acut. Unter »dem Gefühle von Brennen schiessen an einzelnen Stellen der »Haut auf vorher gerötheter Basis einzelne Gruppen von hirse- »korngrossen und etwas grösseren lebhaft rothen Knötchen auf, »welche binnen wenigen Stunden, ein bis zwei Tagen, sich zu »Bläschen von Stecknadelkopf- bis Schrotkorn- und Erbsengrösse »entwickeln .... Die Eruptionsdauer kann sich auf vier bis »acht Tage erstrecken, indem nämlich nicht alle Gruppen schon »am ersten Tage auftauchen. Die Efflorescenzen der einzelnen »Gruppen aber sind coaevi, erreichen demnach die Höhe ihrer »Entwickelung gleichzeitig, und es kann eine Gruppe schon voll-

---

[1]) Kaposi, Pathologie und Therapie der Hautkrankheiten. Wien und Leipzig, 1880. S. 307, 312, 314, 325; J. Neumann, Lehrbuch der Hautkrank- heiten. Wien, 1880. S. 188.

6*

»ständig entwickelt sein, während eine andere eben erst auftaucht.
»Die Bläschen der einzelnen Gruppen stehen entweder ganz isolirt
»von einander, oder sind, wenn grösser geworden, dicht anein-
»ander gedrängt, ja sie können zu einer grossen an der Oberfläche
»höckerigen Blase zusammenfliessen .... Es kann der Zoster
»abortiv verlaufen, indem alle Gruppen nur in Knötchen be-
»stehen und letztere gar nirgends zu Bläschen sich entwickeln,
»sondern alsbald wieder unter Abblättern und Abschuppen sich
»verlieren. Einzelne unvollkommen entwickelte Gruppen
»finden sich beinahe bei jedem Zoster, manchmal als ziem-
»liche Spätlinge. ....«

Die Schleimhautefflorescenzen bei Herpes facialis
(labialis) betreffend, sagt Kaposi: »Bisweilen finden sich analog
»Erkrankungsherde im Bereiche der Wangenschleimhaut und des
»weichen und harten Gaumens, der Zunge. Das Epithel wird an
»einzelnen oder gruppirten Punkten grau getrübt, abgestossen,
»worauf die betreffenden Stellen roth und für einige Tage empfind-
»lich zurückbleiben .... Es ist bekannt, dass dieser Herpes im
»Verlauf von ephemeren und überhaupt acuten fieberhaften Erkran-
»kungen, Schnupfen, Pneumonie, Typhus, also bei vollständig gering-
»fügigen sowie auch bei intensiven Erkrankungen aufzutreten pflegt
»(Hydroa febrilis).«

Angesichts dieser Schilderungen der Hebra'schen Schule
dürfte es Jedermann klar sein, was die Hautärzte unter einem
»Herpesbläschen« verstanden wissen wollen, und was es mit
den Horner'chen wasserhellen Bläschen bei Herpes ophthalmicus
für eine Bewandtniss habe. Wer jemals einen Gürtelausschlag
beobachtet und die von der heftigsten Entzündung dunkel geröth-
theten heissen mächtig angeschwollenen und gespannten Hauttheile
gesehen hat, auf welchen die Bläschen treibenden Knoten
und späteren Borken wie auf einem gemeinschaftlichen Blüthen-
boden zusammengedrängt stehen; wer weiters die häufig bis auf
das Unterhautbindegewebe reichenden hässlichen zerrissenen Narben
betrachtet hat, welche der Zoster in vielen Fällen zurücklässt: der

kann das anatomische Wesen der Herpesefflorescenz unmöglich
in der Emportreibung der Oberhaut durch eine blosse Ansammlung
rein seröser wasserheller Flüssigkeit erblicken. Im Uebrigen ver-
weise ich ihn auf die mikroskopischen Untersuchungen Is. Neumann's[1]) und die von diesem gelieferten Zeichnungen.

Man ist nun aber einmal gewöhnt, den Zoster einen Bläs-
chenausschlag zu nennen und so haben denn auch die meisten
Schriftsteller bei der Mittheilung ihrer Fälle sich der Mühe ent-
hoben, auf eine nähere Beschreibung der in der Horn- und Bindehaut auftretenden Efflorescenzen näher einzugehen. Sie sprechen
kurzweg von Bläschen und von Phlyctänen. Was den Ausdruck
»Bläschen« betrifft, so ist es durchaus nicht nothwendig, stets
einen Beobachtungsfehler unterzustellen. Ich möchte betreffs
dessen nur in Erinnerung bringen, dass selbst reichliche Anhäufungen von Rundzellen im Cornealgefüge dem freien Auge häufig
erst sichtbar werden, wenn die Elemente sich bereits differenzirt
haben, dass eine umschriebene Infiltration des Bläschenbodens
also ganz gut bestehen könne, ohne dass dieselbe vor dem meistens
so frühzeitigen Bersten des Bläschens bemerkbar wird. Mit der
Bezeichnung »Phlyctäne« spielen die Beobachter aber ganz
deutlich auf die Ophthalmia phlyctaenulosa, lymphatica u. s. w.
an, deren Efflorescenzen ursprünglich unbestrittenermassen Bläschen tragende Knoten sind, welche indessen durch mannigfaltige secundäre Wandlungen in der Bläschenwand, in dem
Knoten und in dem Boden der Efflorescenz sich weiterhin sehr
verschiedenartig zu gestalten vermögen. [2]) Ein triftiger Einwand gegen die Gleichstellung der Efflorescenzen beim Zoster
ophthalmicus und beim Herpes ciliaris lässt sich demgemäss aus
diesen Angaben der Autoren nicht schmieden.

Indem ich nun auf die übrigen Merkmale des Herpes
übergehe, muss ich in erster Linie hervorheben, was ich seit

---

[1]) Is. Neumann, l. c., S. 198, 200.

[2]) Siehe die Zusammenstellung von V. Jaclard, Contribution à l'étude
de Herpes ophth. Génève, 1874. p. 7, 13, 66.

dreissig Jahren schon so oft betont habe, nämlich, dass beim Herpes ciliaris jede einzelne Efflorescenz den für die Bläschenflechte überhaupt charakteristischen acuten und typischen Verlauf nehme. Wenn die Krankheit unter gewissen Umständen sich öfters Wochen und Monate fortspinnt, so liegt der Grund einmal darin, dass der Herpes ciliaris gleich dem Herpes facialis zu Recidiven neigt, eine Efflorescenz nach der anderen treibt; das andere Mal aber darin, dass nach Ablauf des typischen Processes die Verheilung der durch die Efflorescenzen gesetzten und vielen äusseren Schädlichkeiten preisgegebenen Substanzlücken, wie nach den Pocken u. s. w., längere Zeit in Anspruch nimmt und nicht selten Störungen erleidet.

Dazu kömmt, dass die dem Zoster pathognomonisch zugehörigen nervösen Erscheinungen sich in allen ihren Einzelnheiten auch beim Herpes ciliaris wieder finden. Die qualvollen Neuralgien, welche dem Gürtelausschlage voranzugehen und ihn zu begleiten pflegen, sind beim Herpes ciliaris durch die mehr oder weniger lebhaften brennenden oder stechenden Schmerzen vertreten, welche den Beginn des Augenleidens kennzeichnen und sich gerne mit dem Symptomencomplexe »Lichtschen« vergesellschaften. Nicht minder aber finden auch die Anästhesien der vom Zoster befallenen Hauttheile und die nebenhergehenden, auf vasomotorische Störungen bezogenen Erscheinungen beim Herpes ciliaris ihr Aequivalent. Nach Molter's[1] Versuchen erzeugen nämlich »phlyctänuläre Processe partielle Empfindungs-»lähmung und zwar Analgie im Bereiche der eitrig infiltrirten »oder vom Epithel entblössten Stellen; ferner herabgesetztes Em-»pfindungsvermögen für Schmerz und Berührung in nächster Nähe, »während Drucksinn und Temperatursinn unverändert bleiben.« Nagel[2] hebt überdies das häufige Vorkommen von Hypotonie des Bulbus bei phlyctänulären Formen der Keratitis hervor.

---

[1] Molter, Klinische Monatsblätter, 1878, Beilage S. 58, 60.
[2] Nagel, ibid., 1873, S. 397, 398.

Horner[1]) hat zuerst auf diese beiden Symptome bei der Bläschenflechte des Auges aufmerksam gemacht, spricht sie aber nur dem Zoster
ophthalmicus und einer besonderen, durch Schmerzhaftigkeit und Hart-
näckigkeit ausgezeichneten Form des Herpes corneae zu, welche sich durch
gruppenweise Eruption und Confluenz wasserheller Bläschen charakterisirt.
Die Hornhaut soll dabei ihrem ganzen Umfange nach anästhetisch und die
Druckverminderung eine colossale sein. Molter[2]) und Hirschberg[3]) fanden
gänzliche Empfindungslosigkeit für Druck und Schmerz sowie Lähmung des
Temperatursinnes an den Eruptionsstellen der Cornea bei Zoster ophthalmicus, und Fuchs[4]) totale Unempfindlichkeit der Hornhaut gegen die gröbste
Berührung sowie gegen Hitze und Eiskälte neben vollständiger Trigeminus-
lähmung nach einem Gürtelausschlage in dessen Gebiete.

Wenn bezüglich der genannten Erscheinungen beim Zoster
ophthalmicus und dem Herpes ciliaris ein Unterschied besteht, so kann derselbe nach dem Mitgetheilten nicht als ein wesentlicher, sondern lediglich als ein gradweiser anerkannt werden;
und für einen solchen bieten die vorliegenden pathologisch anatomischen Befunde eine völlig genügende Erklärung. Das
eigentliche Grundleiden und der Ausgangspunkt des an der
Körperoberfläche sich abspielenden Processes ist nämlich stets ein
Entzündungsherd in irgend welchem Theile eines Gefühlsnerven. Bei dem Herpes ciliaris beschränkt sich derselbe auf
die Peripherie eines einzelnen Nervenfadens oder auf einen End-
zweig letzter Ordnung; bei den Gürtelausschlägen im strengen
Wortsinne aber ist ein grösserer Ast oder Stamm, ein ihm an-
gehöriges peripheres Ganglion oder sein Centraltheil der Ursitz des
Leidens. Für den Herpes ciliaris hat Iwanoff die erforderlichen
Belege geliefert (S. 76, 77); für den Zoster aber stehen bereits
eine ganze Reihe von Leichenuntersuchungen zu Gebote.

Nach den Ergebnissen der ersten Sectionsbefunde[5]) musste
es scheinen, als ob der Zoster der Gliedmassen und des Rumpfes

[1]) Horner, Klinische Monatsblätter, 1871, S. 321, 325.
[2]) Molter, ibid., 1878, Beilage S. 40 u. f.
[3]) Hirschberg, Arch. f. Augenheilkunde VIII., S. 167.
[4]) Fuchs, Wiener medicinische Jahrbücher, 1878, S. 578.
[5]) Literatur: Abrahamsz, XIV. Jaarlijksch Verslag. Utrecht, 1873.
S. 2; Kaposi, Pathologie und Therapie der Hautkrankheiten. Wien, 1880.

stets von einem entzündeten Spinalganglion, der Zoster ophthalmicus aber vom Ganglion Gasseri seinen Ausgangspunkt nehme.

Was den letzteren betrifft, so fand Wyss[1]) in Uebereinstimmung mit dem ersten Beobachter der Ganglienerkrankung, Bärensprung,[2]) eine entzündliche Infiltration und Blutaustretung im Ganglion Gasseri. Die Hornhaut war in ihren oberflächlichen Schichten von Zellen stark durchsetzt, so dass die Anhäufung der Zellen in den Nervenscheiden wenig auffiel. Die Ciliarnerven waren von lymphoiden Zellen umhüllt. Dabei Iridochorioiditis mit Blutextravasaten, welche Wyss jedoch auf die nebenhergehende und zum Tode führende Phlebitis venae ophthalmicae zurückführt. Horner[3]) fand in demselben Falle die langen Ciliarnerven von Lymphzellen und Blut sehr verändert.

Sattler[4]) beobachtete einen Herpes ophthalmicus bei einem 85jährigen Manne nach Kohlenoxydgasvergiftung. Die Efflorescenzgruppen waren über das ganze Verzweigungsgebiet des ersten Quintusastes ausgebreitet. In der Cornea ein kleines flaches Geschwür. Iridochorioiditis mit starker Netzhaut- und Glaskörperinfiltration. Das Ganglion Gasseri erschien dem freien Auge grauröthlich, sehr saftreich, ohne Blutaustretungen. Ebenso der erste Trigeminusast mit seinen Augenästen und dem Ganglion ciliare. Mikroskopisch zeigte sich Infiltration des interstitiellen Bindegewebes mit Rundzellen und regressive Metamorphose der Ganglienzellen bis zum Zerfalle, Umwandlung des die Ganglienzellen umgebenden Endothels in graue trübe homogene Massen, soweit der erste Ast im Ganglion Wurzeln hat, während die übrigen Theile des Ganglion fast vollkommen normal waren. Auch die durchsetzenden Fasern des Trigeminus waren ziemlich intact, während die dort entspringenden sehr verändert erschienen. Im Ganglion ciliare waren die Ganglienzellen unverändert, dagegen das interstitielle Bindegewebe sehr stark mit Rundzellen durchsetzt und die eintretenden Fasern ziemlich degenerirt. Noch mehr degenerirt aber erschienen die austretenden Ciliarnerven und zwar bis in ihre letzten Verästelungen, doch abnehmend gegen die Peripherie. Sattler schliesst daraus, dass es sich hier nicht um ein Fortschreiten der Entzündung von dem Nervengefüge auf das Bindegewebe handle, sondern

S. 308; Wiener medicinische Jahrbücher, 1876, S. 60 u. f.; J. Neumann, Lehrbuch der Hautkrankheiten. Wien, 1880. S. 197; Stellwag, Lehrbuch, 1870, S. 69, 77.

[1]) Wyss, Arch. f. Heilkunde XII., S. 261, 267.

[2]) Bärensprung, Charité-Annalen, 1863, IX., 3, S. 7, 8.

[3]) Horner, Klinische Monatsblätter, 1871, S. 336.

[4]) Sattler, ibid., 1871, S. 352; Anzeiger der Gesellschaft der Aerzte. Wien, 1875. Nr. 3.

dass dieses eher durch den Einfluss der Nerven auf die Capillaren und pro-
capillaren Venen geschehe.

Wäre nach diesen Erfahrungen die Entwickelung eines Gürtelausschlages wirklich an entzündliche Vorgänge im Bereiche von
Ganglien gebunden, so müsste man mit Rücksicht auf die unzweifelhafte Gleichheit des Processes auch den Herpes ciliaris aus
ähnlichen Erkrankungen der zahlreichen intrachorioidalen Ganglien abzuleiten versuchen. Es hat sich jedoch ergeben und die
Untersuchungen Kaposi's[1]) leisten die Gewähr dafür, »dass der
»Zoster sich auch in Folge von Verletzungen und Erkrankungen
»aller Art, Zerrung, Entzündung, Druck, Neoplasmen etc. theils
»der peripheren Nervenstämme für sich, theils der Gebilde
»des Rückenmarkes und Gehirnes, mit Ausschluss also
»der Intervertebralganglien, entwickeln könne.«

Fasst man dies in's Auge, so wird es auf den ersten Blick
klar, wie es komme, dass der Herpes ciliaris ein ungemein
häufiges Leiden sei und sehr oft auf die allerunbedeutendsten
äusseren Veranlassungen zurückgeführt werden müsse, während der
Zoster der Haut zu den verhältnissmässig selteneren Krankheiten
gerechnet wird. Es ist der Erstere seinem Standorte nach
nämlich an die Oberfläche der Cornea und des vordersten
Dritttheiles der Conjunctiva bulbi gebunden. Es sind dies
die am meisten vorspringenden Abschnitte des in der offenen
Lidspalte blossliegenden Theiles der vorderen Bulbusoberfläche. Es
sind aber auch sehr nervenreiche Abschnitte und die dort endigenden vorderen Ciliarnerven sind nicht wie die Gefühlsnerven der
äusseren Haut durch eine dicke Lage verhornter Epidermis geschützt, sondern bilden ein dichtes Geflecht unter der zarten
weichen Epithellage, ja dringen mit ihren Endigungen im Bereiche
der Hornhaut in das Epithel hinein, sind also der Einwirkung
äusserer Reize ganz besonders preisgegeben und müssen es sein,

[1]) Kaposi, Wiener medicinische Wochenschrift, 1876, S. 32; 1877,
Nr. 25, 26; Wiener medicinische Jahrbücher, 1876, S. 55, 74, 75.

da sie ja gleichsam als Wächter des Auges zu wirken haben. Nervenreize finden an den genannten Stellen also einen wie nirgendwo günstigen Boden und es darf nicht wundern, wenn die Gegenwirkungen daselbst etwas kräftiger ausfallen.

Selbstverständlich wird dieses Missverhältniss zwischen der Grösse des veranlassenden Reizes und der Reaction besonders dort stark hervortreten, wo noch das Moment einer örtlichen oder allgemeinen Schwäche, einer verminderten Widerstandskraft hinzutritt: bei schwächlichen kränklichen verweichlichten, durch unzweckmässige Nahrung und Lebensweise, durch ungesunde Wohnungen u. s. w., durch häufige oder schwere fieberhafte Erkrankungen herabgekommenen, erschöpften Menschen, besonders bei Kindern. Daher denn auch die hervorragende Rolle, welche der Herpes ciliaris unter den Kinderkrankheiten, namentlich unter den sogenannten Scrophuliden (S. 54) sowie unter den Begleitern und Nachkrankheiten der acuten Exantheme,[1] vorzüglich der Blattern (S. 63) und Masern,[2] spielt.

Es scheint übrigens, als ob das dem Herpes zu Grunde liegende Nervenleiden bestehen könne, ohne dass es nothwendig zur Bildung der charakteristischen Efflorescenzen kommen müsse, dass demnach die Grenzen dieser Krankheitsgruppe noch weiter gesteckt werden dürfen, als dies dermalen geschieht. Schliephake und Heimann[3] berichten von einigen Fällen, in welchen neben heftigen neuralgischen Schmerzen im Verzweigungsgebiete des Trigeminus einseitige Röthung und Wärmeerhöhung der äusseren Haut mit den Erscheinungen einer überaus heftigen Ciliarreizung und mit deutlicher Hypotonie des betreffenden Auges bestand. In mehreren Fällen fanden sich Phlyctänen oder ihre Folgezustände auf der Hornhaut. Einige Male war auch Myosis mit Ptosis des oberen Augenlides und merkbare Sensibilitätsstörung des obersten Hals-

---

[1] Stellwag, Walther und Ammon's Journal für Chirurgie und Augenheilkunde IX., S. 508; Ophthalmologie I., S. 104.

[2] Königstein, Oesterr. Jahrbücher für Pädiatrik VII., 1876, S. 23.

[3] Schliephake und Heimann, Arch. f. Augenheilkunde V., S. 286, 303.

ganglion gegeben. Schliephake und Heimann bringen diese Fälle in Verbindung mit anderen, in welchen heftige Ciliarreizung mit Druckverminderung im Auge beobachtet wurde, die Umgebungen des letzteren aber frei blieben. Sie berufen sich dabei auf Nagel,[1] welcher ähnliche Beobachtungen zuerst gemacht hat und geneigt ist, darin eine eigene Krankheitsform zu erblicken, von welcher er vermuthet, dass sie mit dem Zoster in Verwandtschaft stehe. Dieselbe kennzeichnet sich nach seiner Schilderung durch starke pericorneale Injection ohne irgend erhebliche Veränderungen in der Cornea und Conjunctiva, nur ist eine leichte Schwellung des Limbus ohne deutliche Phlyctänenbildung zu bemerken, dabei geringe Herabsetzung der Sehschärfe und vermehrte Lacrymation, erheblicher Schmerz im Auge bei sehr auffälliger Herabsetzung des Druckes. Die Fälle verlaufen sehr langsam.

Es kömmt ein solcher Zustand mit oder ohne deutliche Hypotonie sehr häufig vor. Ich habe ihn von jeher immer zu dem Herpes ciliaris gerechnet, indem meisthin über kurz oder lang doch die charakteristischen Bläschenknoten aufschiessen, nicht selten mit bedeutender Erleichterung des Kranken, wie dies auch beim Zoster öfters vorkömmt.[2] Aber auch einen Fall der ersten Art habe ich gesehen und lasse ihn folgen.

Ein 50jähriger vermöglicher Mann leidet seit einer Woche an sehr heftigen einseitigen, über die ganze linke Kopfhälfte und die linke Nasenseite ausstrahlenden Schmerzen. Seit zwei Tagen sind auch lebhafte Schmerzen und entzündliche Röthe des linken Auges dazu gekommen. Bei näherer Untersuchung ergiebt sich, dass die Kopfschmerzen sich auf das ganze Verzweigungsgebiet des linken Stirnerven bis zum Hinterhaupte erstrecken, oberflächlich in der Haut sitzen und an der Medianlinie eine scharfe Grenze finden. Dieselben sind anhaltend, verstärken sich zeitweilig mit nicht deutlichem Typus bis zum Unerträglichen. Durch Druck auf die schmerzhafte Kopfschwarte werden sie ermässigt. Dabei fühlt sich die letztere linkerseits viel wärmer an als an der rechten Kopfhälfte. Eine auffallende stärkere Röthung derselben ist jedoch nicht nachzuweisen. Der Kranke klagt über ein eigenthümliches Kriebeln und Ameisenlaufen im Bereiche der linken

---

[1] Nagel, Klinische Monatsblätter, 1871, S. 335.

[2] Samelsohn, Arch. f. Ophthalmologie XXI., 3, S. 29.

Stirn- und Kopfschwarte und bei dem Versuche ergiebt sich eine sehr beträchtliche Herabsetzung der Empfindlichkeit gegen Druck, Streichen u. s. w. Ganz ähnlich verhalten sich die linke Nasenhälfte und die innere Hälfte beider linken Augenlider. Ueberdies ist die Schleimhaut der linken Nasenhälfte bedeutend geschwollen, geröthet. Der Kranke hat daselbst das Gefühl eines heftigen Schnupfens ohne auffällig vermehrte Absonderung, jammert über die Verstopfung und das Kriebeln in derselben, während rechterseits völlige Durchgängigkeit besteht. Die beiden linken Augenlider sind leicht geröthet, ihr Rand etwas ödematös angeschwollen. Die Bindehaut geröthet, von Thränen überfluthet, der pericorneale Theil überdies mächtig gewulstet, blauroth gefärbt, der Limbus stark eingespritzt und infiltrirt. Die Cornea glänzend, scheinbar unverändert, Kammer weit, Iris in ihrer Färbung normal, Pupille sehr verengert, auf Atropin nicht reagirend. Die Härte des Bulbus unter dem gewöhnlichen Masse. Die gebräuchlichen Mittel bleiben ohne Wirkung, doch gelingt es durch hypodermatische Einspritzung von schwachen Morphiumlösungen zeitweilig die Leiden zu mildern.

Am fünften Tage nach der ersten Untersuchung zeigt sich der untere äussere Quadrant der linken Hornhaut im Umfange einer mittelgrossen Erbse oberflächlich trüb und rauh. Anderen Tages ist der Ausbruch einer regelrechten herpetischen Bläschengruppe nicht mehr zu verkennen. Die Bläschen stehen dicht gedrängt. Einzelne derselben sind schon geplatzt und durch kleine Grübchen mit trübem infiltrirten Boden ersetzt. Am achten Tage ist die ganze Gruppe in ein tiefes offenes Geschwür mit fetziggrubigem Grunde verwandelt, in welchem man noch deutlich einzelne graue Knötchen unterscheiden kann. Von da an verwischt sich die Spur der Bläschenknoten immer mehr, das Geschwür nimmt an Tiefe und Umfang zu, vergesellschaftet sich mit einem mehr als 1''' hohen Onyx, mit hochgradiger Iritis und mit einem sehr massigen Hypopyum, während das Sehvermögen auf quantitative Lichtempfindung sinkt. Eine Durchschneidung des Geschwürbodens mit dem schmalen Staarmesser und die Entleerung des Eiters aus der Kammer sowie die systematische Anwendung von feuchtwarmen Ueberschlägen aus Chamillenaufguss bringen nur unvollständige Erleichterung. Der Process zieht sich wochenlang hin. Auch die Schmerzen und die Gefühlstaubheit im Bereiche der linken Stirne, Kopfschwarte und Nase sowie die Schwellung der Schleimhaut in der linken Nasenhöhle sind wenig geändert. Endlich beginnt das Leiden allmälig zurückzugehen.

Sechs Monate nach dem ersten Auftreten sind alle Schmerzen gewichen, doch im Verzweigungsgebiete des Stirnnerven, besonders in der Scheitelwandgegend, das Gefühl noch nicht völlig hergestellt. Die linke Nasenhöhle frei. Die Lider normal, die Bindehaut blass. Einzelne vordere Ciliarvenen stark ausgedehnt, besonders im äusseren Quadranten. Der Augapfel im Umfange etwas verkleinert, unregelmässig gestaltet, indem der äussere Quadrant leicht buckelig hervorspringt. Hier fühlt man auch eine Härte, so dass

man an einen Tumor zu denken Anlass hat. Im Uebrigen ist die Spannung
der Lederhaut der normalen gleich. Die Hornhaut erscheint in ihrem Kreis-
durchmesser um ein Kleines vermindert, dafür aber stumpfkegelig vorspringend.
Die Mitte derselben ist von einer dichten durchgreifenden sehnenähnlichen
Narbe eingenommen, der etwa linienbreite Randsaum durchsichtig. Die Iris
der Hinterwand der Cornea anliegend, hochgradig atrophirt, stellenweise in
straff gespannte dichte weisse fibröse Stränge mit zwischenliegenden schiefer-
grauen Flecken verwandelt. Absolute Amaurose.

Es tritt in diesem und in den ihm ähnlichen früher erwähnten
Fällen die vasomotorische Lähmung ganz deutlich zu Tage.
Die verwandtschaftlichen Beziehungen der fraglichen Processe
zu dem Herpes erscheinen dadurch noch fester begründet, denn
die Wahrzeichen der Gefässparalyse finden sich bei allen Arten
von Gürtelausschlägen nicht nur sehr kräftig, sondern in einer für
den Verlauf des erkrankten Gefühlsnerven geradezu charakteristischen
Weise ausgeprägt.

Strenge genommen ist eigentlich das Gegebensein vasomotorischer Störungen bei tiefen Erkrankungen von Gefühlsnerven
oder ihrer Ganglien selbstverständlich, da die Stämme und
Aeste dieser Nerven sowie deren Ganglien sehr viele sympathische
Fäden in sich enthalten, beziehungsweise aus den Ganglienzellen
hervorgehen lassen. Es müsste sogar das grösste Staunen erregen,
wenn bei einer schweren Entzündung des Ganglion Gasseri
oder bei Entartung der Quintuswurzeln, [1]) wie selbe als Grundleiden des Zoster ophthalmicus nachgewiesen wurden, derlei
Symptome immer fehlen sollten; ja man darf sich billig darob
verwundern, dass erst Horner[2]) auf die beträchtliche Wärmeerhöhung und Donder's[3]) auf die vermehrte Schweissabson-
derung im Verzweigungsgebiete des ersten Trigeminusastes bei
Bestand eines Gürtelausschlages aufmerksam geworden sind. Es
lässt sich nämlich kaum denken, dass die sympathischen Fasern
den Erkrankungsherd ganz unbehelligt durchlaufen können.

---

[1]) Weidner, Berliner klinische Wochenschrift, 1871, S. 27.

[2]) Horner, Klinische Monatsblätter, 1871, S. 322.

[3]) Donders, ibid., S. 334.

Es bedarf aber gar nicht materieller Veränderungen, also
einer unmittelbaren Theilnahme der sympathischen Fasern an
entzündlichen und anderen pathologischen Vorgängen, welche sich
innerhalb des Stammes, Astes oder Ganglion eines Gefühlsnerven
abspielen, um im Verzweigungsgebiete des Letzteren und selbst
darüber hinaus Gefässlähmungen mit allen ihren Folgen in's
Dasein zu rufen. Jedwede kräftige Reizeinwirkung, gleichviel welcher Art sie sei, genügt dazu.[1] In Anbetracht der Wichtigkeit, welche diese Verhältnisse für den vorliegenden Gegenstand
haben, erlaube ich mir die Zusammenstellung der Ergebnisse von
Versuchen mit Hautreizen aus meinem Lehrbuche[2] wörtlich zu
wiederholen: Hautreize ziehen primär eine Verengerung der
kleinen Körpergefässe mit Temperaturerniedrigung sowie mit
Vergrösserung der Zahl und Energie der Herzschläge nach sich.
Die Gefässcontraction hält auch nach Beseitigung der Ursache
noch eine Zeit an, um schliesslich einer geringen Erweiterung
Platz zu machen, wenn der Hautreiz ein relativ schwacher war.
Die Gefässverengerung geht dagegen im Verzweigungsgebiete des
gereizten Gefühlsnerven und in dessen Nachbarschaft sehr rasch
und fast unmittelbar in starke Erweiterung über, während sie
in entfernteren Organen andauert, wenn der Hautreiz ein
relativ starker war. Der Grad der effectiven Reizung hängt
nicht blos von der absoluten Stärke des Eingriffes, sondern auch
von der jeweiligen Irritabilität des Körpers ab, so dass ein
und derselbe Reiz bei verschiedenen Individuen und bei demselben
Individuum unter verschiedenen Umständen ganz entgegengesetzte
Reizzustände veranlassen, also einmal Gefässverengerung mit
Erniedrigung der Temperatur, das andere Mal Gefässerweiterung
mit anfänglicher Steigerung der Wärme, weiterhin aber Verlangsamung des Blutstromes, passive Hyperämien mit davon abhängiger

---

[1] Foster, Lehrbuch der Physiologie. Heidelberg, 1881. S. 169, 186,
189 u. f.

[2] Stellwag, Lehrbuch, 1870, S. 12.

Wärmeverminderung begründen und solchermassen die Neigung zu Oedem, zu entzündlichen Ausschwitzungen mit allen deren Folgen steigern oder erzeugen kann.

Ganz im Einklange damit pflegt sich beim Zoster die Reflexwirkung des im heftigsten Reizzustande befindlichen Gefühlsnerven auf das zugehörige vasomotorische Gebiet längs des ganzen Verlaufes des kranken Stammes oder Astes zu offenbaren. Der anatomischen Richtung desselben strenge folgend ist ein mehr oder weniger breiter Hautstreifen, welcher sich baumartig verzweigt und an der Spitze seiner Zweige die einzelnen Gruppen der Bläschenknoten trägt, entzündlich geröthet, sammt dem subcutanen Gewebe mächtig angeschwollen und heiss. Beim Herpes ciliaris, wo es sich blos um die analoge Erkrankung eines einzelnen oder mehrerer peripherer Endäste handelt, äussert sich die gleichwerthige vasomotorische Störung in der entzündlichen Röthung und Schwellung eines band- oder fächerförmigen Theiles der Bindehaut und der unterliegenden Episclera, welcher entsprechend dem Zuge der Ciliarnerven genau in meridionaler Richtung streicht. Ist der Knoten entfernt vom Rande auf der Hornhaut gelegen, so endet das eingespritzte Gefässbündel am Limbus, doch häufig trübt sich bald der entsprechende Sector der Cornea durch Ablagerung einer Rundzellenschichte zwischen dem Epithel und dem Bowmann'schen Stratum, bildet zahlreiche blutführende Gefässräume, welche mit dem eingespritzten conjunctivalen und episcleralen Adernetze in unmittelbarer Verbindung stehen, und lässt so das Gefässbündel bis an den Knoten herantreten. Dass bei einer Mehrheit von gleichzeitig bestehenden oder sich vorbereitenden herpetischen Bläschenknoten die zugehörigen Gefässbündel zusammenfliessen und so das charakteristische Bild verwischen können, bedarf keiner weiteren Erörterung.

Die tiefe Röthung, die mächtige Schwellung und die Wärmezunahme, welche beim Zoster längs des Zuges des erkrankten Gefühlsnerven und als Umrahmung der einzelnen Efflorescenzengruppen beobachtet werden, sind selbstverständlich der Ausdruck einer

heftigen Entzündung, welche sich in den betreffenden Theilen
der Haut und des unterlagernden lockeren Bindegewebes auf Grundlage der reflectorischen Gefässparalyse entwickelt hat. Beim
Herpes frontalis und nasociliaris, wo der erkrankte Quintus-
ast eine grosse Strecke seines Verlaufes in der Tiefe der Augenhöhle verborgen ist, macht sich die von diesem intraorbitalen
Nervenstücke ausgehende vasomotorische Störung durch entzündliche Schwellung des lockeren Orbitalgefüges, der Bindehaut
und Lider geltend. Häufig und zwar besonders bei Ergriffensein
des nasociliaren Astes, welcher dem Augapfel näher liegt und
die sensitive Wurzel für das Ganglion ophthalmicum abgiebt, pflanzt
sich die Reflexwirkung auf das uveale Gebiet fort, der Bulbus
selbst wird unter den Erscheinungen einer Keratoiritis, Iridokyklitis,
Iridochorioiditis, ja einer eitrigen Panophthalmitis in den Process
einbezogen. Andererseits greift die Neuritis vom Nasociliaris auch
gerne auf das Ganglion ophthalmicum und auf die Ciliarnerven über. Gemeiniglich wird dann der Augapfel selbst ein
Boden für herpetische Eruptionen. Diese treten einzeln oder gruppig
gehäuft auf der Hornhaut oder dem vordersten Drittttheile der Bindehaut hervor; sie können rasch abheilen, aber auch in verheerende
Geschwüre übergehen und die Cornea gänzlich zerstören, [1] während
auf reflectorischem Wege von dem entzündeten ciliaren Gefühlsnerven aus gar nicht selten gleichfalls Iritis, Iridokyklitis u. s. w.
angeregt werden.

Beim Herpes ciliaris, wo der entzündliche Reizzustand des
peripheren Nervenfadens wahrscheinlich nicht über das intracho-
rioidale Gangliengebiet hinausreicht, beschränken sich oftmals
auch die vasomotorischen Reflexwirkungen auf die nächste Nachbarschaft des ursprünglich ergriffenen sensitiven Nervenrohres
und kommen unter der Gestalt des erwähnten bandförmigen Ent-
zündungsstreifens zum Ausdrucke, welcher sich an die Efflorescenz

─── ─ ─

[1] Hirschfeld, Arch. f. Augenheilkunde VIII., S. 166; Pacton, ibid.,
S. 168.

anschliessend in meridionaler Richtung durch das Bindehautblatt der Hornhaut, durch die Conjunctiva und unterlagernde Episclera hinzieht.

Je stärker der entzündliche Reizzustand aber wird, um so weiter greift die vasomotorische Störung. Oftmals sieht man grosse Bogentheile des pericornealen Gefüges entzündlich geröthet und geschwellt. Ueberdies wird, besonders wenn der entzündliche Reizzustand wegen öfterer Recidiven des Herpes ciliaris längere Zeit sich hinausspinnt, die Gefässparalyse gerne über die gesammte Bindehaut ausgebreitet, es bilden sich mehr weniger starke Katarrhe aus, welche zur Hyperplasie (Trachom) führen und entschieden blennorrhoischen Charakter annehmen können (Blennorrhoea scrophulosa Klein [1]).

Häufig geschieht es bei so heftigen Reizzuständen auch, dass die Hornhaut in der nächsten Umgebung des Bläschenknotens eitrig infiltrirt und der vordere Theil der Gefässhaut in den Process verwickelt wird, Keratoiritis, Iridokyklitis u. s. w. zum Vorscheine kömmt. Endlich werden bei längerer Dauer des pathologischen Vorganges die vasomotorischen Reflexwirkungen auch in den umliegenden Lymphgeflechten offenbar, es schwellen die Nacken- und Unterkieferdrüsen an und können unter ungünstigen Verhältnissen ganz ausserordentliche Grössen erreichen.

Die entzündlichen Anschwellungen der Schneider'schen Haut, der Nasenflügel und Lippen sowie die ekzematösen Gesichtsausschläge, welche sich im Verlaufe des Herpes ciliaris so gerne ausbilden, sind nur mehr mittelbare Folgen. Sie gehören eigentlich dem Symptomcomplexe »Lichtscheu« an, welcher überhaupt an Reizzustände des vordersten subepithelialen Geflechtes ciliarer Gefühlsnerven gebunden ist. Ihre nächste Veranlassung ist nämlich die Ueberfluthung der Nasenschleimhaut und der genannten Gesichtstheile mit den im Uebermasse abgesonderten sehr salzhältigen Thränen. Verminderung der

---

[1] Klein, Oesterreichische Jahrbücher für Pädiatrik, 1876, 1, S. 71.

Thränensecretion durch einen öfters gewechselten gut anliegenden
Schutzverband, sorgliche Reinhaltung und Schützung der mehr aus-
gesetzten Theile der Gesichtshaut durch mit Fett bestrichene Leinen-
flecke können ihre Entwickelung daher auch leicht verhindern und
sie, wo sie bereits gegeben sind, zur Heilung bringen.

Alles in Allem stellt sich der Herpes ciliaris als ein
rein örtliches Leiden dar, das von einem sensitiven Endzweige des Ciliarnervensystems ausgeht und bei jedem
Menschen in jeder Altersperiode durch Reize der mannigfaltigsten
Art angefacht werden kann. Das Moment der örtlichen oder
allgemeinen Schwäche und Widerstandsunfähigkeit (S. 52)
wird aber bei ihm insoferne von unverhältnissmässig grosser ätio-
logischer Bedeutung, als es in Anbetracht der wenig geschützten
Lage des vordersten ciliaren Nervengeflechtes die geringfügigsten
äusseren Reizeinwirkungen ausreichend macht, um das herpetische
Grundleiden, die periphere Neuritis, auszulösen, den Process durch
fortgesetzte Nachschübe in die Länge zu ziehen und die vasomotorischen Reflexwirkungen in Stärke und Ausdehnung weit
über das entsprechende Maass zu steigern. Kräftigung und Abhärtung
des Körpers ist daher dort, wo eine solche Schwäche sich kund-
giebt, eine hochwichtige Aufgabe der Therapie.

Die zweite Form der conjunctivalen Keratitis, die Keratitis vascularis oder superficialis, kennzeichnet sich durch eine
unter mehr oder weniger lebhafter Gefässeinspritzung und entzündlicher Schwellung des pericornealen Gefüges zu Stande kommende
Ablagerung einer Rundzellenschichte zwischen der Bowmann'schen
Membran und dem Epithel, welches in Folge dessen emporgehoben
und zum Theile auch abgestossen wird, daher die Oberfläche der
Hornhaut im Bereiche der erkrankten Stelle rauh und sulzig getrübt erscheint. In dem neugebildeten Zellenlager bilden sich alsbald Gefässräume, welche von dem Randschlingennetze aus mit
Blut gefüllt werden und den Anschein geben, als ob sich das Ader-
netz von der Bindehaut und Episclera auf den Krankheitsherd der

Hornhaut fortgesetzt hätte. Es sind diese Gefässräume aber wandungslos und gleich der sie bergenden Rundzellenschichte überaus flüchtig, sie können bei Tilgung der Ursache des Entzündungsprocesses in kürzester Zeit völlig verschwinden. Beim Fortwirken des ursächlichen Momentes aber beginnen sie bald sich höher zu gestalten, die Rundzellenschichte gewinnt den Charakter eines Granulationsstratums, in welchem die neugebildeten Gefässe sich rasch mit Wandungen umspinnen, während das hyperplastische Grundgefüge in fortschreitender Entwickelung an der Oberfläche zu Epithel, in den tieferen Lagen aber zu Bindegewebe umgestaltet wird, um weiterhin unter zunehmender Verdichtung zu einem sehnenähnlichen gefässarmen Narbenstratum zusammenzuschrumpfen. Es wiederholt sich darin ganz genau derselbe Vorgang, welchen man an entzündeten Wundflächen der Haut u. s. w. so häufig als Fleischwärzchen- und Narbenbildung beobachtet. Auf der Hornhautoberfläche führt er den Namen Pannus, und falls die massenvermehrende Entzündung noch fortdauert, Keratitis pannosa und Pannus inflammatorius, im Stadium der Verödung aber Fleck, macula.

Es kömmt die Keratitis vascularis kaum jemals selbstständig vor. Oftmals ist sie eine Begleiterin der uvealen oder scleralen Formen der Hornhautentzündung, namentlich der späteren Verlaufsstadien. Gemeiniglich aber tritt sie als Theilerscheinung herpetischer Processe und besonders der hypertrophirenden Formen der Bindehautentzündung auf.

Im Bereiche der Bindehaut und Lider tritt die Diffusionsfähigkeit krankhafter Processe womöglich noch deutlicher hervor, als auf dem uvealen Gebiete und findet in den genetischen Verhältnissen (S. 10), in dem innigen Zusammenhange der morphologischen Bestandtheile (S. 14), sowie in der Vertheilung der Gefässe ihre natürliche Erklärung.

7*

Die Bindehautgefässe sondern sich in vordere und in hintere. Die ersteren versorgen das vordere Dritttheil der Conjunctiva bulbi und stehen unter der Herrschaft ciliarer Aeste des Sympathicus. Die arteriellen Zweige derselben gehen gleich den vorderen kurzen Ciliarschlagadern, mit welchen sie vielfach anastomosiren, aus den Muskelästen hervor. Die hinteren Bindehautgefässe speisen die hintere Zone der Conjunctiva bulbi, den Uebergangstheil und die Tarsalportion. Die arteriellen Zweige derselben stammen aus den Gefässen der Lider und der Thränendrüse, bekommen jedoch auch Zuwachs aus der Arteria angularis, temporalis und infraorbitalis. Die Venen gehen grösstentheils in die Vena angularis und in die Schläfeblutadern über, stehen aber auch mit den Orbitalvenen in Verbindung.

Die Lidschlagadern sind Zweige der Arteria ophthalmica, hängen jedoch durch zahlreiche Aestchen mit den Adergeflechten der Umgebung zusammen. Sie treten als Arteria palpebralis interna et externa an die Augendeckel heran und bilden auf der vorderen Knorpelfläche je zwei mehr oder weniger vollständige, in der Winkelgegend durch stärkere Stämmchen vereinigte Bögen, von denen der eine näher dem convexen Knorpelrande, der andere näher dem Lidrande gelegen ist. Von jedem Arcus tarseus geht nach den Untersuchungen C. Langer's [1] eine grosse Anzahl von Aesten ab, die auf der vorderen Knorpelfläche sich vertheilen. Zahlreiche Abzweigungen derselben dringen in den Lidknorpel ein und umspinnen, in netzartige Geflechte aufgelöst, korbähnlich die einzelnen Drüsen. Jede Drüse erhält auf diese Weise ein ziemlich abgeschlossenes Gefässsystem, das nur an den gröberen Stämmchen mit jenem der Nachbardrüse in Zusammenhang steht. Andere Aeste des dem convexen Knorpelrande näheren Gefässbogens durchbohren die Fascia tarsoorbitalis, verbinden sich mit den von den Muskelschlagadern abgesendeten Zweigen und vertheilen sich, stetig dem Lidrande zustrebend, in der Con-

---

[1] C. Langer, Wiener medicinische Jahrbücher, 1878, S. 329, 332 u. f.

junctiva palpebralis. In gleicher Weise löst sich auch von dem anderen Arcus tarseus eine Reihe von zarten Aesten ab. Ein Theil derselben versorgt die prätarsalen Gebilde, die Muskeln, die Lidhaut, die Wimpernbälge und die sie begleitenden Drüsen etc., während der andere Theil das lockere Randgewebe des Lidknorpels durchbohrt und sich in der Conjunctiva tarsalis verzweigt, den von oben, beziehungsweise unten, kommenden Gefässen entgegenlaufend. Nur sehr spärliche feine Gefässchen gehen von den Bindehautgeflechten durch die innere Knorpelschichte zu den Drüsen; im Ganzen schliesst dieser im Bereiche seiner dem Convexrande näheren zwei Drittheile das Gefässsystem der Bindehaut von dem der prätarsalen Gebilde ziemlich strenge ab. Die Venen sind an Caliber und Zahl weitaus überwiegend. Wo sie die Arterien begleiten, findet man sie immer einzeln, nie zu zweien.

Auf die Bindehautentzündungen näher eingehend will ich nur kurz bemerken, dass die wesentlichen Grundzüge des entzündlichen Processes immer die gleichen bleiben, es möge derselbe sich in der Conjunctiva oder in einem andern Organe abspielen. In Folge der Einwirkung eines von Aussen oder von einem nachbarlichen Krankheitsherde kommenden Reizes wird in einem grösseren oder kleineren Abschnitte der Bindehaut Gefässparalyse mit vermehrter Filtration und mit massenhafter Auswanderung weisser Blutkörperchen, vielleicht auch mit Wucherung der fixen Bindegewebszellen, eingeleitet. Auf einem senkrechten Durchschnitte der mehr oder weniger stark gerötheten und entzündlich geschwellten Conjunctiva erscheinen Züge von Rundzellen, welche der Gefässvertheilung folgend in den tieferen Lagen weite Maschennetze bilden, nach vorne hin aber immer dichter zusammentreten. Nahe der Oberfläche zeigt sich das Gefüge ganz gleichmässig durchsetzt und von einer dicht unter dem Epithel gelegenen Schichte an einander gedrängter Rundzellen überkleidet. Es wird diese oberflächliche »Granulationsschichte« fortwährend durchschwitzt von einer mit der Heftigkeit des entzündlichen Vorganges wachsenden Menge eines anfangs wasser-

klaren faserstoffhaltigen Filtrates, welches die oberflächlichsten
Zellenlagen lockert, zur Abstossung bringt und den reichlicher
fliessenden Thränen beimischt. Die solchermassen frei werdenden
Zellen sind im ersten Beginne des Leidens Theile des vorhandenen Epithels; rasch aber folgen die vordersten Lagen der
stetig sich fortbildenden Granulationsschichte nach, es löst sich ein
Stratum nach dem andern ab und bildet in Vereinigung mit dem
Transsudate das »entzündliche Secret«, während immer wieder
neue Zellenlagen an seine Stelle rücken.

Das entzündliche Secret gestaltet sich je nach dem Ent-
wickelungsgrade des krankhaften Processes ausserordentlich verschieden. Hält sich der Letztere innerhalb der Grenzen der
Mässigkeit, so entfernt es sich nur wenig von den normalen
Absonderungen der Schleimhaut; es ist ein fadenziehender, flockig
geballter, von jungen Epithelzellen, von Schleim- und Eiterkörperchen
in wechselnder Menge durchmischter und darum mehr oder weniger
trüber Schleim (katarrhalisches Product). Bei steigender
Höhe des Processes wird das Secret massenhaft und erscheint
als eine dünnschleimige flockige Flüssigkeit, welche von einer Unzahl in Zerfall begriffener und fortgeschrittener zelliger Elemente,
von Schleim- und Eiterkörperchen, von freien Kernen und Detritus
eiterähnlich gefärbt ist (blennorrhoisches Product). Bei noch
höheren Entwickelungsgraden gewinnt das in überreicher Menge
gelieferte Secret ganz das Aussehen eines rahmartigen oder
dünnflüssigen molkenartigen Eiters und setzt sich aus einem
serösen, mit faserstoffigen Gerinnseln durchmischten Menstruum
und aus dem Zerfalle kurzlebiger Zellen, aus freien Kernen und
Detritus mit noch erhaltenen Eiterkörperchen zusammen (pyorrhoi-
sches Product).

In einzelnen Fällen ist das an die freie Oberfläche durch-
schwitzende serumähnliche Filtrat aussergewöhnlich faserstofffreich
und kittet, indem es rasch gerinnt, die neugebildeten oberflächlichen Zellenlagen zu einer festen derben hautähnlichen Masse
zusammen. Es überkleiden diese membranösen Auflagerungen

nur selten grosse Abschnitte oder die ganze Bindehaut und erreichen dann bisweilen eine ganz beträchtliche Dicke. Meistens erscheinen sie, während die übrige entzündete Bindehaut blos eitriges Product absetzt, blos fleckweise an Stellen, welche vordem gleichfalls Schleim oder Eiter geliefert haben. Sie bestehen aus einem unregelmässigen Netzwerke mit eingeschalteten Eiterkörperchen, freien Kernen und Detritus, bisweilen auch rothen Blutkörperchen. Sie hängen durch flockenartige in die Tiefe dringende Fortsätze mit dem infiltrirten Gefüge der Bindehaut fest zusammen. In Fällen höchstgradiger Entwickelung greift das gerinnende Transsudat wohl auch durch die ganze Dicke der chemotisch angeschwollenen Bindehaut und Lider, lässt dieselben brettähnlich hart und blutarm erscheinen und führt durch Beschränkung des Kreislaufes gar nicht selten zu theilweisem Absterben der entzündeten Gewebe (croupöses Product).

Man hat auf Grund dieser Verschiedenheiten eine praktisch ganz brauchbare Eintheilung der Bindehautentzündungen gebaut. Es lässt sich gegen dieselbe auch von wissenschaftlichem Standpunkte nichts einwenden, wenn man unter Katarrh, Blennorrhoe, Pyorrhoe, Croup nichts Anderes als Abarten und beziehungsweise aufsteigende Höhengrade eines und desselben krankhaften Vorganges versteht. Gegen eine wesentliche Verschiedenheit der genannten Syndesmitisformen spricht nämlich zu laut die überwiegende Häufigkeit von Uebergängen und Mischformen, das sehr gewöhnliche Auf- und Abwärtsgleiten des Processes auf jener Höhenstufenleiter in einem und demselben Falle und endlich der Umstand, dass die gleiche Ursache in verschiedenen Fällen je nach der vorhandenen Reizempfänglichkeit bald diesen bald jenen Entwickelungsgrad der Entzündung im Gefolge haben kann.

Unter diesen Ursachen kömmt besonders die Uebertragung von Ansteckungsstoffen auf die Conjunctiva in Betracht, daher denn auch allseitig von gonorrhoischen und diphtheritischen Formen der Bindehautentzündung gesprochen wird.

Für eine Uebertragbarkeit des (blennorrhoischen) Ansteckungsstoffes durch die Luft lassen sich durchaus keine schlagenden Gründe
»vorbringen und man hat alle Ursache, an der Richtigkeit dieser Hypothese
:zu zweifeln. Allerdings will man jüngst in der Atmosphäre von Augen-
krankensälen Epithelzellen gefunden haben (Frank, Eiselt) und directe
»Versuche (Marston) deuten darauf hin, dass ein starker Luftstrom, welcher
»über einen mit frischem Eiter getränkten Lappen getrieben wird, Eiter-
:körperchen mit sich zu reissen vermöge. Allein von diesen Erfahrungen,
»auch wenn sie ganz richtig sind, bis zum Nachweise einer durch die
:Luft vermittelten Ansteckung ist ein weiter Weg, besonders wenn man die
»Experimente berücksichtigt, welche mit verdünntem und vertrockneten Eiter
angestellt worden sind (Piringer). Immerhin liegt darin eine Aufforderung
:zur grössten Vorsicht, und man wird wohl thun, stets so zu verfahren,
:als wäre die Ansteckung durch die Luft eine vollendete Thatsache.«
    Mit diesen Worten habe ich in meinem Lehrbuche[1]) mich über die
Uebertragbarkeit des blennorrhoischen Ansteckungsstoffes durch die Luft
ausgesprochen und weiterhin mit Bezug auf das Trachom gesagt: »Eine
:Ansteckung durch die Luft als die Trägerin dunstförmiger feinvertheilter
:Partikelchen des ansteckenden Secretes ist zwar nicht unmöglich, allein sie
»ist auch nicht erwiesen, ja nicht einmal genug wahrscheinlich gemacht
worden.«
    Arlt[2]) giebt diese Sätze in folgender Weise wieder: »Wenn Stellwag
»auf pag. 457 die Ansteckung in Distanz bestreitet, so hat er auf pag. 429
»bereits gesagt, man werde wohl thun, stets so zu verfahren, als wäre die
:Ansteckung durch die Luft eine vollendete Thatsache.« — Ich habe nichts
hinzuzufügen.

    Was die Diphtheritis conjunctivae anbelangt, so ist es
bei dem gegenwärtigen Stande der Diphtheritislehre[3]) nicht leicht,
sich ein ganz bestimmtes Urtheil über das eigentliche Wesen des
Processes zu bilden. Man kann es nur als höchst wahrscheinlich hinstellen, dass es sich um eine Mykose handle, dass die
Einwanderung gewisser specifischer, sich rasch vermehrender Pilz-
arten in das Gewebe der Bindehaut den eigenthümlichen Process
anrege und unterhalte, welcher sich seiner äusseren Erscheinung

---

[1]) Stellwag, Lehrbuch, 1870, S. 429, 157.
[2]) Arlt, Klinische Darstellung. Wien, 1881. S. 44.
[3]) Uhle und Wagner, Handbuch der allgemeinen Pathologie. Leipzig,
1876. S. 368 u. f.

nach den croupösen Formen der Syndesmitis sehr nähert oder völlig mit ihnen übereinstimmt.

Es wäre nach diesen Voraussetzungen die Diphtheritis conjunctivae als eine besondere ätiologische (mykotische) Art des Croup aufzufassen, sie stände zu dem Letzteren in demselben Verhältnisse, wie die bei Blattern, Masern und Scharlach so häufig vorkommenden katarrhalischen und blennorrhoischen Bindehauterkrankungen zu den genannten acuten Exanthemen, oder wie gewisse Blennorrhoen zur Gonorrhoe.

Der diphtheritische Process erstreckt sich gleich dem Croup nur ausnahmsweise über die gesammte Bindehaut, bildet vielmehr in der Regel blos einzelne kleinere oder grössere Herde, die ihren Standort mit Vorliebe auf der Conjunctiva palpebrarum, seltener auf dem Uebergangstheile wählen. Die übrige Bindehaut ist in manchen Fällen blos leicht geröthet, gelockert und schlaff; meistens aber tief geröthet, stark geschwollen prall heiss, überaus schmerzhaft und von einem mehr oder weniger reichlichen katarrhalischen, blennorrhoischen oder pyorrhoischen Producte überfluthet. Die diphtheritischen Herde kennzeichnen sich durch eine undurchsichtige mattgrauweisse speckige Gewebsinfiltration, welche sich durch die ganze Dicke der ergriffenen Bindehautportion, häufig durch die ganze Dicke des Lides erstreckt und dieses dann brettähnlich hart und prall erscheinen lässt. Sie werden oftmals von den angrenzenden stark geschwellten Conjunctivaltheilen überragt und stellen sich dann als Einsenkungen dar. In vielen Fällen findet sich an ihrer Oberfläche eine an Mächtigkeit wechselnde derbe festhaftende croupartige Membran, in anderen Fällen blos ein graulicher schmieriger fetziger oder flockiger Belag. Im weiteren Verlaufe des Leidens stossen sich die infiltrirten Gewebe sammt der etwaigen hautähnlichen Decke auf grössere oder geringere Tiefe brandig ab und hinterlassen wunde oder geschwürige Substanzlücken, die später narbig verheilen. [1]

---

[1] Pflüger. Bericht der Berner Augenklinik, 1877, S. 22; Kerschbaumer, Jahresbericht der Salzburger Augenheilanstalt, 1878, S. 23;

Gewöhnlich treten die diphtheritischen Herde auf, kurz nachdem die Theile durch Röthung, Schwellung, auffallende Wärmeentwickelung und Schmerzhaftigkeit ihre Erkrankung geoffenbart haben. Oftmals gehen aber auch längere Zeit katarrhalische oder blennorrhoische Zustände voraus und, da diese fortzudauern pflegen, nachdem das diphtheritische Infiltrat sich bereits abgestossen hat, erscheint die Diphtheritis wie eine Episode im Verlaufe einer Blennorrhoe, eines Katarrhes, oder als Mischform.

Die grosse Aehnlichkeit der Krankheitsbilder macht es im Einzelnfalle oft schwierig, die Diphtheritis und den Croup auseinander zu halten. Mit einiger Sicherheit kann dies meistens nur dann geschehen, wenn das Walten einer Epidemie oder Endemie, das Voraus- und Nebenhergehen gleichwerthiger Processe im Bereiche des Rachens, des Kehlkopfes, der Luftröhre, des weichen Gaumens, der Wangen, Lippen, Nasenflügel, Lidränder u. s. w. mit dem der Diphtheritis zukommenden schweren und gewöhnlich fieberhaften Allgemeinleiden, mit rasch auftretenden Drüsenanschwellungen etc. das infectiöse Moment stark in den Vordergrund drängen.

Die mikroskopische Untersuchung des Infiltrates und Belages, auch wenn sie in der Praxis immer thunlich wäre, vermag bisher an und für sich ebenso wenig, wie das örtliche Krankheitsbild, das Wesen des Leidens im Einzelnfalle mit Sicherheit festzustellen. Es gehen nämlich die Ansichten über die charakteristischen Merkmale des diphtheritischen Productes noch sehr auseinander und das Vorhandensein von Pilzen überhaupt ist nicht massgebend, da mancherlei solche Organismen auch im Epithel normaler und im Belage anderweitig erkrankter Schleimhäute, bei Katarrh, Blennorrhoe, Trachom, gefunden werden. Vielleicht geben die jüngsten Arbeiten von Klebs,[1] welcher einen

Jacobsohn, Mittheilungen aus der Königsberger Augenklinik. Berlin, 1880. S. 226.

[1] Klebs, Arch. f. experim. Path. und Pharm. IV., S. 221.

für die Diphtherie charakteristischen Pilz (Microsporon
diphtheriticum) beschreibt, der Sache eine andere Wendung.

Mittlerweile kann man nicht einmal mit Bestimmtheit sagen,
dass das diphtheritische Product wirklich immer mit dem
croupösen übereinstimme. Nur so viel steht fest, dass das croupöse
Product häufig nicht diphtheritisch sei, dass es dann des weit
ausgreifenden Contagiums entbehre und, wo es eine entschiedene
Ansteckungsfähigkeit bekundet, immer wieder nur den Croup, eine
Blennorrhoe, das Trachom u. s. w., also eine rein locale Schleim-
hautentzündung, nicht aber die Diphtheritis in's Leben zu rufen
vermöge.

Es ist übrigens eine experimentel erwiesene Thatsache, dass
der Croup des Kehlkopfes und der Luftröhre lediglich durch
äussere Reizeinwirkungen, durch mechanische und chemische
Eingriffe, veranlasst werden könne, und die Erfahrung liefert genügende Gründe, um Aehnliches auch vom Croup der Bindehaut
vorauszusetzen. Man wird sogar kaum fehlgehen, wenn man
gewissen Epidemien von sogenannter Diphtheritis conjunctivae,
welche durch ihre schauerlichen Verwüstungen in der oculistischen
Literatur eine so traurige Berühmtheit erlangt haben, einen rein
croupösen Charakter zuspricht und dieselben auf das unsinnig
starke Aetzen zurückführt, welches vor Jahren bei der Ophthalmia
neonatorum gebräuchlich war. [1] Es spricht der Umstand für eine
solche künstliche Erzeugung, dass derlei Epidemien nirgends
mehr vorgekommen sind, seitdem die angeschuldigte Behandlungsweise aufgelassen wurde.

Jedwede Bindehautentzündung hebt mit einem mehr oder
weniger heftigen Reizzustande an und erklimmt unter Zunahme
desselben eine gewisse Höhe. Von da ab vermindert sich die
Röthung, die Wärmeentwickelung sinkt, die Schwellung und Span-

---

[1] Stellwag, Wiener Jahrbücher für Kinderheilkunde II., S. 126;
III., S. 34.

nung der Theile weicht einer gewissen Erschlaffung, etwa vorhandene croupöse oder diphtheritische Belege und Infiltrate stossen
sich ab; die krankhaften Absonderungen hingegen steigern
sich eher und gewinnen meistens einen mehr schleimig-eitrigen
oder eitrigen Charakter. Es scheint, als ob mit dem Fallen des
entzündlichen Reizzustandes die entzündlichen Infiltrate grossen
Theiles rasch der Aufsaugung anheim fielen, die paralytischen
Gefässe aber und die contractilen Elemente des stark ausgedehnt gewesenen Gefüges nicht mit der entsprechenden Schnelligkeit auf die natürlichen Maasse zurückgeführt werden könnten,
also eine Zeit lang in einem Zustande von Welkheit, Schlaff-
heit verharrten und solchermassen wegen Verkleinerung der Widerstände die Auswanderung farbloser Blutkörperchen und das Vor-
rücken derselben an die freie Oberfläche wesentlich begünstigten.

Man unterscheidet darum fast allgemein ein entzündliches
oder Reizstadium, in welchem ein mehr antiphlogistisches reiz-
milderndes Verfahren am Platze ist, und ein katarrhalisches oder
Erschlaffungsstadium, in welchem man durch adstringirende
gerbende Mittel, welche die Theile zur Zusammenziehung bringen
sollen, bessere Erfolge zu erzielen pflegt.

Das katarrhalische Stadium dehnt sich oft sehr in die
Länge. Schliesslich gehen in vielen Fällen die kranken Theile
wieder auf ihren Normalzustand zurück, während die infiltrirten
Massen einerseits an die Oberfläche rücken und als Secret abgestossen werden, andererseits aber in den Kreislauf übergehen
und verschwinden. In vielen Fällen jedoch schlägt ein Theil
des entzündlichen Productes den Weg zur Höhergestaltung ein,
setzt sich in Bindegewebe mit reichlicher Gefässneubildung um und
begründet so einen Zustand von Wucherung, von Hypertrophie.

Man kann angesichts dessen auch von secretorischen
und hypertrophirenden Formen der Bindehautentzündung
sprechen. Doch darf man dabei nicht übersehen, dass der Katarrh,
die Blennorrhoe und Pyorrhoe, welche ganz vorzugsweise als
secretorische Formen gelten müssten, sehr oft schon frühzeitig

mit entschiedener Wucherung des Gefüges einhergehen, und dass
umgekehrt das Prototyp der hypertrophirenden Bindehautentzündung,
das Trachom, zeitweilig so reichliche Secrete liefert, dass es von
vielen Augenärzten geradezu als chronische Blennorrhoe beschrieben wird. So wichtig also auch die rasche Feststellung einer
beginnenden Wucherung in prognostischer und therapeutischer
Beziehung erscheint, als Eintheilungsgrund für die Syndesmitis
taugt sie nicht.

In Wirklichkeit kann jedwede Form oder jedweder Grad
der Syndesmitis zur Hypertrophie der Gewebe führen; die
Wucherung ist nicht eine eigene besondere Krankheit, sondern
blos ein eigener besonderer Ausgang des Entzündungsprocesses,
welcher allerdings oft schon im ersten Beginne des Leidens deutlich vorgezeichnet ist.

Es stellt sich demnach die Bindehautentzündung im
Ganzen und Grossen immer wieder als ein einheitlicher
krankhafter Vorgang dar, welcher jedoch mannigfaltiger
Modificationen fähig ist. die im praktischen Interesse wohl
unterschieden werden müssen, aber durch keine scharfen Grenzen
von einander getrennt sind, sondern vielfach ineinander verfliessen
und sich mischen.

Was die Wucherung an sich betrifft, so ist sie ebensowenig
eine der Conjunctiva eigenthümliche, sondern findet sich
allenthalben wieder, wo Schleimhäute, ja überhaupt bindegewebige
Organe, in hypertrophirende Entzündung gerathen. Der entzündlichen Anhäufung farbloser Blutkörperchen im Gefüge und auf
der freien Oberfläche folgt nämlich die theilweise Höhergestaltung der neoplastischen Elemente, deren Umwandlung in
lockeres gefässreiches Bindegewebe, beziehungsweise in Epithel,
weiterhin Verdichtung der wuchernden Masse und als Schluss-
phase die Schrumpfung und Verödung in eine derbe sehnen-
ähnliche gefässarme Narbe. Doch begründet die verschiedene
Anordnung der histologischen Elemente mancherlei Abweichungen
in der äusseren Erscheinung.

So stellt sich im Bindehautblatte der Cornea das Leiden zuerst als Keratitis vascularis dar. Weiterhin wird die oberflächliche Granulationsschichte durch ihre Organisation allmälig zum Pannus tenuis oder crassus und kann unter Umständen bis zur üppigsten Fleischwärzchenbildung gedeihen. Am Ende verdichtet sich die pannöse Schichte in einen ständigen, bald zarten wolkenähnlich gezeichneten, bald dichten sehnenartigen Fleck, beziehungsweise in eine Lage lockeren Bindegewebes, welches auf einer derben fibrösen Grundschichte haftend so aussieht, als habe sich die Bindehaut über die Cornea hinübergeschoben.

Im Bereiche der eigentlichen Conjunctiva wird die Wucherung anfänglich gerne durch das entzündliche Oedem und die reichlichen Secrete undeutlich gemacht, der Process erscheint unter dem Bilde einer secretorischen Form der Syndesmitis, ausnahmsweise als Croup. Wird aber der schleimig-eitrige Belag sorgfältig entfernt, oder haben sich die croupösen Auflagerungen abgestossen, so kömmt alsbald die wuchernde Granulationsschichte zum Vorscheine und ist leicht als ein gleichmässig geröthetes, beim geringsten Eingriffe parenchymatös blutendes, sammtähnlich rauhes, matt spiegelndes dünnes Stratum zu erkennen, welches sich über die Oberfläche der durch die Hyperplasie schwammartig aufgelockerten saftreichen Bindehaut hinüberzieht. Im weiteren Verlaufe verblasst die oberflächliche Granulationsschichte mehr und mehr, indem die äussersten Zellenlagen überwiegend verhornen, in ein dickes Epithelstratum umgewandelt werden, der Rest aber sammt dem wuchernden Bindehautgefüge sich sehnig verdichtet; es zeigen sich fleckartig ausgebreitete dünne, sehnenähnlich glänzende oberflächliche, oder tief in die Conjunctiva eindringende netzförmige, ja selbst massige strahlige Narben, welche die Bindehaut um ein Beträchtliches verkleinern.

Es kann die Wucherung eine sehr üppige sein, eine beträchtliche Massenvermehrung des conjunctivalen Gefüges begründen und nach längerem oder kürzerem Bestande grosse Abschnitte, ja selbst die ganze Bindehaut der narbigen Verödung

zuführen, ohne dass es jemals zur Entwickelung der dem
Trachome eigenthümlichen Ranhigkeiten käme. Gemeiniglich aber findet allerdings das Gegentheil statt, es treten im
Uebergangstheile die charakteristischen »Trachomkörner«
zerstreut oder in lange Querreihen geordnet sehr deutlich hervor,
während der Lidtheil der Bindehaut von zarten papillenartigen,
oder von breit aufsitzenden, oft ganz mächtigen und Fleischwärzchen ähnlichen, aus der Tiefe hervorwachsenden »Granulationen« überdeckt wird. Man pflegt im ersteren Falle von einem
hypertrophirenden Katarrhe (Blennorrhoe), im letzteren von
Trachom zu sprechen, obgleich der Process seinem Wesen nach
stets der gleiche ist. Die Körner und Granulationen lassen
sich nämlich nur als örtliche Anhäufungen der hyperplasirenden
Elemente deuten, welche mit der Gefässvertheilung an der
äussersten Oberfläche der Uebergangsfalte und der Conjunctiva
palpebrarum in näheren Zusammenhang gebracht werden müssen.

Die Trachomkörner sind örtliche Anhäufungen von
Lymphkörperchen mit spärlicher oder mehr weniger reichlicher
Intercellularsubstanz in dem adenoid infiltrirten Gewebe der Bindehaut. Indem diese Körner die umgebenden Theile des Fachwerkes
bei ihrem Anwachsen zur Seite drängen, entstehen oft Bilder, als
wären sie je von einer Hülle umschlossen. Sie finden sich nicht
selten in der Uebergangsfalte sonst ganz gesunder, höchstens
leicht eingespritzter Bindehäute und haben so die Ansicht nahe
gelegt, dass die Trachomkörner »aus präformirten Anlagen lymph-
follikelartiger Gebilde« hervorgehen. [1] Bei Wucherungsprocessen der Conjunctiva entwickeln sie sich sehr oft massenhaft.
Sie bauchen dann die überlagernde, durch reichliche Gefässneubildung gleichmässig geröthete Granulationsschichte hervor und erscheinen als kleine rundliche Hügelchen, oder bei dichterem
Zusammenstehen als schmale rosenkranzartig gekerbte Querwülste,
welche mit der Umgebung ganz gleichfärbig sind. Oft führen sie

---

[1] Baumgarten, Arch. f. Ophthalmologie XXVI., 1. S. 133.

ziemlich viel sulzähnliche Intercellularsubstanz, werden dadurch
massiger und scheinen dann graugelblich durch. In einzelnen
Fällen überwiegt geradezu eine mehr seröse flüssige Intercellularsubstanz, sie wachsen zur Grösse von Hanf- oder Pfefferkörnern
an, platten sich gegenseitig ab und gewinnen, indem sie die oberflächliche Granulationsschichte ganz zusammendrücken, das Aussehen eines durchsichtigen Frosch- oder Fischlaiches.

Bei den Trachomkörnern der letzteren Art war mir schon
vor Langem eine eigenthümliche Anordnung der Gefässe aufgefallen. Ich konnte an vielen derselben einen in der Axe aus
der Tiefe emporsteigenden Gefässstamm erkennen, welcher sich
auf dem oft deutlich genabelten Gipfel in eine Anzahl von Zweigchen spaltete, die strahlenartig auseinander fahrend unter mehr-
facher Theilung ein schütteres Maschenwerk darstellten und durch
ihre Endreiser mit einem ähnlichen Netze auf der Oberfläche der
Nachbarkörner in Verbindung traten. Ich habe diese stern-för-
migen Gefässwirtel dann noch öfters an congestionirten Bindehäuten im Bereiche der Uebergangsfalte gesehen und glaubte
darin den nächsten Grund für die umschriebenen Ansammlungen entzündlicher Producte, als welche die Trachomkörner
überhaupt zu gelten haben, suchen zu dürfen. [1]

In neuerer Zeit hat nun C. Langer [2] an seinen Injections-
präparaten Beobachtungen gemacht, welche die Richtigkeit meiner
Ansicht, wenigstens für einen Theil der Trachomkörner, sicherzu-
stellen scheinen. Ich lasse ihn selbst sprechen:

»Mit Rücksicht auf die so wechselvolle Anordnung des adenoiden sub-
»conjunctivalen Gewebes versuchte ich es auch, die Uebergänge der
»feinsten Arterien in die Capillaren und die Bildung der daraus
»hervorgehenden Venenwurzeln kennen zu lernen. Darüber glaube ich
»Folgendes aussagen zu können.«

»Bevor die Arterien in ihre Endzweige zerfallen, gehen sie im sub-
»conjunctivalen Gewebe zahlreiche Anastomosen ein, bilden somit einen End-

[1] Stellwag, Lehrbuch, 1861, S. 306, 311.
[2] C. Langer, Wiener med. Jahrbücher, 1878, S. 336.

»plexus, wie dies auch in anderen membranösen Gebilden, z. B. in der Dura
»mater, der Fall ist und geben dann erst die Endarterien ab. Diese lösen
»sich nun nach und nach, nämlich durch allmälige Abgabe von Zweigchen
»und dem entsprechende Verjüngung ihres Kalibers, in dem conjunctivalen
»Netze auf. Die Venenwurzeln aber sind kurze dicke Röhrchen, welche
»sich durch rasches Zusammentreten der benachbarten Elemente des Netzes
»formen, so dass jede Venenwurzel das Centrum bildet eines kleinen Bezirkes
»des Capillarnetzes. Vereinzelt injicirte Venenwurzeln stellen daher
»mit ihren in das Netz übergehenden Ausläufern geradezu Sternchen dar,
»welche offenbar auch in vivo, gelegentlich eintretender Stauungen in den
»Venen, sich innerhalb der anscheinend diffus gefärbten Umgebung bemerklich
»machen könnten.«

»Die von mir untersuchten Lider stammten alle von anscheinend ge-
»sunden Augen, ihre Conjunctiva tarsea war zumeist nur in einer ganz
»dünnen Schichte mit adenoidem Gewebe infiltrirt, in einem Falle aber zeigte
»sich schon im Bereiche des Tarsus, näher seinem oberen Rande, eine grup-
»pirte, Körner darstellende Infiltration (ein sogenannter Papillarkörper
»der Oculisten). Die Injection des Lides geschah durch die Venen, und da
»zeigte sich, dass diese Körner gerade an den kurzen Venenwurzeln
»hafteten, d. h. um sie herum abgelagert waren. Die Venenwurzel ging
»durch das Centrum des Kernes hindurch bis an die Oberfläche,
»wo sie die zusammenlaufenden Röhrchen des Conjunctival-
»netzes aufnahm. Das Netz war durch die darunter liegende Ansammlung
»adenoider Substanz abgehoben, bildete um jedes solche Korn eine Art
»Körbchen, doch war es nicht in sich begrenzt, indem die Röhrchen des
»Netzes stellenweise von den Körpern der Granula weg durch die Zwischen-
»räume hindurch auf die Kuppen der benachbarten Körner hinüber traten
»und sich daselbst wieder mit den Röhrchen des dortigen Netzes verbanden.
»Demzufolge wäre daher mindestens die erste Bildung der körnigen In-
»filtration an die Venenwurzeln geknüpft, und die entsprechenden
»Capillaren nur abgehobene Abschnitte des conjunctivalen Oberflächen-
»netzes. Es ist aber sehr wahrscheinlich, dass es beim Fortgange des In-
»filtrationsprocesses später auch noch zur Ausbildung eines eigenen, das
»Gewebe als solches durchziehenden Capillarnetzes kömmt.«

Die trachomatösen Granulationen verdanken ihre Entstehung gleichfalls der massenhaften adenoiden Infiltration
des Bindehautgewebes. Die kleinen, mit spärlichem Protoplasma
ausgestatteten Zellen sind in ihrer ursprünglichen Gestalt häufig
noch spät ganz deutlich neben den in der Höhergestaltung schon
weit vorgeschrittenen oder gar bereits in regressiver Metamorphose

begriffenen Elementen nachzuweisen [1] und erscheinen hier und da
auch wohl nesterweise zusammengehäuft im Lidtheile der Bindehaut. Die Infiltration betrifft immer die gesammte Conjunctiva tarsea und das unterlagernde submucöse Gefüge.
Doch ist der vorwiegende Gefässreichthum und die Eng-
maschigkeit der Endnetze in dem Warzenkörper des
betreffenden Schleimhautabschnittes einer massigeren Anhäufung von Lymphkörperchen ganz besonders günstig
und diese wird überdies noch gefördert durch die in Absonderungsorganen allenthalben stark hervortretende Neigung der Wanderzellen, der Oberfläche zuzustreben. Man sieht diese Warzen
darum bei Wucherungsprocessen gewöhnlich schon sehr frühzeitig
als sogenannte »papillare Granulationen« über die Oberfläche
der Lidbindehaut sich erheben. Bei zunehmender Hypertrophie verschwinden sie aber in den breit aufsitzenden, aus dem Gefüge der
Conjunctiva hervorwachsenden, den Fleischwärzchen ganz gleichwerthigen »diffusen Granulationen«, welche durch netzartig
verzweigte, bald seuchte, bald tief eindringende Rinnen gegenseitig
getrennt erscheinen.

Es fliessen die dicht aneinander gedrängten Granulationen an der Oberfläche oft streckenweise zusammen und stellen so schlauchartig geschlossene Räume dar, welche in der Tiefe netzartig mit gleichen Räumen und
offenen Rinnen in Verbindung stehen. Iwanoff[2] hat diese Gebilde zuerst
an trachomatösen Bindehäuten und gelegentlich auch in der pannösen
Schichte auf der Hornhaut gefunden. Er erklärt sie für tubulöse Drüsen
und deutet solchermassen darauf hin, dass es sich hier nicht um eine Neubildung, sondern um eine durch den trachomatösen Wucherungsprocess bedingte Umstaltung normaler Verhältnisse handelt.

Die tubulösen Drüsen Henle's[3] sind nach den Untersuchungen
Stieda's[4] und Waldeyer's[5] nämlich nichts Anderes als »mehr oder minder
»tief eingreifende, in mäandrischen Linien verlaufende Spalten und Furchen.

[1] E. Berlin, Klin. Monatsblätter, 1878, S. 356.

[2] Iwanoff, Klin. Monatsblätter, 1878. Beilage S. 12.

[3] Henle, Handbuch d. Eingeweidelehre. Braunschweig, 1866. II., S. 702.

[4] Stieda, Arch. f. mikr. Anatomie III., S. 357.

[5] Waldeyer, Graefe und Sämisch, Handbuch I. S. 240.

»welche netzförmig untereinander zusammenhängen und in den Netzmaschen
rundliche, nach der Oberfläche hin abgeplattete Vorsprünge des Conjunctival-
»gewebes von sehr wechselnder Grösse umschliessen und auf senkrechten
»Durchschnitten oft täuschend das Bild einfacher kurzer schlauchförmiger
»Drüsen geben, zumal das Epithel in der Tiefe der Furche seinen Charakter
ändert.« Waldeyer hält es für wahrscheinlich, dass diese furchenartigen
Einsenkungen als schleimabsondernde drüsige Bildungen fungiren
können, und Baumgarten[1]) spricht sich unumwunden dafür aus, dass in der
normalen Conjunctiva eine sehr innige Combination von Furchen und Drüsen
sowie von morphologischen Zwischenstufen derselben bestehen.

Es können diese Schläuche in der trachomatösen Bindehaut während
des ganzen Krankheitsverlaufes bis in die spätesten Ausgangsstadien bestehen,
sie können sich durch Zurückhaltung und Anhäufung des Inhaltes bedeutend
vergrössern, ja das Aussehen von Cysten gewinnen, aber auch zu Grunde
gehen und verschwinden. Ihre Innenwand deckt ein zartes Epithel, oberflächlich mit runden oder polyedrischen, tiefer mit cylindrischen Zellen.
Letztere lagern unmittelbar auf einer durch Druck membranartig verdichteten
Schichte von Bindegewebe auf, einer Art Schlauchhaut, die ihrerseits
wieder an adenoid infiltrirtes hyperplastisches Gefüge stösst. Der Inhalt der
Schläuche besteht aus Detritus von zerfallenem Epithel und von Körnchenzellen, sowie aus Lymphkörperchen. Er kann eingedickt werden, sich
massenhaft ansammeln und zu festen harten Körnern ballen, aber auch nach
vorne treten, durch eine Mündung des Schlauches sich entleeren, oder das
überlagernde Epithel auseinander drängen und sich so einen Weg nach Aussen
bahnen. Mitunter sieht man an der Oberfläche der wuchernden Bindehaut die
eingedickte Masse in Gestalt bräunlicher Punkte, welche sich wie Comedonen
ausdrücken lassen, worauf in der Regel der conjunctivale Entzündungsprocess
einen wesentlichen Nachlass erfährt.[2]) Die von Oettingen[3]) in der amyloid
entarteten Conjunctiva gefundenen schmierigen käsigen Massen dürften damit
zusammenfallen.

Der narbigen Verödung des wuchernden Bindehautgefüges
geht öfters ein eigenthümlicher Entartungsprocess voraus, welchen
ich unter dem Namen des secundären sulzigen Trachoms beschrieben habe.[4]) Er findet sich gelegentlich ebensowohl im Gefolge

---

[1]) Baumgarten, Arch. f. Ophthalmologie XXVI., 1, S. 122, 130.

[2]) Berlin, Klin. Monatsblätter, 1878, S. 341, 344 u. f.; Jacobsohn jun., Arch. f. Ophthalmologie XXV., 2, S. 131, 147, 156.

[3]) Oettingen, Die ophth. Klinik Dorpats. Dorpat, 1871. S. 28.

[4]) Stellwag, Lehrbuch, 1861, S. 375; 1871, S. 461.

des schulgerechten Trachoms, als dort, wo die entzündliche
Hyperplasie zu einer mehr gleichmässigen Verdickung der Conjunctiva ohne die charakteristischen Rauhigkeiten der Oberfläche
geführt hat (S. 110). In einem wie in dem anderen Falle wird die
hypertrophirte Bindehaut streckenweise blutarm, blass, schmutzig
gelbgrau und sammt dem unterlagernden aufgetriebenen Knorpel
sulzähnlich durchscheinend. Häufig, besonders wo der degenerative
Vorgang auf dem Boden eines höhergradigen Trachoms im engeren
Wortsinne sich entwickelt, machen sich ab und zu an einzelnen
Stellen den Trachomkörnern ganz ähnliche, aber meistens umfangs-
reichere, bis hanfkorngrosse, und mehr durchscheinende rundliche
oder ovale Gebilde bemerklich, welche einzeln oder gruppig gehäuft sich hügelartig über die Oberfläche der wuchernden Membran
erheben. Dabei glättet sich die Letztere durch fortgesetzte
Schrumpfung der primären Rauhigkeiten mehr und mehr, während
die Bildung von gestrickten oder fleckartig ausgebreiteten Narben
überhand nimmt.

Man hat meine diesbezüglichen Angaben trotz des gar nicht
seltenen Vorkommens der geschilderten Zustände lange Zeit ganz
unbeachtet gelassen, bis Oettingen[1] die Aufmerksamkeit auf den
Gegenstand lenkte und Kyber[2] den Process als eine Amyloidentartung erkannte, welche Bindehaut und Knorpel betrifft,
das verdickte Epithel und den Warzenkörper sowie die Meibom-
schen Drüsen aber frei lässt.

Schon Oettingen konnte das Krankheitsbild auf Grundlage einer reichen Erfahrung wesentlich ergänzen. Er bringt Fälle,
welche ihrem klinischen Verhalten nach unzweifelhaft hierher gehören und neben der gelblichweissen Verfärbung eine wächserne
Härte der stark geschwellten entartenden Bindehautabschnitte,
besonders der halbmondförmigen Falte, erkennen liessen und sich
durch holzartige Resistenz und Brüchigkeit der ohne Schrum-

---

[1] Oettingen, Die ophth. Klinik Dorpats. Dorpat, 1871. S. 28, 19.
[2] Kyber nach Oettingen l. c. S. 50.

pfung stark aufgetriebenen buckeligen Tarsi auszeichneten. Ausserdem betont er das öftere Vorkommen kleiner Herde, welche eine
gelbgrünliche schmierige käsige Masse zu enthalten pflegen. Sie
gehören sicherlich nicht zu der Amyloidentartung, sondern zu den
schlauchartigen Gebilden, welche sich an der Oberfläche tracho-
matöser Bindehäute häufig finden (S. 114).

Seitdem ist eine lange Reihe von Fällen veröffentlicht worden,
in welchen die amyloide Degeneration der Bindehaut und des
Knorpels Gegenstand eingehender Studien war. Zwingmann [1] und
Kubli [2] haben dieselben zusammengestellt und eine Anzahl neuer
Beobachtungen hinzugefügt.

Es ergiebt sich daraus, dass der der Amyloidentartung vorausgehende Wucherungsprocess unter Umständen das gewöhnliche
Mass überschreiten und mächtige Geschwülste aus der Bindehaut und dem Knorpel treiben könne. Ich habe derlei Geschwülste,
welche neuerer Zeit unter dem Namen der »Amyloidtumoren«
geführt werden, vielfach gesehen und dieselben früher als polypen-
ähnliche Geschwülste beschrieben. Es sind theils klumpige
Massen, welche in späteren Stadien des Processes immer auf einer
narbig eingezogenen Basis oder gar auf einem förmlichen
Stiele sitzen und in der Regel aus der halbmondförmigen
Falte oder der Karunkel hervorsprossen; [3] theils stellen sie sich
als ganz enorme Vergrösserungen der Plica semilunaris oder
als mächtige Duplicaturen im hypertrophirten Uebergangstheile dar, welche einem dritten Lide gleich einen grossen Theil
der Bulbusoberfläche überdecken können. [4] Es haben diese Geschwülste, so lange sie noch wachsen, gleich der üppig wuchernden
trachomatösen Bindehaut eine mehr dunkelrothe Farbe von reichlichem Gehalte neoplastischer Gefässe; sie verblassen aber in dem

[1] Zwingmann, Die Amyloidtumoren der Conjunctiva. Dorpat, 1879.
S. 7, 43.
[2] Kubli, Arch. f. Augenheilkunde X., S. 430, 578.
[3] Stellwag, Ophthalmologie I., S. 877, 996.
[4] Stellwag, Lehrbuch, 1861, S. 368; 1871, S. 453.

Masse, als der degenerative Process vorschreitet und die nachbarlichen Portionen der Conjunctiva sich um sie herum narbig zusammenziehen. Sie können theilweise verknöchern.[1]

Zwingmann[2] zählt sie den Granulomen zu und erklärt
sie aus einem örtlichen Ueberwiegen des über die ganze Bindehaut ausgebreiteten Wucherungsprocesses. Rühlmann[3] dagegen
reiht sie den lymphoiden Geschwülsten oder Lymphomen
an. »Der Tumor ist aufgebaut aus einem Bindegewebe, welches
»ganz analog dem gewöhnlichen Adenoidgewebe der normalen Con-
»junctiva construirt ist und die grösste Aehnlichkeit hat mit dem
»Gewebe der Lymphdrüsen. In Anfangszuständen der Wuche-
»rung handelt es sich mehr um einfache hyperplastische Vergrösse-
»rung des normalen Conjunctivalgewebes, in vorgeschrittenen
»Stadien um reine Neubildung von Adenoidsubstanz. Es dringen
»neugebildete, sich verästelnde, grosse, meist spindelförmige Zellen
»in's subconjunctivale Gewebe gegen den Knorpel vor mit Neu-
»bildung und Vermehrung von vergrösserten Lymphzellen in den
»Zwischenräumen. In entwickelten Fällen findet sich in dem neu-
»gebildeten Gewebe ein förmliches Fasergerüst, typisch geordnet,
»mit zahlreich eingelagerten Kernen. Es verhält sich also das
»Gewebe der sogenannten Amyloidtumoren der Conjunctiva ganz
»so wie die gewöhnlichen Geschwülste der Lymphdrüsen, wie die
»Lymphome.«

Rühlmann hält sich auf Grund seiner bisherigen Beobachtungen für
berechtigt, die fraglichen Geschwülste »für Neubildungen eigenen Charakters zu erklären, welche unabhängig vom Trachom der Conjunctiva entstehen und verlaufen«. Wenn damit gesagt sein soll, dass
die Amyloidtumoren ausser jedem pathogenetischen Zusammenhange
mit dem Trachom stehen, so widerspricht diese Behauptung den Erfahrungen
der meisten Schriftsteller, welche sich über den Gegenstand verlautbart haben.
Ich selbst habe in den fünfziger und Anfangs der sechziger Jahre zu wieder-

[1] Hippel, Arch. f. Ophthalmologie XXV., 2, S. 1, 16.
[2] Zwingmann, Die Amyloidtumoren der Conjunctiva. Dorpat, 1879. S. 155.
[3] Rühlmann, Arch. f. Augenheilkunde X., S. 138, 144.

holten Malen nicht nur die mächtigen Faltenbildungen, sondern auch polypen-
oder granulomähnliche Tumoren der in Rede stehenden Art auf Bindehäuten
entstehen und wachsen gesehen, welche von unzweifelhaftem hochgradigen
Trachome befallen waren. Wenn es aber heissen soll, dass die Entwickelung
solcher Geschwülste nicht gebunden sei an den vorläufigen Bestand
der charakteristischen Granulationen und Körner, also an das Trachom im engeren Wortsinne, so muss ich allerdings Rählmann zustimmen,
dagegen aber wieder einwenden, dass der Begriff des Trachoms durch jene
oberflächlichen Rauhigkeiten nicht erschöpft sei, der gleiche Wucherungsprocess vielmehr auch eine ganz gleichmässige Massenzunahme des Binde-
hautkörpers ohne Granulationen und Körner zu Stande bringen könne (S. 110)
und dass die amyloide Degeneration, mein sulziges Trachom, als Ausgangs-
stadium der einen wie der anderen Art beobachtet werde.

Im Uebrigen schliesst die Behauptung, dass die amyloide Degeneration
und das Auftreten amyloider Tumoren in der Regel an trachomkranke
Bindehäute gebunden sei, die erfahrungsmässige Thatsache nicht aus, dass
üppige Granulationsprocesse an umschriebenen Stellen der Bindehaut
walten und daselbst massenhafte Producte setzen können, die weiterhin
der amyloiden Entartung verfallen. Es deutet dies schon Zwingmann [1]) an,
indem er die Amyloidtumoren »aus einem mehr oder weniger circum-
»scripten oder diffusen Granulom durch Entartung des Gewebes desselben
»den Ursprung nehmen« lässt, und wahrscheinlich sind Rählmann's beide
Fälle gerade solche gewesen.

Die histologischen Unterschiede zwischen trachomatösem Gefüge und
dem Gewebe der Amyloidtumoren, welche Rählmann [2]) zu Gunsten
seiner Ansicht aufführt, mögen zum Theile aus diesem Umstande zu erklären
sein. Zum anderen Theile kommt in Betracht, dass die trachomatöse Wucherung und die amyloide Degeneration der Zeit nach in der Regel weit
auseinander stehen und dass beträchtliche Umstaltungen der ursprünglichen
Producte inzwischen liegen. Fortgesetzte Untersuchungen werden den erfahrungsmässigen Zusammenhang wohl auch mikroskopisch beleuchten. Die textuelle
Aehnlichkeit der Rählmann'schen Tumoren mit Lymphomen darf dabei
nicht irreführen, denn auch das Trachom ist nichts Anderes als eine lymphoide
Hyperplasie, eine Granulation adenoiden Gewebes.

Was nun die amyloide Degeneration als solche betrifft, so geht
ihr nach Rählmann [3]) stets eine hyaline Entartung des wuchernden
adenoiden Gefüges und seiner Gefässe voraus. Erst später beginnt
hier und da die Bildung amyloider Massen, sei es durch directe Umwandlung
der Zellen oder durch Ausschwitzung aus dem Protoplasma. Es sind diese

---

[1]) Zwingmann, Die Amyloidtumoren. Dorpat. 1879. S. 155.

[2]) Rählmann, Arch. f. Augenheilkunde X., S. 146.

[3]) Rählmann, ibid., X., S. 138 u. f., 144.

durch Jod und Jodschwefelsäure sich stark färbenden Massen nach Leber[1]) entweder in Gestalt grösserer oder kleinerer, oft geschichteter, rundlicher oder eckiger Körperchen, oder als schollige Gebilde in das Bindegewebe eingesprengt. Sie durchsetzen streckenweise auch die Gefässwände und können dann das Aussehen von Faserbündeln erlangen, so dass es scheint, als wären einzelne Faserbündel von amyloider Substanz eingehüllt.

Der entzündliche Process bleibt bei den verschiedenen Formen der Syndesmitis ebensowenig auf die eigentliche Bindehaut beschränkt wie bei der Uveitis u. s. w., daher denn auch hier der Name den krankhaften Vorgang nicht völlig deckt.

Oft nimmt die Hornhaut Antheil, ohne dass dies nothwendig immer deutlich zur Wahrnehmung kommen müsste. Es ist nämlich bekannt, dass sowohl in der subepithelialen Schichte als in dem Gefüge der eigentlichen Conjunctiva sich beträchtliche Mengen von Rundzellen ansammeln können, ohne sich durch besondere Erscheinungen zu verrathen, und dass merkbare Trübungen in der Regel das Ergebniss einer schon begonnenen oder gar vorgeschrittenen Differenzirung der eingewanderten Elemente sind.

Die Keratitis ist unter solchen Umständen gewöhnlich begründet durch das Fortschreiten der Entzündung auf das homologe Bindehautblatt der Hornhaut und kömmt bei den wuchernden Formen von Syndesmitis unter der Gestalt der Keratitis vasculosa, des Pannus und der Fleckbildung zum Ausdrucke (S. 98). Bei den schweren acuten Formen, bei der Blennorrhoe, der Pyorrhoe, dem Croup, aber greift der Process nicht selten auf das Gefüge der eigentlichen Cornea über und bedingt dort mehr weniger massenhafte Infiltrate, welche rasch zu vereitern und so einzelne Abschnitte oder die ganze Hornhaut zu zerstören pflegen.

In dieser Fortpflanzung der Entzündung auf das Parenchym der Cornea liegt ein Theil der Gefahr, welche derlei Processe zu so gefürchteten Erkrankungen machen. Aber nur der kleinere Theil, die Hauptgefahr ist höchst wahrscheinlich

[1]) Leber, Arch. f. Ophthalmologie XXV., 1, S. 257, 263 u. f.

in den septischen Einflüssen zu suchen, welche die Ab-
sonderungen der blennorrhoischen u. s. w. Bindehaut in
Folge der Zersetzung, welche sie in den schwer zugänglichen tiefen
Falten rasch eingehen, auf oberflächliche, seucht exfoliirte
oder gar schon geschwürige Stellen der Cornea nehmen.
Die auffällig günstigen therapeutischen Erfolge, welche ich in
jüngster Zeit bei einer Reihe schwerer Fälle von Blennorrhoe und
Pyorrhoe erzielte, indem ich neben den gebräuchlichen täglich
zweimaligen Streichungen mit zweipercentiger Höllensteinlösung den
Bindehautsack alle zwei Stunden mit einer dreipercentigen Lösung
von hypermangansaurem Kali gründlich ausspülen liess, drängen
mir förmlich die Ueberzeugung auf, dass die von der Oberfläche
in die Tiefe und rasch um sich greifenden Hornhautverschwärungen bei den genannten Syndesmitisformen septischen
Charakters seien (§. 69). Für Epithelabschürfungen finden
sich in der Mitleidenschaft des Bindehautblattes der Cornea reichliche Veranlassungen.

Auch die Lederhaut wird häufig in den Process verwickelt.
Es tritt dies besonders auffällig bei langwierigen trachomatösen
Leiden hervor, wo schliesslich die Sclerotica theilweise oder ihrem
ganzen Umfange nach veröden kann. Ein eigenthümliches por-
zellanartiges Aussehen und pergamentähnliche Steifigkeit kennzeichnen die Sclerose. Der damit gesetzte Verlust der Elasticität
führt dann bisweilen zu glaucomatösen Zuständen, wie ich
bereits wiederholt und zuletzt bei einem jugendlichen kräftigen
Matrosen zu beobachten Gelegenheit hatte.

Mitunter greift die Entzündung wohl auch tiefer. Leber[1]
fand bei chronischem Trachom einmal kleine Granulombildungen
in der Suprachorioidea, oberflächlich sehr zellenreich, im Centrum
zellenarm, aus geschichtetem Bindegewebe bestehend.

Am häufigsten und deutlichsten pflegt sich diese Mitleidenschaft an den Lidern auszusprechen. Bekanntlich gilt das ent-

---

[1] Leber, Klin. Monatsblätter, 1877. Beilage S. 119.

zündliche Oedem der Lidränder oder der gesammten Augendeckel nach Staaroperationen, künstlichen Pupillenbildungen u. s. w. als höchst unliebsames Wahrzeichen einer im Gange befindlichen Iridokyklitis oder Iridochorioiditis. Es pflanzen sich derlei entzündliche Processe eben fast immer von der Gefässhaut auf die Sclerotica und die überlagernden Theile, namentlich auf die Bindehaut fort, welche mit dem Gefässsysteme der Lider in innigster Verbindung steht (S. 100). Diese Gefässverbindung macht aber auch entzündliche Anschwellungen der Lidränder zu ganz gewöhnlichen Begleitern der einfachen primären Syndesmitis. Dieselben treten oft bei stärkeren Katarrhen hervor und paaren sich dann gerne mit Akneeruptionen. In schwereren Fällen erscheint gewöhnlich das ganze Lid von entzündlichem Oedem aufgetrieben. Bei der Blennorrhoe und Pyorrhoe steigert sich das Letztere zur wahren Chemose, beim Croup aber werden die Lider durch das Uebermass der entzündlichen Infiltration mit starren Producten brettähnlich hart.

Es sind bei diesen entzündlichen Anschwellungen wohl immer sämmtliche Bestandtheile der Augendeckel einschliesslich des Knorpels mehr oder weniger betheiligt. Bei den acuten Formen der Syndesmitis geht der Process häufig wieder zurück, ohne merkliche Spuren in der Haut und dem Tarsus der Lider zu hinterlassen. Wenn sich aber die chronisch verlaufende hypertrophirende Form daraus entwickelt oder primär auftritt, kömmt es oftmals zu sehr beträchtlichen Infiltrationen und Auflockerungen des faserigen Knorpelgefüges. Der Tarsus schwillt wegen zunehmender Hyperplasie mehr und mehr an, wird bedeutend dicker, länger und breiter, während seine Steifigkeit sich ansehnlich vermindert.

Ist die Flächenvergrösserung des Knorpels überwiegend, was besonders gerne dort geschieht, wo vorausgegangene mächtigere Oedeme der Bindehaut eine mechanische Dehnung des Lides bewerkstelligen konnten, so schliesst in Folge der damit gesetzten Verlängerung des Lidrandes dieser nicht mehr genau an den Bulbus an. Die senkrechten Kraftcomponenten der beiden Kreismuskelhälften treffen dann in einem nach hinten offenen Winkel auf einander und drängen die vom Augapfel abstehenden

Randtheile der Lider bei jedem kräftigeren Lidschlusse nach vorne, können sie schliesslich wohl gar umkehren, so dass die wuchernde Conjunctiva zu Tage liegt (Ectropium).

Es geschieht dies am häufigsten blos mit dem unteren Lide, da hier ausser der geringeren Widerstandskraft des Knorpels noch die dem Lide eigene Schwere die Umstülpung begünstigt und überdies auch ein besonderer Umstand mitwirkt. Es ist nämlich, wie ich vor Jahren nachgewiesen habe,[1] die normale Thränenleitung an die hermetische Schliessung der Lidspalte beim Lidschlusse geknüpft und wird durch den Flächendruck des Kreismuskels auf den Inhalt des Bindehautsackes vermittelt. Steht der Lidrand vom Bulbus ab, so ist diese Druckwirkung lahmgelegt, es kann von der im Thränensee befindlichen Flüssigkeitsmenge nur ein kleiner Theil seiner eigenen Schwere folgend in die Nasenhöhle ablaufen, der Rest fliesst über die Lidhaut hinweg nach aussen, führt zu erythematöser Dermatitis, Hypertrophie und endlich zur Verkürzung der äusseren Liddecke, das Ectropium vervollständigend und fixirend.

Wie überall folgt auch im Knorpel der hyperplastischen Auflockerung und Schwellung die endliche Verödung und Schrumpfung des Gefüges. Besteht ein Ectropium, so wird das umgestülpte Lid in seiner falschen Stellung nur verkürzt und in mannigfaltiger Weise verkrümmt. Im anderen Falle kann sich der wuchernde Tarsus auf einen ganz unförmlichen Klumpen zusammenziehen. Meistens biegt sich die wulstige Masse desselben kahnförmig nach innen um, bringt so die Wimpern mit der Hornhaut in Berührung und fördert durch Anregung von Krämpfen des Kreismuskels die Entropionirung der Lider. Dass dabei die Schrumpfung der Bindehaut einen massgebenden Einfluss nehmen könne, liegt auf der Hand.

Manche der Operationsmethoden, welche dermalen gegen solche Zustände geübt werden, waren nach Anagostakis[2] schon den Alten geläufig, ein Beweis, dass die in Rede stehenden Wucherungsprocesse mit ihren Folgen schon vor Jahrtausenden häufig waren und keineswegs der Neuzeit angehören.

---

[1] Stellwag, Wiener medicinische Wochenschrift, 1864. Nr. 51, 52; 1865. Nr. 8, 9, 85, 86.

[2] Anagostakis, Contributions à l'histoire de la chirurgie oculaire etc. Athènes, 1872. p. 2.

Es finden sich übrigens ähnliche durch die ganze Dicke der Lider hindurchgreifende Wucherungen des Bindegewebes ausnahmsweise unter ganz besonderen Umständen. Ich habe nach dem Vorgange Guepin's[1] eine »Zellgewebsverhärtung« beschrieben, bei welcher die massenhafte Entwickelung neoplastischen Bindegewebes und die Ausfüllung seiner Maschenräume mit seröser oder gelatinöser Substanz eine ständige sehr bedeutende Anschwellung der Lider begründet. Die Geschwulst erscheint beim Befühlen härtlich pastös, behält einige Zeit nach der Ausübung eines Fingerdruckes eine entsprechende Impression, ist unempfindlich und die äussere Haut darüber entweder nur leicht geröthet oder von normaler Farbe.[2]   Es kommen derartige Hypertrophien nach Rothlauf vor. Einmal habe ich selbe auf beide Lider ausgedehnt als Folge einer Verödung der abführenden Lymphwege durch Vereiterung und Vernarbung der Ohrspeicheldrüse, ich glaube nach Typhus, gesehen.

Innig verwandt damit ist die Elephantiasis palpebrarum. Michel[3] und Theodor Beck[4] haben die in neuerer Zeit verlautbarten Fälle gesammelt und Letzterer zwei eigene Beobachtungen beigefügt. Es schliesst sich ihnen ein weiterer Fall von Walzberg[5] an. Nach den überaus sorgfältigen und eingehenden Untersuchungen Th. Beck's handelt es sich dabei um eine, sämmtliche Bestandtheile des Lides einschliesslich des Knorpels betreffende, massenhafte Vermehrung der Bindegewebsfasern und der elastischen Elemente durch Neubildung, daher sich dieselben auch in allen Entwickelungsstufen finden. Dazu kommt eine sehr beträchtliche ungleichmässige und ganz unregelmässige Erweiterung der

---

[1] Guepin, Mackenzie Maladies de l'œil, traduit par Warlomont et Testelin. Paris, 1856. I., p. 222.

[2] Stellwag, Ophthalmologie II., 1858, S. 979.

[3] Michel, Graefe und Sämisch, Handbuch IV., 1876, S. 408.

[4] Th. Beck, Ueber Elephantiasis des oberen Augenlides. Diss. Basel, 1878. S. 5, 32, 35.

[5] Walzberg, Klin. Monatsblätter, 1879, S. 139.

intra vitam wahrscheinlich gefüllten Lymphräume und Lymph
gefässe. Beide diese Momente wirken zusammen, um der Geschwulst die prall elastische Consistenz beim Anfühlen zu geben.

In dritter Reihe sind die Gummen der Lider zu erwähnen.
Sie werden schon von Astruc und Plenk[1] als gerstenkorn-
artige Geschwülste des Lidrandes geschildert, welche öfters in
fressende Geschwüre übergehen. Lawrence, Mackenzie und
Desmarres[2] haben im laufenden Jahrhunderte sehr ausführlich
über den Gegenstand geschrieben. Auf Grundlage ihrer Angaben
und mehrerer eigener Beobachtungen war ich[3] bereits im Jahre
1858 in der Lage, den syphilitischen Erkrankungen der
Lider einen ziemlich umfangreichen Abschnitt meiner »Ophthalmologie« zu widmen. Es wurde daselbst (§. 340) das öftere Auftreten von bald einzeln stehenden, bald gruppig gehäuften akne-
ähnlichen Geschwülsten an der Lidfläche und vorzugsweise am
freien Lidrande betont, welche Geschwülste tief in das Gefüge
des Augendeckels hineingreifen, sämmtliche Bestandtheile desselben durchsetzen und, wenn sie der eitrigen Schmelzung anheimfallen, meistens ansehnliche Abschnitte des Lides mit Einschluss
des Knorpels unter der charakteristischen Gestalt secundärer syphi-
litischer Geschwüre zerstören, hässliche Narben, oft mit Ver-
krümmung des Lides hinterlassend. Sechs Jahre darauf hat Zeissl[4]
unter Bezugnahme auf meine und Desmarres' Arbeiten die
syphilitischen Erkrankungen der Lider kurz geschildert. Nach weiteren zwei Jahren ist Hirschler[5] mit der Veröffentlichung dreier
Fälle von »Blepharitis syphilitica« gefolgt. Diese letzteren

---

[1]) Nach Zeissl, Allg. Wiener medicinische Zeitung, 1877, Nr. 34—37.

[2]) Lawrence, Klin. Handbibliothek V. Weimar, 1831. S. 237—258;
Mackenzie, Praktische Abhandlung über die Krankheiten des Auges.
Weimar, 1832. S. 147; Traité des mal. de l'œil. Paris, 1856. I., p. 174—182;
Desmarres, Traité des mal. des yeux. Paris, 1847. p. 156—161.

[3]) Stellwag, Ophthalmologie II., 1858, S. 954—958.

[4]) Zeissl, Lehrbuch der constitutionellen Syphilis. Erlangen, 1864.
S. 288.

[5]) Hirschler, Wiener medicinische Wochenschrift, 1866, Nr. 72, 73, 74.

gelten unter den Augenärzten sonderbarer Weise als die ersten modernen Beobachtungen.[1)]

In neuester Zeit haben sich die einschlägigen Erfahrungen in der ergiebigsten Weise vervielfältigt. Es stellt sich dabei heraus, dass die Lidgummen nur zum Theile in der Gestalt umschriebener randständiger gerstenkornähnlicher Geschwülste erscheinen, welche in tiefe Geschwüre mit verhärtetem, speckig infiltrirtem Grunde und fetzigen wulstigen Rändern übergehen[2)] und gelegentlich wohl auch sich über den ganzen Lidrand verbreiten.[3)] In nicht seltenen Fällen durchwuchert das syphilitische Granulom ein oder beide Lider desselben Auges ihrer ganzen Ausdehnung nach und treibt die Augendeckel zu mächtigen Tumoren auf.[4)] Ich lasse drei Fälle aus meiner Klinik und einen aus der Privatpraxis Dr. Bergmeister's folgen. Der letztere Fall ist mir schriftlich mitgetheilt worden.

Erster Fall. Bei einem 30jährigen kräftigen Kanalräumer mit allen Zeichen secundärer Syphilis, namentlich einem über den ganzen Körper verbreiteten Hautsyphilide, besteht (Herbst 1874) seit mehreren Wochen eine enorme Schwellung des linken oberen Lides in der Art, dass dasselbe unter beträchtlicher Verlängerung des freien Randes weit über das untere Lid hinüberragt und völlig unbeweglich erscheint. An der Geschwulst sind sämmtliche Theile des Augendeckels, äussere Haut, subcutanes Gewebe, Knorpel und Bindehaut gleichmässig betheiligt, so dass das Lid bei einer durchschnittlichen Dicke von zwei Centimetern sich wie eine homogene, oberflächlich platte, etwas elastische härtliche Geschwulst anfühlt, welche nur an einzelnen nicht scharf umgrenzten Stellen etwas dichter und consistenter ist. Die äussere Liddecke ist ganz faltenlos, prall gespannt, deutlich infiltrirt, bläulich geröthet und lässt sich über der unterlagernden Geschwulstmasse nicht verschieben, ist mit ihr völlig verschmolzen. Der Tumor ist ziemlich

---

[1)] Michel, Graefe und Sämisch, Handbuch IV., S. 118.

[2)] Wedl, Atlas der pathologischen Histologie des Auges. Leipzig, 1861. Adnexa III. Fig. 25, 26; Mooren, Ophthalmologische Mittheilungen. Berlin, 1874. S. 6; Dietlen, Klin. Monatsblätter, 1876, Beilage S. 8.

[3)] Pflüger, Klin. Monatsblätter, 1876, S. 160.

[4)] Vogel, Magawly, Nagel's Jahresbericht, 1873, S. 441; Dietlen, Klin. Monatsblätter, 1876, Beilage S. 4; Laskiewicz, Allg. Wiener medicinische Zeitung, 1877, Nr. 23, S. 211; Fuchs, Klin. Monatsblätter, 1878, S. 21.

unempfindlich und begrenzt sich nahezu scharf an dem knöchernen Orbital-
rande. Die beiden Lidlefzen sind ganz verstrichen, da der Lidrand eine
einheitliche stark convexe Fläche bildet. Die Wimpern sind unverändert.
Die Conjunctiva erscheint ihrer ganzen Ausdehnung nach beträchtlich
geschwellt, um den Hornhautrand herum zu mächtigen Wülsten aufgetrieben,
so dass die Cornea förmlich darin vergraben ist. Sie zeigt sich streckenweise
stark hyperämisch, dunkel geröthet, aufgelockert, streckenweise von wachs-
ähnlich gelblicher Farbe und mit groben Gefässnetzen durchsetzt, von speckiger
Consistenz. Die Hornhaut und die Binnenorgane des Augapfels erweisen
sich gesund. Eine energisch eingeleitete Schmierkur hatte auffallend günstigen Erfolg. Schon nach wenigen Einreibungen war die Geschwulst merklich gesunken, die äussere Liddecke weicher und ein wenig verschieblicher
geworden, die Bindehautwülste um die Cornea herum hatten sich verkleinert.
Nach einigen weiteren Inunctionen war die Abschwellung und Verschieblich-
keit der äusseren Liddecke eine sehr beträchtliche, man fühlte deutlich den
mächtig aufgetriebenen Knorpel durch. Leider entfloh der Kranke vor Vollendung der Heilung.

Die beiden anderen Fälle habe ich nicht selbst aufgezeichnet, kann
daher nur nach den klinischen Protokollen berichten. Der eine betrifft einen
24jährigen Schneider, welcher (Januar 1878) vor drei Jahren an einem Tripper,
sonst aber nie an einer syphilitischen Krankheit gelitten zu haben behauptet.
Seit fünf Wochen bemerkt er eine Anschwellung des linken oberen Augenlides. Dieselbe beginnt genau am convexen Rande des Tarsus und endet an
seinem unteren Rande, so dass die Substanz des Knorpels allein erkrankt zu
sein scheint. Die Geschwulst hat die Consistenz eines Knorpels und macht
die Umstülpung des Lides unmöglich. Die übrigen Theile sind normal. Eine
Schmierkur führte zu vollständiger Heilung.

Der dritte Fall betrifft eine 25jährige Nähterin, welche (August 1878)
seit drei Monaten eine Anschwellung beider Lider des rechten Auges und
seit vierzehn Tagen ein Hautsyphilid bemerkt. Die Lider sind infiltrirt und
geröthet, namentlich im inneren Augenwinkel. Die Conjunctiva ist chemotisch und rings um die Cornea in 0·5 Centimeter hohen Wülsten hervorragend.
Maculöses Syphilid am ganzen Körper; Drüsenanschwellungen am Halse.
Schmierkur. Heilung.

Bergmeister's Fall. E. B., 45 Jahre alt, hat angeblich vor Jahren
blos einen Tripper überstanden, im Jahre 1868 an Bluthusten gelitten und im
Jahre 1873 durch drei bis vier Monate an einem Kehlkopfleiden laborirt. Vor
zwei Jahren bekam er vor dem rechten Ohre eine Drüsenvereiterung, darauf
unter dem linken Auge in der Gegend des Orbitalrandes ein Geschwür, von
dem noch eine linsengrosse leicht deprimirte Hautnarbe sichtbar ist. Vor
anderthalb Jahren begannen ähnliche Ulcerationsprocesse am Lidrande des
linken unteren Lides, welche allmälig den Intermarginalsaum sammt Haar-
zwiebelboden in der ganzen Ausdehnung des unteren und theilweise auch des

oberen Lides zerstörten. Patient stellte sich mir Anfangs April 1881 vor. Ich fand am oberen linken Augenlide nach auswärts vom Thränenpunkte ein speckig weissbelegtes Geschwür, welches am Intermarginalsaume eine Breite von circa 4''' hatte. Dasselbe erstreckte sich trichterförmig an der Innenfläche des Lides nach innen oben (nasenwärts) bis gegen den Fornix conjunctivae und durchsetzte die Conjunctiva bis tief in den Tarsus hinein. Von aussen fühlte sich die Stelle hart und derb an. Die halbmondförmige Falte war geschwellt, der nicht ulcerirte Theil der Bindehaut des Oberlides von narbigen Linien durchsetzt, dazwischen papillär gewuchert. Zwei Wochen später entwickelte sich etwas nach aussen von der Mitte des Oberlides unter starker Schwellung ein zweites hartes Infiltrat, welches ebenso nach innen zu ulcerirte. Patient bekam anfangs innerlich Jodkalium, später Jodoformpillen; local wurde die Geschwürsfläche anfangs mit drei Procent Carbolwasser gereinigt und, als sich diess erfolglos erwies, mit reinem Jodoformpulver bestreut, was gut vertragen wurde.

Trotzdem breitete sich das Geschwür in einem Winkel serpiginös über den Lidrand aus, während der zweite Herd in der Mitte des Lides unter Gebrauch von Jodoform sich vollkommen gereinigt hatte und auch die Sclerose geschwunden war. Nun wurden dreissig Inunctionen gemacht und dabei eine Zeitlang Zittmann getrunken, später aber an Stelle des letzteren nochmals Jodoform genommen. Jetzt ging der Process rasch in Heilung über, welche Anfangs Juni eine vollständige war. Der Liddefect ist unbedeutend und überhaupt nur im inneren Winkel bemerkbar, wo allerdings der Thränenpunkt zerstört und in die Narbe einbezogen ist. Der Lidschluss ist perfect.

Man hat sich dermalen gewöhnt, die Lidgummen unter dem Namen »Tarsitis syphilitica seu gummosa« zu führen; ich glaube mit Unrecht, da in der Regel sämmtliche Bestandtheile eines oder beider Augendeckel dem Granulationsprocesse verfallen und die Wucherung nicht einmal häufig von dem Knorpel auszugehen pflegt, sondern gerne von der äusseren Haut und dem subcutanen Gefüge oder von der Bindehaut und der Submucosa auf denselben fortschreitet. Im Einklange damit sind denn auch Fälle bekannt, in welchen die Infiltration und Geschwürbildung noch auf die Conjunctiva beschränkt schien.[1] Immerhin ist gewöhnlich der Tarsus der am meisten veränderte Theil, und dass er

---

[1] Wecker, Traité théor. et prat. des mal. des yeux. Paris, 1863. I., p. 180; Estlander, Klin. Monatsblätter, 1870, S. 259; Hirschberg, Klin. Beobachtungen. Wien, 1874. S. 25; Hock, Wiener Klinik II., 1876, S. 75.

ebensowohl primär ergriffen werden könne, lässt sich schon daraus
schliessen, dass Gummen auch in der Sclera und dem überlagernden lockeren Episcleralgefüge beobachtet worden sind. [1])

Die erste anatomische Untersuchung ist Wedl[2]) zu verdanken. Der
Wucherungsprocess war hier von seinem Hauptsitze, dem Corium, auf die
übrigen Bestandtheile des Lidrandes und auf den mächtig aufgetriebenen er-
weichten Knorpel übergegangen. Die Infiltration rührte von Elementen her,
deren rundliche Kerne von verschiedener Grösse sich zu Zügen und Haufen
gruppirten. Die im Schnitte quer getroffenen Fasern des Kreismuskels
waren von Kernzügen umsponnen. Letztere liessen sich auch in die Haarbälge der Cilien verfolgen und erklärten die Verkümmerung und Schief-
stellung der Wimpern. Derselbe Wucherungsprocess hatte auch ,den Lidknorpel ergriffen. In demselben waren zahlreiche Klümpchen von Fettzellen
eingelagert. Die Oberfläche der Meibom'schen Acini war ganz dicht mit
solchen Kernen besetzt. An der Conjunctivaloberfläche ragten eine Menge
ziemlich grosser neugebildeter kegelförmiger Papillen hervor.

Den zweiten Befund hat Vogel[3]) geliefert: »In dem lockeren fibrö-
»sen Bindegewebe, welches den Knorpel umgiebt, hatte sich ein üppig
»wucherndes Granulationsgewebe gebildet, das sich besonders durch die Grösse
»der neugebildeten Zellen auszeichnete, so dass es einem Rundzellensarkome
»glich. Die Fasern des perichondrialen Bindegewebes zeigten an den
»Stellen, wo sie nicht durch das neugebildete Gewebe verdrängt waren, eine
»ansehnliche Anfquellung und Verdickung; namentlich war die Wandung
»der Gefässe colossal verdickt und das Innere derselben dadurch verengt.
»Das neugebildete Gewebe hatte nun weiterhin papillenförmige Sprossen in
»die Substanz des Knorpels hineingetrieben und so denselben an einzelnen
»Stellen zum Schwunde gebracht. Im Granulationsgewebe fanden sich noch
»einzelne zerstreute Inseln von Knorpelsubstanz. Das Knorpelgewebe
»selbst war in der Art verändert, dass sich die einzelnen Fasern nicht mehr
»als solche erkennen liessen. Es stellte vielmehr eine im Ganzen mehr homo-
»gene klumpige Masse dar, an der sich nur hier und da schwache Andeu-
»tungen faseriger Structur zeigten.« Vogel glaubt darin eine amyloide
Degeneration des Knorpels erkennen und den Process überhaupt als Peri-
chondritis des Tarsalknorpels ansprechen zu dürfen.

---

[1]) Coccius, Die Heilanstalt für arme Augenkranke. Leipzig, 1870.
S. 36.

[2]) Wedl, Atlas der pathologischen Histologie des Auges. Leipzig,
1861. Adnexa III, Fig. 25, 26.

[3]) Vogel, Nagel's Jahresbericht, 1873, S. 442.

Es erübrigt nur noch, Einiges über die Erkrankungen der
Lidschmeerdrüsen beizufügen. Ein Theil dieser Schmeerdrüsen
gehört der äusseren Haut an. Es umlagern dieselben gruppenweise die Ausführungsgänge der Wimpernbälge, in welche sie
neben eigenthümlich gestalteten Schweissdrüsen[1] münden
(Zeis'sche Drüsen). Der andere Theil ist in den Faserknorpel
eingebettet und öffnet sich mittelst eines häutigen Ausführungs-
ganges an der inneren Lefze des Lides (Meibom'sche Drüsen).
Alle diese Drüsen sind lappig gebaut, von Lymphräumen umgeben[2] und von einem dichten Gefässnetze, welches von den
Endzweigen der Lidarterien gespeist wird (S. 100), korbähnlich
umsponnen. Die meisten lassen eine durch Verdichtung des umgebenden Gefüges entstandene, fast glashelle Membrana propria
ganz deutlich erkennen. Ihr Inneres wird von Zellen ausgefüllt.
Die jüngsten, der Membrana propria unmittelbar aufsitzenden
Zellen sind klein, kubisch, ohne Fettgehalt. Hierauf folgen zahlreiche Lagen platter Zellen, deren Gehalt an grösseren oder kleineren
Fetttropfen gegen die Mitte des Acinus stetig zunimmt, so dass an
den innersten Zellen auch der Kern in der Fettbildung untergegangen ist. Doch behalten die einzelnen Zellen ihre Form und
erst gegen den Ausführungsgang hin zerfallen sie gänzlich und
bilden durch Zusammenfliessen der Fettmassen das eigenthümliche
Secret, den Schmeer.[3]

In einzelnen, nicht ganz seltenen Fällen ist diese Schmeer-
absonderung in den Zeis'schen Drüsen eine überreichliche, der
äussere Lidrand erscheint beständig von einer schmierigen öligen
Masse und stellenweise von fettigen Schüppchen belegt, bei unreinlichen Kranken wohl auch ganz vergraben in mächtigen gelblichen, von Schmutz oft ganz dunkel gefärbten rissigen Borken,
welche der unversehrten Oberhaut und den Wimpern lose anhaften.

---

[1] Waldeyer, Graefe und Sämisch, Handbuch I., S. 238; Sattler,
Arch. f. mikrosk. Anat. XIII., S. 783.

[2] Czerny, Klin. Monatsblätter, 1874, S. 421.

[3] Fuchs, Arch. f. Ophthalmologie XXIV., 2, S. 132.

Die unterliegende Haut ist höchstens leicht geröthet, doch findet sich nirgends eine entzündliche oder hypertrophische Auftreibung derselben und des subcutanen Gewebes, in welchem die fraglichen Drüsen liegen. Es handelt sich eben nicht um eine Blepharadenitis, für welche der sehr langwierige und meistens habituelle Zustand gemeiniglich gehalten wird, sondern um eine Seborrhoe des Lidrandes,[1] und diese ist dann in der Regel blos die Theilerscheinung eines über grössere Abschnitte der Gesichtshaut verbreiteten krankhaften Zustandes. Ich sah sie am öftesten bei Semiten. Aeusserste Reinlichkeit, häufige Waschungen der von Fett überströmten Hautpartien mit feiner Seife leisten dagegen noch am meisten.

Trifft irgend ein entzündlicher Reiz diese oder jene Drüse, so kömmt es alsbald zur Hyperämie des ihr zugehörigen Gefässnetzes, zu vermehrter Filtration und massenhafter Auswanderung farbloser Blutkörperchen in das periacinöse Gefüge und in die Drüsenhöhlung selbst, also zu einer mehr oder weniger umfangreichen örtlichen Anschwellung. Vermöge der eigenthümlichen Gefässvertheilung und der Lockerheit des umgebenden subcutanen Gewebes greift der Process indessen unter der Gestalt entzündlichen Oedems gerne weit um sich, es werden das betreffende Lid und selbst die nachbarlichen Theile der Nasen- und Wangenhaut mächtig aufgetrieben, und man hat bisweilen Noth, das eigentliche Reizcentrum in der chemotischen Geschwulst als eine härtere, gegen Berührung überaus empfindliche Stelle herauszufinden.

Meistens geht die Entzündung rasch in Eiterung über. Das in und um den Drüsenbalg sich anhäufende entzündliche Product drängt dann öfters das vorgefundene Secret gegen den Ausführungsgang, oder erscheint selbst an dessen Mündung und lässt sich durch Druck entleeren. Häufiger aber hebt der um die Drüse und ihren Ausführungsgang angesammelte Eiter das infiltrirte lockere Gefüge, welches die Drüsenmündung umgiebt, unter der charak-

---

[1] Stellwag, Ophthalmologie II., S. 932.

teristischen Gestalt einer genabelten Pustel empor und bricht
schliesslich durch, worauf meistens rasche Heilung, mitunter
aber auch Granulation und in seltenen Fällen Geschwürs-
bildung mit Hinterlassung tiefgreifender strahliger Narben folgt.

Im Bereiche der Zeis'schen Drüsen, welche der Hautober-
fläche sehr nahe liegen, ist der eben geschilderte Vorgang etwas
ganz Gewöhnliches. An den Knorpeldrüsen wird er gelegentlich
ebenfalls, aber viel seltener beobachtet. Bei den Letzteren ist
nämlich die verhältnissmässig grosse Entfernung der Acini von der
Mündung einer unmittelbaren Entleerung des Eiters oder einer
Pustelbildung wenig günstig, das entzündliche Product bahnt sich
leichter einen Weg nach Aussen durch das nächst umliegende
Gewebe, indem dieses allmälig in den Process verwickelt und
eitrig geschmolzen wird.

Es geschieht dieses namentlich dann gerne, wenn ein erkrankter Acinus der hinteren Knorpelfläche sehr nahe liegt, also
blos eine dünne Schichte des Tarsus und die Lidbindehaut zu
durchbrechen sind. Insoferne aber die Mehrzahl der Acini der
vorderen Knorpelfläche näher liegt, findet der Durchbruch gewöhnlich grosse Schwierigkeiten und der entzündliche Process ist
oft erschöpft, ehe die Entleerung des Eiters gelungen ist.

Eine wahre Eiterbildung findet eben nur im Herdcentrum
statt; gegen die Peripherie hin wachsen die massenhaft angesam-
melten Rundzellen aus und entwickeln reichliche Mengen faseriger
Intercellularsubstanz, der Eiterherd erscheint umgeben von einer
mehr oder weniger dicken Schichte von Granulationsgewebe,
welche sich dammartig immer weiter nach Aussen vorschiebt, wenn
die inneren Lagen derselben eiterig abschmelzen. Endlich ist der
Entzündungsreiz erloschen, die Eiterung beendigt, das hyperplastische Stratum sammt dem Inhalte der davon umschlossenen
Höhle verfallen allmälig der Aufsaugung, so dass keine Spur des
Processes übrig bleibt. Oder aber das Granulationsgewebe
organisirt theilweise höher und verdichtet sich zu einer mehr oder
weniger dicken und derben bindegewebigen Kapsel, welche

mit dem Knorpel innig zusammenhängt und in Verbindung mit
demselben eine kleinere oder grössere, ganz unregelmässig gestal-
tete, ein- oder mehrfächerige Höhlung umschliesst, deren Inhalt
je nach Umständen ein sehr verschiedener sein kann.

Von dem Eiter und Secrete findet man in späteren Stadien
des Verlaufes in der Regel kaum schwache Spuren. Meistens wird
die Höhlung zum grossen Theile ausgefüllt von einer eigenthümlichen sulzähnlichen schwach gestreiften Masse, die nach Fuchs[1]
durch Alkohol krümlich gefällt wird, also dem Mucin nahe verwandt und mit Riesenzellen reichlich durchsetzt ist. Fuchs führt
sie auf eine Art regressiver Metamorphose, auf schleimige Erweichung eines Theiles des Granulationsgewebes zurück. Daneben
findet sich oft etwas gelbliche viscide oder rein seröse Flüssigkeit. In älteren Fällen erscheint die Granulationsschichte bisweilen auf derbes sehnenartiges Gefüge verdichtet und die
davon umschlossene Höhlung gänzlich gefüllt von wasserhellem
oder gelblichem Serum, der Krankheitsherd stellt sich unter der
Gestalt einer buchtigen, oft mehrfächerigen Cyste dar, deren eine
Wand der hier sehr verdünnte Knorpel bildet.

So lange die entzündlichen Erscheinungen das Krankheitsbild beherrschen, wird der Zustand als Gerstenkorn, Hordeolum,
bezeichnet; später aber, wenn das Product unter fortschreitender
Höhergestaltung mehr ständige Formen angenommen hat, wird
das Leiden als Hagelkorn, Chalazion, geführt.

Ich kann in dem entzündlichen Processe nichts Anderes als
eine Wiederholung jener krankhaften Vorgänge erblicken, welche
sich in den Schmeerdrüsen der Haut unter dem Namen der Finne,
Acne, so häufig abspielen. Die Eiteransammlung in und um die
ergriffenen Lidschmeerdrüsen, besonders aber die Pustelbildung an
der Mündung ihrer Ausführungsgänge ist das genaue Abbild des
gleichen Processes an gleichen Bestandtheilen der allgemeinen
Decke. Wenn die anatomischen Verhältnisse der Knorpel-

---

[1] Fuchs, Arch. f. Ophthalmologie XXIV., 2, S. 138.

drüsen der Entleerung des Eiters durch den Ausführungsgang oder
durch eine berstende Pustel häufig Schwierigkeiten bereiten und
einen Durchbruch durch die Herdwandnngen oder die Einkap-
selung des Productes durch Granulationsgewebe erzwingen: so
kann darin nicht eine wesentliche Verschiedenheit des pathologischen Processes als solchen, sondern lediglich nur eine
Modification desselben durch rein örtliche Umstände erblickt
werden. Es fällt diese Abweichung übrigens auch schon darum
nicht sehr in das Gewicht, weil die Finne der äusseren Haut
in gleicher Weise nicht nothwendig bis zur Eiterung gedeiht und
den Eiter entleert, sondern gar nicht selten in Form solider
Knoten auftritt und ständig wird, verhärtet.[1]

Ich habe in Anbetracht dessen die Entzündung der Lidschmeerdrüsen schon seit Langem als eine rein örtliche Form
der Hautfinne betrachtet[2] und als Acne ciliaris und Acne
tarsalis in das System eingereiht. Die Knorpelfinne zeigt
sich immer nur in Gestalt einzelner zerstreuter Knoten oder
Pusteln und trägt daher vorzugsweise den Charakter der Acne
disseminata. Die Finne des Lidrandes dagegen erscheint bald
als einzelner randständiger Knoten (Pustel), bald aber ist ein
grosser Theil oder die Gesammtheit der Wimpernschmeer-
drüsen in den Process verwickelt, die einzelnen Efflorescenzen
fliessen ineinander, die Krankheit stellt sich als Acne confluens,
d. i. als ein Zustand dar, welcher in den meisten Lehrbüchern
als Blepharitis (Blepharadenitis) ciliaris aufgeführt und in
eine secretorische, eine hypertrophirende und eine geschwürige Form unterschieden wird.

Ganz im Einklange mit dieser Auffassung wird das Leiden
der Lidschmeerdrüsen gleichwie die Hautfinne in der Regel,
wenn nicht immer, begründet durch eine Behinderung der

[1] Vergleiche die Lehrbücher von Is. Neumann, 1880, S. 216; Kaposi,
1880, S. 449.
[2] Stellwag, Ophthalmologie II., S. 932, 937.

Excretion. Das Hinderniss der Ausscheidung ist entweder ein
rein mechanisches, eine Verstopfung der Mündung durch Epidermis, durch katarrhalische Krusten u. s. w., oder aber es ist in
einer normwidrigen Beschaffenheit des Secretes selbst, in
mangelhafter Verfettung und vorwiegender Verhornung
der Zellen gelegen.

Man sieht solche halbverhornte Zellenhaufen gar nicht selten
in Gestalt fettig glänzender Schüppchen den leicht gerötheten und
geschwellten Lidrand bedecken (Blepharitis ciliaris secretoria).
Oftmals erscheint das Drüsenproduct auch in den Ausführungsgängen der Knorpel- und Wimperndrüsen massig angesammelt
und stellt den Comedonen gleichwerthige, weissgelblich durchscheinende strangartige Geschwülste dar. Oder es häufen sich die
verhornenden Zellen in den Schmeerdrüsen der äusseren Lidlefze
zu rundlichen harten hellweissen, stark hervorspringenden, concentrisch geschichteten, mohn- bis pfefferkorngrossen Tumoren
(Milium); oder es entwickeln sich gar um einzelne vollgestopfte
Drüsen dem Molluscum ähnliche Gebilde. [1]

Gemeiniglich aber wird eine solche Ansammlung von Producten nicht gut vertragen, das Secret übt einen mechanischen
und vielleicht auch chemischen Reiz auf die Wandungen der
Drüse, es folgt Entzündung mit dem Ausgang in Eiterung oder
Hypertrophie (Acne).

Dass der Genuss gewisser Speisen und Getränke, Ueber-
anstrengung der Augen, Aufenthalt in rauchigen Localen u. s. w.
durch Vermehrung der Absonderung und eine damit verbundene
chemische Abänderung des Secretes die Stockung der Excretion
und folgerecht die Entwickelung von Acneknoten und Pusteln begünstigen könne, ist mir sehr wahrscheinlich.

Immer jedoch ist es die Ansammlung, »Retention« des
Productes, welche der Finnenbildung zu Grunde liegt, und wenn
die Acneefflorescenz im weiteren Verlaufe den Charakter eines

---

[1] Stellwag, Ophthalmologie II., S. 966.

Granuloms[1]) annimmt, so ist selbe doch immer ein auf einer
Retentionsgeschwulst aufgebautes Granulom.

Fuchs[2]) bringt die Acne in nähere Beziehung zur Scrophulose. Ich
kann einem solchen Zusammenhange nicht das Wort sprechen. Mein Assistent,
Herr Dr. Hampel, hat sich die Mühe genommen, das Alter der mit Hordeolum
und Chalazion behafteten ambulatorischen Kranken meiner Klinik zusammenzustellen. Es waren in den letzten zehn Jahren 247 Fälle zur Beobachtung
gekommen. Davon standen

           29 im Alter von   5 Wochen bis 10 Jahren
           54 »   »   » 11 bis 20 Jahren
           86 »   »   » 21 » 30   »
           34 »   »   » 31 » 40   »
           31 »   »   » 41 » 50   »
           13 »   »   » 51 » 65   »

Es stellt sich das Verhältniss der unter und über 20 Jahre alten Kranken
demnach wie 83 : 164 oder 33·6 Procent zu 66·4 Procent, ist demnach der
Annahme einer Beiwirkung der Scrophulose nicht günstig.

[1]) Fuchs, Arch f. Ophthalmologie XXIV., 2, S. 146.
[2]) Fuchs, ibid., XXIV., 2, S. 154.

II.

Zur pathologischen Anatomie des Glaukoms.

Von

Prof. Dr. C. Wedl.

Die vorliegenden Originalmittheilungen beziehen sich auf etwa ein Dutzend glaukomatöser Augen, welche mir durch die Gefälligkeit des Herrn Prof. Stellwag und des Herrn Regimentsarztes und Privatdocenten Dr. A. Weichselbaum zur Untersuchung übermittelt wurden. Einige ältere Fälle habe ich einer Revision unterzogen. Ich war bemüht, das, wenn auch nicht reichhaltige, doch verlässlich diagnosticirte Material nach meinen Kräften auszunützen, und hoffe an einem anderen Orte ein eingehenderes Detail mit den nöthigen Illustrationen und mit Berücksichtigung der einschlägigen Literatur zu veröffentlichen.

Die Sclera bildet eine elastische Kapsel, welche sowohl beim Zug durch die Augenmuskeln, als auch beim Druck von Seite der anschlagenden Blutwelle eine Lageveränderung ihrer kleinsten Theilchen erleiden muss.

Es ist bekannt, dass die Bindegewebsbündel am Aequator und vor demselben eine vorzugsweise meridionale und hinter demselben eine mehr circuläre Richtung in ihrem Verlaufe einhalten. Diesem Hauptzuge der Bündel folgen auch die elastischen Fasern, deren Reichhaltigkeit ich hier insbesondere betonen zu müssen glaube.

Selbstverständlich ist es sehr leicht, an feinen Schnitten, welche mit Kali- oder Natronhydrat oder mit schwachen Säuren behandelt werden,

sich von der zahllosen Menge der gröberen, feineren und feinsten elastischen
Fasern zu überzeugen. Ich versuchte es auch mit Wasserstoffdioxyd
und es schien mir, als biete diese Flüssigkeit, wenn sie längere Zeit auf
das Scleralgewebe aufhellend einwirkt, den Vortheil, dass letzteres nicht so
sehr wie in schwachen Säuren aufquillt oder einschrumpft, wie dies bei Einwirkung von Alkalien gewöhnlich zu geschehen pflegt. Man wird über-
rascht von spiraligen wellenförmigen und zu feinsten dichten Netzen verbundenen elastischen, durch Tingirung noch deutlicher hervortretenden Fasern,
welche in ihren Hauptzügen nach dem Verlaufe der Bindegewebsbündel sich
richten, obwohl sie dieselben mannigfach durchsetzen.

Diesen Hauptzügen der Bindegewebsbündel und elastischen
Fasern entspricht auch die Spaltrichtung. Führt man eine Trennung des Zusammenhanges der Sclerafasern dadurch herbei, dass
man eine drehrunde Nadel, die an ihrem dickeren Theile etwa
einen Durchmesser von zwei Millimetern hat, senkrecht auf die
Tangentialebene durch die Sclera stösst, so werden die in einer
bestimmten Hauptrichtung verlaufenden Fasern vorerst durch die
Nadelspitze getrennt und beim Fortschieben der Nadel seitwärts
gedrängt. Zieht man die Nadel aus der Sclera wieder heraus, so
werden die Fasern bestrebt sein, in ihre frühere Lage zurückzukehren. Es wird deshalb nach dem Herausziehen der Nadel kein
kreisförmiges Loch, sondern ein Spalt zurückbleiben, der bei
seitlich angewendetem Zuge eine spindelförmige Gestalt hat. Es
ist daher klar, dass die Spalte in der vorderen Sclera eine meridionale, in dem hinteren Abschnitte, wo die Faserzüge eine
vorzugsweise circuläre Anordnung einhalten, eine circuläre Richtung haben müssen.

In noch auffälligerer Weise tritt der Sachverhalt auf, wenn man Scleren
von grösseren Säugethieren wählt. Es versteht sich übrigens von selbst,
dass, wenn die kleinsten Theilchen nicht mehr in ihre frühere Lage nach
einer, längere Zeit andauernden Spannung zurückzukehren vermögen, das
betreffende Gewebe einen gewissen Grad von Rigidität angenommen haben
müsse. Ebenso ist es einleuchtend, dass die Zug- und Druckelasticität wie die
Elasticitätsgrenze der Sclera in physiologischer und pathologischer Beziehung
eine specielle Bearbeitung verlangt.

Es ist bekannt, dass die Elasticität aller Gewebe mit dem
fortschreitenden Alter abnimmt und in jenen Organen, welche

Ernährungsstörungen erleiden, insbesondere sich geltend macht und daselbst auch vorzeitig eine Abnahme auftreten kann.

Die Ernährungsstörungen der Sclera in dem glaukomatösen Auge geben sich insbesondere bei chronischem Verlaufe durch Verfettung zu erkennen, welche mitunter einen so hohen Grad erreichen kann, dass die Sclera durch Einlagerung von winzigen Fettkörnchen in das Gewebe wolkig getrübt erscheint. Diese fettkörnigen Trübungen sind bisweilen in dem hinteren Abschnitte der Sclera sehr auffällig, und es ist immerhin möglich, dass an der Stelle des Opticuseintrittes, wo das dichte Scleralgewebe durch die Lamina cribrosa vertreten ist, letztere einsinkt, weil das Gitterwerk der bindegewebigen Balken den nöthigen Grad von Widerstandsfähigkeit eingebüsst hat. Es verdient dieses Moment meines Erachtens Berücksichtigung.

Eine andere physikalische Erscheinung, welche auf eine Rigidität hindeutet, macht sich nicht selten in dem glaukomatösen Bulbus bemerkbar. Die inneren Lagen der Scleralfaserbündel zeigen daselbst einen mehr parallelen Zug, als ob sie näher aneinander gedrängt wären, und ein erhöhtes Lichtbrechungsvermögen, d. h. die sich durchkreuzenden Bündel sind weniger markirt, das Scleralgewebe erhält ein mehr homogenes Ansehen.

Es sind die veränderten Elasticitätsverhältnisse der Sclera auch noch in einer anderen Beziehung wichtig, indem die sie in schiefer Richtung durchsetzenden ein- und austretenden Blutgefässe und die Ciliarnerven in andere Druckverhältnisse gesetzt werden.

An den zumeist hinter der Aequatorialzone befindlichen Scleralkanälen der Wirbelvenen, der hinteren Ciliararterien und der hinteren Ciliarnerven beobachtet man bekanntlich nach Abzug der Chorioidea mondsichelartige Klappen, noch grösser an der Sclera grösserer Säugethiere. Diese Klappen bestehen, wie Durchschnitte lehren, aus mehrfachen Lagen elastischer Lamellen. Die sogenannte Lamina fusca mit ihren pigmentirten Zellen begleitet eine Strecke weit die Gefässe und Nerven durch die schief von aussen und rückwärts nach innen und vorwärts führenden Kanäle der Sclera. Wächst nun der Druck von innen her, so werden diese Klappen einen erhöhten Grad von Compression erleiden und folgerecht namentlich den rückläufigen Blutstrom beeinträchtigen. Nebenbei wird auch ein übermässiger Druck auf die hinteren Ciliarnerven ausgeübt.

Einen wichtigen Factor, welcher die Druckverhältnisse im Auge wesentlich beeinflusst, bilden die hyperämischen Zustände, insbesondere in der Chorioidea, im Ciliarkörper, in der Iris und in den vorderen Ciliargefässen. Jeder, der sich mit Injectionen von Bulbis abgibt, weiss, dass während der Injection eine Spannung des Bulbus eintritt, welche wächst, wenn mehr Injectionsmasse in die Gefässe eingetrieben wird.

Der Blutdruck, unter welchem das Auge beim Glaukom leidet, steigert sich nicht selten so sehr, dass es zu Blutextravasaten kömmt, welche nicht blos an der Chorioidea, an dem Ciliarkörper und der Iris sich vorfinden und als rostgelbe Flecken die Residuen der apoplektischen Herde bezeichnen, sondern bisweilen an dem Circulus arteriosus Halleri vorkommen.

Die Thrombosen in den Blutgefässen kennzeichnen sich durch eine Anhäufung von weissen Blutkörperchen, welche das Lumen des Gefässes vollständig obstruiren und auch frei im Gewebe, namentlich der Chorioidea, liegen; ferner durch Fibrinnetze mit feinmolekulärem oder fettkörnigem Zerfall, Umwandlung des Blutes in eine glasig verquollene Masse. Die rothen Blutkörperchen sind in stark abgeplatteten Gefässen verblasst, in einfacher Lage durch gegenseitige Berührung polygonal geworden. Die hyperämischen Zustände finden sich in den grösseren Venen und den Vortices.

Es kann keinem Zweifel unterliegen, dass die beeinträchtigte Thätigkeit der vasomotorischen Nerven beim Glaukom eine hervorragende Rolle spielt.

Der Nachweis der feinen Verzweigungen der vasomotorischen Nerven ist im Auge mit mancherlei Schwierigkeiten verbunden. Es ist nicht blos das Pigment, das der Beobachtung sehr hinderlich in den Weg tritt, sondern auch insbesondere an manchen Orten das zarte verstrickte elastische und das Bindegewebe, in welchem die Gefässe eingebettet liegen. Die Cohnheimsche Methode, die feinen marklosen Nervengeflechte mittelst Goldchlorid zu verfolgen, lässt sich für pigmentlose Augen verwenden und scheint mir besonders für die Augen des weissen Kaninchens geeignet. Als Vorstudium habe ich die Lungensäcke von Triton und Hyla arborea benützt, welche vermöge ihrer dünnen Wandungen die neutrale Goldchloridlösung leicht eindringen und die Nervatur auch an dem Capillargefässsysteme zur Evidenz bringen lassen.

Ich habe bis jetzt feine marklose Nervengeflechte an den Ciliarfortsätzen, an der Iris und an den Arterien der Chorioidea mit einzelnen die Choriocapillaris schief durchsetzenden Nervenfäden gesehen.

Die Thätigkeit der vasomotorischen Nerven scheint beim Glaukom alsbald und in weiterem Umfange zu erschlaffen. Man begegnet nämlich häufig Erweiterungen und einem Klaffen nicht blos der kleinen Arterien, sondern auch der Venen, Uebergangsgefässe und selbst der Capillaren. Die Wand des meist leeren Blutgefässes zeigt eine kreisrunde Lichtung im Querschnitte; die elastische Membran der kleinen Arterien erscheint nicht mehr gefaltet im Querschnitte, sondern mehr glatt gespannt.

Die Consequenz der Erschlaffung der kleinen Arterien ist, dass dieselben erweitert bleiben und demnach mehr Blut in dieselben einströmt. Es hört die Regulirung der Circulation durch die Lähmung ihrer glatten Muskelfasern auf; es macht sich eine ungleichmässige Blutvertheilung geltend; der Druck in dem venösen Abschnitte muss offenbar gesteigert werden.

Es ist auch klar, dass die erweiterten Arterien vermöge des Verlustes ihres Tonus den andringenden Pulswellen keinen gehörigen Widerstand entgegensetzen können, daher eine Pulsation in den dilatirten Arterien auftritt, welche sich auch auf die Venen fortpflanzen kann. Es ist auch der Fall möglich, dass der Widerstand in den Capillaren ein geringer wird, wodurch die Arterien nicht in dem gehörigen Grade von Spannung erhalten werden; es wird somit auch in diesem Falle eine Pulsation in den Arterien sich bemerkbar machen, welche sich gleichfalls auf die Venen ausdehnen kann.

Die durch einige Zeit gestörten Circulationsverhältnisse, die hyperämischen Zustände, namentlich in dem venösen Gebiete, veranlassen hier wie in anderen Organen Ernährungsstörungen. Die behinderte Oxygenation der Gewebe, der theilweise höhere Druck, unter welchem dieselben gesetzt werden, die Volumszunahme der Kohlensäure bei venöser Hyperämie scheinen entzündlich reizend und dann resorbirend auf die Gewebe einzuwirken.

Die hyperämische Schwellung der Ciliarfortsätze, welche in dem Beginne des Glaukoms auftritt, muss nothwendiger Weise eine Stellungsveränderung in der Iris zur Folge haben; es wird dieselbe nach vorwärts gedrängt und werden ihre Circulationsverhältnisse alterirt. Es wird die vordere Kammer verengert; es kann der Pupillarrand der Iris in Berührung mit der Cornea kommen, wobei sich daselbst leicht eine lockere bindegewebige Adhäsion bildet, während der übrige Theil der Iris von der Cornea absteht. Die vordere Kammer wird hierdurch theilweise abgesackt. Durch die anhaltende Schwellung der Ciliarfortsätze wird auch der continuirliche Abfluss des Blutes in den vorderen Ciliarvenen behindert.

Mit dem beginnenden Schwunde der Ciliarfortsätze geht nicht selten eine schwielige Entartung einher. Es tritt eine sehr auffällige Verdickung der bindegewebigen Scheide der Blutgefässe ein, welche von mehreren Lagen concentrisch gelagerter Bindegewebskörperchen gebildet wird. Die Lichtung solcher Gefässe wird enger, und es kommt mitunter zur Obliteration der kleineren Arterien, wo einige Endothelzellenkerne die Lichtung vollständig decken, oder es wird der Rest der Letzteren mit einer mehr weniger homogenen transparenten Masse verstopft. Die weiteren Venen der Fortsätze bleiben offen, sind jedoch in ihrer Mehrzahl blutleer. Es ist klar, dass dann die zugeführte Blutmenge eine geringere ist, während die abführenden Gefässe ein weites Lumen zeigen. Um sich von diesem Sachverhalte zu überzeugen, ist es erspriesslich, die Schnitte senkrecht zur Axe der Gefässe zu führen, die Fortsätze somit in der Frontalebene zu durchschneiden.

Bei der starken Spannung, welche der Bulbus beim Glaukom
durch längere Zeit erfährt, ist es nicht zu verwundern, dass die
zur Innervation des Sphincter pupillae bestimmten Oculomo-
toriusfasern einen lähmungsartigen Zustand erleiden, welcher sich
durch eine beträchtlich erweiterte Pupille kundgibt. Der Muskel
erscheint abgeplattet, dünn, blutleer; seine Zellen sind in chronischer
Verfettung begriffen, trübe, bei höheren Graden von Schwund durch
spärliche Züge angedeutet. Häufig ist eine grössere Menge von
irregulären, agglomerirten, pigmentirten, neugebildeten Zellen gegen
den Pupillarrand zu sehen. Bei der herabgesetzten Ernährung der
Iris wird dieselbe dünner, verliert einen beträchtlichen Theil ihres
Pigmentgehaltes, der unregelmässig vertheilt ist; sie wird insbesondere an manchen Orten durchscheinend, zeigt bisweilen selbst Ge-
webslücken von scharfer Begrenzung in Folge von Resorption. Die
grösseren, von ihrem Marginaltheile gegen die Pupille ziehenden
Gefässe sind stark geschlängelt, offenbar wegen der Verkürzung
der Radien der Iris.

Ebenso wie der Sphincter pupillae verödet auch der Musculus ciliaris; es tritt eine Abflachung und eine mehr weniger
auffällige chronische Verfettung ein. Der Querdurchmesser nimmt
ab, und es erscheinen als Reste der glatten Muskelfaserbündel fahl-
gelbe Stränge, in welchen nur mehr geschrumpfte Kerne wahrnehmbar sind. Bisweilen beobachtet man eine Sclerosirung des
Ciliarmuskels, indem das interstitielle Bindegewebe desselben in
straffe Bündel verwandelt und die glatten Muskelfasern mehr und
mehr zurückgedrängt werden. Die Nerven, welche letztgenannten
Muskel versorgen, werden abgeplattet, die Scheiden ihrer Primitiv-
röhren gefaltet, sie quellen nicht mehr in verdünnten Säuren, ihr
Mark ist nahezu geschwunden, feinkörnig getrübt.

Man hat bisweilen Gelegenheit, die Entwicklung des partiellen
Sclerochorioidealstaphyloms zu verfolgen, und zwar in langen
Schnitten, welche an glaukomatösen Augen in der Gegend des
Aequators geführt werden. Man beobachtet nämlich an der inneren
Oberfläche der Sclera in verschiedenen Distanzen ganz entschiedene,

schon mittelst des unbewaffneten Auges wahrnehmbare, gruben-
förmige Substanzdefecte, welche von hyperämischen Venen der
Tunica vasculosa der Chorioidea ausgefüllt werden, ohne dass eine
Veränderung in dem Abschnitte des Scleralgewebes, welcher der
Grube entspricht, sich bemerkbar macht. Der Verlust beträgt
vorerst beiläufig ein Viertel oder ein Drittel des Querdurchmessers
der Sclera und wird wahrscheinlich durch den continuirlichen Druck
von Seite der ausgedehnten Venen eingeleitet, ebenso wie die
Usuren am Knochengewebe bei Ausdehnungen von Arterien oder
Venen.

Es können andererseits auch circumscripte bindegewebige
Wucherungen an der Aussenseite der Chorioidea einen Schwund
an den betreffenden Stellen der Sclera herbeiführen, ähnlich wie
die Pacchionischen Granulationen an der Arachnoidea eine Usur in
der Glastafel des Schädeldaches zur Folge haben.

Hat sich im Verlaufe des Glaukoms ein diffuses Sclerochorioi-
dealstaphylom in der vorderen Bulbushälfte entwickelt, so zwar,
dass Sclera und Chorioidea nebst der Retina auffällig dünner geworden sind, so zeichnen sich die Scleralfasern, namentlich gegen
die Innenseite zu, durch einen vorwiegend parallelen Zug und,
wie es den Anschein hat, durch eine grössere Dichtigkeit aus.
In der äusseren Zone der Sclera, insbesondere gegen die Cornea
hin, sind Herde von gewucherten kleinen Zellen eingelagert; es ist
an solchen Orten zu einer Scleritis gekommen. Die Zelleninfiltration
in dem episcleralen Bindegewebe kann hiebei einen solchen
Grad erreichen, dass es von den kleinen Rundzellen ganz voll-
gepfropft erscheint. Auch das Conjunctivalepithel participirt an
dieser Wucherung in umschriebenen Stellen. Man sieht von der
Oberfläche gegen die Tiefe ziehende rundliche Einsenkungen des
Epithels, welche, von dem Corium der Schleimhaut scharf abgegrenzt, mit jungen Epithelzellen erfüllt sind. In der Chorioidea
und Retina vermisst man an den entsprechenden ausgedehnten
Partien eine entzündliche Infiltration; es ist eben ein einfacher
Schwund.

Findet man in einem glaukomatösen Auge ein Staphyloma posticum, so ist an den dünnsten Stellen die Chorioidea derartig geschwunden, dass sie an Querschnitten nur mehr eine transparente, structurlose, mit der Sclera dicht verbundene Schichte mit zerstreuten Pigmentmolekülen bildet, wobei s ä m m t l i c h e Gefässe untergegangen sind.

Bei der c h r o n i s c h e n t z ü n d l i c h e n Form des Glaukoms kommt es im Ciliargefässsysteme hier und da zu überraschenden heterologen Bildungen von Knochensubstanz von verschiedener Ausdehnung, was die Flächenausbreitung und Dicke betrifft. Häufiger ist der h i n t e r e Abschnitt der Chorioidea ihr Sitz; es treten in der der Choriocapillaris entsprechenden Schichte Knochenbälkchen auf, die, in einer bindegewebigen Hülle eingebettet, nur etwelche Knochenkörperchen beherbergen. Weiters bilden sich concentrische Lagen von Knochenkörperchen mit ausgesprochener lamellöser Structur. An diese Systeme von Lamellen werden neue angelagert, deren Bögen jedoch eine andere Richtung haben, so zwar, dass sie in ihrem Verlaufe mit den nachbarlichen Lamellensystemen sich durchkreuzen. Eine V a s c u l a r i s a t i o n der neugebildeten Knochensubstanz wird erst evidenter, wenn dieselbe eine gewisse Ausdehnung in die Fläche und eine gewisse Dicke erreicht hat. Der Bulbus schrumpft hierbei mehr und mehr ein.

Hat sich eine u m f a n g r e i c h e r e und d i c k e r e Knochensubstanz gebildet, welche sich aus dem collabirten Bulbus ausschälen lässt, so findet man eine von Gefässkanälen durchbohrte Rinde, von welcher Bälkchen abgehen und ihrerseits wieder zu einem Balkenwerke sich vereinigen; man hat eben einen s p o n g i ö s e n Knochen mit einem periostalen Ueberzuge und Fettzellengruppen in der Marksubstanz vor sich. Der neugebildete Knochen erleidet aber mit der Zeit einen Abbruch in seiner regelmässigen Ernährung. In einem Falle eines glaukomatösen Auges habe ich ein einige Quadratmillimeter grosses Knochenplättchen, in einer zähen schwieligen Bindegewebsmasse eingebettet, an der inneren Oberfläche des Corpus ciliare gefunden, offenbar in Folge von Cyclitis.

Die gestörten Circulationsverhältnisse in den vorderen Ciliargefässen ziehen Folgekrankheiten nach sich. Frontale Schnitte
an der Uebergangsstelle von der Sclera in die Cornea verschaffen
einen guten Ueberblick über die Hyperämie der pericornealen
Arterien und Venen mit Abzweigungen von tief in die Cornea
eindringenden Capillaren. In dem episcleralen Bindegewebe
wuchern oft kleine Rundzellen; es wachsen pannöse Schichten
über einen geringeren oder grösseren Abschnitt der Cornea, wobei
radialwärts verlaufende neugebildete Blutgefässe in ihren Schichten
zum Vorschein kommen. Das Conjunctivalepithel wird dicker
und bildet namentlich an dem Uebergange von der Sclera in die
Cornea und an letzterer selbst unregelmässige trichterförmige Einsenkungen. Sind Verwachsungen der Cornea mit der Iris
eingetreten, so geben sich die Reizungszustände in den hinteren
Schichten der ersteren durch eine Prolification von Zellen zu erkennen, welche in den hintersten Lagen am stärksten angehäuft
sind und schliesslich eine Usur der Membrana Descemeti hervorrufen, so dass das proliferirende pigmentirte Bindegewebe von
Seite der Iris in unmittelbaren Contact mit dem Cornealgewebe
gelangt und mit vielfachen Fortsätzen in dasselbe hineinwächst.
Manchmal ist ein einfacher Schwund der Cornea ohne Verwachsung mit der Iris zu beobachten, wobei ihr Dickendurchmesser
insbesondere gegen den centralen Theil auf eine ungleichmässige
Weise abgenommen hat und der Durchschnitt insbesondere an der
Hinterseite statt der bogenförmigen Begrenzung seichte Einbuch-
tungen aufweist. Die vordere Kammer ist enge geworden, die
atrophische Iris mit dem collabirten Ligamentum pectinatum steht
unter einem sehr spitzen Winkel von der Cornea ab. In Letzterer
kommt es beim Glaukom bekanntlich nicht selten zur Geschwürs-
bildung, wozu die Reizungszustände im Ciliarnervengebiete die Veranlassung abgeben dürften.

Der glaukomatöse Process wirkt auch störend auf die anderen
durchsichtigen Medien, das Kammerwasser, die Linse und den
Glaskörper ein. Ob eine Volumszunahme in beiden letzteren

gelegentlich auftritt, ist schwer zu ermitteln; es ist hingegen leicht nachweisbar, dass die Trübungen theils auf Rechnung von Präcipitaten eiweisshaltiger Flüssigkeiten kommen, theils in dem Protoplasma der betreffenden Zellen auftreten oder der Prolification der letzteren zuzuschreiben sind.

Manche Zellengruppen unterliegen dem Einschmelzungs- oder totalen Verödungsprocesse. So sind z. B. die Zellen an der hinteren Oberfläche der vorderen Linsenkapsel bisweilen vollständig allem Anscheine nach einer stark getrübten molekulären Masse gewichen, die Linsenfasergruppen der Corticalsubstanz sind bald wie bei Cataracta mollis durch eine dickflüssige getrübte Substanz auseinander gedrängt, bald, wenn die Interpretation richtig ist, nach der Fläche quer gefaltet. Nicht selten sind grosse granulirte Kugeln zwischen den Fasern der Rinde eingelagert. Die Linsenfasern unterliegen manchmal einem Verkalkungsprocesse, wobei Kalkkörner in der brüchig gewordenen Faser eingestreut sind, oder es sind an verkalkenden Linsen aus concentrischen Lagen aufgebaute oder einfache Drusen eingeschoben, an anderen Orten feinkörnige amorphe Kalksalze in einer organischen Grundsubstanz eingebettet. Mitunter wuchern die Kerne in der Kernzone der Linse.

Der Glaskörper ist nicht selten mit der Retina so verlöthet, dass eine Trennung nicht mehr möglich ist. Die Glaskörperzellen stehen in Gruppen beisammen und wachsen mitunter mit mehrfachen Fortsätzen aus. Bei Verwachsungen des Glaskörpers mit der Netzhaut ist auch die Bedingung des Hineinwachsens von Zweigen der Retinalgefässe gegeben. Es können somit Reizungszustände sowohl in den Linsen- als auch in den Glaskörperzellen gelegentlich sich bemerkbar machen.

Die Entstehung von Blutextravasaten an der Insertionsstelle des Nervus opticus ist bei Hyperämien des Ciliargefässsystems wegen der Rami communicantes zwischen den hinteren Ciliar- und Retinalgefässen erklärlich. Es kommt auch zur Ablagerung von schmutzig rothbräunlichen Pigmentkörnerhaufen, welche theils in der Lamina cribrosa liegen, in ausgesprochenen Fällen schon mittelst des blossen Auges wahrzunehmen, theils längs der Arteria centralis retinae in den Opticus hinein zu verfolgen sind.

Die pigmentirten Zellen der Retina (M. Schultze's, 10. Schicht) gehen mehrfache pathologische Veränderungen ein, welche bekanntlich darin bestehen, dass die Pigmentkörner verblassen und fettige Trübungen des Protoplasmas erscheinen. Ich habe Abschnitte der Chorioidea sammt Retina einige Wochen der Einwirkung von Wasserstoffdioxyd unter Einfluss des Lichtes ausgesetzt. Es werden auf diese Weise diese Zellen vollständig entfärbt, ein körniges Protoplasma bleibt zurück; die körnigen Trübungen der Stäbchenschichte kann man so deutlich zur Anschauung bringen. Häufig treten in dem Protoplasma dieser Zellen colloide Metamorphosen auf. Es erscheinen tropfenartige, das Licht wie mattes Glas brechende Gebilde, welche bald kleiner, bald grösser und im letzteren Falle von einem Saume pigmentirter Körner umgeben sind, wobei die polygonale Gestalt erhalten bleibt.

Diese Metamorphose des Protoplasmas ist nicht mit den grösseren colloidähnlichen Tropfen zu verwechseln, welche an der Tunica elastica interna der Chorioidea sitzen, bei denen es auch fraglich ist, ob sie aus Zellen hervorgegangen oder vielleicht eine unmittelbar erfolgende Auflagerungsschichte der elastischen Haut sind. Dieselben sind von einem Kranze pigmentirter polygonaler Zellen umgeben, oder letztere lagern sich in continuirlicher Reihe nach Art eines Daches über die Kuppe; sie wachsen durch Apposition neuer Schichten und verschmelzen mit nachbarlichen. Diese breit aufsitzenden sphäroidischen Gebilde gehen auch einen Verkalkungsprocess ein.

Mitunter trifft man in glaukomatösen Augen eine Retina, welche in ihrem Vorder- oder auch in ihrem Hinterabschnitte, mit dem unbewaffneten Auge besehen, an einer circumscripten Stelle ein marmorirtes Ansehen hat oder mit eingelagerten trüben Punkten besetzt erscheint. Die Dicke der Netzhaut hat an solchen Orten

zugenommen. Die denselben entnommenen Querschnitte zeigen
Arkaden, deren Aussen- und Innenseiten durch dichte Aggregate
von kleinen rundlichen Bindegewebszellen abgeschlossen sind, deren
Säulen aus pinselartig an ihren Enden sich ausbreitenden, ge-
streckten Fasern mit eingelagerten ovalen Kernen bestehen. Die
Hohlräume dieser Arkaden schliessen eine transparente Flüssigkeit
ein; an der äusseren kleinzelligen Schicht sitzen manchmal wohl-
erhaltene Stäbchen. Es ist hier nicht der Ort, mich in ein näheres
Detail einzulassen; nur so viel möchte ich mir erlauben zu bemerken,
dass diese bindegewebige Verbildung der Netzhaut, welche an
senilen Augen in ihrem Vorderabschnitte nicht selten vorzukommen
pflegt, nicht als ein einfaches Oedem bezeichnet werden kann,
sondern als eine beträchtliche Wucherung des bindegewebigen
Gerüstes der Netzhaut aufzufassen sei, wobei die Stützfasern
die Pfeiler der Arkaden abgeben.

Die Causalmomente für die Entstehung der glaukomatösen Sehnervenexcavation sind noch unklar; wahrscheinlich sind deren mehrere. Es ist eben noch schwer, diejenigen
Momente, welche auf Rechnung der Blutstauung, namentlich am
Circulus arteriosus, der etwaigen consecutiven Extravasate oder der
vermehrten Transsudation daselbst zu setzen sind, von anderen
Momenten, welche der verminderten Elasticität der hintersten
ringförmigen Scleralfasern und der Lamina cribrosa zuzuschreiben
sind, zu sondern. Der kleine Trichter, der sich an der Sehnervenpapille
vorfindet und zum Austritte der Arterien und Eintritt der Venen dient,
wird nach und nach zu einer Mulde erweitert. Der Umfang, die
Tiefe und Gestalt der letzteren sind verschieden; immerhin wird
eine Deviation der ausstrahlenden Sehnervenfasern und der Blutgefässe die Folge und um so auffälliger sein, je tiefer und weiter
die Mulde ist. Das Einsinken der Lamina cribrosa wächst natürlich mit der Tiefe der Excavation.

Die hierdurch bewirkte Knickung der Sehnervenfasern, die
gesteigerte Spannung des Bulbus müssen offenbar hemmend auf
die Leitung der Sehempfindung zum Gehirne einwirken. Es können

deshalb beim Glaukom die Elemente der Netzhaut sich normal
verhalten, während die Lichtempfindung aufgehoben ist.

So wurden z. B. Stäbchen und Zapfen, ebenso die Körner und Ganglienzellen mit der Opticusfaserschicht einer Retina bei secundärem Glaukom, das
sich in Folge von einer traumatischen Affection mit vollständiger Erblindung
und hochgradiger Excavation in einem von Herrn Professor Stellwag enucleirten Bulbus entwickelt hatte, an Stellen zunächst der Insertion des Opticus
ganz normal, in ungetrübtem Zustande vorgefunden. So waren an dem rechten
Auge eines an Morbus Brighti verstorbenen Pfründners, das mir von Herrn
Dr. Weichselbaum übersendet wurde, und wo von Herrn Primarius Dr. Koller
die Diagnose: beginnendes Glaukom gestellt war, die Retinaschichten
vollkommen gut erhalten.

Die atrophischen Zustände der Netzhaut, wenn sie
überhaupt hervortreten, erstrecken sich entweder über die ganze
Haut oder beschränken sich auf einzelne Gebiete. Höhere
Grade von Atrophie mit einer beträchtlichen Verdünnung der Haut
kommen selbstverständlich nur bei einem sehr chronischen Verlaufe vor. Die Opticusfaserschicht ist hierbei nur mehr durch
dünne gestreckte Faserzüge angedeutet. Die häufig an dem Glaskörper haftende Lamina elastica interna ist getrübt, die Ganglien-
zellenschicht ganz unkenntlich geworden; selbst die Körnerschichten
zeigen blos zerstreute geschrumpfte Kerne, oft mit colloiden Klümpchen gemengt; einzelne grössere Blutgefässe klaffen mit ihrer verdickten Adventitia; das pigmentirte Epithel ist mehr weniger
verblasst, hie und da ganz verschwunden und durch colloide protu-
berirende Massen verdrängt. An solchen Orten ist gewöhnlich
die Chorioidea so innig mit der Netzhaut verschmolzen, dass eine
mechanische Trennung nicht mehr möglich wird; es ziehen pigmentirte Körnergruppen durch die verkümmerte Retina. Hat sich
eine chronische Chorioiditis mit Wucherung von pigmentirten
Bindegewebszellen entwickelt, so durchsetzen dieselben bald mehr
bald weniger die verkümmerten Lagen der Netzhaut, und es entsteht jenes Bild, welches man als Retinitis pigmentosa bezeichnet.

In einem Falle eines wegen Glaukom operirten, an Tuberculose verstorbenen 50jährigen Pfründners wurde hochgradige Anhäufung von roth-
braunen Pigmentkörnerhaufen in der Lamina cribrosa, ebenso in dem schwielig

degenerirten, von der eingesunkenen Papille abgehenden Zapfen der abgeho-
benen Retina beobachtet.

Einige Male habe ich Micrococcusballen bei geschrumpften Netzhäuten
an den Wandungen von grösseren Arterien und Venen angetroffen.

Ein neuritischer Process im Orbitalstücke des Opticus
scheint sich bei Glaukom seltener hinzuzugesellen. Ist er vorhanden,
so schreitet er von dem Neurilemma nervi optici centralwärts,
wobei Agglomerate von Kernen in den bindegewebigen Scheiden
der Nervenbündel liegen und von der Peripherie aus abnehmen.

Der consecutive Schwund der Nervenfaserbündel offenbart sich durch eine Abnahme des Volumens, grössere Dichtigkeit
und fahlgelbliche Verfärbung. Die Zunahme der Dichte erklärt sich
durch die schwielige Beschaffenheit des interstitiellen Bindegewebes
und der Adventitia der klaffenden Arterien, Venen und selbst der
hier und da erhaltenen Capillaren. Die Trübung der Nervenbündel
beruht auf einer chronischen Verfettung, welche auch in der Arteria
centralis durch fettkörnige Trübung der Gefässwände bisweilen ausgesprochen ist.

III.

Ueber Binnendrucksteigerung und Glaukom.

Abgesehen von einigen wenigen Ausnahmen gilt es dermalen als eine Thatsache, dass der eigentliche Kernpunkt, das Wesen des »Glaukom« genannten Processes die krankhafte Steigerung des intraocularen Druckes sei. Hat man sich doch bereits gewöhnt, jede merkliche Erhöhung des Binnendruckes als einen glaukomatösen Zustand zu bezeichnen und umgekehrt gewisse dem grünen Staare zugehörige Symptomgruppen auf eine Druck-vermehrung als Ursache zu beziehen, auch wenn eine die Norm übersteigende Härte des Augapfels in keiner Weise mit Sicherheit nachgewiesen werden kann.

Demgemäss muss jede nosologische Erörterung des Glaukoms die krankhafte Drucksteigerung zum Ausgangspunkte haben und den wahren Grund der letzteren aufschliessen, um eine sichere Unterlage für den scheinbar so verwickelten Bau der Lehre zu gewinnen. Gerade in dieser Beziehung herrscht aber gegenwärtig eine sich stets steigernde Verwirrung, indem man bald diese, bald jene mehr weniger beständige Erscheinung herausgreift und selbe ohne Berücksichtigung feststehender Thatsachen, ja im offenen Widerspruche damit, in ursächliches Verhältniss zur Drucksteigerung zu bringen sucht.

So hatte Knies[1] kaum gefunden, dass in vielen glauko-matösen Augen der Zellgewebsraum im Iriswinkel[2] (auch

[1] Knies, Arch. f. Ophthalmologie XXII., 3, S. 163.
[2] Heisrath, Arch. f. Ophthalmologie XXVI., 1, S. 221 u. f., 231.

Fontana'scher Raum genannt) eine beträchtliche Anhäufung entzündlicher Producte erkennen lasse, dass diese Infiltration weiterhin
zur Verödung und Schrumpfung des Gefüges führe und eine Verlöthung der Irisperipherie mit der hinteren Hornhautwand veran-
lasse: als auch schon eine Verstopfung der am vorderen Scleralrande nach Aussen führenden Lymphwege als nothwendige Folge
angenommen, demgemäss ein Missverhältniss zwischen Abfuhr und
Absonderung, weiterhin eine Vermehrung des Augapfelinhaltes
und damit eine Steigerung des Binnendruckes als nothwendige Consequenzen abgeleitet wurden.

Natürlich hat man auch sinnreich ausgedachte Versuche an
todten Menschen- und an lebenden Thieraugen zur Begründung der
neuen Lehre herangezogen (Ad. Weber,[1]), Schöler[2]), ein Verfahren, welches sich leider gar so häufig als willfährige Stütze für
die gegentheiligsten Ansichten erwiesen hat.

Doch konnten die Praktiker die ganze Theorie nur schwer
mit gewissen Erfahrungen vereinbaren. Es fiel ihnen auf, dass bei
einem Abschlusse der vorderen Lymphwege der vordere Kammer-
raum sich verengern statt erweitern solle (Arlt[3]), und dass eine
Verlegung des Fontana'schen Raumes nur die durchziehenden
Lymphwege unwegsam machen solle, während die vorderen
Ciliarvenen in der Regel eine zehr auffällige Erweiterung erkennen lassen. Noch bedenklicher aber mussten die, zumal in den
Anfangsstadien der Krankheit, so überaus häufigen und auffälligen
Schwankungen in den Druckverhältnissen glaukomatöser
Augen stimmen. In der That lässt sich eine exsudative Verstopfung der vorderen Lymphwege wohl mit einem allmäligen und
stetigen Ansteigen und Abfallen der wesentlichen Krankheits-
erscheinungen zusammenreimen, nimmermehr aber mit einem periodischen und oft sogar typischen Wechsel derselben.

---

[1]) Ad. Weber, Arch. f. Ophthalmologie XXIII., 1, S. 1.
[2]) Schöler, ibid. XXV., 4, S. 63.
[3]) Arlt, Klin. Monatsblätter, 1878, Beilage S. 97.

Ich habe gleich Anderen einen solchen Wechsel gar oft und besonders ausgeprägt bei einer alten Kaufmannsfrau aus der Klientel des Herrn Dr. Heinzel zu beobachten Gelegenheit gehabt. Es hatte sich bei derselben seit 1867 tagtäglich gegen 9 Uhr Morgens auffällige Drucksteigerung mit starker Trübung der Hornhautmitte und Umnebelung des Gesichtsfeldes an beiden Augen eingestellt, war bis zu einer wechselnden Höhe angestiegen, gegen Mittag aber wieder ziemlich rasch bis zur völligen Normalität zurückgegangen. Im Jahre 1876 hatten die Anfälle an Heftigkeit und Dauer merklich zugenommen, die Nachlässe waren weniger vollständig geworden, während das Auftreten einer Excavation und einer Gesichtsfeldeinschränkung nach innen den Zustand bedrohlich gestalteten, daher zur Iridektomie geschritten werden musste, was denn auch einen befriedigenden Erfolg hatte, ohne jedoch leise Andeutungen der früheren typischen Anfälle gänzlich zu verhindern, da diese selbst jetzt 1881 noch sich täglich wiederholen.

Erschien solchergestalt die Knies'sche Lehre schon vorneherein sehr verdächtig, so haben ihr die Untersuchungen H. Pagenstecher's[1] vollends jeden Halt genommen. Wirklich konnte dieser verdienstvolle Forscher der ophthalmologischen Gesellschaft zu Heidelberg bereits 1877 Präparate vorlegen, welche klar beweisen, dass die von Knies beschriebenen Veränderungen im Bereiche des Fontana'schen Raumes in ausgesprochen glaukomatösen Augen vollständig fehlen können und umgekehrt nicht selten dort bestehen, wo während des Lebens niemals eine Spur von Drucksteigerung erkennbar gewesen ist. Schnabel[2] und Brailey[3] haben die Befunde H. Pagenstecher's vollauf bestätigt, daher jetzt wohl kein Zweifel darüber gehegt werden kann, dass die von Knies beobachteten Infiltrationen des Iriswinkels nicht sowohl als nosologische Momente der Drucksteigerung aufgefasst werden können, sondern blos die Bedeutung sehr gewöhnlicher, immerhin aber unbeständiger Folgezustände des Glaukoms oder vielmehr der mit dem Glaukome in der Regel verknüpften Entzündungen des vorderen Uvealtractes haben.

Brailey stützt sich bei seinen Angaben auf die mikroskopische Untersuchung einer erstaunlichen Menge (149) von Augen,

---

[1] H. Pagenstecher, Klin. Monatsblätter. 1877, Beilage S. 7.

[2] Schnabel, Arch. f. Augenheilkunde VII., S. 99.

[3] Brailey, Ophth. Hosp. Rep. IX., p. 219 u. f., 388; X., p. 90 u. f.

welche, mit Drucksteigerung behaftet, lebenden Kranken entnommen wurden. Es waren zumeist Fälle mit bereits veraltetem
primären und secundären Glaukome, doch befanden sich auch einige
darunter, in welchen der Process noch als ein ziemlich frischer
betrachtet werden konnte. Brailey hebt ausdrücklich hervor, dass
Drucksteigerung mit völliger Freiheit, ja mit Erweiterung des
Iriswinkels bestehen könne, dass die Verlöthung der Irisperipherie
mit dem Rande der Descemeti öfters eine blos particielle sei, und
dass gar nicht selten die Ciliarzone der Regenbogenhaut der Innenwand des Ligamentum pectinatum nur angedrückt erscheine, mit
der Descemeti also nicht in Berührung stehe. Als entferntere
Ursache der Anlöthung gilt ihm die Entzündung der Theile, welche
er in frischeren Fällen deutlich nachweisen konnte. Als nächste
Veranlassung aber bezeichnet er die spätere Schrumpfung des
infiltrirten Balkenwerkes im Bereiche des Fontana'schen Raumes
und bringt damit auch die Vor- und Einwärtszerrung der Spitzen
der Ciliarfortsätze in Zusammenhang. Ganz folgerichtig sind ihm
die von Knies beschriebenen Veränderungen blos secundäre Zustände, welche unmöglich der Drucksteigerung zu Grunde liegen
können.[1]

Nach seiner Meinung lässt sich die Drucksteigerung nur aus
einer Vermehrung der Binnenmedien erklären, und diese muss
auf eine entzündliche Hypersecretion von Seite der Strahlenfortsätze und der Regenbogenhaut zurückgeführt werden. Ist dann
einmal secundär die Irisperipherie an die Descemeti angelöthet, so
kann allerdings auch eine Behemmung des Abflusses beiwirken, die Drucksteigerung unterhalten und sogar steigern.[2]
Eine Beengung oder Verschliessung der Abzugswege in
der vorderen Scleralzone scheint ihm aber ziemlich häufig gegeben
zu sein, indem er[3] den Schlemm'schen Kanal beim primären

---

[1] Brailey. Ophth. Hosp. Rep. IX., p. 220.
[2] Brailey. ibid. X., p. 10, 282.
[3] Brailey. ibid. IX., p. 222 u. f.. 390.

und secundären Glaukome, namentlich wenn eine Anlöthung der
Irisperipherie an den Rand der Descemeti bestand, gewöhnlich
ganz geschlossen oder doch kaum sichtbar vorfand. Er sieht
darin eine Folge von Pressung, welche er theils auf den erhöhten
Binnendruck, theils auf die entzündliche Infiltration der Umgebung
des Kanales zurückführt.

Nach den Untersuchungen Königstein's [1] kann diesem Verhalten des Schlemm'schen Kanales jedoch kaum eine sonder-
liche Bedeutung zugeschrieben werden; es muss umsomehr für ein
rein zufälliges gelten, als die Verengerung und Schliessung durchaus keine constante ist, im Gegentheile der Kanal gar nicht
selten trotz starker Drucksteigerung und trotz Anlöthung der Irisperipherie an den Rand der Descemeti von Brailey weit offen
gesehen worden ist.

Im Uebrigen kann der Schlemm'sche Kanal nach den Arbeiten
von Leber, [2] Heisrath [3] und Königstein [4] wohl nicht mehr als
Lymphbehälter angesehen werden, wie einst Schwalbe [5] und
Waldeyer [6] behaupteten, sondern muss in Zukunft ganz bestimmt
als ein Geflecht von Venen gelten. Ueberhaupt scheint die Zeit
gekommen, wo die abführenden Lymphwege im vorderen Scleralgürtel ihre Glanzrolle ausgespielt haben. Die Arbeiten von Leber, [7]
Schwalbe [8] und Brugsch [9] haben nämlich herausgestellt, dass
die vordere Kammer sicherlich nicht, das Lückensystem des
Ligamentum pectinatum und der Fontana'sche Raum aber sehr

---

[1] Königstein, Arch. f. Ophthalmologie XXVI., 2, S. 152 u. f.

[2] Leber, ibid. XIX., 2, S. 91, 106.

[3] Heisrath, ibid. XXVI., 1, S. 231, 233, 239.

[4] Königstein, ibid. XXVI., 2, S. 158.

[5] Schwalbe, Arch. f. mikrosk. Anatomie VI., S. 1, 261.

[6] Waldeyer, Graefe und Sämisch, Handbuch I., S. 233, 250.

[7] Leber, Arch. f. Ophthalmologie XIX., 2. S. 87, 105, 109; XXVI., 2,
S. 169, 174.

[8] Schwalbe, Centralblatt für die medicinischen Wissenschaften, 1868,
S. 851.

[9] Brugsch, Arch. f. Ophthalmologie XXIII., 3, S. 255, 284.

wahrscheinlich nicht mit abführenden Lymphwegen in Verbindung stehen.

Es hat sich hierbei entgegen den Ansichten von Schwalbe und Heisrath[1]) auch ergeben, dass die vordere Kammer in keiner offenen Verbindung mit Blutgefässen stehe, dass aus ihr aber sehr leicht und schon bei geringem Drucke Flüssigkeiten in die Gefässe des Zellgewebsraumes am Iriswinkel hinüber filtriren und durch diese nach Aussen abströmen.

Nach Leber erfolgt diese Filtration zunächst und hauptsächlich in die Gefässe des Circulus venosus oder Plexus ciliaris (Schlemm'schen Kanales). Von diesem gelangt die Flüssigkeit in die perforirenden Aeste der vorderen Ciliarvenen und weiterhin in deren episclerale Verzweigungen. Auch kömmt dabei noch die Iris und nach Heisrath[2]) das Bindegewebe des Ciliarmuskels, der Strahlenfortsätze und der inneren Sclerallagen in Betracht, insoferne die von deren Gefässen aufgenommene Flüssigkeit in die Wirbelvenen der Aderhaut abläuft.

Wollte man nach allem dem eine verminderte oder aufgehobene Wegsamkeit der vorderen Abzugsbahnen aus den Brailey'schen Befunden herleiten, so käme man mit Thatsachen in entschiedenen Widerspruch. Abgesehen von der Unbeständigkeit des Kanalverschlusses ist nämlich die zumeist vorgefundene Leerheit des fraglichen Venengeflechtes kaum anders denn als Beweis für die Gangbarkeit der vorderen Abzugswege zu deuten und aus dem Abströmen des Venenblutes in der Richtung gegen das Herz hin zu erklären. Für die Annahme einer Behinderung der Filtration von Augenflüssigkeiten in die Lichtung des Schlemm'schen Kanales fehlen aber alle Belege.

Alles in Allem steht demnach die Hypothese von einer Flüssigkeitsvermehrung im Binnenraume wegen Verengerung oder Verlegung der Abzugswege im vorderen Scleralgürtel auf sehr schwankenden Füssen. Dass aber auch der Verschluss der hinteren Lymphbahnen einen solchen

[1]) Heisrath, Arch. f. Ophthalmologie XXVI., 1, S. 221.

[2]) Heisrath, ibid. XXVI., 1, S. 242.

Zustand zu schaffen nicht vermöge, hat Russi[1] entgegen Stil-
ling[2] durch Versuche an lebenden Thieren glaubwürdig dargethan.
    Die meisten Augenärzte haben sich in Anbetracht dessen
wieder der von Donders[3] aufgestellten Theorie des Secretionsdruckes zugewendet. Sie stellen sich vor, dass die Absonderung
der Binnenmedien gleichwie jene des Speichels, der Thränen
u. s. w. von den schwankenden Innervationen der absondernden
Organe abhängig sei, dass die Menge und der Druck, unter welchem
diese Flüssigkeiten aus den secernirenden Wandungen hervortreten,
demgemäss auch die Füllung des inneren Augapfelraumes und die
Spannung seiner äusseren Wandungen, mit dem jeweiligen Reizzustande der betreffenden Nerven steigen und fallen. Einige einschlägige Versuche an Thieren[4] und der Umstand, dass neural-
gische Anfälle im Bereiche des Quintus sowie die mannigfaltigsten
auf das vordere Ciliarsystem einwirkenden inneren oder äusseren
Reize eine Drucksteigerung auslösen können, werden als gute
Beweisgründe verwerthet.
    Doch ergeben sich einige Schwierigkeiten daraus, dass derlei
Nervenreizungen die pathologische Drucksteigerung nicht unbedingt,
sondern nur unter bestimmten Verhältnissen herbeizuführen im
Stande sind, nämlich wenn die Bulbuskapsel durch senile Involution
oder durch Krankheiten u. s. w. an ihrer elastischen Dehnbarkeit
verloren hat; dass sie in Augen mit gesunder elastischer Kapsel
weder beim Menschen noch bei Versuchsthieren einen dem Glaukom ähnlichen Krankheitsprocess anzuregen vermögen; ja dass
bei ganz gesunder Kapsel selbst die heftigsten Trigeminusneuralgien nur einen sehr geringen Einfluss auf die Druckhöhe im Binnenraume auszuüben pflegen.

---

    [1] Russi, Die Umschnürung des Nervus opticus und deren Folgen für's
Auge. Bern, 1880, S. 66.
    [2] Stilling, Klin. Monatsblätter, 1877. Beilage, S. 16.
    [3] Donders, Arch. f. Ophthalmologie IX., 2, S. 215.
    [4] Hippel und Grünhagen, Arch. f. Ophthalmologie XIV., 3, S. 219;
XV., 1, S. 265.

Eine andere Schwierigkeit liegt darin, dass absolut glaukomatöse Augäpfel gar oft durch Monate hindurch unverändert
beinhart gefunden werden und in diesem Zustande lange ver-
harren können, nachdem die neuralgischen Erscheinungen schon
längst vollkommen gewichen und oft sogar die inneren Bulbusorgane im Schwunde bedeutend vorgeschritten sind.

Man glaubt diesen und ähnlichen Bedenken gegenüber sich
auf den Satz stützen zu dürfen, nach welchem eine einzige positive Thatsache mehr gilt, als ein Heer von negativen Gründen,
und verweist auf die bekannte Entdeckung C. Ludwig's.[1] Dieser
hatte bei Versuchen an lebenden Thieren nämlich gefunden, dass
Reizung des Unterkieferdrüsennerven die Speichelabsonderung
ganz ausserordentlich vermehre und dieses Secret mit einer Druck-
kraft durch den Ausführungsgang der Drüse hervortreten lasse,
welche die Druckhöhe des Blutes in der Carotis beträchtlich übersteigt. Diese Höhe des Druckes, mit welcher das Secret auf die
Quecksilbersäule des in den Drüsenausführungsgang eingeführten
Manometers wirkt, schloss von vorneherein die Möglichkeit aus,
den Druck als Ganzes von dem Blutdrucke abzuleiten. Man hielt
sich daher für berechtigt, diesen Druck als etwas dem Secretions-
vorgange selbst Inhärentes aufzufassen.

Man hat dabei jedoch nach Stricker und Spina[2] nicht
genügend berücksichtigt, dass das Vorhandensein von Muskelfasern oder von anderen contractilen Elementen in den
Speicheldrüsen und in deren Ausführungsgängen keineswegs auszuschliessen ist, sondern von gewichtigen Autoritäten, von Kölliker
und Anderen, auf das Bestimmteste behauptet wird. Auch ist man
darüber hinweggegangen, dass Ascherson an der Schwimmhaut
des Frosches eine Contractilität von Drüsenacinis erkannt und
deren zeitweilige Verengerung bis zur Berührung der Wände beob-

---

[1] Ludwig, Zeitschrift für rationelle Medicin. Neue Folge, 1851.
S. 255, 272.

[2] Stricker und Spina, Medicinische Jahrbücher. Wien, 1880.
S. 355 u. f.

achtet hat. Endlich glauben Stricker und Spina durch Versuche
an Thieren den Beweis erbracht zu haben, dass die Ausstossung
des Drüsensecretes einerseits durch die Zusammenziehung der Acinus-
wandungen, andererseits aber auch durch eine von dem Nervenreize abhängige Vergrösserung (Quellung) der Zellen im Acinus
bewerkstelligt werde.

Sei dem indessen wie immer, so frägt es sich: Kann denn
eine Steigerung des Secretionsdruckes oder überhaupt eine Vermehrung der Binnenmedien, sie möge durch reichlichere
Zufuhr oder durch behinderte Abfuhr begründet sein, den
intraocularen Druck an und für sich vergrössern, oder kann sie
dies nicht?

Es ist klar, dass jeder Druck ein Drückendes, d. i. eine
Kraft voraussetzt, welche in diesem Drucke zur Geltung kömmt.
Die Frage lässt sich folgerecht auch dahin formuliren: Kann die
lebendige Kraft, welche, in Spannkraft umgesetzt, den normalen intraocularen Druck repräsentirt, in den dioptrischen Medien oder in deren Absonderungsorganen ihre
letzte und unmittelbare Quelle finden?

Die Antwort kann keinen Augenblick zweifelhaft sein, wenn
man die praktische Erfahrung berücksichtigt, nach welcher die
fühlbare Resistenz der Bulbuswände gegen einen äusseren Druck
in sonst gesunden Augen unter allen Umständen sich bis zu dem
Augenblicke auf nahezu gleicher normaler Höhe erhält,
in welchem die Herzthätigkeit auszusetzen beginnt, im
Momente des Todes aber plötzlich um ein Beträchtliches
sinkt. Da die dioptrischen Medien im Momente des Todes
unmöglich eine merkliche Einbusse erlitten haben können, liegt es
klar auf der Hand, dass der normale intraoculare Druck in
erster Linie nicht von den Binnenmedien, sondern von
dem Blutdrucke abhängig gedacht werden müsse, welch'
letzterer beim Sterben wegen Lähmung der Herzthätigkeit und
Entleerung der Gefässe aufhört zu wirken.

Die beträchtliche Abnahme, welche der intraoculare Druck im Momente des Todes erleidet, ist auch von Hippel und Grünhagen[1]) durch Versuche an Thieren erwiesen worden. Bouchut[2]) hat viele Beobachtungen über die Circulationsverhältnisse im Binnenraume während des Absterbens von Kranken und Thieren gemacht. Im Momente des Todes oder wenig darnach verschwinden nach ihm die Arterien der Netzhaut, die Centralvenen werden dünner, sie entleeren sich, während die Blutsäule darin unterbrochen wird. Die Aderhaut entfärbt sich, der Augengrund wird weissgrau wie die Papille und diese daher unsichtbar. Auch Ad. Weber[3]) sah Aehnliches.

Ist aber der normale Binnendruck ein Derivat des Herzdruckes, so ist es schon von vorneherein sehr wahrscheinlich, dass auch der gesteigerte intraoculare Druck aus keiner andern Quelle abgeleitet werden dürfe. Einige theoretische Auseinandersetzungen werden dies übrigens mit voller Klarheit erweisen.

Bekanntlich werden die grösstentheils flüssigen und darum so ziemlich unzusammendrückbaren Binnenmedien von der überaus festen und elastisch wenig dehnbaren Bulbuskapsel umschlossen. Zwischengelagert zwischen beide ist der Uvealtract und die Netzhaut. Ersterer besteht zum allergrössten Theile aus blutgefüllten Gefässen, deren Inhalt unter einem von der lebendigen Kraft des Herzmuskels überkommenen Drucke dahinströmt. Das die Gefässnetze der Uvea zu einem Ganzen verbindende Stützgewebe steht an Masse weit zurück gegen die Gesammtheit der Gefässlichtungen, so dass man die Uvea ohne sonderlichen Fehler als eine zwischen die dioptrischen Medien als fast incompressible Unterlage und die Bulbuskapsel eingeschobene Flüssigkeitsschichte betrachten kann, welche von contractilen elastischen Wandungen begrenzt und von einer gewissen Quote des Herzdruckes in beständiger Vorwärtsbewegung erhalten wird.

---

[1]) Hippel und Grünhagen, Arch. f. Ophthalmologie XIV., 3, S. 241.
[2]) Bouchut, Gaz. méd. de Paris, Nr. 49, p. 695.
[3]) Ad. Weber, Klinische Monatsblätter, 1871, S. 383.

Es verschlägt dabei gar nichts, dass der Vordertheil der Uvea, die Iris, durchlöchert ist und der Bulbuskapsel nicht unmittelbar anliegt, da es sich um hydrostatische Gesetze handelt. Jedenfalls muss man zugeben, dass die dioptrischen Medien auf den allergrössten Theil der Innenwand der Bulbuskapsel nicht unmittelbar zu drücken im Stande sind, sondern nur durch Vermittlung der zwischengelagerten, unter dem Herzdrucke stehenden, uvealen Blutschichte.

Unter solchen Umständen kann aber ein von den dioptrischen Medien ausgehender Druck unmöglich auf die Bulbuskapsel übertragen werden, ohne sich zuvor mit dem in der uvealen Blutschichte herrschenden Drucke in's Gleichgewicht gesetzt zu haben.

Man denke sich zuvörderst den von den dioptrischen Medien ausgehenden Druck, er heisse der Kürze halber Glaskörperdruck, der Null gleich. Bei vorgeschrittenem Augapfelschwunde sowie bei theilweiser Entleerung der Binnenmedien nach Leckwerdung der Bulbuskapsel ist ein solches Verhältniss in der That gegeben. Es sind dann die Widerstände, welche das einströmende Blut findet, sehr vermindert, der Seitendruck in den Binnengefässen aber ist wegen Verlangsamung des darin sich fortbewegenden Blutstromes ganz beträchtlich erhöht. Demgemäss erscheint bekanntlich das gesammte uveale und retinale Gefässsystem von Blut überfüllt, und die Gefässwandungen werden gedehnt, bis ihre Spannung dem vermehrten intravasculären Seitendrucke das Gleichgewicht zu halten vermag. Man sieht dabei die Arterien excursiv pulsiren; sie verbreitern sich nicht nur bei jeder heranrückenden neuen Blutwelle, sondern verlängern und schlängeln sich auch, indem jede solche Blutwelle eine weitere Steigerung des intravasculären Seitendruckes mit sich bringt. Die Gefässwandungen haben unter solchen Umständen den ganzen Seitendruck des Binnenstromgebietes zu tragen, kein Theil des letzteren wird auf die dioptrischen Medien und die Bulbuskapsel überpflanzt, der von den dioptrischen Medien

ausgehende sowie der auf denselben lastende Seitendruck
des Blutes sind beide gleich Null, sie stehen also im Gleich-
gewichte.

Es sollen nun die dioptrischen Medien an Masse zunehmen, bis sie die Netzhaut und Uvea glatt zu spannen, somach
auf die darin kreisende Blutmenge einen Druck P_1 auszuüben im
Stande sind. Offenbar haben nun die Wandungen der Binnengefässe nicht mehr den ganzen Seitendruck P des in ihnen
dahinströmenden Blutes zu tragen, sondern diesen vermindert
um den Glaskörperdruck, also $P - P_1$, indem eine Quote
$q = P_1$ des intravascularen Seitendruckes nunmehr theils in Wärme
umgesetzt, theils auf die dioptrischen Medien zurück- und
auf die Bulbuskapsel überpflanzt wird, wo sie als intraocularer Druck zur Geltung kömmt.

Bliebe der Seitendruck P in den Binnengefässen bei
so bewandten Umständen immer unverändert der gleiche,
so müsste, wenn P_1 stetig zunimmt, der Unterschied $P - P_1$,
d. i. der von den Gefässwandungen getragene Theil des intravascularen Seitendruckes sich stetig vermindern, und wenn $P_1 = P$
wird, müsste der ganze intravasculare Seitendruck P, vermindert um den in Wärme umgesetzten Theil, auf die Binnenmedien zurück- und auf die Bulbuskapsel wirken. Nähme
dann P_1 noch um ein Weiteres zu, so dass $P_1 > P$ würde, so wäre
der auf den dioptrischen Medien und auf der Bulbuskapsel
lastende Druck mit Zurechnung des in Wärme übergegangenen
Krafttheiles gleich $P + (P_1 - P)$: es müsste bei fortgesetztem
Wachsthume von P_1 schliesslich eine Dehnung der Bulbuskapsel bis zur Berstung erfolgen.

Ohne Zweifel haben ähnliche Vorstellungen zu der irrigen
Annahme geführt, dass eine Vermehrung der Binnenmedien an
sich, ohne gleichzeitige Vergrösserung des gegebenen intravascularen Druckes, eine Steigerung des auf die Bulbuskapsel
wirkenden, d. i. des intraocularen Druckes zu bewerkstelligen
im Stande sei.

11*

Man hat dabei jedoch ein wesentliches Moment übersehen. Jede Vergrösserung des Glaskörperdruckes bedingt im lebenden Auge unter sonst gleichen Verhältnissen näm- lich nothwendig eine gleichwerthige oder wenigstens proportionale Verkleinerung des intravascularen Seiten- druckes. Könnte der Glaskörperdruck im lebenden Auge den mitt- leren Werth des Seitendruckes erreichen, welcher norm- gemäss in den uvealen und retinalen Gefässen herrscht, so würde der mittlere intravasculare Druck in dem betreffenden kranken Auge der Null gleich sein oder sich nähern. Es könnte dann nur mehr während der Höhenphase einer arteriellen Welle eine kleine Blutmenge in die Binnenschlagadern eindringen. Stiege aber der Glaskörperdruck gar über den mittleren Normal- werth des intravascularen Druckes, so müsste sich das ge- sammte Binnengefässsystem nahezu völlig entleeren, die Blut- strömung würde darin völlig aufhören.

Es ergiebt sich dies auf ganz unzweideutige Weise aus den von Donder's [1] angegebenen Versuchen, bei welchen der Glas- körperdruck durch einen von Aussen her auf den Augapfel wir- kenden, allmälig steigenden Fingerdruck ersetzt wird. Die ophthalmoscopisch wahrnehmbaren Erscheinungen sind dann näm- lich bekanntermassen: zunehmende Verengerung der sicht- baren Binnengefässe, weiterhin das Auftreten des sogenannten Venen- und Arterienpulses, schliesslich nahezu völlige Blut- leere der retinalen und uvealen Gefässe, also Aufhebung der Binnenströmung.

Es leuchtet aber auch von selbst ein, dass beim Anwachsen eines Druckes, welcher vom Glaskörper oder von Aussen her durch die Bulbuskapsel auf das Binnenstromgebiet einwirkt, vor- erst die Widerstände zunehmen, welche sich dem Einströmen des arteriellen Blutes entgegenstellen. Es tritt folgerecht bei jeder Phase des Herzdruckes weniger Blut in den Binnenraum

---

[1] Donders, Arch. f. Ophthalmologie I., 2, S. 90 u. f.

ein und überdies ist die Stromkraft desselben geschwächt.
Je weniger Schlagaderblut in die uvealen und retinalen Gefässe
gelangt, um so geringer werden die Widerstände, welche sich
seiner Fortbewegung im Binnenraume entgegensetzen. Diese
Widerstände nehmen übrigens noch um ein Weiteres ab, indem
der steigende Glaskörper- oder Fingerdruck nicht nur die Arterien,
sondern auch die Capillaren und Venen trifft und in den letzteren ein beschleunigtes Abströmen durch die Lederhautemissarien veranlasst.

Es ist nun der intravasculare Seitendruck nichts Anderes, als jene Quote der vom Herzmuskel überkommenen
lebendigen Stromkraft, welche an den Widerständen ge-
brochen, auf die Gefässwandungen und deren Umgebung
übertragen, in Spannkraft umgesetzt wird. Jede Verminderung der Stromkraft und der ihr entgegenstehenden
Widerstände bedingt also ein Sinken, jede Vergrösserung
derselben ein Steigen des intravascularen Seitendruckes.

Man kann demnach auch sagen: Jede Erhöhung des Glaskörperdruckes bedingt eine gleichwerthige Herabsetzung
des intravascularen Druckes und diese kömmt im Binnenstromgebiete durch entsprechende Verengerung der Gefässe und
durch Beschleunigung der Blutströmung zur Aeusserung. Mit anderen Worten heisst dies: Der Glaskörperdruck und der intravasculare Seitendruck setzen sich unter sonst normalen
Verhältnissen beständig in's Gleichgewicht; was der erstere
gewinnt, verliert nothwendig der letztere.

Demgemäss ist auch die Druckquote, welche bei unverändertem Blutdrucke in den zuführenden Arterien auf die
Umgebungen des Binnenstromgebietes übertragen wird,
stets die gleiche, eine Steigerung des intraocularen Druckes
erscheint nur in zwei Fällen möglich: es muss entweder der
Glaskörperdruck so weit erhöht werden, dass er gegen
den in den Binnengefässen normgemäss herrschenden
Seitendruck in's Uebergewicht kömmt; oder aber es muss

bei unverändertem normalen Glaskörperdrucke der intravasculare Druck im Binnenstromgebiete steigen. Ersteres
ist in der Wirklichkeit ausgeschlossen, weil mit einer Zunahme
des Glaskörperdruckes bis zur Höhe des gegebenen intravascularen
Druckes oder gar darüber jede Circulation im Binnenstromgebiete
aufhören und sonach auch die Absonderung der dioptrischen Medien
unterbrochen werden müsste. Es kann also jede Steigerung des
intraocularen Druckes nur auf eine Erhöhung des intravascularen Seitendruckes zurückgeführt werden, und der
intraoculare Druck ist ganz und gar als ein Derivat des
Herzdruckes aufzufassen.

Um diese im Binnenraume des Auges herrschenden Druckverhältnisse besser versinnlichen zu können, habe ich durch den
k. k. Hofmechaniker W. Hauck einen Apparat anfertigen lassen.
Fig. 3 stellt den Hauptbestandtheil desselben in ²/₅, Fig. 4 das
ganze Instrument in ¹/₅ der natürlichen Grösse dar.

Es ist eine Kautschukblase A von 3 Mm. Wanddicke, 10 Cm. Höhe
und 9 Cm. Durchmesser. Der an 1 Cm. lange Hals derselben ist nach oben durch
eine Messingkapsel B luftdicht geschlossen und trägt einen dicht anliegenden Mantel M von gleichem Metall, um missliebige Ausdehnungen des
Blasenhalses und damit gesetzte Verlegungen der Rohröffnungen zu be-
hindern. In der Mitte der Messingkapsel B mündet ein messingener Hohlzapfen a mit gut schliessbarem Hahne. Am oberen Ende dieses Hohlzapfens
bei m ist ein Schraubengewinde angebracht, um eine Messingröhre b mit
Ablaufhahm c luftdicht aufsetzen zu können. Diese Messingröhre b lässt sich
durch weitere Ansatzstücke auf 4 M. und durch einen angefügten Kautschukschlauch noch weiter verlängern. Wird sie von ihrem oberen Ende aus mittelst des Trichters o mit Wasser gefüllt, so lässt sie das Innere der Blase
A unter den Druck einer beliebig hohen Wassersäule bringen. Ein zweiter
Hohlzapfen d mit Hahn hat die Bestimmung, bei der Füllung der Blase A
mit Wasser die Luft vollständig entweichen zu lassen. Ist alle Luft entfernt,
so wird der Hahn abgesperrt erhalten.

Die Kautschukblase A wird von einem Glasmantel D umhüllt, dessen
Hals gleichfalls luftdicht in die Messingkapsel B eingefügt ist. Zwischen der
Blase A und dem Glasmantel D bleibt ein Zwischenraum E von un-
gefähr 1 Cm. Weite. In diesen Zwischenraum E münden drei messingene
Hohlzapfen mit luftdicht schliessenden Hähnen. Auf das obere Ende des
ersten Hohlzapfens e ist ein bei 7 M. langes Kautschukrohr g luftdicht

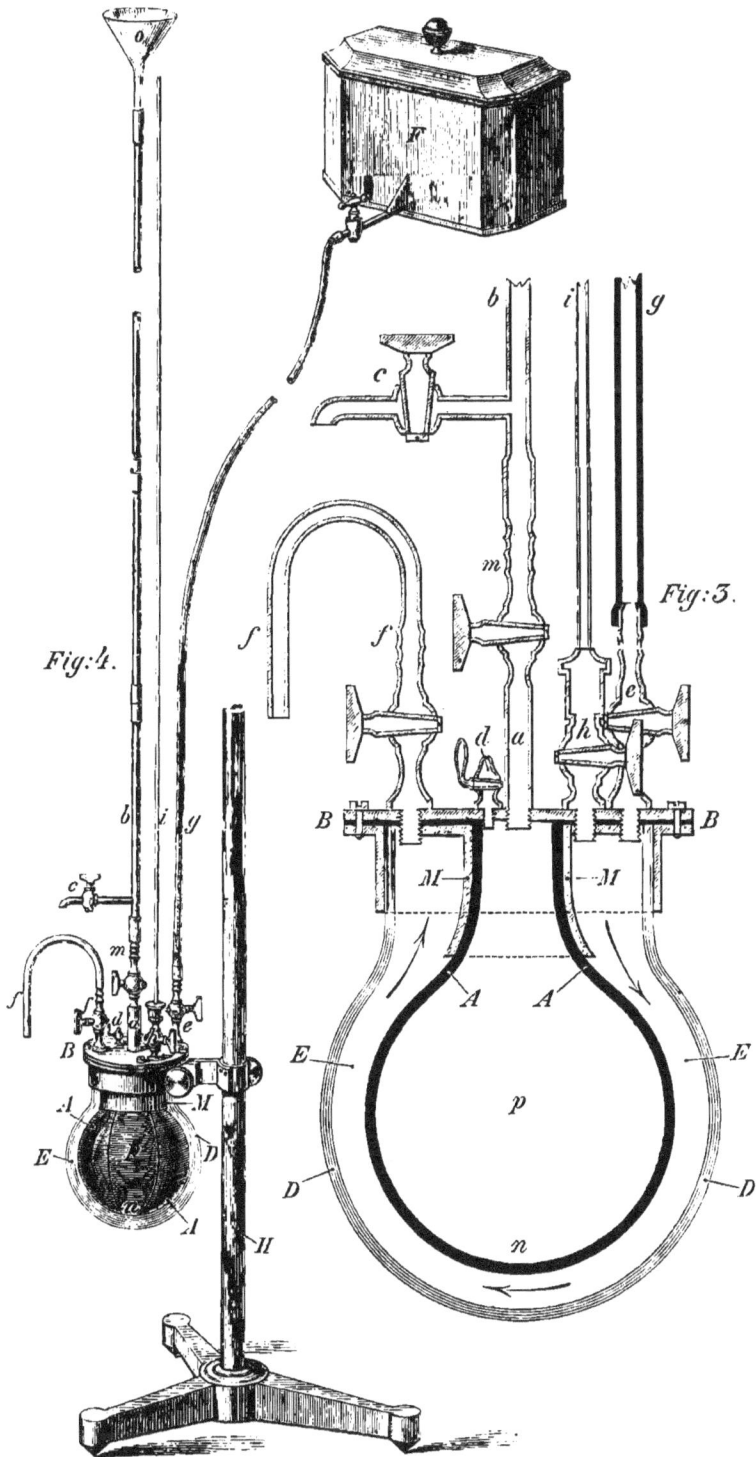

Fig: 4.

Fig: 3.

aufgepasst. Dasselbe steht nach oben mit einem Wasserbehälter *F* in Verbindung. Wird dessen Hahn geöffnet, so fliesst der Inhalt in beständigem Strome nach dem Zwischenraume *E* und setzt dessen Wandungen unter den Druck einer Wassersäule, deren Höhe durch Heben oder Senken des Behälters *F* nach Belieben gewechselt werden kann. Der zweite Hohlzapfen *f* hat eine gleiche Bohrung wie *e* und verlängert sich in eine gekrümmte Messingröhre. Sie hat den Abfluss des in dem Zwischenraume *E* einströmenden Wassers zu vermitteln. Dem dritten Hohlzapfen *h* ist ein 2 M. hohes Glasrohr *i* luftdicht aufgepasst. Dasselbe dient als Manometer, d. h. es zeigt durch den Höhenstand der in ihm aufsteigenden Wassersäule die Grösse des im Zwischenraume *E* herrschenden Druckes, die »Widerstandshöhe« an.

Das Instrument wird durch ein massives Gestell *H* aus Gusseisen in seiner Lage fixirt.

Die Handhabung ist nicht gerade schwierig. Vorerst werden sämmtliche Hähne vollständig geöffnet, sodann die Blase *A* und der Zwischenraum *E* von den Hohlzapfen *a* und *e* aus durch den Trichter *o* mit Wasser gefüllt und alle darin befindliche Luft auf das Sorgfältigste entfernt. Hierauf werden die Hähne bei *a* und *d* geschlossen. Die Wandungen der Blase *A* stehen nun im Niveau des Blasenmittelpunktes *p* unter einem Drucke, welcher, allerdings nicht ganz richtig, als mittlerer aufgefasst und durch $h 2 r \pi$ bezeichnet werden kann, wo *h* den Abstand des Blasenmittelpunktes *p* vom oberen Ende des Hohlzapfens *a* bedeutet und *r* den Radius der Blase vorstellt. Jetzt wird der Hahn des Wasserbehälters *F* geöffnet, so dass Wasser in beständigem Strome sich durch das Kautschukrohr *g* ergiesst. Ist alle Luft aus demselben ausgetrieben, so wird dessen unteres Ende auf den Hohlzapfen *e* aufgesetzt, dessen Hahn offen steht, und so der Strom in den Zwischenraum *E* geleitet, aus welchem das Wasser durch die krumme Röhre *f* abläuft. In dem Augenblicke, als die Strömung in dem Zwischenraume *E* sich hergestellt hat, beginnt das Wasser auch in dem Manometer *i* zu steigen und erreicht endlich eine gewisse Höhe, auf welcher es weiterhin verharrt, so lange die Verhältnisse im Apparate dieselben bleiben.

Der in der Blase *A* herrschende Druck, er heisse der innere
Druck, kann durch Verlängerung und Füllung der Röhre *ab* beliebig erhöht und dann durch Schliessung des Hahnes bei *a* auch
fixirt werden. Der Druck des strömenden Wassers im Zwischenraume *E*, er heisse der äussere Druck, lässt sich durch Heben
und Senken des Behälters *F*, ausserdem aber auch durch einen
Druck auf den Kautschukschlauch *g* sowie durch Drehungen des
Ablaufhahnes bei *f* innerhalb sehr weiter Grenzen ändern. Es zeigt
sich nun Folgendes:

Bei freiem Zu- und Abflusse des strömenden Wassers und
bei unverändertem Stande des Behälters *F* bleibt die
Flüssigkeitssäule im Manometer *i* nach kurzen Schwankungen
immer wieder nahezu auf dem gleichen Höhenpunkte
stehen, es möge der in der Blase *A* herrschende »innere«
Druck steigen oder fallen.

Wird jedoch der innere Druck dem äusseren gleich
oder übersteigt er letzteren gar und ist er gross genug, um
die Widerstände der elastischen Blasenwand zu überwinden, so
dehnt sich der Kautschukballon bis zur Berührung des
Glasmantels aus, die Wasserströmung im Zwischenraume *E*
wird, so weit der Blasenkörper reicht, unterbrochen, der äussere
Druck sinkt auf Null daselbst.

Steht der Behälter *F* 6·5 M. oberhalb des Blasenmittelpunktes *p*, so
stellt sich die Manometersäule immer auf 122—124 Cm., es möge der innere
Druck durch eine Wassersäule von 0·26, 1·5, 2·5 oder 5 M. Höhe bedingt
werden. Wird die Röhre *ab* jedoch auf nahezu 6 M. oder darüber verlängert
und gefüllt, so dass der innere Druck dem äusseren gleich oder grösser wird,
so sperrt sich die Circulation des Wassers im Zwischenraume *E*, indem sich
die Blasenwand an den Glasballon anlegt.

Die kleinen Unterschiede im Manometerstande kommen auf Rechnung
des Niveauwechsels beim Ablaufen und Zufüllen des Wassers im Behälter.

Bei grossen Differenzen zwischen dem inneren und äusseren Drucke
ist es nothwendig, den Hahn bei *a* zu schliessen, nachdem man im Rohre
ab die Wassersäule von beabsichtigter Höhe eine kurze Zeit auf den Inhalt
der Blase hat einwirken lassen, so dass sie ihren Druck mit den Widerständen
an der Kautschukwand in's Gleichgewicht bringen kann. Bei offenem Hahne

wird nämlich, wenn der innere Druck gross und stark im Uebergewichte
ist, die Blasenwand zu sehr ausgedehnt und die Strömung im Zwischenraume
E unterbrochen. Ueberwiegt aber der äussere Druck um ein sehr Beträchtliches, so wird die Blase bei offenem Hahne von Aussen her zusammen-
gedrückt und deren Inhalt in der Röhre *ab* emporgetrieben.

Bei grossen Differenzen schützt übrigens auch die Schliessung des
Hahnes nicht immer vor der Absperrung der Circulation, wenn der äussere
Druck ein sehr starker ist. Es reicht dann nämlich der Unterschied des
Druckes bei *u* und im Niveau des Halses hin, um den Boden der Blase *A*
emporzudrücken und den Aequator der Blase bis zur Berührung mit der
Innenwand der Glaskugel auszudehnen, so dass die Strömung des Wassers
auf den Zwischenraum im Halse beschränkt wird.

Wird die Zufuhr des Wassers durch einen noch so
leichten Druck auf die elastische Kautschukröhre *g* beirrt,
so sinkt die Flüssigkeitssäule im Manometer schnell und
ausgiebig.

Wird dagegen der Abfluss des Wassers durch Drehung
des Hahnes bei *f* beschränkt, so steigt das Manometer überaus rasch. Es genügt eine kaum merkliche Drehung des Hahnes
bei *f* um wenige Grade, um das Wasser im Manometer oben
überfliessen zu machen.

Die Beziehungen, welche zwischen den einzelnen Bestandtheilen des
beschriebenen Apparates und des lebenden Auges bestehen, liegen klar
zu Tage und bedürfen keiner weitläufigen Auseinandersetzungen. Der in den
extraocularen Schlagadern herrschende, vom Herzmuskel überkommene
Blutdruck erscheint im Apparate vertreten durch die Schwerkraft der
Wassersäule, welche im elastischen Rohre *cg* vom Wasserbehälter *F* abfliesst.
Der Blutstrom in den uvealen und retinalen Gefässen wird ersetzt
durch die im Zwischenraume *E* sich stetig fortbewegende Wasser-
schichte. Für den veränderlich gedachten Glaskörperdruck ist der in
der Blase *A* herrschende Wasserdruck gesetzt. Er kann durch Verlängerung
und Füllung des Rohres *ab* beliebig gesteigert werden. Die elastisch contractilen Gefässwandungen des Binnenstromgebietes werden, allerdings
nur einseitig, durch die Kautschukwand der Blase *A* repräsentirt. Um den
Apparat in dieser Beziehung ganz entsprechend zu gestalten, sollte statt des
Glasmantels *D* eine sehr widerstandsfähige, elastisch wenig dehnbare Wand
stehen. Dann würde man aber nicht sehen, was im Apparate vorgeht. Uebrigens handelt es sich ja nur um den Seitendruck, welcher im Zwischenraume *E* unter wechselnden Verhältnissen herrscht, und dieser lässt
sich aus dem Manometerstande genügend beurtheilen.

Im Ganzen weisen auch die geschilderten Versuche klar darauf hin, dass der intraoculare Druck nur als Derivat des Herzdruckes aufzufassen sei und seiner Grösse nach bestimmt werde einerseits von dem Blutdrucke, welcher in den extraocularen Zufuhrarterien herrscht, andererseits von den Widerständen, welche dem Binnenstrome entgegenstehen.

Darf der intraoculare Druck nur mehr als Derivat des Herzdruckes betrachtet werden, so stellt sich die Frage, welches wohl die Momente seien, welche am lebenden Auge möglicher Weise eine krankhafte Erhöhung des Binnendruckes bewerkstelligen können oder müssen.

Nach dem Vorhergehenden lassen sich als solche Momente nur die directe Erhöhung des Herzdruckes und die locale Vermehrung des vasculären Seitendruckes durch Widerstände, welche der Blutstrom im Binnenraume findet, denken.

Die Zunahme des Herzdruckes kann an und für sich nie und nimmer den Binnendruck dauernd erhöhen, indem jede Vergrösserung des arteriellen Seitendruckes durch den regulatorischen Einfluss der Bulbuskapsel sogleich auf den Venenstrom übertragen, daher ein beschleunigtes Abfliessen des Venenblutes veranlasst und so der Ausgleich angebahnt wird. Die Constanz des Binnendruckes bei freier Blutbahn ist eine durch die tägliche Erfahrung und genaue Versuche hinlänglich festgestellte Thatsache. Uebrigens fehlt in den allermeisten Fällen von intraocularer Drucksteigerung jedwedes Anzeichen einer Erhöhung des Herzdruckes oder ist nur sehr vorübergehend nachzuweisen.

Es können daher blos vermehrte Widerstände, welche der Blutstrom im Binnenraume vorfindet, die Veranlassung zu krankhaften Erhöhungen des intraocularen Druckes abgeben. Es frägt sich demnach: welches sind die Stromhindernisse, die eine

grössere Quote der vom Herzen überkommenen lebendigen Kraft
in vascularen Seitendruck umsetzen und als Spannkraft auf die
Bulbuskapsel übertragen können?

Da kommen denn vorerst krankhafte Erweiterungen der
arteriellen Binnengefässe mit Lähmung oder anderweitiger
Functionsbehinderung ihrer Musculatur und mit Elasticitätsverlust
der Wandungen in Betracht. Jedwede Kalibervermehrung der Endzweige erschwert nämlich wegen Verminderung der Strömungs-
geschwindigkeit den Uebertritt des Blutes in die Capillaren, oder
ist eigentlich schon der Ausdruck für das damit gesetzte Stromhinderniss.

Es sind derlei Erweiterungen der arteriellen Augapfelgefässe
bei glaukomatösen Zuständen ein regelmässiger Befund. Die stark
ausgedehnten vorderen Ciliargefässe, welche man bei krankhaften Drucksteigerungen von einiger Dauer nur selten vermisst,
sind zum guten Theile Schlagaderzweige. Man kann sich
davon leicht überzeugen, wenn man selbe mit dem Finger kräftig
zusammendrückt, indem sie sich beim Aufhören des Druckes rasch
von der Uebergangsfalte aus wieder füllen. Sie treten, ohne sich
in Zweige aufzulösen, mit unvermindertem Kaliber durch die
Sclera hindurch in den Binnenraum ein und lassen so keinen Zweifel
darüber, dass auch ihre Verästelungen im Innern des Auges
eine Strecke weit stark erweitert seien. Anatomische Untersuchungen von Augen, in welchen der Process noch ein halbwegs frischer ist und die Theile nicht schon im Schwunde weit
vorgeschritten sind, ergeben unter Umständen in der That eine
ganz ausserordentliche Blutüberfüllung im ganzen vorderen
Ciliargebiete, jedenfalls aber eine höchst auffällige Erweiterung
der daselbst verästelten Gefässe, besonders der Arterien.
Brailey[1] und Wedl (S. 140, 141) haben dieses mit aller Bestimmtheit nachgewiesen, und Ersterer hat die Kaliberzunahme an dem
Circulus arteriosus major iridis sogar gemessen. Er konnte in

---

[1] Brailey, Ophth. Hosp. Rep. IX., p. 223, 379 u. f.; X., p. 90 u. f.

einzelnen Fällen die Gefässausdehnung bis in die extraocularen
Stammtheile der vorderen Ciliararterien verfolgen. Im Accommodationsmuskel war sie bisweilen zu einem so hohen Grade gediehen,
dass derselbe einige Aehnlichkeit mit cavernösem Gewebe gewann. Dabei waren die Wandungen weit mehr verdünnt, als
der Vergrösserung der Lichtung entsprach. Die Erweiterung war
auch keine gleichmässige, sie erschien zuweilen auf umschriebene Stellen beschränkt und an einzelnen Punkten mehr ausgesprochen als an anderen, ja öfters zeigte sie sich auf verschiedenen Strecken desselben Gefässes in verschiedenem Grade
entwickelt.

Brailey[1] hält diese sehr auffällige Ungleichmässigkeit
des Arterienkalibers und der Wandverdünnung ganz unvereinbar
mit der Annahme, dass Strömungshindernisse in den Wirbelvenen die nächste Ursache abgeben. Er ist vielmehr in Uebereinstimmung mit Wedl (S. 140) sehr geneigt, vasomotorischen
Einflüssen eine hervorragende Schuld beizumessen, besonders in
Fällen, wo heftige Nervenreize den Process eingeleitet haben,
beim secundären Glaukom, bei Bestand vorderer Synechien mit
Zerrung der Iris und des Strahlenkranzes, bei Lageveränderungen
der Linse u. s. w.

Ohne Zweifel liegt in derlei Functionsstörungen des vasomotorischen Apparates ein hochwichtiger pathogenetischer Factor,
dessen Spuren bei zukünftigen Forschungen nachzugehen man allen
Grund hat. Schon die Schwankungen des pathologischen
Binnendruckes im Beginne des Processes legen diese Nothwendigkeit sehr nahe.

Es steht aber sehr dahin, ob die in ausgeschnittenen glaukomatösen Augäpfeln vorgefundenen Gefässerweiterungen immer,
oder auch nur in einem erheblichen Procente der Fälle, auf Gefässlähmungen als letzte Ursache zurückgeführt werden können,
mit anderen Worten, ob die Drucksteigerung in jenen Bulbis

[1] Brailey, Ophth. Hosp. Rep. IX., p. 383 u. f., 387; X., p. 12.

lediglich durch vasomotorische Störungen eingeleitet
worden ist. Wenn man erwägt, dass die Pupille in frischen
Fällen von Glaukom oft noch einen gewissen Grad von Beweglichkeit, namentlich bei Einwirkung von Atropin oder Eserin, bekundet; dass unter solchen Verhältnissen die Ausschneidung
eines Irisstückes häufig ohne jede Blutung gelingt, die Regenbogen-
hautgefässe also noch einen guten Theil ihres Zusammenziehungs-
vermögens bewahrt haben; endlich dass auffällige Gefässerweiterungen im vorderen Ciliargebiete bei frischen Glaukomfällen
keine constanten Vorkommnisse sind und dass Brailey[1]) unter
solchen Umständen den Durchmesser und die Wandungen der Gefässe normal gefunden hat: so kömmt man nothwendig zu dem
Schlusse, dass die fraglichen Gefässerweiterungen häufig, wenn
nicht in der grössten Mehrzahl der Fälle, secundäre Zustände
sind, welche erst im Verlaufe des glaukomatösen Processes, also
nach entwickelter Drucksteigerung, in Folge anderweitiger Stromhindernisse oder der gewöhnlich damit einhergehenden Entzündungen in's Leben getreten sind.

Immerhin müssen Gefässlähmungen als mögliche Veranlassungen der Drucksteigerung im Auge behalten werden. Noch
wichtiger aber können dieselben einmal als Momente werden, welche
eine bereits gesetzte Drucksteigerung unterhalten, sta-
bilisiren.

In zweiter Linie lässt sich die Unwegsamkeit grösserer
Capillarbezirke des Binnenraumes als Ursache einer
Stauung des arteriellen Blutstromes und folgerecht einer
krankhaften Drucksteigerung denken. Insoferne kommen Geschwulstbildungen, hauptsächlich aber Entzündungen und
deren Folgen, ausgebreitete Verödungen des Uvealgebietes, in
Rechnung. Viele Augenärzte erklären auf Grund ihrer Erfahrung
die Uveitis auch geradezu als den Ausgangs- und Angelpunkt
des glaukomatösen Processes und stehen nicht an, eine

---

[1]) Brailey, Ophth. Hosp. Rep. IX., p. 384.

Chorioiditis auch dort als vorhanden anzunehmen, wo während des Lebens deutliche Merkmale der Entzündung nicht mit Sicherheit nachgewiesen werden können.

Insbesondere hat Fuchs[1]) in neuester Zeit darauf hingewiesen, dass in einer grossen Anzahl von Fällen ausgesprochenen Glaukoms an der vorderen Zone der Ader- und Netzhaut alle Zeichen einer floriden Retinochorioiditis exsudativa oder die aus derselben sich entwickelnden eigenthümlichen atrophischen Plaques mit mehr oder weniger Pigmentanhäufung gefunden werden, welche der Augenspiegeluntersuchung ihrer ganz peripheren Lage wegen bisher entgangen sind. Fuchs hält diese Plaques für charakteristische Attribute des Glaukoms und meint, dass sie mit der Drucksteigerung im innigsten nosologischen Zusammenhange stehen, indem mit der Atrophie der vorderen Aderhautzone die meisten oder alle darin verzweigten Gefässe obliteriren und solchermassen Widerstände für den arteriellen Strom geschaffen werden, welche nothwendig den Seitendruck erhöhen müssen.

Dagegen ist einzuwenden, dass die erwähnten pathologischen Zustände der Aderhaut keineswegs beständige oder auch nur regelmässige Begleiter des glaukomatösen Processes sind, wie seiner Zeit schon Samelsohn[2]) hervorgehoben hat. In vorgeschrittenen Stadien der Krankheit, besonders wenn das Glaukom ein secundäres war oder gleich von vorneherein mit ausgesprochenen entzündlichen Erscheinungen aufgetreten ist, mögen sie allerdings sehr gewöhnlich vorgefunden werden. Ob sie aber in ganz frischen Fällen, namentlich wo die Drucksteigerung noch schwankt, schon vorhanden sind, das muss erst erwiesen werden, und gerade darauf kömmt es hier an. Wenn man erwägt, dass primäre frische Glaukome sehr oft ohne Spur einer Einschränkung des Gesichtsfeldes einhergehen und dieses in seinem ganzen Umfange nach einer glücklichen Operation zu erhalten pflegen, so

---

[1]) Fuchs, Klin. Monatsblätter, 1878, Beilage, S. 65.
[2]) Samelsohn, Klin. Monatsblätter, 1878, Beilage S. 82.

kömmt man nothwendig zu dem Schlusse, dass die exsudative
Retinochorioiditis ganz unmöglich zu den regelmässigen »prä-
glaukomatösen« Veränderungen im Binnenraume gehören, also
auch mit der Entwickelung der Drucksteigerung nichts zu thun
haben könne.

Man wird in dieser Ansicht durch den Umstand bestärkt, dass
Brailey[1] in der ausserordentlich grossen Anzahl von genau untersuchten Fällen gleich Wedl (S. 144, 145, 150) wohl häufig die Erscheinungen einer Chorioiditis gefunden hat, aber ausdrücklich
die Unbeständigkeit derselben und die damit verknüpfte geringe oder ganz fehlende Veränderung der Aderhautgefässe hervorhebt. Andererseits darf auch nicht übersehen werden,
dass man gruppig zusammengehäufte Rundzellen, besonders im
Bereiche der Choriocapillaris und der nachbarlichen Schichte, mitunter bei einfachen Entzündungen anderer, selbst entfernter
Bulbusorgane beobachtet hat. Sattler[2] fand derlei Aderhaut-
infiltrate bei Hornhautgeschwüren, bei Neuritis u. s. w., Leber[3]
bei Trachom.

Man wird nach Allem dem kaum fehlgehen, wenn man die
Aderhautentzündung als eine zumeist secundäre betrachtet, beim
primären Glaukome als Theilerscheinung des gemeiniglich über
den ganzen Uvealtract und seine Dependenzen (S. 38) sich ausbreitenden entzündlichen Processes auffasst, bei secundärem Glaukome aber gelegentlich mit dem Grundleiden, einem Irisvorfalle
mit Zerrung des Kyklon u. s. w., in pathogenetische Verbindung bringt.

Man hat um so mehr Grund für eine solche Ansicht, als bekanntlich totale oder herdweise Retinochorioiditis mit ihren Folgen,
Schwund der Ader- und Netzhaut, gar nicht selten lange Jahre
hindurch fortbesteht, ohne jemals Anlass zur Drucksteigerung
gegeben zu haben.

—

[1] Brailey, Ophth. Hosp. Rep. IX., p. 201 u. f., 392; X., p. 136, 282.
[2] Sattler, Arch. f. Ophthalmologie XXII., 2, S. 42 u. f.
[3] Leber, Klin. Monatsblätter, 1877, Beilage S. 119.

Ein 47jähriger Maler giebt an, schon seit seiner Kindheit in der Dämmerung schlechter gesehen zu haben als seine Kameraden. Seit zwei Jahren habe sich sein Sehvermögen wesentlich verschlechtert, insoferne er in minder gut erleuchteten Räumen Noth habe, sich zurecht zu finden und besonders durch Nichtwahrnehmung seitlich gelegener Gegenstände, selbst im vollen Tageslichte, häufig in Gefahr gerathe. Seinem Berufe als Maler könne er noch nachkommen, obwohl er manche Tage die Umrisse und Farbentöne der Objecte nicht mehr ganz so scharf zu erkennen glaube wie früher. Die genaue Untersuchung ergiebt die centrale Sehschärfe bei corrigirter Myopie $1/20$ fast $20/20$. Das Farbenunterscheidungsvermögen zeigt sich als ein sehr entwickeltes sowohl was die feinsten Töne als die Schattirungen betrifft. Dagegen erweiset der Perimeter eine ganz ausserordentliche allseitige Einschränkung des Gesichtsfeldes auf beiden Augen. Dasselbe präsentirt sich als ein kleiner rings um den Fixirpunkt gelagerter Fleck mit vorwaltender Horizontalausdehnung, dessen zackigeckige Grenzen ziemlich scharf abgesetzt sind und in senkrechter Richtung 15^0, in wagrechter 30^0 wenig überschreiten. Der Augenspiegel ergiebt die Papille von nahezu normaler Röthung, die Centralgefässe unverändert. An der äussersten Peripherie der Netzhaut finden sich einige wenige Gruppen kleiner, in das Retinalgefüge eingesprengter schwarzer Pigmentpunkte, doch nirgends ausgebildete, Knochenkörperchen ähnliche Haufen schwarzen Farbestoffes. Dagegen ist ein grosser Theil der vorderen Aderhautzone in Gestalt langgestreckter, in der Breitenrichtung d. i. quer gelagerter Plaques mit rundlichen Umrissen atrophirt, so dass die Lederhaut mit ihrem eigenthümlichen sehnigen Glanze weiss durchleuchtet. Von einer Drucksteigerung ist nichts zu merken, auch ergiebt die Anamnese keine Spur von vorausgängigen Erscheinungen, welche mit einer krankhaften Erhöhung des intraocularen Druckes in Zusammenhang gebracht werden können.

Es war dies nebenbei gesagt der einzige unter Hunderten von Fällen, in welchen ich von der hypodermatischen Anwendung des Strychninum nitricum einen Erfolg gegen amblyopische Zustände erzielt zu haben vermeinte. Schon nach der ersten Einspritzung war der höchst intelligente und als tüchtiger Maler scheinbar auch höchst vertrauenswürdige Kranke voll Verwunderung über die ausserordentliche Wirksamkeit des Mittels. Nach der zweiten und dritten Injection kannte sein Enthusiasmus keine Grenze. Leider stellte sich jetzt eine stark schmerzhafte entzündliche Reizung im Unterhautbindegewebe der Stirngegend ein und nöthigte zum Aussetzen des Mittels. Als dann etwa nach zehn Tagen wieder eine genaue Untersuchung angestellt wurde, zeigte sich, dass weder die centrale Sehschärfe, noch die Ausdehnung des Gesichtsfeldes eine wesentliche Veränderung erlitten hatte.

In dritter Linie kommen als mögliche Veranlassungen einer Stauung des arteriellen Binnenstromes und folgerecht einer krankhaften Erhöhung des intraocularen Druckes Verengerungen und Verstopfungen grösserer Blutaderstämme, insbesondere der Wirbelvenen als der Hauptabzugswege des Binnenstromgebietes, in Betracht.

Bezüglich der letzteren bedarf es nicht mehr des theoretischen Calculs, indem Versuche an lebenden Thieren mit aller Bestimmtheit herausgestellt haben, dass Strombehinderungen an der Ausmündung der Vasa vorticosa chorioideae thatsächlich eine nachweisbare sehr beträchtliche Spannungsvermehrung der Bulbuskapsel nach sich ziehen. Darf auch die von Einzelnen gemessene Grösse der Drucksteigerung keineswegs als richtig anerkannt werden, da hierbei Manometer verwendet wurden, deren Einführung in das Augeninnere die hydrostatischen Verhältnisse des Binnenraumes völlig ändert,[1] so kann doch über die Thatsächlichkeit einer namhaften Erhöhung des intraocularen Druckes nicht der geringste Zweifel erhoben werden.

Der Erste, welcher in dieser Richtung bahnbrechend auftrat, war Adamük.[2] Derselbe unterband an Augen, welche mit möglichster Schonung der arteriellen Ciliarzweige von ihren Weichtheilen entblösst worden waren, alle vier Wirbelvenen knapp an ihrem Austritte aus der Lederhaut und erzielte solchermassen eine Steigerung des intraocularen Druckes auf das Drei- und Vierfache. Noch mehr, die Unterbindung einer einzigen Wirbelvene genügte, um den Binnendruck auffällig zu erhöhen.

Leber[3] spricht von der künstlichen Drucksteigerung durch Unterbindung mehrerer oder sämmtlicher Venae vorticosae schon wie von etwas Bekanntem und Selbstverständlichem: »Der Augendruck erfährt dabei eine bedeutende Steigerung, das Auge fühlt sich nach Unterbindungen sämmtlicher Venen sehr hart an und es entwickelt sich nach kurzer Zeit eine enorme venöse Hyperämie der Iris und Ciliarfortsätze und ein starkes Oedem der Bindehaut. Wenn nur eine oder einige der Wirbelvenen unterbunden waren, so beschränkte sich die Stauung ganz scharf auf den Theil der Iris und derjenigen Ciliarfortsätze, welche diesen Venen entsprachen.«

[1] Stellwag, Der intraoculare Druck etc. Wien, 1868. S. 2.
[2] Adamük, Annal. d'ocul. LVIII., p. 8.
[3] Leber, Arch. f. Ophthalmologie XIX., 2, S. 144, 145.

Ad. Weber[1]) kam zu ähnlichen Ergebnissen. »Umschnürt man bei
»einem im Chloralschlafe befindlichen, durch Morphium noch anästhesirten
»Kaninchen die hinteren Venen, so tritt schon nach wenigen Stunden deut-
»liche Prominenz und erhöhte Spannung des Bulbus ein; die Iris legt sich
»peripherisch der Hornhaut an und die Mitte der Kammer füllt sich mit Blut.
»Nach zwölf Stunden ist die Prominenz und die Ausdehnung des Bulbus so
»stark, dass der Margo orbitalis überragt wird. Die Vergrösserung scheint
»sich aber annoch nur auf den Scleraltheil desselben zu beziehen, denn die
»Maasse der Hornhaut bleiben denen des gesunden Auges vollständig gleich . . .
»In den nächsten zwei bis drei Tagen ändert sich an den genannten Erschei-
»nungen nichts . . . ; dagegen entwickelt sich nun um den cornealen Pigment-
»ring ein mit unbewaffnetem Auge deutlich erkennbarer flachmaschiger Ge-
»fässkranz mit zwei, je an der Nasal- und Temporalseite horizontal nach
»hinten verlaufenden Venenstämmen; ausserdem geringe Chemosis der Con-
»junctiva und Palpebra tertia. Auch die Hornhaut beginnt jetzt ausgedehnt
»zu werden. . . . Hiermit scheint aber der Höhepunkt des intraocularen Druckes
»erreicht, denn von jetzt an nimmt sowohl die Prominenz wie die Spannung
»ab. Gleichzeitig bemerkt man eine Abnahme des Blutergusses (in der
»Vorderkammer) und statt desselben tritt aus der Pupille, dieselbe anfangs
»wie ein Hutpilz überdeckend, ein schmutzig gelbrothes Exsudat. . . . Ein bis
»zwei Tage darnach beginnt der Druck und die Ausdehnung des Bulbus
»sichtlich abzunehmen. Nach circa sechs Tagen ist auch das hutpilzähnliche
»Pupillarexsudat geschwunden, es hat eine ausgebreitete Glaskörpertrübung
»Platz gegriffen und die Linse sich kataraktös getrübt.«

Die negativen Resultate, welche Memorski[2]) bei seinen Experi-
menten an Thieren erhielt, können füglich nicht als Gründe gegen die Richtigkeit des soeben Mitgetheilten verwendet werden, da der um die Lehre von
den hämostatischen Verhältnissen des Binnenraumes so hoch verdiente Forscher
nicht sowohl die Wirbelvenen, als vielmehr die vier Drosselvenen und
die beiden Venae anonymae unwegsam gemacht hatte, um die Autonomie
des Binnenstromgebietes darzulegen.

Dagegen bedürfen die Versuche Schöler's[3]) einer Erörterung. Derselbe tritt lebhaft ein für die Abhängigkeit der pathologischen Drucksteigerung von der Vermehrung der Binnenmedien durch Verschluss der im
vorderen Scleralrande gelegenen Lymphwege. Um den experimentellen
Nachweis dieser seiner Ansicht zu erbringen und die gegentheiligen Anschauungen zu widerlegen, verschorfte er mittelst eines zweckmässig zu-
bereiteten glühenden Drahtes den Bindehautsaum und die angrenzende
Zone der Lederhaut in einer Breite von circa 2 Mm., oder die Wirbel-

---

[1]) Ad. Weber, Arch. f. Ophthalmologie XXIII., 1. S. 13 u. f.
[2]) Memorski, ibid. XI., 2, S. 98 u. f.
[3]) Schöler. ibid. XXV., 4, S. 71, 87, 99 u. f.

venen bei ihrem Austritte aus der Sclerotica, oder beide diese Theile
nach einander. »Es ergiebt sich im Gegensatze zu der bisher herrschenden
»Anschauung, dass der Verschluss der Venae vorticosae bei sonst offenen
»Ausscheidungswegen (vorderen Lymphbahnen) keine bemerkenswerthe Stei-
»gerung des Binnendruckes im Auge bewirkt und nur am lebenden Auge
»bei Verlegung der Filtration am Limbus ein gesteigerter Druck im Auge
»sich rascher ausgleicht (im Verhältnisse von 1 : 1·2), wenn die Venae vorti-
»cosae offen sind, als nach ihrem Verschlusse. War hingegen der Limbus
»offen geblieben, so glich sich nach Verschluss der Wirbelvenen ein künst-
»lich gesteigerter Druck im Auge ebenso rasch wie bei offenen Ausschei-
»dungswegen aus. Dass bei pathologischer Drucksteigerung im Auge, in
»specie beim Glaukom, ein Verschluss der Venae vorticosae keine patho-
»logische Rolle spielt, beweist am besten die schon von Leber erwähnte
»und wohl den meisten Fachgenossen aus eigener Erfahrung bekannte That-
»sache, dass beim Glaucoma absolutum die Venae vorticosae von Blut strotzend
»gefunden werden.«

Es läge nun allerdings sehr nahe, die abweichenden Resultate Schöler's
damit zu erklären, dass man die Thrombosirung der Wirbelvenen durch den
Glühdraht für eine unvollständige hält. Allein Schöler ist zu ganz ähnlichen Ergebnissen auch bei Unterbindung der vier Venae vorticosae gekommen, er konnte mittelst des Manometers auch bei völliger Abschnürung dieser Venen nur eine verhältnissmässig geringe und bald sich
wieder ausgleichende Drucksteigerung im Innern des Auges nachweisen.
Man steht also wieder auf dem Punkte, auf welchen Experimente an lebenden
Thieren so häufig hinführen, auf dem Punkte, auf welchen man sich darüber
entscheiden muss, welchem der Experimentatoren man mehr Vertrauen schenken
will, denn beide Theile stützen sich auf positive Thatsachen. Ein Nachexperi-
mentiren führt nicht stets zum Ziele, es vermehrt höchstens die Majorität oder
die Minorität und nicht immer ist die erstere die Vertreterin des Richtigen.

Immerhin darf man wohl behaupten, dass ein Ausbleiben der Drucksteigerung bei Verschluss der Wirbelvenen allen physikalischen Grundsätzen
widerstreiten würde, denn damit wird nothwendig die Stromkraft des Blutes
im Binnenraume wesentlich vermindert: was aber an Stromkraft verloren
geht, kann unmöglich verschwinden, es muss wenigstens zum grössten Theile
in Seitendruck umgesetzt werden. Uebrigens behauptet Schöler auch nicht,
dass jede Drucksteigerung ausgeschlossen ist; er giebt sie zu und findet seiner
Theorie entsprechend nur, dass Verlegung der in der vorderen Scleralgrenze
gelegenen Emissarien erforderlich ist, um erhebliche und länger andauernde Erhöhungen des intraocularen Druckes zu erzielen. Dass aber Verschliessung der hinteren und vorderen Abzugswege des venösen Blutes einen
grösseren Effect haben müsse als Verstopfung der Wirbelvenen allein,
liegt auf der Hand, da solchermassen eine noch weit höhere Quote der
Stromkraft lahmgelegt wird.

Im Uebrigen liefert auch die praktische Erfahrung Belege
dafür, dass die verminderte Wegsamkeit grösserer Blutaderstämme, namentlich der Wirbelvenen, als thatsächliche
Quelle krankhafter Drucksteigerungen zu gelten habe. Wedl
S. 140 hat Thrombosen der Wirbelvenen im Aderhautbereiche
wiederholt beim Glaukom gefunden und ich hatte vor Kurzem
erst Gelegenheit, ausgebreitete Verstopfungen einer grösseren Cho-
rioidalvene mit entzündlichem Producte in einem Falle secundären
Glaukoms mit aller Bestimmtheit nachzuweisen. Bei der Panophthalmitis suppurativa, welche immer mit einer sehr hohen
Drucksteigerung einherschreitet, sind Thrombosirungen der Wirbelvenen ein regelmässiger Befund. Ueberdies lässt sich die Spannungszunahme der Bulbuskapsel, welche beim Bestande intraocularer
Tumoren meistens gegeben ist und sogar als ein charakteristisches Merkmal derselben gilt, in der Mehrzahl der Fälle mit
der Verstopfung grösserer Blutadergebiete in Zusammenhang bringen,
selbst bei retinalem Gliom, da dieses häufig auf die Chorioidea
übergreift. Brailey[1] hebt die regelmässige Betheiligung der
Aderhaut bei Geschwulstbildungen im Augeninnern als Quelle von
Drucksteigerungen deutlich hervor.

Es liegt auf der Hand, dass Stromhindernisse in den
Arterien, in den Capillaren und in den Venen des Binnenraumes an und für sich ohne alle Beihilfe anderer Momente genügen, um krankhafte Drucksteigerungen zu
begründen. Im Einklange damit finden sich denn auch pathologische Drucksteigerungen, d. i. glaukomatöse Zustände im weiteren
Wortsinne, gelegentlich in jedem Alter, in früher gesunden
und in pathologisch veränderten Augen, und was auch Brailey[2]
sehr betont, ebensowohl bei normal elastischer, ja bei entzündlich aufgelockerter, als bei starrer unnachgiebiger Bulbuskapsel. Nur ist bei einer mehr dehnbaren Lederhaut ein höherer

---

[1] Brailey, Ophth. Hosp. Rep. IX., p. 201; X., p. 16.
[2] Brailey. ibid. IX., p. 385. 393.

Grad von Drucksteigerung erforderlich, um dem tastenden Finger
die Härtezunahme auffällig zu machen, als dort, wo von vorneherein schon wenig Elasticität disponibel gewesen ist.

Diese Unabhängigkeit glaukomatöser Zustände von dem Alter
des Kranken und von der Beschaffenheit der Bulbuskapsel tritt
deutlich hervor bei den überaus mannigfaltigen Krankheitsformen,
welche unter dem Namen Secundärglaukom zusammengefasst
werden. Umgekehrt aber sind es vorzugsweise gerade Fälle
dieser Art, in welchen man öfters schon frühzeitig, vor oder
beim Beginne der pathologischen Drucksteigerung, greifbare
Stromhindernisse in diesem oder jenem Binnengefässbezirke
nachzuweisen vermag und ein ursächlicher Zusammenhang zwischen den ersteren und den letzteren kaum in Frage kömmt.

In der grössten Mehrzahl der Fälle jedoch, namentlich beim
Primärglaukome, wird man während der ersten Phasen des
Processes im Binnenraume selbst vergeblich nach auffälligen
Erweiterungen der Arterien oder nach Verstopfungen grösserer Capillarbezirke und Blutaderstämme suchen. Wo man auf solche stösst,
wird man gewöhnlich allen Grund haben, dieselben als secundäre
Zustände, als Folgen der bereits bestehenden Drucksteigerung oder
vielmehr der diese letztere bedingenden krankhaften Verhältnisse
aufzufassen. Und doch ist auch in diesen Fällen die Stauung,
wenigstens in dem Venengebiete, eine überaus deutliche und
zwingt förmlich zur Annahme von Strömungshindernissen,
welche, da sie im Binnenraume selbst nicht bestehen und da jenseits der Sclera gelegene Venenstauungen auf das Binnenstromgebiet nur einen sehr untergeordneten Einfluss üben, nothwendig
in die Lederhautemissarien verlegt werden müssen.

Es offenbart sich diese Stauung im Binnenstromgebiete schon
am lebenden Auge durch starke Erweiterung einer Anzahl von episcleralen Stämmen. Wo der Process nicht mit
einem ausgesprochenen entzündlichen Reizzustande einhergeht
und ein stark entwickelter pericornealer Gefässkranz das Bild verwischt, andererseits aber auch das Glaukom nicht gar zu sehr

veraltet und in der Entartung der Theile vorgeschritten ist, sieht
man die einzelnen ektatischen Stämme in meridionaler Richtung
dahinstreichen und sich schliesslich mit unvermindertem Caliber
unverzweigt in den vorderen Lederhautgürtel einsenken. Sie
führen sämmtlich dunkles Blut, sind indessen, wie schon erwähnt
wurde, theils Schlagadern, theils Venen. Da sie sich vor ihrem
Eintritte in den Binnenraum nicht in Netze auflösen, kann ihre
Ausdehnung unmöglich vasomotorischen Einflüssen auf Rechnung geschrieben werden, sie muss einen rein mechanischen
Grund haben. Was die arteriellen Stämme betrifft, so liegt es
selbstverständlich am nächsten, die Drucksteigerung oder vielmehr die vermöge derselben im Binnenraume gesetzten Widerstände verantwortlich zu machen. Die Dunkelheit des in
den ektatischen Schlagadern enthaltenen Blutes erscheint dann
einfach als Folge des verlangsamten Einströmens und der
damit verknüpften Desoxydation in den Stämmen. Was aber die
Venen anbelangt, so muss in Erwägung gebracht werden, dass
die Blutadern des vorderen Ciliargebietes in der Norm nur eine
unverhältnissmässig kleine Quote des aus dem Augeninnern zurück-
kehrenden Blutes abzuführen haben und daher am gesunden
Auge gewöhnlich ganz unsichtbar sind. Eine so beträchtliche Erweiterung der Stämme kann, da vasomotorische Einflüsse ausgeschlossen sind, offenbar nur auf collaterale Strömungen bezogen
werden. Diese setzen aber anderweitig gegebene Stauungen voraus und weisen so direct auf Kreislaufshindernisse in den
Hauptabzugskanälen des Binnenstromgebietes, in den Wirbelvenen hin.

Mit viel grösserer Bestimmtheit lässt sich der Bestand von
Venenstauungen aus dem Befunde bei glaukomatösen Augen erschliessen, welche auf operativem Wege lebenden Kranken entnommen und der anatomischen Untersuchung zugeführt worden
sind. Es ist in denselben nämlich, wenn mit der gehörigen Vorsicht zu Werke gegangen wird, in der Regel und vielleicht immer
eine sehr beträchtliche Blutüberfüllung des Uvealgebietes,

vornehmlich des Strahlenkranzes und der Aderhaut, sowie der Netzhaut nachzuweisen.

In Brailey's [1] Arbeiten findet sich diese Hyperämie vielfach
angedeutet und an mehreren Stellen mit aller Schärfe hervorgehoben.
Sie betrifft nach diesem Autor nicht blos die Venen, sondern ist
in älteren Fällen immer auf die Schlagadern sowie gelegentlich
auch auf die zwischengelagerten Haargefässnetze ausgebreitet
und geht im vorderen Uvealtracte mit auffälliger Verdünnung,
im Retinalbezirke dagegen mit Hypertrophie der Gefässwände,
namentlich der Arterien, einher. In der Aderhaut fand Brailey
die Gefässwände gewöhnlich nur wenig verändert.

Nach Wedl (S. 140) bilden »die hyperämischen Zustände,
»insbesondere in der Chorioidea, im Ciliarkörper, in der Iris
»und in den vorderen Ciliargefässen einen wichtigen Factor, welcher
»die Druckverhältnisse im Auge wesentlich beeinflusst«. Wedl
weist darauf hin, dass der Blutdruck beim Glaukom in diesen
Gefässen nicht selten in dem Grade gesteigert sei, dass es zu Blutextravasaten in der Aderhaut, im Ciliarkörper, in der Iris und
selbst im Circulus arteriosus Halleri kömmt.

Was mich betrifft, so habe ich in den Fällen, welche ich
neuerer Zeit zu untersuchen Gelegenheit hatte, die Blutüberfüllung der Retina und des Uvealtractes, insonderheit der
Aderhaut, meistens stark ausgeprägt gefunden, während die extraocularen Theile der Wirbelvenen höchstens eine dünne Blutsäule enthielten, gewöhnlich aber leer schienen. Am auffälligsten
war mir dieses an einigen glaukomatösen Augen, welche ich bei
Lebzeiten der Kranken enucleirt habe.

Es würde mich aber gar nicht überraschen, wenn andere
Beobachter bei ihren Untersuchungen gelegentlich zu gegentheiligen Befunden gelangten. Ich habe mich nämlich durch den
Augenschein auf das Bestimmteste überzeugt, dass sich die Verhältnisse während der Operation und besonders während der

[1] Brailey. Ophth. Hosp. Rep. IX., p. 199, 380, 381; X., p. 134 u. f., 206.

Manipulationen mit dem bereits enucleirten Bulbus wesentlich
ändern können. Wird der aus seinen Verbindungen gelöste Augapfel behufs genauer Betrachtung in der Hand hin und her ge-
wendet oder gar gedrückt, so kann es geschehen, dass die extraocularen Stücke der Wirbelvenen, welche vordem sehr dünn oder
gar leer erschienen waren, sich plötzlich füllen und an dem durchschnittenen Ende eine Quantität von Venenblut entleeren. Die
unmittelbare Folge dessen ist, dass der bisher auffällig gespannt
gebliebene Bulbus alsogleich eine beträchtliche Härteverminderung
erkennen lässt. Dass bei einem solchen Vorgange eine gegebene
Blutüberfüllung der Gefässhaut leicht in eine Blutleere verkehrt werden könne, ist selbstverständlich.

Ich möchte darum dringend empfehlen, bei der Ausschälung glaukomatöser Augen, welche man auf den Zustand der Binnengefässe prüfen
und namentlich bezüglich der intraocularen Blutvertheilung durchforschen
will, mit der äussersten Vorsicht zu Werke zu gehen, sie namentlich vor jedem
Drucke zu bewahren und überhaupt jedes entbehrliche Hantiren mit denselben zu vermeiden. Man thut am besten, den Seitenmuskel, mit dessen
Durchschneidung man die Operation beginnt, auf eine weite Strecke zu isoliren
und dann mehrere Linien hinter seinem Ansatze zu durchtrennen, um einen
langen Stumpf zu erhalten, an welchem der Bulbus mittelst einer geeigneten
Pincette ohne allen Druck und ohne Zerrung nach den verschiedensten Richtungen bewegt werden kann. Hat man dann die Tenon'sche Kapsel mit den
übrigen Muskelansätzen durch die zwei vorgeschriebenen Scheerenschläge
durchschnitten, so kann man den Bulbus durch einen leisen Zug an seinem
Muskelstumpfe hin und her wenden, um die am hinteren Scleralumfange
rinnenförmig eingesenkten Stämme der Wirbelvenen zur Ansicht zu bekommen.
Ist endlich der Sehnerv durchtrennt, so soll der Augapfel ohne alle weitere
Berührung mit der Hand sogleich in eine härtende (Müller'sche) Flüssigkeit
gebracht und erst nach einiger Zeit der Eröffnung unterzogen werden. Ich
glaube, dass bei einem solchen Vorgehen gleichmässigere Befunde als
bisher zu erzielen sein werden. Als Beleg für das Gesagte lasse ich einen
einschlägigen Fall folgen.

Eine 60 Jahre alte Wäscherin leidet seit Langem an einer umschriebenen Caries im Vordertheile des linken Orbitaldaches. Der daselbst abge-
sonderte Eiter entleert sich durch eine für mittlere Sonden durchgängige,
etwa in der Mitte des oberen Orbitalrandes gelegene Oeffnung in der Lidhaut,
welche durch eine strahlige Narbe etwas verkürzt ist, so dass der leicht
ectropionirte obere Augendeckel die Lidspalte nicht völlig zu schliessen ver-

mag. Vor drei Tagen, nachdem sich die Kranke angeblich einem starken Zuge ausgesetzt hatte, begann das gegenwärtige Leiden mit heftigen Schmerzen und entzündlicher Schwellung am linken Auge. Bei der Aufnahme auf die Klinik am 25. April 1880 wurde leichte chemotische Schwellung der Lider und der gesammten Bindehaut vorgefunden. Die Hornhaut war bereits in ihrem ganzen Umfange eitrig infiltrirt, das untere innere Drittel derselben oberflächlich exfoliirt und der Geschwürsgrund zapfenartig vorspringend; dabei heftige Schmerzen. Es wurde sogleich die Paracentese der Cornea mit dem schmalen Graefe'schen Messer durchgeführt und dabei eine ziemliche Menge Eiter aus der Vorderkammer entleert. Unter der Anwendung des Druckverbandes und dreimal des Tages wiederholter feuchtwarmer Ueberschläge besserte sich der Zustand, insoferne die obere äussere Peripherie der Cornea in Gestalt einer in der Mitte etwa 4 Mm. breiten Mondsichel durchscheinend wurde und die der Hinterwand anliegende infiltrirte und entfärbte Iris erkennen liess. Doch begann der Gipfel des ektatischen Geschwürsbodens zu granuliren und liess deutlich Einsprengungen von Pigment erkennen, so dass kein Zweifel bestehen konnte, dass das Geschwür durchgebrochen war und mit einem Vorfalle der Regenbogenhaut sich complicirt hatte. Die Lichtempfindung erwies sich in allen Theilen des Gesichtsfeldes als eine normale. Allmälig reinigte sich auch die ausgebauchte Partie in der Hornhaut, liess die Iris grüngrau durchschimmern und gewann an Consistenz.

Am 3. Juni stellten sich zuerst in der Nacht wüthende, über den ganzen Kopf ausstrahlende, drückende Schmerzen ein und hielten mehrere Stunden an, um dann zu remittiren, alsbald aber wieder zu steigen, so dass der Zustand der Kranken unerträglich wurde. Die Untersuchung ergab eine ganz auffällige Spannung der Bulbuskapsel und Einschränkung des Gesichtsfeldes nach innen unten. Die Anwendung von Eserin blieb erfolglos. Es wurde daher am 6. Juni zur Enucleation des Bulbus geschritten.

Nachdem die Tenon'sche Kapsel im seitlichen und oberen Umfange durchschnitten und die Sehnen des äusseren, oberen und inneren Musculus rectus sowie des Obliquus superior vom Bulbus getrennt waren, wurde die Tenon'sche Kapsel mittelst Haken nach rückwärts geschlagen und der Augapfel nach verschiedenen Seiten gedreht, um die extraocularen Theile der Wirbelvenen zur Anschauung zu bringen. Keiner der sieben anwesenden Aerzte vermochte eine derselben zu erkennen, obwohl der hintere Umfang des Bulbus stückweise blossgelegt wurde und die geringe Blutung nicht das geringste Hinderniss abgab. Hierauf wurde der Sehnerv durchschnitten und der Augapfel aus seinen letzten Verbindungen gelöst.

Bei der nunmehr mit aller Sorgfalt durchgeführten Untersuchung zeigte der enucleirte Bulbus eine ganz auffällige Härte und Spannung. Die vier Wirbelvenen wurden unmittelbar nach der Ausschälung des Auges nicht wahrgenommen, obwohl die Kapsel ganz rein präparirt erschien. Erst nach längerem Suchen konnten dieselben als dünne bläuliche Stränge in der Tiefe des episcleralen Gefüges meridional nach hinten ziehend nachgewiesen werden. Es entleerte sich aus ihren durchschnittenen Enden etwas venöses Blut. Das Auge wurde nun in einen feuchten Lappen gehüllt und in das Laboratorium des Herrn Prof. Wedl übertragen, um dort genauer durchforscht zu werden. Eine Stunde nach der Enucleation erwies sich die früher ganz bedeutende Härte des Bulbus wesentlich vermindert und die Wirbelvenen waren nun ganz deutlich in ihrem ganzen Verlaufe als bläulich durchscheinende platte Stränge an der Aussenwand des hinteren Bulbusumfanges zu erkennen. Sie waren jedenfalls viel mehr gefüllt als unmittelbar nach der Enucleation.

Es wurde jetzt mit Vermeidung der Venae vorticosae ein meridionaler Schnitt durch den Bulbus geführt, um die inneren Theile mittelst Lupe zu prüfen. Es zeigte sich in der Chorioidea die Thrombosirung einer Wirbelvene. Im Uebrigen fand man eine sehr entwickelte Pigmentatrophie, so dass das Geäder ausserordentlich deutlich zur Anschauung kam. Dasselbe war blutarm, zum Theile ganz blutleer.

Es ist kein Zweifel, dass das in den extraocularen Theilen der Wirbelvenen nunmehr vorfindige grössere Blutquantum in der Zeit während der Enucleation bis zu der anatomischen Untersuchung aus der Aderhaut nach aussen gelangt ist und so die scheinbare Anämie der Aderhaut mit der ganz celatanten Spannungsabnahme der Bulbuskapsel herbeigeführt hat. In der Netzhaut liessen sich die Gefässe noch sämmtlich als blutführend erkennen. Eine Excavation der Papille bestand nicht. Prof. Wedl wird seinerzeit die näheren Untersuchungsergebnisse veröffentlichen.

Ich glaube mich nicht zu irren, wenn ich einen ähnlichen Wechsel des Blutgehaltes der Aderhaut auch in solchen glaukomatösen Augen für möglich und wahrscheinlich halte, welche Leichen entnommen worden sind. Nur so lassen sich die Widersprüche in den betreffenden Angaben verschiedener Autoren erklären. Ich für meinen Theil muss auf Grundlage einer nicht unbedeutenden Erfahrung aus früherer Zeit die starke Blutüberfüllung der chorioidalen Wirbelvenen als einen zum Mindesten sehr häufigen Befund bei glaukomatösen Cadaveraugen bezeichnen. Leber[1]) sagt: »Bei der anatomischen Untersuchung glaukomatöser »Augen habe ich die Venae vorticosae nicht blutleer oder verengert, »sondern im Gegentheile stark mit Blut gefüllt gefunden.« Schöler[2])

---

[1]) Leber, Graefe und Sämisch, Handbuch II., S. 355.

[2]) Schöler, Arch. f. Ophthalmologie XXV., 4, S. 100.

erklärt es für eine »wohl den meisten Fachgenossen aus eigener
»Erfahrung bekannte Thatsache, dass beim Glaucoma absolutum
»die Venae vorticosae von Blut strotzend gefunden werden«. Die
beiden Forscher erklären diese Blutüberfüllung als unvereinbar
mit dem Bestande von Stromhindernissen, während Schnabel[1])
umgekehrt die Leerheit der Aderhautgefässe an glaukomatösen
Cadaveraugen als triftigen Einwand gegen die Stauungstheorie ver-
werthen will.

Ich möchte bezüglich dessen an die ausserordentlichen Schwankungen erinnern, welche nach Sattler[2]) der Füllungsgrad der
Aderhautgefässe bei normalen Augen verschiedener Individuen
gleichen Alters nach dem Tode erkennen lässt und welche nach
Heisrath[3]) sogar von der Lagerung des Kopfes nach dem
Sterben beeinflusst werden. Offenbar hat überdies die Todes-
ursache, der Zustand der Gefässwände und damit auch das
Stadium des Glaukomprocesses, in welchem der Kranke sein Leben
einbüsst, einen massgebenden Einfluss. Die Behandlung des Auges
beim Ausschneiden thut dann das Uebrige.

Viel hat übrigens zu dieser Verwirrung ein wesentlicher
Grundirrthum beigetragen. Weil Versuche an lebenden Thieren
ergeben hatten, dass die Abschnürung einer oder mehrerer
Wirbelvenen an ihrer Ausmündung den Binnendruck zu steigern
vermöge, schloss man ohneweiters, dass auch beim Menschen
eine oder mehrere Wirbelvenen innerhalb der Sclerademissarien unwegsam geworden sein müssen, auf dass der intraoculare Druck
gesteigert und so ein glaukomatöser Zustand herbeigeführt werden
könne.

Um die Verstopfung und gänzliche Unwegsamkeit einer
oder mehrerer Wirbelvenen im Bereiche ihrer Lederhautdurchlässe
handelt es sich jedoch in der Regel gewiss nicht, kann

---

[1]) Schnabel, Arch. f. Augen- und Ohrenheilkunde VII., S. 119.
[2]) Sattler, Arch. f. Ophthalmologie XXII., 2, S. 11.
[3]) Heisrath, ibid. XXVI., 1, S. 238.

und darf es sich gar nicht handeln. Dies schlösse nämlich die Ausgleichsfähigkeit der Drucksteigerung aus, und
doch hat man derlei Ausgleiche beim beginnenden Glaukome in den
oft typischen Schwankungen der Druckhöhe tagtäglich vor
Augen. Auch erzielt man selbe in vielen Fällen leicht und sicher
durch Anwendung des Eserin sowie auf operativem Wege.
Ueberdies ist wohl mit Gewissheit anzunehmen, dass Verstopfungen
oder auch nur auffällige Verengerungen der Scleraldurch-
lässe oder der sie passirenden Gefässstücke den bisherigen Nach-
forschungen nicht entgangen wären, und doch haben Wedl's und
Brailey's[1]) Befunde nur Kernanhäufungen im umgebenden
Scleralgefüge, aber keine wesentliche Veränderung der Lichtung ergeben.

Von ausserordentlicher Wichtigkeit wäre es in dieser Beziehung, einen klaren Einblick in die functionellen Verhältnisse jener
klappenähnlichen Gebilde zu gewinnen, welche sich an der
inneren Mündung der für die Wirbelvenen bestimmten Emissarien
finden. Wedl (S. 139) hat dieselben genauer untersucht und aus
mehrfachen Lagen elastischer Lamellen zusammengesetzt gefunden.
Er hält dafür, dass sie, wenn sie von innen her einem Drucke
ausgesetzt sind, den rückläufigen Blutstrom zu beeinträchtigen, d. i. Stauungen zu veranlassen vermögen. Roser und Leber[2])
haben schon früher diese Meinung ausgesprochen, sind aber von
dieser Ansicht zurückgekommen und erklären dermalen die fraglichen anatomischen Verhältnisse für ungeeignet, um Stauungen
in den Wirbelvenen zu erklären.

Vom rein theoretischen Standpunkte aus betrachtet
genügt die Verminderung der, ohnehin geringen, normalen elastischen Dehnbarkeit des Scleralgefüges, um intraoculare
Drucksteigerungen zu erklären.

---

[1]) Brailey, Ophth. Hosp. Rep. IX., p. 385; X., p. 206.
[2]) Roser und Leber, Graefe und Sämisch, Handbuch II., S. 355.

Man denke sich eine arterielle Blutwelle unter dem systo-
lischen Drucke des Herzens an der inneren Mündung der scleralen
Kanäle durch die Ciliargefässe anlangen. Offenbar würde das bis-
herige Gleichgewicht der im Binnenstromgebiete herrschenden Druckverhältnisse aufrecht erhalten bleiben, wenn diese arterielle Welle
mit ihrer vom Herzen überkommenen Geschwindigkeit durch
die Capillaren und Venen bis zu den extraocularen Abführungs-
stämmen sich fortbewegen könnte. Da aber in den Capillaren eine
entsprechende Beschleunigung des Stromes nicht stattfindet, so
muss das systolische Plus der arteriellen Stromkraft zum grossen
Theile als Seitendruck auf die Bulbuskapsel übertragen werden
und von dieser aus als elastische Kraft auf das uveale und
retinale Gefässsystem zurückwirken. Es sollte also bei jeder
Herzsystole der intraoculare Druck steigen, bei jeder Herzdiastole
fallen. Dies geschieht jedoch nur, wenn die Bulbuskapsel nicht
in der Lage ist, die überkommene vermehrte Spannkraft durch die
dioptrischen Medien voll auf die Binnengefässe rückwirken zu
lassen, namentlich bei manometrischen Versuchen, wo bei jeder
Herzsystole die Binnenmedien durch die in den Bulbusraum eingeführte Röhre ausweichen und so ein beträchtliches Steigen der
Manometersäule veranlassen.

Unter solchen Umständen, überhaupt bei unvollständiger Füllung
des Bulbusraumes, finden aber auch sehr excursive Pulsbewegungen der
Binnengefässe statt, wie schon früher (S. 162) erwähnt wurde. Ich erinnere
mich lebhaft eines Falles, in welchem ich bei vollständiger Glaskörperver-
flüssigung und Zonulaatrophie die Lappenextraction einer Cataracta durch-
führen wollte. Unmittelbar nach dem Hornhautschnitte entleerte sich nebst dem
Kammerwasser der grösste Theil des wässerigen Corpus vitreum und der
Staar versank in die Tiefe des Auges. Bei den vergeblichen Versuchen, die
Linse herauszufischen, wurde der Lappen weit gelüftet und man konnte die
Netzhautgefässe bei jeder Herzsystole sich mächtig verbreitern und in excur-
siven Windungen sich schlängeln sehen. Ich war sehr betrübt; doch verlief
Alles glücklich. Der Kranke verliess sehend die Klinik und schrieb nach einer
Reihe von Wochen einen Brief voll dankbarer Anerkennung.

Bei unverletzter und normal gefüllter Bulbuskapsel
werden derlei pulsatorische Druckschwankungen weder durch

das Gefühl noch durch die verfügbaren Instrumente wahrgenommen. In dem Maasse nämlich, als der diastolische Wellenberg in den Binnenarterien ansteigen, der Seitendruck also wachsen und als Spannkraft auf die Wandungen der Bulbuskapsel übertragen werden soll, wird durch die elastische Rückwirkung der letzteren auf das Binnenstromgebiet der Widerstand gegen die arterielle Pulswelle vermehrt und der Abfluss durch die intraocularen Stammtheile der Wirbelvenen beschleunigt. Das Ergebniss dieses regulatorischen Einflusses der elastischen Bulbuskapsel ist ein mehr gleichmässiges Dahinströmen des arteriellen Blutes in den Binnenschlagadern, eine gewisse Beständigkeit der jeweilig im intraocularen Stromgebiete enthaltenen Blutmenge und eine gewisse Stabilität des Binnendruckes.[1] Es bleiben eben nur minimale pulsatorische Schwankungen übrig, welche ihre Erklärung darin finden, dass die Fortpflanzung des arteriellen Seitendruckes auf die intraocularen Stämme der Wirbelvenen eine gewisse, wenn auch noch so geringe, Zeit braucht, der Beginn der Steigerung des Blutabflusses aus den letzteren der Arteriendiastole also ein ganz klein wenig nachschleppt.

Dass beim Anrücken der arteriellen Blutwelle wirklich eine Beschleunigung des venösen Blutstromes in den intraocularen Stämmen der Wirbelgefässe, also ein vermehrter Blutabfluss, stattfinde, darf man mit Grund nach den Vorgängen schliessen, welche bei dem, fälschlich sogenannten, retinalen Venenpulse beobachtet werden.

Es ist dieser Venenpuls bekanntlich öfters unter ganz normalen Verhältnissen wahrnehmbar. Häufiger jedoch lässt er sich nur durch einen auf den Augapfel ausgeübten Fingerdruck sichtbar machen. Man findet dann, dass mit dem Beginne der Herzsystole, also mit dem Ansteigen des arteriellen Wellenberges das Endstück einer oder mehrerer retinaler Centralvenen von der Gefässpforte gegen die Papillengrenze vorschreitend enger und

[1] Memorski, Arch. f. Ophthalmologie XI., 2, S. 84 u. f.

blässer wird. Unter gewissen Umständen, namentlich bei stark
winkeligem Verlaufe eines solchen centralen Venenstückes, kann
dessen Verengerung während der Höhe der Arteriendiastole wohl
auch so weit gehen, dass die darin enthaltene Blutsäule dem
Auge völlig entschwindet. Unmittelbar darnach jedoch füllt
und erweitert sich das betreffende Venenstück wieder in umgekehrter Richtung, von der Peripherie der Papille gegen die Pforte
hin, und nach einer kleinen Pause wiederholt sich der Vorgang
rhythmisch von Neuem.

Diese rhythmischen Entleerungen der centralen Venenstücke
können wohl nicht anders, denn als beschleunigtes Abströmen
der der Pforte zunächst gelegenen Theile der venösen Blutsäule
gedeutet werden. Sie finden bekanntermassen ihren Erklärungsgrund in der grösseren Lichtung der betreffenden Gefässabschnitte
und in der wesentlichen Verminderung der Widerstände, auf welche
das abfliessende Blut jenseits der Siebmembran im Nervenkopfe stösst.

Was nun diese Widerstände anbelangt, so können dieselben
in der Zeit zwischen einer und der anderen Arteriendiastole unmöglich erhebliche Unterschiede darbieten. Unter dieser Voraussetzung muss aber beim Anheben eines arteriellen Wellenberges,
wo am meisten Blut mit am wenigsten durch Widerstände ge-
schwächter Stromkraft in die extraocularen Venenstücke austritt,
der Seitendruck in den letzteren am grössten sein, die umgebenden Theile des Nervenkopfes verdrängen und dann sich vermindern, um schliesslich als elastische Kraft wieder treibend auf
den venösen Blutstrom rückzuwirken.

Es lässt sich solchermassen recht gut eine Regulirung der
Strömung auch in den extraocularen Theilen der retinalen
Centralvenen als nothwendige Folge der Elasticität des Nervenkopfgefüges behaupten. Jedenfalls muss die elastische Nachgiebigkeit der Umgebungen die raschere Entleerung der
der Pforte nächstgelegenen intraocularen Endstücke der
centralen Venen wesentlich erleichtern und damit auch den

regulatorischen Einfluss der elastischen Bulbuskapsel auf das
Binnenstromgebiet in hohem Grade begünstigen.

Die Strömungsgesetze für die retinalen und für die
uvealen Gefässe können nun unmöglich ganz verschieden sein. Beide
Systeme stehen innerhalb des eigentlichen Binnenraumes gleichmässig unter dem regulirenden Einflusse der elastischen Bulbuskapsel und auch das anatomische Verhalten derselben sowohl in
den intra- als in den extraocularen Theilen ist ein sehr ähnliches.
Allerdings besteht ein Unterschied, insoferne die elastische Nachgiebigkeit des Nervenkopfgefüges eine grössere ist als jene
der scleralen Emissarienwandungen; daher denn auch die
Strömungswiderstände für die retinalen Gefässe geringer sein
müssen als für die uvealen. Immerhin jedoch besteht eine
gewisse elastische Nachgiebigkeit der Sclerotica, ja sie
schwankt in normalen Augen erfahrungsmässig innerhalb ziemlich
weiter Grenzen; so lange sie aber besteht, kann die
regulatorische Rückwirkung der Emissarienwandungen auf die uvealen Binnenvenen niemals gleich Null
werden.

Jedwede Verminderung dieser elastischen Nachgiebigkeit
der scleralen Emissarienwandungen muss folgerecht die Strömungswiderstände für die uvealen Binnengefässe vergrössern und
die ausgleichende Rückwirkung auf den Blutstrom in den letzteren
vermindern. Es ist dabei ganz gleichgiltig, wie und wodurch
die elastische Nachgiebigkeit der Theile vermindert oder ganz aufgehoben wird. Es ist ganz gleichgiltig, ob ein von Aussen her
auf den Augapfel ausgeübter Druck einen Theil der verfügbaren
Elasticität der Bulbuskapsel mechanisch bindet, ob in einem Einzelnfalle die Lederhaut von Natur aus mit wenig Elasticität aus-
gestattet erscheint, oder ob sie dieselbe durch senile oder durch
irgendwelche krankhafte Processe zeitweilig oder dauernd eingebüsst hat. Hier wie dort wird die mangelhafte Regulirung der
Strömung in den Binnengefässen schliesslich sich zur Geltung
bringen müssen.

Eine derartige Störung der uvealen Blutströmung durch Vergrösserung der Widerstände, welche dem venösen Blutabflusse
entgegenwirken, ist nun aber gar nicht denkbar ohne Steigerung
des arteriellen Seitendruckes in den Binnengefässen. Man
muss nämlich immer im Auge behalten, dass die Wirbelvenen
das uveale Venenblut bis auf eine ganz kleine Quote, welche durch
die vorderen Ciliarvenen entweicht, nach Aussen zu leiten haben,
dass sie also die Abzugswege für den allergrössten Theil des
gesammten Binnenstromgebietes abgeben. Dann muss man in
Anschlag bringen, dass Strömungswiderstände, welche aus der verminderten elastischen Nachgiebigkeit des Lederhautgefüges er-
wachsen, wohl alle Ciliargefässe treffen, die Wirbelvenen
aber am meisten, besonders im Vergleiche mit den vorderen und
hinteren Ciliararterien, da die letzteren die Sclerotica fast senkrecht, also in der kürzesten Strecke durchbohren, während die
Wirbelvenen unter sehr spitzen Winkeln in ihre Emissarien ab-
biegen und die Sclera schief, in einem langen Kanale, durchsetzen.[1] Bei gleicher Elasticitätsverminderung in allen Theilen
der Lederhaut kann demgemäss die Stromkraft in den Endstücken
der Wirbelvenen eine bedeutende Einbusse erleiden, während
die Stromkraft in den arteriellen Ciliargefässen nur eine kleine
Quote verloren hat. Damit ist aber auch schon das Gleichgewicht
gestört und der Ueberschuss an arterieller Stromkraft muss im
Binnenstromgebiete als vermehrter Seitendruck, d. i. als gesteigerter intraocularer Druck, zur Geltung kommen.

Dem entsprechend findet man erfahrungsmässig das primäre
Glaukom oder das Glaukom im engeren Wortsinne durchwegs nur an Augen, welche von Natur aus eine steife rigide
unnachgiebige Lederhaut besitzen, allenfalls ererbt haben; besonders an stark hypermetropischen, d. i. plathymorphischen, sehr
kleinen Bulbis, deren Sclera sich durch eine verhältnissmässig

---

[1] Leber, Denkschriften der math.-naturw. Klasse der kais Akademie
der Wissensch. zu Wien, XXIV. Band, S. 325.

bedeutende Dicke auszuzeichnen pflegt; weiters an Greisen-
augen mit Zeichen vorgeschrittener seniler Veränderungen; an den
Augen Gichtleidender sowie an Augen, deren Lederhaut unter
der Herrschaft langwieriger hypertrophirender Bindehautentzündungen und der darauf folgenden Schrumpfungsprocesse mit-
gelitten hat, oder bei Iridochorioiditis in den degenerativen Vorgang verflochten worden ist.

Es führt ein solchermassen begründeter Elasticitätsmangel der
Sclerotica allerdings nicht nothwendig zur Drucksteigerung.
Stösst man doch oft genug auf Augäpfel, welche vermöge der
Rigidität ihrer Wandungen sich beinhart anfühlen und in diesem
Zustande seit Jahren ganz normal functioniren, also jedwede
Binnendrucksteigerung mit Gewissheit ausschliessen lassen. Der
Elasticitätsmangel ist unter solchen Umständen eben kaum ein
absoluter und reicht aus, um die Regulirung der Binnenströmungen
bei normalen Anforderungen zu bewerkstelligen. Es bedarf dann
aber nur eines scheinbar geringfügigen Anstosses, um die ausgleichende Wirkung ungenügend zu machen, also die pathologische Drucksteigerung hervortreten zu lassen.

Eine Vergrösserung der Anforderungen an die Bulbuskapsel als Regulator des Binnenstromgebietes kann resultiren aus
der Steigerung des Herzdruckes überhaupt, oder aus der
localen Vermehrung der arteriellen Stromkraft, oder endlich
aus der Gefässerweiterung und damit gesetzten Verlangsamung
der Strömung in dem Quellengebiete der Wirbelvenen.

Die äusseren Veranlassungen dazu sind ausserordentlich
mannigfaltig. [1] Jedes Lehrbuch führt eine lange Reihe derselben auf.

Reizungen der sensiblen Ciliarnerven und ihres gemeinsamen Stammes, des Trigeminus, spielen dabei ohne Zweifel eine
bedeutsame Rolle. In neuester Zeit hat Mooren [2] eine Fülle von

---

[1] Stellwag, Der intraoculare Druck. Wien, 1868. S. 44.
[2] Mooren, Beiträge zur klinischen und operativen Glaukombehandlung.
Düsseldorf, 1881. S. 5—23.

einschlägigen Erfahrungen verlautbart und das pathogenetische Feld
des Glaukoms wesentlich erweitert, indem er darauf hinweist, dass
der Ausgangspunkt dieser Trigeminusneuralgien ein sehr verschiedener sein könne.

Heftige Gemüthsbewegungen, besonders deprimi-
rende, [1] wie Angst, Kummer, Schrecken, welche kräftig auf das
Herz wirken und demgemäss leicht Kreislaufsstörungen begründen, gelten allenthalben als ätiologische Momente, welche bei
Vorhandensein der nöthigen Vorbedingungen den Ausbruch glaukomatöser Zustände anzubahnen vermögen.

Sehr gefürchtet werden auch die Mydriatica in allen Fällen,
in welchen ein günstiger Boden für Drucksteigerungen gegeben ist.
Wenn Einzelne [2] auf Grund angestellter Versuche diese Gefahr
läugnen wollen, so steht ihnen die grösste Mehrzahl der Augenärzte entgegen, da dieselbe in dieser Beziehung wiederholt die
traurigsten Erfahrungen zu machen in der Lage war. Gewitziget,
pflege ich bei jedem älteren Individuum vorerst sorgfältigst die
Resistenz der Lederhaut zu prüfen, ehe ich Atropin verwende, und
lieber darauf zu verzichten, wenn die Steifigkeit der Bulbuskapsel
nur einigermassen die Norm zu überschreiten scheint. Selbst bei
jungen Leuten vernachlässige ich diese Vorsicht nicht, wenn das
vorhandene Leiden eine Elasticitätsverminderung der Sclerotica durch
Einbeziehung derselben in den entzündlichen Process möglicherweise im Gefolge haben konnte.

Es ist dieser missliche Einfluss der Mydriatica zweifelsohne
zu erklären durch deren eigenthümliche Wirkung auf das Binnenstromgebiet. Indem sie durch Vermittelung der intraocularen
Ganglien und der davon ausgehenden sympathischen Nervenfasern die Muskulatur der vorderen Ciliargefässe in einen tonischen
Krampfzustand versetzen, treiben sie einen grossen Theil des
darin kreisenden Blutes durch die an der hinteren Wand der Strahlen-

---

[1] Arlt, Klin. Monatsblätter, 1878, Beilage S. 98.
[2] Schweigger, Klin. Monatsblätter, 1878, Beilage S. 84.

fortsätze verlaufenden Verbindungszweige in die Gefässnetze, aus welchen die Wirbelvenen sich recrutiren. Es werden solchermassen durch die mydriatischen Mittel die Anforderungen an die Wirbelvenen als Hauptabzugswege des Binnenstromgebietes ansehnlich gesteigert. War vor dem schon das Leistungsvermögen derselben bis nahe zu jener Grenze in Anspruch genommen, bei welcher unter normalen Verhältnissen ein zureichendes Abströmen venösen Blutes gerade noch vermittelt werden konnte: so muss es jetzt zu einer Stauung und folgerecht zu einer krankhaften Drucksteigerung kommen. [1]

Dass eine anderweitig begründete Pupillenerweiterung in ähnlicher Weise die Blutvertheilung im Binnenraume ändern und so möglicherweise in geeigneten Fällen das Glaukom auslösen könne, braucht keiner besonderen Erörterung. Nach Laqueur's[2] Ansicht begünstigt Alles den Ausbruch des Glaukoms, was als schwächende Potenz auf den Organismus wirkt und eine Erweiterung der Pupille mit sich bringt. Dahin zählt Laqueur deprimirende Gemüthsbewegungen und ausserdem Schlaflosigkeit, Hunger, Nausea u. s. w.

Im vollen Einklange damit lässt sich aus dem specifischen antimydriatischen Einflusse, welchen die Myotica auf das vordere ciliare Binnenstromgebiet ausüben, auch die in neuerer Zeit viel gerühmte druckvermindernde, also glaukomwidrige Wirkung der Eserinpräparate deuten. Insoferne das Eserin nämlich durch Vermittelung der intraocularen Ganglien und der daraus hervorgehenden sympathischen Nervenzweige die Muskulatur der vorderen Ciliargefässe lähmt,[3] die Lichtung derselben also sehr bedeutend erweitert und deren Fassungsraum entsprechend vergrössert: müssen, da das intraoculare Blutquantum nur innerhalb sehr enger Grenzen wandelbar ist, die Wirbelvenen etwas entleert und in ihrer Eigenschaft als Hauptabzugswege für den Binnenstrom wesentlich entlastet werden. Damit ist aber auch schon

---

[1] Stellwag, Der intraoculare Druck. Wien, 1868. S. 92.

[2] Laqueur, Arch. f. Ophthalmologie XXVI, 2, S. 4.

[3] Stellwag, Der intraoculare Druck. Wien, 1868. S. 94.

die Ausgleichsmöglichkeit für Stauungen in den Wirbelvenen und
sohin auch für pathologische Drucksteigerungen gegeben.

Laqueur[1]) macht darauf aufmerksam, dass im tiefen gesunden Schlafe
eine sehr starke Verengerung der Pupille beobachtet werde. Er bringt
dieses Moment in Verbindung mit dem erfahrungsmässigen günstigen Einflusse, welchen der Schlaf auf die Lösung der glaukomatösen Anfälle
im Prodromalstadium zu nehmen pflegt.

Es setzt die Wirksamkeit der Myotica selbstverständlich die
volle Actionsfähigkeit der betreffenden Gefässmuskulatur
als nothwendige Bedingung voraus. Wo die Gefässmuskeln und
die Gefässwände sammt dem umhüllenden Stroma schon sehr
gelitten haben: bei seit längerer Zeit bestehenden und vielleicht
gar schon degenerativ gewordenen Processen, insbesondere bei
dem chronischen entzündlichen Glaukome, ist erfahrungsmässig nur wenig oder gar nichts zu hoffen; selbst bei wenig
vorgeschrittenen derlei Zuständen ist die druckvermindernde
Wirkung eine sehr unsichere. Auch versagt das Mittel gar oft
bei nicht ganz frischem acuten entzündlichen Glaukome,
wenn das Leiden mit hochgradig entwickelten Reizerscheinungen
und massenhafter Productbildung in dem vorderen Uvealgebiete
einhergeht. Dagegen bewährt es sich sehr gewöhnlich in ganz
frischen Fällen und besonders während des sogenannten Pro-
dromalstadiums, wenn es gilt, einen ersten heftigeren Anfall
oder sich öfter wiederholende minder allarmirende Insulte
zu bekämpfen. Da darf man in den meisten Fällen auf einen
günstigen Erfolg rechnen. Zum Mindesten werden gewöhnlich
die oft schweren Leiden des Kranken gemildert und die bedroh-
lichsten Vorgänge im Innern des Bulbus abgeschwächt, so dass
Zeit gewonnen wird, während welcher die Operation vorbereitet
oder ein vielleicht ferne wohnender Operateur aufgesucht werden
kann. In einzelnen solchen Fällen geht das Leiden scheinbar
ganz zurück und es verstreichen Wochen und Monate, ehe es zu

---

[1]) Laqueur, Arch. f. Ophthalmologie XXVI., 2, S. 18.

einem neuen Anfalle kömmt. Eine dauernde Heilung steht jedoch kaum in Aussicht, denn die Bedingungen zur Drucksteigerung sind einmal vorhanden und der nächste äussere oder innere Anstoss ruft das Glaukom wieder hervor.

Die oftmals sehr prompte Wirkung des Eserin könnte leicht dazu verführen, mit dessen Gebrauche längere Zeit fortzufahren, um die immer sich wiederholenden Insulte niederzuhalten. Es muss davor gewarnt werden, insoferne die solchermassen unterhaltene Gefässparalyse im vorderen Ciliargebiete nicht gar selten zu sehr missliebigen Folgen, zu schwerer Iridokyklitis, führt.

Als mögliche Veranlassung pathologischer Drucksteigerungen müssen weiters auch krankhafte Innervationsverhältnisse des vasomotorischen Apparates der Binnengefässmuskulatur genannt werden. Es ist nach den bisherigen Untersuchungen [1] als ziemlich sicher anzunehmen, dass Lähmungen oder Reizungen dieser Nerven (oder des Halsstranges und seiner Ursprünge im Hirnstiele und verlängerten Marke) am gesunden menschlichen Auge keinen merklichen Einfluss auf den intraocularen Druck zu nehmen vermögen, sei es unmittelbar durch Veränderungen des Blutdruckes überhaupt, oder mittelbar durch Beeinflussung der Secretion oder der Binnenmuskulatur. Wenn an lebenden Thieren in solcher Weise wirklich Schwankungen des intraocularen Druckes willkürlich hervorgerufen werden, so spricht Alles dafür, dass Spannungsveränderungen der organischen Orbitalmuskeln als nächste Ursache anzuerkennen sind, d. i. ein Moment, welches beim Menschen nur wenig in Rechnung kommen kann. Wohl aber ist die Annahme berechtigt, dass krankhafte Inner-

---

[1] Stellwag, Der intraoculare Druck. Wien, 1868. S. 4, 10, 17, 20; Adamük, Centralblatt, 1867, Nr. 28; Klin. Monatsblätter, 1868, S. 386; 1869, S. 380; Sitzungsberichte der kais. Akademie der Wissensch. zu Wien, 2. Abtheilung, LIX.; Hippel und Grünhagen, Arch. f. Ophthalmologie XIV., 3, S. 219; XV., 1, S. 265; Klin. Monatsblätter, 1869, S. 374; Nicati, La paralyse du nerf symp. cerebr. Lausanne, 1873. p. 25; S. Klein, Psychiatrische Studien, 1877, Sep.-Abdruck S. 89; Nagel, Klin. Monatsblätter, 1873. S. 394; Schliephake, Arch. f. Augen- und Ohrenheilkunde V., S. 286; Heimanu, ibid., S. 303.

rationen der sympathischen Binnengefässnerven, ähnlich den durch mydriatische oder myotische Mittel bedingten, eine ungleichmässige Vertheilung der intraocularen Blutmenge nach sich zu ziehen vermögen. Eine solche ungleichmässige Vertheilung der Blutmenge kann dann selbstverständlich eine, für den Ausgleich der Zu- und Abfuhr des Blutes etwa erforderliche, Aenderung der Stromgeschwindigkeit in einzelnen Abschnitten des Binnengefässsystems erschweren oder erleichtern, geeigneten Falles eine Drucksteigerung setzen oder lösen.

Würden z. B. durch solche krankhafte Innervationen einzelne oder alle Wirbelvenen erweitert, so müsste es unter Voraussetzung der übrigen Bedingungen ebenso zur Stauung und weiter zur Druckerhöhung kommen, wie in disponirten Augen nach Einwirkung von Atropin. Umgekehrt müsste eine nachfolgende, durch krankhafte Innervationen verursachte Verengerung des Wirbelvenensystems den Ausgleich begünstigen.

Ist dieses richtig, so darf man nach den Versuchen Adamük's[1] und Sinitzin's[2] noch weiter gehen und mit Berücksichtigung des Umstandes, dass sehr viele Augenzweige des Sympathicus grosse Strecken im ersten Aste des Trigeminus verlaufen und dass beide Nerven in innigstem reflectorischen Verbande stehen, sich den Schluss erlauben: dass der Einfluss, welchen Reizungs- und Lähmungszustände des Quintus unter gewissen Verhältnissen auf die Höhe des intraocularen Druckes nehmen können, nicht sowohl eine unmittelbare Folge der Functionsstörungen des Trigeminus darstelle, sondern vielmehr aus der directen Mitleidenschaft der im fünften Nerven streichenden sympathischen Zweige oder durch die Reflexe zu erklären sei, welche durch Vermittelung der Centra von dem Trigeminus auf die vasomotorischen Nerven geworfen werden. In einem wie in dem anderen Falle sind Veränderungen des Gefässkalibers und damit auch der Blutvertheilung in den einzelnen Abschnitten des Binnenstromgebietes

---

[1] Adamük, Sitzungsberichte der kais. Akademie der Wissensch. zu Wien. 2. Abtheilung, LIX, Sep.-Abdruck S. 16.
[2] Sinitzin, Centralblatt, 1871, S. 161.

die nothwendige Consequenz. Dass diese aber unter sonst geeigneten Umständen auch eine Drucksteigerung zu begründen vermögen, ist schon wiederholt erwähnt worden.

In solcher Weise, durch Rückwirkung der sensiblen Quintus-
zweige auf die vasomotorischen Nerven des Binnenstromgebietes
und durch die damit begründeten Veränderungen der Blutvertheilung im Binnenstromgebiete, mag auch nicht selten der Ausbruch des Secundärglaukoms in Augen veranlasst werden, deren
Lederhaut durch die vorangehenden krankhaften Processe unfähig
geworden ist, als Regulator der intraocularen Blutströmung zu
genügen.

Sicherlich sind die im Verlaufe mancher Glaukome, besonders
im sogenannten Prodromalstadium, so auffällig hervortretenden
und oftmals durch lange Zeit einen ganz bestimmten Typus ein-
haltenden Druckschwankungen auf vasomotorische Störungen
im Binnenstromgebiete zurückzuführen. Es sprechen dafür die
Analogien, welche diese Anfälle in den Paroxysmen des Wechsel-
fiebers, in den mannigfaltigen Localleiden beim Morbus Basedowi[1])
und in zahlreichen anderen der allgemeinen Krankheitslehre zugehörigen Vorkommnissen finden. Es ist hierbei auch der Umstand
wohl zu berücksichtigen, dass der Ausgleich in der Regel ein
sehr leichter und in typischen Fällen innerhalb eines gewissen
Zeitraumes vollendeter ist, ohne dass collaterale Strömungen im
Bereiche der vorderen Ciliarvenen sich besonders auffällig zu machen
pflegen. Ein absolutes Stromhinderniss, welches durch greifbare materielle Veränderungen in den Scleralemissarien oder
ihren Wandungen begründet wird, kann unter solchen Umständen,
abgesehen von den negativen anatomischen Befunden, ganz
unmöglich als vorhanden angenommen werden. Es muss sich
vielmehr bestimmt um ein relatives Stromhinderniss handeln, wie ein solches nach dem Vorhergehenden durch ungleichmässige Vertheilung der intraocularen Blutmenge und

---

[1]) Stellwag, Lehrbuch, 1870, S. 588.

daraus folgende etwaige Ueberlastung der Wirbelvenen zeitweilig
gesetzt zu werden vermag.

Wo hingegen das Glaukom bereits zum Ausbruche gekommen und die krankhafte Drucksteigerung, wenn auch
unter fortgesetzten Schwankungen, ständig geworden ist, da
liegt es allerdings nahe, ein stabiles Stromhinderniss in den
Hauptabfuhrswegen des Binnengefässsystems als nothwendige
Bedingung vorauszusetzen.

In dieser Beziehung möchte ich nun vor allem Andern auf
die ganz ausserordentliche Erweiterung der Gefässe, namentlich der Arterien hinweisen, welche Brailey und Wedl (S. 172)
im Binnenstromgebiete, vornehmlich in dem vorderen Uvealtracte glaukomatöser Augen, gefunden haben. Es ist ganz unzweifelhaft, dass eine beträchtliche Kaliberzunahme vieler arterieller Zweige
krankhafte Drucksteigerungen dauernd zu unterhalten im Stande
seien, umsomehr, wenn sie nicht dem wechselnden Einflusse vasomotorischer Nerven allein, sondern pathologischen Veränderungen ihrer Wände auf Rechnung zu setzen sind. Nur muss
dabei erwogen werden, dass Brailey fast durchwegs blos Fälle
von weit vorgeschrittenem und selbst veraltetem Glaukome
zu seinen Untersuchungen verwenden konnte, bei frischen Fällen
aber derlei Veränderungen vermisste; dass insoferne es also mehr
als wahrscheinlich ist, dass die erwähnten Gefässerweiterungen
erst nach erfolgter Stabilisirung der Drucksteigerung zu
Stande gekommen, als secundäre Zustände aufzufassen seien.

Man muss also immer wieder auf Stromhindernisse in den
Abzugskanälen der Lederhaut zurückgreifen, um dauernde
Drucksteigerungen zu erklären. Aber angesichts der anatomischen
Befunde kann es sich nur ausnahmsweise um die wirkliche
Verstopfung oder Zusammendrückung einer oder mehrerer Wirbel-
venenstämme handeln. Eine bleibende Unwegsamkeit durch krankhafte Productbildungen darf schon darum nicht als Regel angenommen werden, weil auch bereits ständig geworden Drucksteigerungen durch eine richtig ausgeführte Sclerotomie oder

Iridektomie gewöhnlich ausgeglichen oder wenigstens vermindert werden können.

Solche Erwägungen waren es, welche die Hypothese einer Art
von Selbstunterhaltung pathologischer Drucksteigerungen
gezeugt haben.[1] Es wurden vorerst die anatomischen Differenzen
in Anschlag gebracht, welche die äusseren, mit der duralen Hülle
des Opticus im innigsten Verbande stehenden Schichten der Lederhaut gegenüber den inneren, mit der pialen Scheide, mit der
Sieb- und Aderhaut in näherer genetischer Beziehung stehenden
Lagen erkennen lassen.[2] Dann wurde die oft weit in die Lederhaut hinaufreichende Spaltung berücksichtigt, welche bei Staphyloma posticum öfters beobachtet wird.[3] Endlich wurde der
Umstand verwerthet, dass die an glaukomatösen Augen wiederholt
vorgefundenen atheromähnlichen Veränderungen der Sclera
hauptsächlich die äusseren Lagen betreffen und deren elastische
Nachgiebigkeit beeinträchtigen; während die Ausbildung der
charakteristischen Excavation eine ganz beträchtliche Dehnbarkeit der Siebmembran bekundet und die immer schon sehr
frühzeitig beginnende Entwickelung des sogenannten Bindegewebsringes gleichfalls eine Zerrung der nachbarlichen Zone
der inneren Scleralschichten und der damit verbundenen Ader-
hautpartie vermuthen lässt, wie dies auch Schweigger[4] hervorhebt, indem er sagt: »Es wird der die Excavation umgebende
»Chorioidalring manchmal ganz in der Weise ektatisch, wie wir
»dies bei Staphyloma posticum sehen. Der excavirte Sehnerv zeigt
»sich von einer kleinen ringförmigen Scleralektasie umgeben, welche
»dann einen Theil des Druckes trägt, der sonst eine schnellere
»Zerstörung des Sehvermögens herbeigeführt haben würde.«

---

[1] Stellwag, Der intraoculare Druck. Wien, 1868. S. 39 u. f.
[2] Henle, Handbuch der Eingeweidelehre. Braunschweig, 1866. II.,
S. 589; Michel, Arch. f. Ophthalmologie XVIII., 1, S. 144; Kuhnt, ibid.
XXV., 3, S. 221.
[3] Ed. Jäger, Einstellungen etc. Wien, 1861. Taf. II, Fig. 25, 27.
[4] Schweigger, Handbuch, 1871, S. 495.

Ich glaube mich auch nicht zu irren, wenn ich die von Wedl (S. 145) als Staphyloma posticum angesprochenen ektatischen Partien in der Nachbarschaft des Sehnerveneintrittes glaucomatöser Augen auf einen »Bindegewebsring« beziehe und zur Bestätigung des oben Gesagten verwerthe.

Eine solche Dehnung der inneren Lederhautschichten, für welche übrigens auch der von Wedl (S. 139) hervorgehobene mehr parallel gewordene Zug der Faserelemente zu sprechen scheint, ist nun wohl nicht gut denkbar ohne Verschiebung gegenüber den äusseren Lagen, welche erfahrungsmässig keine oder doch nur eine ganz unwesentliche Flächenvergrösserung erleiden. Findet aber eine solche gegenseitige Verschiebung der inneren und äusseren Lederhautschichten wirklich statt, so liegt die Möglichkeit und Wahrscheinlichkeit einer Verengerung der schief durch die Sclera verlaufenden Wirbelvenendurchlässe sowie einer Veränderung in der Stellung und Spannung der klappenartigen Gebilde (S. 139, 189) auf der Hand. Damit ist dann nothwendig eine Beengung des venösen Blutabflusses, eine venöse Stauung verbunden.

Wäre dieses Alles als richtig erwiesen, so liesse sich auch die Heilwirkung der bei Glaukom üblichen Operationsmethoden aus der Durchschneidung und damit verursachten Entspannung der äusseren Lederhautschichten genügend erklären. Es sind die letzteren nämlich zum grossen Theile aus meridional ziehenden Fasern aufgebaut. Werden sie innerhalb eines langen Bogens sämmtlich am oder nahe dem Hornhautrande durchschnitten, so müssen sie bei der gegebenen hohen Spannung sich entsprechend zurückziehen und so im Bereiche der Wunde eine klaffende Lücke erzeugen. Durch Einlagerung einer bindegewebigen Narbenmasse kann dann die Flächenvergrösserung und Entspannung der äusseren Scleralschichten zu einer dauernden gemacht werden.

So calculirend habe ich in drei Fällen, in welchen nicht viel zu verlieren war, den Operationszweck durch eine Art Peritomie der Lederhaut zu erreichen gesucht, konnte aber zu keinen entscheidenden Resultaten gelangen. Ich trennte die Bindehaut in etwa 4 Mm. Entfernung von der Hornhautgrenze

mittelst eines Bistouris, so dass die vordere Scleralzone in etwa einem Dritt-
theile ihrer Peripherie blosslag, und führte nun im Grunde der klaffenden
Wunde von einem Winkel derselben zum andern einen Scalpellschnitt senkrecht auf die Fläche der Lederhaut so tief, dass die äusseren Lagen der letzteren sämmtlich durchtrennt sein konnten, die inneren aber womöglich un-
getroffen blieben. Es zeigte sich, dass ein solcher Schnitt in der geforderten
Länge sehr grosse Schwierigkeiten biete. Ich gab die Sache daher wieder auf.

Mein auf solche Voraussetzungen gebauter Lehrsatz: Die
druckvermindernde, also antiglaukomatöse Heilwirkung
der Iridektomie sei lediglich auf die Durchtrennung und
Entspannung der äusseren Lederhautschichten zurückzuführen und demgemäss auch durch eine einfache Sclerotomie zu erzielen, [1]) hat mannigfaltige Schicksale erlitten. Anfänglich schien die Sache ganz unbeachtet bleiben zu sollen,
obgleich ich die These durch den thatsächlichen Erfolg mehrerer
einfacher Sclerotomien begründet hatte. Drei Jahre später jedoch
griff Quaglino[2]) den Gegenstand auf und bestätigte durch weitere
fünf Fälle die Richtigkeit meiner Auffassung. Nun meldete sich
Wecker[3]) als derjenige, welcher zuerst die Idee ausgesprochen
habe, dass die Incision in die Sclera, nicht die Ausscheidung
eines Irissectors, der Hauptfactor bei der Glaukomoperation sei
und begründete dies durch einige von ihm nach Quaglino's Vor-
schrift mit Erfolg ausgeführte Operationen. Auch Hasner[1]) er-
klärte in seiner Kritik des »intraocularen Druckes«, dass er gleich
anfangs der Scleralwunde die Hauptwirkung bei der Iridektomie
zugeschrieben habe.

Dagegen trat aber Schweigger[5]) mit der Behauptung hervor, dass er sich durch anatomische Untersuchungen überzeugt habe,
dass selbst bei möglichst peripherer Schnittführung nur ein sehr

---

[1]) Stellwag, Der intraoculare Druck. Wien, 1868. S. 47 u. f.

[2]) Quaglino, Annali d'ottalm., 1871, p. 200.

[3]) Wecker, Klin. Monatsblätter, 1871, S. 305; Martin, Ann. d'ocul.,
1872, p. 183.

[4]) Hasner, Prager Vierteljahrsschrift, 1869, I., Lit. Anz. S. 22.

[5]) Schweigger, Handbuch, 1871, S. 511.

kleiner Theil des Wundkanals der Selera angehöre, bei Weitem
der grösste Theil desselben in der Cornea liege, und dass bei normalem Verlaufe diese Wunden keineswegs durch Zwischen-
lagerung eines neugebildeten Gewebes, sondern durch unmittelbare Vereinigung heilen.

Angesichts der zahlreichen Abbildungen und Beschreibungen
solcher Narben, welche Wedl und in neuerer Zeit Lubinsky,
Schnabel und O. Becker veröffentlicht haben,[1] muss Schweigger
diese seine Behauptung wohl selbst als irrthümlich anerkennen und
dürfte auch seinen weiteren Einwand aufgeben, insoferne nach dem
vorher Gesagten weniger Gewicht auf die elastische Nachgiebigkeit, als vielmehr auf die Bildung eines raumerwei-
ternden Intercalargefüges überhaupt zu legen ist.

Mittlerweile hatte die Selerotomie immer mehr Freunde
gewonnen,[2] zum Theile wegen der unbestreitbaren günstigen
Erfolge, zum Theile, weil ihre Heilwirkung sich den verschiedenen
über das Wesen des Glaukoms herrschenden Ansichten folgerichtiger anpassen liess, als dies mit der Iridektomie der Fall ist.

So glorificirt Wecker,[3] von der Knies'schen Lehre befangen, die
Narbe als einen neugebahnten Abzugsweg für die intraocularen Flüssigkeiten
und will sie geradezu als »Filtrationsnarbe« angesprochen wissen. Knies[4]

---

[1] Wedl, Atlas der pathologischen Histologie des Auges. Leipzig.
1861. Cornea Selera V., Fig. 50; Lubinsky, Arch. f. Ophthalmologie XIII.,
2, S. 377; O. Becker, Atlas der topographischen Anatomie des Auges. Wien.
1. Lieferung; Schnabel, Arch. f. Augen- und Ohrenheilkunde VII., 1, Taf. 4;
Alt, Arch. f. Augen- und Ohrenheilkunde IV., S. 243; Compendium der normalen und pathologischen Histologie. Wiesbaden. 1880. S. 54.

[2] Bader, Ophth. Hosp. Rep. VIII., S. 430; Schnabel, Arch. f. Augen-
und Ohrenheilkunde VI., S. 145; Mauthner, ibid. VII., S. 165 bringt eine
ausführliche Geschichte der Selerotomie; Wecker, Klin. Monatsblätter, 1878.
S. 205; Jany, ibid. 1879, Beilage S. 82; Knies, Arch. f. Ophthalmologie
XXIII., S. 170; Landesberg, ibid. XXVI., 2, S. 77, 97; Knapp, Transact.
of the amer. ophth. soc., 1880, p. 95.

[3] Wecker, Klin. Monatsblätter. 1878, S. 207; Arch. f. Ophthalmologie
XXII., 4, S. 211.

[4] Knies, Arch. f. Ophthalmologie XXII, 3, S. 200.

stimmt dieser Ansicht bei. Solomon[1] dagegen, welcher das Glaukom für ein Trigeminusleiden hält, analogisirt die Sclerotomie mit der Neurotomie bei Nervenkrankheiten. Schnabel[2] huldigt betreffs der Iridektomie anfangs derselben Meinung. Später aber erklärt er die Trennung, beziehungs- »weise die Lockerung des Zusammenhanges zwischen Cornea und Iris«, und weiter ein »bisher Unbekanntes« als das wirksame Moment bei der Sclerotomie und Iridektomie. Königstein[3] hält es gelegentlich einer kritischen Besprechung der Schnittführung verschiedener Augenärzte für belangreich, dass das Instrument immer durch die Peripherie der Descemeti in die Kammer dringe. Es lasse sich leicht denken, dass diese Glashaut nicht stets wieder zusammenheile und so eine Entspannung der inneren Schichten der Bulbuskapsel bewerkstelligt werde. Auch die Durchschneidung einzelner Cornealnerven scheint ihm wichtig.

Dass man unter so bewandten Umständen auf Vervollkommnungen der Sclerotomie[4] sann, um die diesem Verfahren anhaftenden Gefahren möglichst abzuschwächen, ist selbstverständlich. Auch Ersatzmethoden wurden für gewisse zur Sclerotomie weniger geeignete Fälle in die Praxis einzuführen gesucht, so die Trepanation der Sclera[5] und die Augendrainage.[6]

Einige Zeit schien es sogar, als ob manche Augenärzte gute Lust hätten, sich ganz der Sclerotomie zuzuwenden, also zu einem Verfahren zurückzukehren, welches in anderer Form nach Hasner[7] schon im vorigen Jahrhunderte im Gebrauche war, später von Mackenzie[8] gegen Glaukom empfohlen wurde, als intraoculare Myotomie noch jüngsthin in Amerika und England in Uebung stand und als einfache Paracenthese den nächsten Anstoss

[1] Solomon, Klin. Monatsblätter, 1866, S. 118.
[2] Schnabel, Arch. f. Augen- und Ohrenheilkunde V., S. 83 u. f.; VI., S. 155; VII., S. 110.
[3] Königstein, Wiener medicinische Presse, 1880, Nr. 45, 46.
[4] Wecker, Klin. Monatsblätter, 1878, S. 210; Mauthner, Arch. f. Augen- und Ohrenheilkunde VII., S. 180; Wiener medicinische Wochenschrift, 1877, Nr. 27—30.
[5] Argyl Robertson, Ophth. Hosp. Rep. VIII., S. 404.
[6] Wecker, Arch. f. Ophthalmologie XXII., 4. S. 209.
[7] Hasner, Prager Vierteljahrsschrift, 1869, I. Lit. Anz. S. 22.
[8] Mackenzie, Praktische Abhandlungen etc. Weimar, 1832. S. 689.

zur Anwendung der Iridektomie gegen Glaukom gegeben hat,
wie folgender Ausspruch Weeker's[1] darthut: »Als A. v. Graefe die
»Klinik von Desmarres Vater besuchte, waren ihm sogleich die
»merkwürdigen Resultate aufgefallen, welche die Paracenthese in
»verschiedenen Augenkrankheiten, unter anderen auch beim Glau-
»kom, zu erzielen im Stande war. Seinem Scharfblicke war es
»nicht entgangen, dass die bei Weitem ausgiebigere Paracenthese,
»die zur Ausschneidung der Iris nöthig ist, eine viel bedeutendere
»Entspannung des Auges zu erzielen im Stande sein muss.« Die
bezüglichen Versuche haben bekanntlich diese Vermuthung in der
glänzendsten Weise gerechtfertigt und die Iridektomie beim Glaukom
zu einer der grössten Errungenschaften der Neuzeit auf medici-
nischem Gebiete gestaltet.

Dermalen hegen indessen wohl nur Wenige mehr Zweifel
über den Vorrang der Iridektomie. Viele Augenärzte halten
die letztere geradezu für verlässlicher in ihren Heilwirkungen
und bringen dieses Plus des therapeutischen Effectes auf Rechnung
der operativen Beseitigung eines grösseren Irissectors. Ausserdem aber kömmt der Iridektomie noch der wichtige Umstand zu
Gute, dass sie bei richtiger Ausführung die Bildung von Irisvor-
fällen verhindert und so eine Gefahr beseitigt, welche bei der
Sclerotomie niemals mit voller Sicherheit umgangen werden kann.[2]

Es werden in Anbetracht dessen die Indicationen für die Sclerotomie neuerer Zeit immer mehr eingeschränkt. Weeker[3] will die letztere
Operation nur mehr ausgeführt wissen bei absolutem Glaukome, wo die
hochgradig degenerirte Iris die Ausschneidung schwierig oder undurch-
führbar erscheinen lässt, bei Glaucoma haemorrhagicum und wo beim
Glaukom bereits ein breites Colobom ohne genügenden Erfolg angelegt worden
ist. Mooren[4] hält das Glaucoma simplex und das chronische Glaukom
mit Anwesenheit encephalitischer Erweichungsherde für die Domaine der
Sclerotomie.

[1] Weeker, Klin. Monatsblätter, 1878, S. 204.
[2] Stellwag, Lehrbuch, 1870, S. 357.
[3] Weeker, Arch. f. Ophthalmologie XXII., 4, S. 214.
[4] Mooren, Beiträge zur klinischen und operativen Glaukombehandlung.
Düsseldorf, 1881. S. 80.

Beim Glaucoma haemorrhagicum ist indessen auch die Sclerotomie bedenklich, da nicht sowohl die Anschneidung der Iris, als vielmehr die plötzliche Aufhebung des intraocularen Druckes die so gefürchteten Blutergüsse in den Binnenraum veranlasst.

Ed. Jäger[1]) erklärt sich die von Vielen behauptete grössere Wirksamkeit der Iridektomie durch die Verminderung des Binnenstromgebietes. »Seit mehr als zehn Jahren habe ich bei meinen öffentlichen »Vorlesungen im Gegensatze zur Graefe'schen Ansicht darauf hingewiesen, »dass die Iridektomie nicht direct eine druckvermindernde Wirkung ausübe, »sondern vor Allem den Werth des Gefässsystems für das betref-»fende Ernährungsgebiet herabsetze. Die Iridektomie wirkt durch »Herabsetzung des Stoffbezuges nur unter dem Bestehen von Reizung »und Entzündung druckvermindernd oder druckerhöhend, sie kann die Reizung »und Entzündung beschränken oder beseitigen, nicht aber die Atrophie. — »Man sieht daher beim glaukomatösen Processe, wie allgemein bekannt, einen »auffallenden Erfolg der Iridektomie nur in dem Falle und in dem Masse, als »in dem Auge die Erscheinungen einer Chorioidalreizung oder Chorioidal-»entzündung vorhanden sind. Bei dem Mangel an Reiz- und Entzündungs-»erscheinungen im Chorioidalgebiete ist der Erfolg der Iridektomie ein »sehr untergeordneter. Bei dem strenge auf das Scleroticalgebiet beschränkten, »unter oder ohne Reizung und Entzündung auftretenden glaukomatösen Leiden »(dem sogenannten chronischen Glaukome, dem Glaucoma simplex oder der »Amaurose durch Sehnervenexcavation etc.) ist ein directer Erfolg nicht nachzuweisen.«

Eine eingehende Kritik der Jäger'schen Ansichten würde mich von dem Gegenstande der Erörterung zu weit abführen. Dieser ist die druckvermindernde Wirkung der Iridektomie. Bezüglich der letzteren glaube ich aber in Uebereinstimmung mit den Erfahrungen der meisten anderen Augenärzte an der Behauptung festhalten zu müssen, dass dieselbe ganz unabhängig von dem Vorhandensein oder Fehlen manifester uvealer Reiz- und Entzündungserscheinungen in der Regel deutlich hervortrete, wo vor der Operation pathologische Drucksteigerung wirklich gegeben war. Dass damit aber ein Zurückgehen oder ein Ausgleich sämmtlicher krankhafter Zustände nicht nothwendig verknüpft sei, braucht keiner weiteren Erörterung.

Dass die Ausschneidung eines Irisstückes und die damit gesetzte Verkleinerung des Binnenstromgebietes bei sonst gleich bleibenden Verhältnissen eine proportionale Verminderung des

---

[1]) Ed. Jäger, Ergebnisse und Untersuchungen etc. Wien, 1876. S. 26 u. f.

gesammten intravascularen Seitendruckes im Augeninnern, also
eine Herabsetzung des intraocularen Druckes, setzen müsse,
ist eine theoretisch ganz unanfechtbare Thatsache und insoferne
wohl auch geeignet, die ausgiebigere Wirkung der Iridektomie
zu erklären. Es frägt sich dann aber, ob denn der mit der Beseitigung eines Irissegmentes bewerkstelligte Ausfall des Seitendruckes
auch gross genug sei, um den Unterschied zwischen der Druckhöhe vor und nach der Operation zu decken. Darüber fehlt jede
Erfahrung. Zudem stellen sich, vom praktischen Standpunkte
aus besehen, der unbedingten Annahme einer solchen Erklärung
noch andere gewichtige Bedenken entgegen.

Es ist männiglich bekannt, dass weit grössere Abschnitte
der Iris, ja die Regenbogenhaut ihrer ganzen Ausdehnung nach,
in durchgreifende Hornhautnarben einheilen und für das Binnenstromgebiet verloren gehen können, ohne dass zukünftige Drucksteigerungen ausgeschlossen wären, und umgekehrt, dass bei
veralteten Glaukomen die Iris oft im hohen Grade entartet, auf
einen schmalen blutarmen Saum reducirt gefunden wird, ohne dass
sich nebenbei auch nur die geringste Abnahme des Binnendruckes
bemerklich machen würde.

Wie weit die Degeneration der Iris bei absolutem Glaukome gedeihen
kann, ohne dass der zu enormer Höhe gesteigerte intraoculare Druck sich im
Geringsten vermindert, lehrte mich ein vor etwa zwölf Jahren vorgekommener
Fall, in welchem die Iridektomie wegen unerträglicher Spannung und Schmerzhaftigkeit des Bulbus durchgeführt werden sollte. Als nach dem Hornhautschnitte die sehr verfärbte und auf einen schmalen Saum geschrumpfte Regenbogenhaut mit der Pincette gefasst wurde, sprang dieselbe ihrem ganzen Umfange nach von ihren ciliaren Verbindungen los und splitterte, als wäre
sie aus halbgebranntem Thon gebildet, in eine grosse Anzahl leicht zer-
bröckelnder Stücke.

Sollten übrigens, wie zu erwarten steht, in der Zukunft ganz
unwiderlegliche Beweise dafür erbracht werden, dass die Iridektomie wirklich ein kräftigeres und verlässlicheres Heilmittel
gegen Glaukom abgebe als die Sclerotomie, dass die Ausschneidung
eines Irissectors demnach die druckvermindernde Wirkung erheblich

steigere und sichere: so müsste dennoch der Sclerotomie eine
ähnliche, wenn auch mindergradige, Leistungsfähigkeit zuerkannt
bleiben. Damit aber erscheinen alle jene Theorien, welche das therapeutische Moment einzig und allein in der Lostrennung oder Ausschneidung eines Irissectors suchen, hinfällig.

Was insbesonders die Weber'sche Ansicht[1]) betrifft, nach welcher die
an die Descemeti gelöthete Irisperipherie durch den Zug der Pincette bei der
künstlichen Pupillenbildung losgelöst, befreit und so der verstopfte Abzugsweg für die Binnenmedien wieder eröffnet werden soll: so hat schon Knies[2])
darauf hingewiesen, dass die Verwachsung der Irisperipherie unbeschadet der
operativen Heilwirkung fortbestehen könne. Schnabel's[3]) Untersuchungen
iridektomirter Augen bestätigen dies.

Noch weniger Halt hat Exner's[4]) Behauptung, zu welcher sich auch
Arlt[5]) hinneigt. Nach Exner soll bei der Iridektomie ein Theil der aus
dem Circulus arteriosus iridis major entspringenden radiären Arterien durchschnitten und so von der Narbe geschlossen werden, dass das Blut aus den
Stumpfen durch zahlreiche Collateralen unmittelbar in die Venen gelangt,
ohne Capillaren zu passiren. Dadurch soll der von den Arterienwänden auf
die umgebenden Medien ausgeübte Druck fallen und, da sämmtliche arterielle
Irisgefässe aus jenem Circulus hervorgehen und dieser auch mit den Ader-
hautarterien zusammenhängt, müsse auch der gesammte auf die dioptrischen
Medien übertragene Druck geringer werden. Alt's[6]) anatomische Untersuchungen iridektomirter Thier- und Menschenaugen haben den von Exner
vorausgesetzten Verheilungsmodus der Schnittränder als ganz irrthümlich
herausgestellt. Sollte übrigens auch ein oder das andere Mal eine directe
Communication zwischen einem Arterienstumpfe und einer Vene in der Iris-
narbe gefunden werden, so wäre damit nur eine unvollkommene Wiederholung
normaler Kreislaufsverhältnisse gegeben, denn es ist bekannt, dass auch in
der gesunden Iris eine Anzahl von Endarterien unmittelbar in Venen
umbiegt.[7])

---

[1]) Ad. Weber, Arch. f. Ophthalmologie XXIII., 1, S. 88.
[2]) Knies, ibid. XXIII., 2, S. 75.
[3]) Schnabel, Arch. f. Augen- und Ohrenheilkunde VII., S. 104.
[4]) Exner, Wiener medicinische Jahrbücher, 1873, S. 52.
[5]) Arlt, Graefe und Sämisch, Handbuch III., S. 361.
[6]) Alt, Arch. f. Augen- und Ohrenheilkunde IV., S. 239, 243, 252.
[7]) Brücke, Anatomische Beschreibung des menschlichen Augapfels.
Berlin, 1847. S. 16; Leber, Denkschriften der math.-naturw. Classe der
kais. Akademie der Wissensch. XXIV., S. 308; Faber, Der Bau der Iris.
Leipzig, 1876. S. 31.

Es ist mit Rücksicht auf das Vorhergehende unstatthaft, auf
den Umstand hinzuweisen, dass auch ganz mangelhaft ausgeführte Operationen, bei welchen die Schnittwunde ganz in der
Hornhaut liegt, mitunter eine dauernde Heilwirkung beim Glaukom
entfalten, und daraus einen Einwand gegen die entspannende, druckvermindernde Leistung der Sclerotomie zu schmieden.[1] Dass die
einfache Cornealparacenthese den Bulbus vorübergehend zu
entspannen und gleich dem Eserin den Kranken über einen Anfall von Glaukom hinwegzuhelfen im Stande sei, haben schon die
Erfolge von Desmarres ausser allen Zweifel gestellt und nicht
immer muss binnen Kurzem ein zweiter Insult angeregt werden.
Dass aber die einfache Cornealparacenthese mit und ohne
Iridektomie ein sehr unvollkommenes Heilmittel sei,[2] welches
vor Wiederholungen der Drucksteigerung nur wenig schützt, während
eine gut ausgeführte Sclerotomie in der Regel den gewünschten
Erfolg hat, das bedarf nach den Erfahrungen der letzten zwei
Decennien wohl keines Beweises mehr.

———— —— — —

Es frägt sich nun, ob und wie die im Vorhergehenden
entwickelte Stauungstheorie sich mit dem bekannten
Krankheitsbilde des Glaukoms in einen logischen Zusammenhang bringen lasse.

Um diese Frage zu lösen, thut es vor Allem Noth, sich über
den Begriff des Glaukoms zu verständigen und solchermassen
das Gebiet dieses Leidens scharf und deutlich zu umgrenzen. Es
ist nämlich die pathologische Drucksteigerung allerdings als
der eigentliche Kernpunkt des Leidens anerkannt. Allein in der
Praxis gelten gewisse, durch überwiegend häufiges und stark mar-

[1] Laqueur, Nagel's Jahresbericht, 1871, S. 284.
[2] Schnabel, Arch. f. Augen- und Ohrenheilkunde VI., S. 154.

kirtes Auftreten ausgezeichnete, sogenannte pathognomonische
Kennzeichen als das Wichtigere, ja als das allein Massgebende.
Die Folge davon ist, dass mancherlei Krankheitsformen, welche mit
ganz unzweifelhafter Drucksteigerung einhergehen, vielseitig als
nicht glaukomatöse Zustände behandelt, andere aber, bei welchen
zu keiner Zeit auch nur die geringste Spur einer pathologischen
Druckerhöhung nachgewiesen werden kann, als glaukomatös
betrachtet werden. blos weil Ein charakteristisches Kennzeichen,
die Excavation, vorhanden ist.

Um der daraus hervorgehenden Verwirrung wirksam zu steuern,
giebt es nur ein einziges Mittel: man muss sich gewöhnen, die
pathologische Drucksteigerung und das Glaukom als vollkommen identische, sich gegenseitig deckende Begriffe
festzuhalten, überall also, aber auch nur dort, wo eine
solche Drucksteigerung wenn auch nur zeitweise offenkundig wird. ein glaukomatöses Leiden zu diagnosticiren.

Streng genommen sollte man das Glaukom definiren als
eine durch pathologische Drucksteigerung hervorgerufene
und unterhaltene qualitative und quantitative Veränderung
des Ernährungsprocesses im Auge.

In der That lassen sich bei solcher Begriffsbestimmung alle
dem Glaukom als charakteristisch zugeschriebene Theil-
erscheinungen folgerecht theils unmittelbar, theils mittelbar aus
der Drucksteigerung als Quelle ableiten; anderseits aber auch die
ausserordentlichen Verschiedenheiten im Krankheitsbilde des
Glaukoms von einem einheitlichen Standpunkte aus übersichtlich
betrachten und verständlich machen.

Insoferne nämlich jeder einzelne Zug in dem gesammten
Krankheitsbilde nur als Ausdruck für gewisse, durch die pathologische
Drucksteigerung unmittelbar oder mittelbar bedingte Abweichungen
von der Norm zu gelten hat; insoferne weiter diese Veränderungen
sich nur in der Zeit entwickeln können und in Bezug auf die
Höhe ihrer Ausbildung auch abhängig sind von der Grösse der
ursprünglichen Störung und von der jeweiligen Beschaffenheit

des Bodens, auf welchem sie wurzeln und welcher ihrem Auf-
und Hervortreten bald mehr, bald minder günstige Bedingungen
bietet: liegt es auf der Hand, dass jedwedes Symptom ausser
der vermehrten Spannung des Bulbus zeitweilig fehlen,
oder wenigstens in den Hintergrund treten, oder anderseits
in der markantesten Weise hervorspringen könne.

Einige Ophthalmologen haben diese in der Natur der Sache
begründete Veränderlichkeit des Krankheitsbildes zum Anlasse genommen, dem Glaukome jedes charakteristische Kennzeichen abzu-
sprechen. Da sie überdies gewisse Fälle, welche ohne alle Drucksteigerung verlaufen, in den Rahmen des Glaukoms einfügten und
damit auch das letzte Wahrzeichen des fraglichen Leidens als neben-
sächlich erklärten, war die ganze Lehre vom Glaukome nahe daran,
in ein theoretisches Nichts zu zerfliessen.

Es ist dies wieder ein Beweis, wie nothwendig es ist, die
Krankheiten nicht als Symptomencomplexe, sondern als
Processe, als ein Werdendes zu betrachten und das Wesen
dieser Processe scharf und deutlich zu umschreiben, um
das Chaos zu vermeiden und der praktischen Thätigkeit eine sichere
Richtungslinie vorzuzeichnen. Hätte man die pathologische Drucksteigerung von allem Anfange an als die eigentliche Grundlage des Glaukoms festgehalten, auf welche sich das proteus-
ähnliche Krankheitsbild mit Folgerichtigkeit und nach einheitlichem
Plane bis zum Dachfirste aufbauen lässt, nie und nimmer wäre die
Lehre vom Glaukom auf die zahlreichen Irrwege gerathen, auf
welchen sie sich theilweise noch jetzt bewegt. Die folgenden Er-
läuterungen des Krankheitsbildes werden hoffentlich für die
Zweckmässigkeit eines solchen Verfahrens Zeugniss ablegen.

Die pathologische Drucksteigerung entwickelt sich am häufigsten in Augen, welche bisher, wenigstens scheinbar, normal
functionirten, oder doch nicht in der Art erkrankt waren,
dass dadurch eine Stauung im Gebiete der Wirbelvenen und damit eine Erhöhung des intraocularen Druckes angebahnt werden
konnte. Man spricht dann von primärem Glaukome. Erscheint

das Glaukom im Gefolge krankhafter Processe, durch diese
vorbereitet und bedingt, so wird es als secundäres bezeichnet.
Dem Wesen nach ist der glaukomatöse Process in beiden Fällen
derselbe, nur der Boden, auf welchem er wurzelt, ist ein anderer
und im Krankheitsbilde mischen sich die ·Symptome der Drucksteigerung sammt Folgen mit den Erscheinungen des primären,
die Venenstauung einleitenden, krankhaften Vorganges.

Die Drucksteigerung, einmal offenbar, gelangt hier wie dort
mitunter wieder zum Ausgleiche, ohne dass es während längerer
Zeit zu einem neuerlichen Anfalle käme. Das Auge war dann »von
einem glaukomatösen Zustande vorübergehend befallen«.
Oder es wiederholen sich diese Insulte mehr minder regelmässig
in längeren oder kürzeren Zwischenräumen, rücken häufig der Zeit
nach immer näher an einander und nehmen gewöhnlich an Heftigkeit und Dauer zu. Man sagt dann, das Auge befinde sich im
Prodromalstadium des Glaukoms.

Endlich wird die pathologische Drucksteigerung ständig,
es handelt sich höchstens noch um Nachlässe, nicht mehr um
einen wirklichen, wenn auch vorübergehenden Ausgleich. Es heisst
dann: das Glaukom sei zum Ausbruche gekommen.

Die Drucksteigerung tritt oft plötzlich, nach oder ohne
prodromale Erscheinungen, primär oder secundär hervor und gelangt
binnen kurzer Zeit zu hohen Entwickelungsgraden, während
die damit zusammenhängenden übrigen Erscheinungen mit entsprechender Schnelligkeit sich ausbilden und das Bild der Krankheit vervollständigen (acutes Glaukom).

Oder es wird die pathologische Drucksteigerung nur allmälig
manifest und steigert sich nach und nach unter mehr weniger
offenkundigen Schwankungen zu wechselnden Graden, das
Krankheitsbild wird nur sehr langsam ausgebildet, indem Zug um
Zug sich deutlicher markirt (chronisches Glaukom).

In allen Lehrbüchern figurirt auch ein entzündliches und
ein nicht entzündliches Glaukom. Es ist dies eine nicht gerecht-
fertigte Unterscheidung, wenn obige Definition festgehalten und

jeder Process als von Glaukom verschieden ausgeschlossen wird,
welcher nicht von nachweisbarer Drucksteigerung eingeleitet oder
wenigstens beeinflusst erscheint. Ueberall nämlich, wo eine
pathologische Drucksteigerung besteht, machen sich auch
entzündliche Vorgänge geltend. Sie treten entweder gleich
von vorneherein mit der Druckerhöhung klar und deutlich hervor
und können sogar im Krankheitsbilde eine dominirende Rolle
spielen; oder sie gehen mehr schleichend einher und werden
eigentlich erst in ihren Folgezuständen oder unter dem
anatomischen Messer auffällig.

Das Terrain, auf welchem diese Entzündungen vorzugsweise ihr Wesen treiben und unter dem Einflusse des erhöhten
Druckes meistens auch rasch zur Verödung der Theile führen,
fällt mit dem Verzweigungsgebiete der vorderen Ciliargefässe
und des hinteren Scleralkranzes zusammen. Die Stauung in
den Wirbelvenen ist nämlich stets von einer collateralen Ueber-
füllung aller jener Organe gefolgt, welche in näherer vascularer
Verbindung mit dem Aderhautgefässsysteme stehen. Diese Hyperämie und die damit einhergehende Verlangsamung des Blutstromes
führt aber alsbald zu vermehrter Filtration und zur Diapedesis,
der Begriff der Entzündung ist erschöpft.

Ueber die entzündlichen Erscheinungen beim acuten
und, wenn man will, beim subacuten Glaukom an diesem Orte
zu sprechen, ist wohl überflüssig. Sie sind männiglich bekannt.
Nur das möge erwähnt werden, dass der venöse Charakter der
Gefässinjection stets ein sehr klar in die Augen springender ist,
indem auch alle stark erweiterten Arterien dunkles, bereits
desoxydirtes Blut führen.

Etwas Anderes ist es mit den Entzündungssymptomen
beim chronischen Glaukome. Dieselben treten hier häufig in den
Hintergrund und entschwinden ganz der Wahrnehmung, umsomehr, als ein grosser Theil des gefässreichen vorderen Uvealgebietes von der Sclerotica gedeckt und selbst dem Augenspiegel
nur schwer oder gar nicht zugänglich ist. Nichtsdestoweniger

sind auch hier entzündliche Processe in Wirksamkeit. Bürge dafür sind die Ergebnisse der neuzeitigen, von den verschiedensten Autoren gepflogenen, anatomischen Untersuchungen sowie die mannigfaltigen Veränderungen, welche die betreffenden Theile im Verlaufe des chronischen Glaukoms eingehen und sich nicht selten auch auf praktischem Gebiete sehr misslicbig zur Geltung bringen.

Ich nenne in dieser Beziehung die oftmals sehr auffällige Entartung der vorderen Zone der Augapfelbindehaut, des unterliegenden episcleralen Gewebes und der darin verzweigten Gefässe. Wedl (S. 144, 146) betont dieselben sehr nachdrücklich. Am Krankenbette offenbaren sie sich häufig in sehr auffälliger Weise durch zunderähnliche Zerreisslichkeit beim Anfassen mit der Fixirpincette und durch grosse Neigung zu reichlichen Blutungen.

Ferner gehören hierher gewisse Veränderungen des Lederhautgefüges. Es sind theils solche, welche mit dem Elasticitätsverluste in näherem ursächlichen Zusammenhange gedacht werden müssen, theils andere, in welchen sich unzweifelhaft entzündliche Vorgänge zum Ausdrucke bringen. Zu den ersteren zählen die Verfettigung, welche besonders in den hinteren Abschnitten deutlich hervorzutreten pflegt, und die Zunahme des Lichtbrechungsvermögens, welche das Scleralgewebe in den inneren Schichten neben vermehrter Homogeneität des Gefüges und mehr paralleler Zugsrichtung der Faserung deutlich erkennen lässt (Wedl S. 139). Die entzündlichen Veränderungen charakterisiren sich durch reichliche Zelleninfiltrationen der eigentlichen Sclera und Episclera (S. 144). Die letzteren hat auch Brailey[1]) beim Glaukome nachgewiesen. Derselbe fand eine Vermehrung der Kerne nicht nur in der Lederhaut und besonders in dem episcleralen Gefüge, sondern auch in den Wandungen der durchtretenden Gefässe.

Diese Zustände führen in den späteren Stadien des Glaukoms bekanntlich mitunter zu Scleralektasien, an deren Innenwand Wedl (S. 143)

---

[1]) Brailey, Ophth. Hosp. Rep. IX., p. 385; X., p. 206.

grubige Vertiefungen sah, die aus dem Drucke anliegender ausgedehnter Venen oder eigenthümlicher bindegewebiger Wucherungen der Chorioidea erklärt, also auf eine Art Usur zurückgeführt werden müssen. In der Regel jedoch resultirt aus den entzündlichen Vorgängen blos die Sclerose der Lederhaut, diese Membran bekömmt eine porzellanähnliche Färbung und blechähnliche Steifigkeit. Nach Coccius[1] soll damit eine merkliche Schrumpfung der Lederhaut einhergehen.

Auch sind zweifelsohne zum guten Theile die diffusen Hornhauttrübungen hierher zu zählen, welche so lange für Trübungen des Kammerwassers und des Glaskörpers galten, bis Liebreich[2] ihren wahren Sitz erkannte. Sie concentriren sich öfters in der Mitte der Hornhaut, verschwinden nicht ganz nach der Iridektomie, werden bei längerem Bestande des Glaukoms wohl auch stabil und gehen dann mit einer Auflockerung und Wucherung des Epithels einher, daher der Glanz der Hornhaut sehr leidet, die Spiegelbilder matt und rauh erscheinen. In einzelnen Fällen kommt es auch wohl zu oberflächlichen Gefässbildungen in der Cornea mit Pannus als Ausgang und zu Verschwärungen (Wedl S. 146). In späteren Stadien des Glaukoms ballen sich bisweilen die Infiltrate der tieferen Hornhautschichten zusammen und präsentiren sich als wolkige oder streifige, mehr oder weniger dichte, leukomähnliche Herde, an welchen bisweilen auch eine tiefe Gefässbildung zu erkennen ist. Im Ganzen tragen diese Hornhautentzündungen den Charakter der uvealen Formen (S. 57 u. f.) und sind ihnen beizuzählen.

Auch Brailey[3] erwähnt einen Fall, in welchen er einen »leichten Excess von Kernen« in der Cornea vorfand.

Trübungen des Kammerwassers und des Glaskörpers sind schon deswegen zu nennen, weil sie in neuerer Zeit von Vielen geradezu geläugnet werden[4]. Man geht jedoch entschieden zu

---

[1] Coccius, Die Heilanstalt etc. Leipzig, 1870. S. 56.
[2] Liebreich, Klin. Monatsblätter, 1863, S. 488.
[3] Brailey, Ophth. Hosp. Rep. X., p. 206.
[4] Schweigger, Volkmann's Sammlung klinischer Vorträge, Nr. 124, S. 1030; Lehrbuch, 3. Auflage, S. 519; Schnabel, Arch. f. Augen- und Ohrenheilkunde V., S. 63.]

weit, wenn man behauptet, dass sie stets von Cornealtrübungen vorgetäuscht werden. Sie kommen vielmehr unbestreitbar mit und ohne den letzteren, wenn auch seltener, vor. Bei der Eröffnung der Kammer behufs der Iridektomie habe ich in veralteten Fällen wiederholt den Humor aqueus als gelblich dickliche flockige Flüssigkeit hervorquellen gesehen. Beim acuten Glaukome ist dies bekanntlich eine gar nicht ungewöhnliche Erscheinung, wie auch Mauthner[1] hervorhebt. Aehnliches gilt von den Glaskörpertrübungen, welche ich in einzelnen Fällen bei völliger Durchsichtigkeit der vorderen Binnenmedien mit Bestimmtheit nachweisen konnte und welche auch Ed. Jäger[2] als »nicht constant« vorkommend bezeichnet. Wedl (S. 147) führt sie theils auf die Präcipitation eiweisshaltiger Stoffe, theils auf die Prolification von Zellen zurück. Er erwähnt der Verwachsung des Glaskörpers mit der Retina durch massenhafte bindegewebige Neubildungen mit Gefässentwickelung im entarteten Corpus vitreum.

Die Volumszunahme des Glaskörpers, welche in nicht frischen Fällen fast immer ganz deutlich nachweisbar ist, lässt sich nicht sowohl auf den entzündlichen Process allein zurückführen, sondern ist in vielen Fällen, wenn nicht immer, das Ergebniss einer compensatorischen Filtration, welche in der vermehrten Abfuhr von Humor aqueus durch die vorderen Ciliarvenen, also in der Verengerung des Kammerraumes, ihren nächsten Grund findet. Es ist eine solche compensatorische Füllung des hinteren Bulbusraumes gar nicht selten auch nach Staarextractionen zu beobachten, wo die tellerförmige Grube sich völlig ausgleicht oder gar ihre Convexität nach vorne kehrt.[3] Etwas Aehnliches geschieht öfters bei schwerer Iridokyklitis, wo die Iris sammt der Linse an die Höhlung der Hornhaut heranrückt.

Die anatomischen Untersuchungen haben über diese Verhältnisse noch wenig Aufschluss gegeben, da frische Fälle nicht leicht der Zergliederung

---

[1] Mauthner, Arch. f. Augenheilkunde VII., S. 455.
[2] Ed. Jäger, Ergebnisse und Untersuchungen etc. Wien, 1876. S. 22.
[3] Stellwag, Ophthalmologie I., S. 645.

anheimfallen. Es ist deshalb auch Brailey's[1] Arbeiten nichts Erhebliches
zu entnehmen. Ich möchte darum nur noch in Erinnerung bringen, dass nach
den Beobachtungen an lebenden Kranken der Kammerraum in frischen
Fällen primären Glaukoms eine wesentliche Verengerung nicht erkennen
lässt und dass Glaukome mit erweiterter Vorderkammer, wenn auch selten,
vorkommen. Es scheint daher Grund zur Annahme gegeben zu sein, dass
die ausgleichende Vergrösserung des Glaskörpers erst bei dem weiteren
Vorschreiten des Processes zu Stande komme und folgerecht als eine
secundäre Erscheinung aufzufassen sei, welche mit der Entwickelung
der Drucksteigerung wenig oder nichts zu thun hat.

Von grösster Wichtigkeit sind selbstverständlich die Entzündungen des vorderen Uvealtractes. Am Lebenden verräth
sich die Iridokyklitis beim chronischen Glaukome gemeiniglich
nur durch das allmälige Auftreten hinterer Synechien und durch
die Zeichen fortschreitender Entartung und Schrumpfung der Regenbogenhaut. Im enucleirten Auge jedoch stösst man schon frühzeitig auf reichliche Anhäufungen von Zellenmassen im hyperämirten
Gefüge der Iris und ihres Aufhängebandes, des Strahlenkranzes
und des Ciliarmuskels. Bald aber machen sich daselbst die Merkmale rasch überhand nehmenden Schwundes geltend (Wedl
S. 143).

Besonders stark spricht sich nach Brailey[2] die Atrophie im
Bereiche des Ciliarmuskels aus. Sie betrifft vorzugsweise die
Kreisfasern, also den inneren vorderen Theil des Organs, ohne
die Längsfasern zu verschonen. Die ersteren gehen oft schon sehr
frühzeitig sämmtlich zu Grunde und es bleibt nur ein von einzelnen
Kernen und Gefässen durchsetztes Bindegewebe mit streckenweiser
Einlagerung derber sehniger und hyaliner Narbenmasse zurück.
Mitunter ist der Muskelschwund ein partieller. Ganz ähnlich verhalten sich die Iris und Strahlenfortsätze sammt dem Balkenwerke des Ligamentum pectinatum, indem auch deren Masse
sich immer mehr vermindert und in einer fibrösen oder durch-
scheinenden festen Neubildung theilweise untergeht. Die Schrum-

---

[1] Brailey, Ophth. Hosp. Rep. IX., p. 392.
[2] Brailey, ibid. IX., p. 210 u. f., 386 u. f.; X., p. 90, 282.

pfung des Ciliarmuskels und des Aufhängebandes der Iris bedingt
dann eine Verschiebung der Theile, die Peripherie der Regenbogenhaut wird dem Rande der Descemeti genähert und führt so
zu den von Knies (S. 152) beschriebenen Veränderungen. [1]) Dabei
geschieht es nicht selten, dass auch die Iris in Folge der Zusammenziehung ihres Gewebes sich etwas nach hinten oder vorne
umbiegt und im ersteren Falle ihr Tapet als einen dunklen Saum
am Pupillarrande hervortreten lässt. [2])

Von der Chorioiditis als Begleiterin glaukomatöser Zustände
war schon die Rede (S. 175). Ich wende mich daher sogleich zu
den krankhaften Befunden im Bereiche der Netzhaut. Wedl
(S. 150) hebt ausdrücklich hervor, dass die Netzhautelemente beim
Glaukome sich vollkommen normal verhalten können. In anderen
Fällen jedoch stösst man auf streckenweisen oder über die ganze
Retina ausgebreiteten Schwund, auf Verwachsungen der Retina
und Chorioidea mit consecutiver Pigmenteinwanderung in das Gefüge der Nervenhaut und endlich auf eigenthümliche Veränderungen
der retinalen Pigmentschichte (S. 148).

Ausserdem ist der »reticulären Atrophie«, irrthümlich auch Oedema
retinae genannt, Erwähnung zu thun. Wedl[3]) hat dieselbe zuerst beschrieben
und abgebildet, während deren Entdeckung fast allgemein Iwanoff[4]) zum
Verdienste angerechnet wird. Sie kömmt nach Brailey[5]) sehr oft beim
Glaukome vor, steht mit diesem Processe jedoch in keiner näheren Beziehung, sondern ist auf die Senescenz der Kranken oder auf einen weit vorgeschrittenen Schwund der Netzhaut zurückzuführen. Wedl (S. 149) bringt
sie dagegen mit Wucherungen des bindegewebigen Gerüstes in pathogenetischen Zusammenhang.

Von grosser Wichtigkeit sind gewisse Veränderungen der
retinalen Gefässe. [6]) Hierher gehört die starke Erweiterung

---

[1]) Brailey, Ophth. Hosp. Rep. X., p. 93.

[2]) Brailey, ibid. IX., p. 389.

[3]) Wedl, Atlas. Leipzig, 1861. Retina-Opticus Fig. 10—13, 18—20.

[4]) Iwanoff, Klin. Monatsblätter, 1868, S. 298.

[5]) Brailey, Ophth. Hosp. Rep. IX., p. 391.

[6]) Wedl, Atlas. Leipzig, 1861. Retina-Opticus Fig. 56, 57; Edmunds
und Brailey, Ophth. Hosp. Rep. X., p. 132 u. f.

der Venen und die sehr auffällige Hypertrophie der Arterienwandungen. Es geht die letztere nach Brailey ohne Wucherung des Endothels einher und bedingt im weiteren Verlaufe des Processes gerne atheromähnliche Entartungen der Adventitia. In manchen Fällen setzt sich das Leiden auch auf die Capillaren fort, welche dann mächtig erweitert und in ihren Wandungen verdickt erscheinen. Entzündliche Wucherungen und endlicher Schwund des Netzhautgefüges sind die gewöhnlichen Folgen.

Es stehen diese Zustände ohne Zweifel im innigsten pathogenetischen Zusammenhange mit Störungen des Kreislaufes, welche durch Entzündungen im Nervenkopfe und seiner Nachbarschaft begründet werden, in weiterer Instanz aber wieder mit den Stauungen im Wirbelvenengebiete in Beziehung gedacht werden müssen. Darauf weisen auch die Blutextravasate hin, welche so häufig an der Eintrittsstelle des Opticus gefunden werden und bis in den Opticus hinein verfolgt werden können (Wedl S. 147).

Es fehlen diese entzündlichen Wucherungen im Bereiche des hinteren Scleralkranzes bei frischen Fällen von primärem oder secundärem Glaukome nur selten. Sie sind immer mit den Zeichen einer sehr auffälligen Stauungshyperämie verknüpft und gehen der Entwickelung der charakteristischen Excavation voran, ja man hat allen Grund zu sagen, dass die entzündliche Aufquellung und Lockerung der Theile erst das Zustandekommen der Excavation und des sogenannten Bindegewebsringes (S. 203) ermögliche. Die spätere Höhergestaltung des neugebildeten Granulationsgewebes, dessen Verdichtung und endliche Verödung machen dann die Aushöhlung des Nervenkopfes ständig und befördern den durch die Zerrung und Dehnung der Theile bereits eingeleiteten Schwund.

Ed. Jäger[1]) hat bereits 1858 die Gründe angegeben, welche die Annahme eines derartigen Aufweichungsprocesses der

---

[1]) Ed. Jäger, Zeitschrift der k. k. Gesellschaft der Aerzte in Wien, 1858, Nr. 31.

Siebhaut und ihrer Umgebungen als Vorbedingung der
»Ectasia laminae cribrosae« zu einer, so scheint es, unab-
weislichen gestalten. Er und seine Schule[1] halten auch jetzt noch
fest an dieser Meinung, ja fortgesetzte Beobachtungen haben die
Bedeutung dieses pathologischen Vorganges in seinen Augen wesentlich gesteigert, so dass er denselben geradezu als die Grundlage
eines eigenen, von dem gewöhnlichen (chorioidalen) Glaukome
streng zu unterscheidenden »Scleralglaukoms« hinstellt. Ich[2])
habe diese Gründe Jäger's schon frühzeitig gewürdigt und auch
Schweigger[3]) schliesst sich denselben an. Die Untersuchungen
Wedl's[4]) und Pagenstecher's,[5]) vornehmlich aber Brailey's,[6])
liefern die erforderlichen pathologisch-anatomischen Stützen.

Der Letztere erklärt die Entzündung des Nervenkopfes ausdrücklich
für eine constante Erscheinung in frischen Fällen von Glaukom, ja er ist
nicht abgeneigt, dieselbe beim Primärglaukome als eine den übrigen Symptomen vorausgehende Affection zu betrachten. Sie charakterisirt sich
durch eine massige Anhäufung von Rundzellen im bindegewebigen Stroma
des Nervenkopfes und seiner Hüllen. Gegen die Scheide der durchtretenden
Gefässe hin nimmt die Infiltration zu und erreicht innerhalb der letzteren ein
Maximum, bisweilen bis zur völligen Zusammendrückung der Lichtung.
Brailey bringt dies mit der Wucherung des Endothels und mit der vermehrten Diapedesis in den erweiterten Nährungsgefässen der Adventitia
in Verbindung. Im späteren Verlaufe des Processes erscheint das Neurilem
des Opticus stark verdichtet durch derbe bindegewebige Faserzüge und
hyaline kernarme Massen, sclerosirt.

Die Abhängigkeit der Excavation von der entzündlichen Lockerung und Aufquellung der Theile, in weiterer
Instanz aber von der collateralen Blutströmung im Bereiche

---

[1]) Ed. Jäger, Ergebnisse und Untersuchungen etc. Wien, 1876. S. 23
u. f.; Schnabel, Arch. f. Augen- und Ohrenheilkunde V., S. 77; Mauthner,
ibid. VII., S. 426, 439, 465; Klein, Arch. f. Ophthalmologie XXII., 4, S. 157.

[2]) Stellwag, Lehrbuch, 1861. S. 275.

[3]) Schweigger, Klin. Monatsblätter, 1877, Beilage S. 26.

[4]) Wedl, Atlas, Leipzig, 1861. Ret.-Opt. Fig. 30—32, 47, 49, 55, 56, 57, 60, 62.

[5]) Pagenstecher, Arch. f. Ophthalmologie XVII., 2, S. 120.

[6]) Brailey, Ophth. Hosp. Rep. IX., p. 208, 226, 228; X., p. 86 u. f.,
135, 205, 282.

des hinteren Scleralkranzes liefert den Schlüssel zur Erklärung
der erfahrungsmässigen Thatsache, dass in nicht ganz seltenen
Fällen trotz ausgesprochener, ja sehr beträchtlicher Drucksteigerung
die Entwickelung der Excavation längere Zeit braucht; dass die
Ektasie der Siebmembran anfangs gewöhnlich blos eine partielle
ist und nur sehr allmälig über die ganze Fläche des Sehnerveneintrittes sich ausbreitet; dass aber auch Fälle vorkommen, wo
die Excavation in ganz gleicher Form ausgebildet wird und zu
den höchsten Graden gedeiht, ohne dass jemals die geringste
Spur einer krankhaften Drucksteigerung nachzuweisen
gewesen wäre.

Es gilt eben von diesem Wucherungsprocesse im Bereiche des
hinteren Scleralkranzes dasselbe wie von den Entzündungen der
übrigen Organe des Bulbus. Eine wie die andere kann ebensowohl ausserhalb des Rahmens glaukomatöser Zustände,
als unter der Herrschaft und in Abhängigkeit von pathologischer Drucksteigerung eingeleitet werden. Nur sind
in letzterem Falle die Folgen meistens verderblicher und bringen
sich rascher zur Geltung.

Lasse ich zum Schlusse die noch übrigen dem Glaukome
als charakteristisch zugeschriebenen Erscheinungen die Reihe
passiren, so findet sich keines, welches nicht folgerichtig unmittelbar oder mittelbar aus der Drucksteigerung abgeleitet werden könnte.
Die Accommodationslähmung, die Anästhesie der Hornhaut,
die Pupillenerweiterung und die Amblyopie bieten in dieser
Beziehung nicht die geringste Schwierigkeit.

Bei dieser Gelegenheit möge mir eine kurze Bemerkung, das Wort
»Glaukom« betreffend, gestattet sein. Ohne Zweifel war bei der Bildung desselben der eigenthümliche Reflex aus dem Augengrunde massgebend. Man
ist nun gewöhnt, das Stammwort γλαυκος mit »bläulich, blaugrangrünlich oder
meergrün«[1] gleichbedeutend zu halten. Dasselbe ist jedoch von γλαυσσω,

---

[1] Himly, Die Krankheiten und Missbildungen des menschlichen Auges.
Berlin, 1843. II, S. 358.

leuchten, herzuleiten und mit »glänzend, leuchtend, funkelnd« zu übersetzen.[1])
Nach O. Keller[2]) ist die Bezeichnung »bläulich« dem Worte γλαυχος erst
später untergeschoben worden; in der Homer'schen Sprache heisst γλαυχῶπις
»euleuäugig, mit funkelnden Augen« und wiederholt sich in der Iliade
und Odysse ausserordentlich häufig als Athene γλαυχῶπις. In der That wurde
die Schutzgöttin Trojas, Athene, mit einem Eulengesichte gedacht und
Schliemann[3]) fand sie oftmals in dieser Weise abgebildet. Es will mich
nach allem dem bedünken, dass das Wort »Glaukom« zunächst mit γλαυξ,
Eule, in Zusammenhang zu bringen sei, und dass bei der Wortbildung ebensowohl der starke Reflex des Augengrundes, als auch die Pupillenerweiterung von Einfluss gewesen sei.

Was die Einschränkungen des Gesichtsfeldes anbelangt, so hatte man sich seit Langem daran gewöhnt, als Ursache
die mit der Ektasie der Siebmembran verknüpfte Dehnung und
Zerrung einzelner Nervenfaserbündel anzuklagen, also die Drucksteigerung als nächsten und unmittelbaren Grund zu betrachten.
Kritische Untersuchungen der neuesten Zeit haben diese Anschauungsweise jedoch als eine sehr bedenkliche und für viele Fälle nicht
zutreffende herausgestellt. Bei genauerem Eingehen in die
Verhältnisse ergibt sich nämlich sehr bald, dass die Entwickelung
und Ausbildung der Gesichtsfeldeinschränkungen der Zeit nach
keineswegs immer zusammenfallen mit dem Auftreten und der allmäligen Ausbreitung der Excavation, dass das Flächen- und
Tiefenmass der Excavation häufig ausser Proportion zu dem
Umfange des noch vorhandenen Gesichtsfeldes stehe und endlich,
dass bei partiellen Ektasien der Lamina cribrosa der Ort ihrer
ophthalmoskopischen Erscheinung öfters mit der Lage der Gesichtsfeldeinschränkung nicht stimme.

Offenbar muss hier noch ein anderer Vorgang einen be-
stimmenden Einfluss ausüben und es liegt wohl am nächsten,
den die Excavation vorbereitenden Wucherungsprocess im
Bereiche des hinteren Scleralkranzes und den davon abhängigen

---

[1]) C. Schenkl, Griechisch-deutsches Schulwörterbuch. Wien, 1879.
[2]) O. Keller, Ilios von Schliemann. Leipzig, 1881. S. 327.
[3]) Schliemann, ibid. Siehe die Vase 157 auf S. 328.

Schwund der Nervenfasern als den wesentlichsten Factor zu
bezeichnen.[1] Wirklich ist derselbe ganz geeignet, die mannigfaltigen Widersprüche aufzuklären, welche sich zwischen dem
subjectiven und dem ophthalmoscopischen Befunde in der
Praxis nicht selten ergeben. Berücksichtigt man nämlich, dass die
einzelnen Bündel eines, irgend welchen Krankheitsherd durchsetzenden Nervenstammes oftmals zu ungleicher Zeit und in
ungleichmässigem Grade in Mitleidenschaft gezogen werden,
obgleich die Ernährungsbedingungen für alle dieselben zu sein
scheinen, so wird man sich nicht wundern dürfen, wenn der
Schwund der Nervenfasern auch beim Glaukome sich an keine
allzu feste Regel bindet und die davon abhängigen Gesichtsfeldeinschränkungen von der erfahrungsmässigen Norm gelegentlich in
der wechselvollsten Art abweichen.

Nach Schön[2] tritt in weitaus den meisten Fällen die Einschränkung
zuerst nach innen oben auf. in der Weise, dass eine Diagonale, von innen
und oben nach unten aussen jenseits des Fixirpunktes gezogen, die erblin-
dete Partie abgrenzt. Nächst häufig ist die Einschränkung nach innen unten
zuerst sichtbar, seltener nach anderen Richtungen. Ausserdem aber lässt sich
immer eine concentrische Einengung des Gesichtsfeldes nachweisen.

Dazu kömmt, dass das Flächenbild der Excavation,
welches der Augenspiegel liefert und welches gewöhnlich als Massstab zur Beurtheilung der Tiefe und Ausbreitung der Ektasie, also
auch der Nervendehnung dient, keineswegs immer der anatomischen Wirklichkeit entspricht. Es gilt dies insbesondere von
Totalexcavationen, welche das Ophthalmoskop so oft vortäuscht,
während dieselben am Secirtische zumeist nur in sehr veralteten
Fällen von Glaukom mit weit vorgeschrittenem Schwunde des
Nervenkopfes beobachtet werden. Mauthner[3] hat das Verdienst,
auf dieses Verhältniss hingewiesen zu haben. Er stützt sich hierbei

—

[1] Mauthner, Arch. f. Augen- und Ohrenheilkunde VII., S. 439.
[2] Schön, Die Lehre vom Gesichtsfelde. Berlin, 1874. S. 83.
[3] Mauthner, Arch. f. Augen- und Ohrenheilkunde VII., S. 436 u. f.

auf die anatomischen Untersuchungen von Brailey,[1] Schnabel[2] und H. Müller,[3] denen jene Ed. Jäger's[4] anzureihen sind.

Brailey hat aus der Untersuchung von 53 glaukomatösen Augen entnommen, dass der Beginn der Excavation sich immer zuerst durch ein Zurückweichen des Centrums der Siebmembran verrathe. »Erst später entwickelt »sich in der Opticusscheibe eine centrale trichterförmige, schlecht begrenzte, »schwache Vertiefung, die dann gegen die Lamina fortschreitet und in seit- »licher Richtung sich erweitert, bis endlich der Scleralring des Sehnerven »nahezu blossliegt. Zur Excavation mit überhängendem Rande kömmt es »immer erst spät. Kein derartiger Fall zeigte eine kürzere Dauer als zwei »Jahre. In vielen Fällen mit einer Geschichte von sieben und mehr Jahren »war trotz bedeutend erhöhtem Drucke die Grube weder tief, noch seitlich »unterminirt.«

Mauthner[5] erklärt sich übrigens, wie es scheint mit gutem Grunde, diese Nichtübereinstimmung des Augenspiegelbildes und der anatomischen Schnitte noch in anderer Weise aus den entzündlichen Veränderungen im Nervenkopfe. »Dadurch erlangen »einerseits die Nervenfasern eine ausserordentliche Diaphanität, »während andererseits die Gefässe in dem durchsichtigen Sehnerven- »kopfe einsinken. So können diese letzteren an den Scleralring »angedrückt erscheinen, während die sie deckende Nervenmasse »mit dem Spiegel nicht direct gesehen wird.«

Es ist also immer wieder jener eigenthümliche Wucherungs- und Aufweichungsprocess im Bereiche des hinteren Scleralkranzes, welcher trotz mannigfach auseinander gehender Ansichten zur Erklärung der beim Glaukome vorkommenden Gesichtsfeldeinschränkungen angerufen wird und nach Obigem als eine mittelbare Folge der Drucksteigerung aufzufassen ist.

Aehnliches ist von der dem wahren Glaukome eigenthümlichen Abnahme der Sehschärfe zu sagen. Auch diese hat man

---

[1] Brailey, Ophth. Hosp. Rep. IX., S. 208.

[2] Schnabel, Arch. f. Augen- und Ohrenheilkunde VII., S. 122.

[3] H. Müller, Arch. f. Ophthalmologie IV., 2, S. 28.

[4] Ed. Jäger, Ueber die Einstellungen etc. Wien, 1861. Fig. 12, 13, 14, 15.

[5] Mauthner, Arch. für Augen- und Ohrenheilkunde VII., S. 439.

15*

anfänglich als eine unmittelbare Folge des, auf der Netzhaut und auf der Papille lastenden, erhöhten Druckes hinstellen zu müssen geglaubt. Später hat man eine durch den gesteigerten Binnendruck bewerkstelligte ischämische Netzhautparalyse, d. i. eine durch verminderten arteriellen Blutzufluss bedingte Ernährungsstörung der Retina, zur Hilfe genommen.[1] In neuerer Zeit kann man indessen diese beiden Momente nicht mehr als ausreichende anerkennen. Indem nämlich die Abnahme der Sehschärfe in den einzelnen Fällen durchaus nicht im Verhältnisse zur Höhe und Dauer der Drucksteigerung gefunden wird; indem weiter der Lichtsinn oft schon in den Prodromalstadien sehr herabgesetzt ist, während der Farbensinn in den erhaltenen Theilen des Gesichtsfeldes sich lange zu erhalten pflegt,[2] was mit einem auf der Netzhaut und dem Nervenkopfe lastenden leitungshemmenden Drucke nicht gut vereinbar ist: muss man in den betreffenden Fällen bald auf den viel erwähnten Auflockerungs- und Atrophisirungsprocess im Bereiche des hinteren Scleralkranzes zurückgreifen, bald aber die gegebene Sehstörung zum grossen Theile oder ganz auf die vorhandenen Trübungen des dioptrischen Apparates schieben. In der That lässt sich diese Sehstörung, selbst beim acuten Glaukom mit maximaler Drucksteigerung, öfters zum grossen Theile wenn nicht ganz (Mauthner[3]), aus jenen Trübungen erklären.

Die Trübungen der Hornhaut, des Kammerwassers und des Glaskörpers sind oben (S. 218) zum Theile als mittelbare Folgen der Drucksteigerung oder vielmehr der dieselbe begründenden Circulationsstörungen hingestellt worden. Bezüglich der Cornealtrübungen, wie sie beim wahren Glaukome vorkommen, spricht aber Manches dafür, dass sie theilweise in directem Zusammenhange mit der Erhöhung des Binnendruckes und der damit gesetzten Spannung der Hornhaut zu bringen, also auf einen

---

[1] Graefe, Arch. f. Ophthalmologie XV., 3, S. 112; Rydl. ibid. XVIII., 1, S. 2.

[2] Mauthner, Arch. f. Augen- und Ohrenheilkunde VII., S. 145; Treitel, Arch. f. Ophthalmologie XXV., 3, S. 2.

[3] Mauthner, Arch. f. Augen- und Ohrenheilkunde VII., S. 447.

ähnlichen Grund zurückzuführen seien, wie die starken Trübungen, welche
man an todten Augen durch einen kräftigen Druck auf den Bulbus oder
auf die Hinterwand der blossgelegten Cornea erzeugen kann. In der That
glaube ich bei ähnlichen Versuchen an einzelnen glaukomkranken Augen die
vorhandene Hornhauttrübung in Folge eines auf den Augapfel ausgeübten
starken Druckes merklich wachsen und beim Nachlassen des Druckes entsprechend zurückgehen gesehen zu haben und die beistehenden Aerzte waren
gleicher Meinung. Ist dies richtig, so gewänne man einen guten Erklärungsgrund für die kaum zweifelhafte beträchtliche Abnahme solcher Trübungen
im Momente des Kammerwasserabflusses bei der Iridektomie und für
das typische Auftreten und Verschwinden solcher Trübungen während der
einzelnen Anfälle im sogenannten Prodromalstadium, ein Vorkommniss, welches
sich nur schwer mit dem Charakter und Verlauf von Entzündungen gewöhnlicher Art vereinbaren lässt.

Fleischl[1] erklärt dieses Trübwerden auf Grundlage eingehender Versuche aus der Eigenschaft der Hornhautfasern, durch Spannung doppelt-
brechend zu werden. Wegen der vielfachen Aufeinanderfolge verschieden
brechender Medien muss im Hornhautgefüge eine vielfache Reflexion statt-
finden, und es kann nur ein kleiner Theil des auffallenden Lichtes durch-
dringen.

Es erübrigt nur noch, das Grundsymptom des wahren
Glaukoms, die Härtezunahme des Augapfels, in Betracht zu
ziehen. Es ist die fühlbare Resistenz des Bulbus, wie ich an
einem anderen Orte nachgewiesen habe,[2] ein zusammengesetztes
Phänomen, welches ebensowohl die elastische Dehnbarkeit der
Bulbuskapsel, als die im Binnenraume herrschende Druckhöhe
zum Ausdrucke bringt. Mit anderen Worten gesagt, spricht sich
in der fühlbaren Härte des Bulbus keineswegs der jeweilig
gegebene intraoculare Druck als solcher, sondern nur das
Mass der zur Zeit disponiblen elastischen Dehnbarkeit
der Bulbuskapsel direct aus. Dieses Mass der disponiblen
elastischen Dehnbarkeit kann nun von vorneherein ein sehr geringes
sein, indem die Lederhaut durch senile oder durch krankhafte
Processe rigid geworden ist, ihre elastische Nachgiebigkeit verloren

---

[1] Fleischl, Sitzungsberichte der kais. Akademie der Wissensch. zu
Wien, LXXXII., 3. Abth., S. 48, 56.

[2] Stellwag, Der intraoculare Druck. Wien, 1868. S. 1 u. f.

hat; oder sie kann durch einen gesteigerten Binnendruck und
durch damit gesetzte Spannungsvermehrung der Häute theilweise
oder ganz aufgebraucht, indisponibel geworden sein.

Härtezunahme des Bulbus und Drucksteigerung sind
demnach nichts weniger als synonyme' Begriffe. Der Augapfel
kann sich beinhart anfühlen und, wie die volle Integrität seiner
Functionen mit Bestimmtheit erkennen lässt, unter ganz normalen Druckverhältnissen stehen. Umgekehrt kann die Bulbuskapsel dem drückenden Finger noch ohne Schwierigkeit nachgeben und dennoch bereits ein Theil der vorhandenen elastischen
Dehnbarkeit durch Druckerhöhung und davon abhängige Spannungszunahme der Häute gebunden, nicht disponibel sein. Daher
rühren die enormen Verschiedenheiten, welche das fragliche
Symptom in den einzelnen Fällen von wahrem Glaukom erkennen
lässt, und die öftere Nichtübereinstimmung der Resistenzzunahme
des Augapfels und der Intensität der übrigen glaukomatösen Erscheinungen.

Die Höhe der krankhaften Drucksteigerung lässt sich
eben nicht aus dem gegebenen absoluten Masse der fühlbaren
Härte ermessen, sondern kann nur aus dem Vergleiche der vorhandenen Resistenz mit einer bekannten früheren desselben
Auges oder mit der Härte des anderen Auges annähernd er-
schlossen werden. Wo beide Augen glaukomatös sind oder
der eine Bulbus durch andere Krankheiten in der Elasticität
seiner Lederhaut oder in seinen Druckverhältnissen geschädigt
wurde und die Härte der Bulbi während des vorhergehenden Nor-
malzustandes unbekannt ist, dort fehlt jeder Massstab für die
Beurtheilung der Grösse der Resistenzzunahme, es kann der
Bestand einer krankhaften Drucksteigerung nur aus den übrigen
Erscheinungen und aus der Anamnese mit mehr oder weniger
Sicherheit diagnosticirt werden.

In einem wie in dem anderen Falle sind es die direct wahrgenommenen oder durch Urtheil gewonnenen Unterschiede zwischen der vorhandenen und der bekannten oder vermutheten

individuel normalen Bulbushärte, welche den Schätzungswerth
für die gegebene krankhafte Höhe des intraocularen Druckes
liefern.

Fasst man alles das zusammen, was im Vorhergehenden über
die Symptome des wahren Glaukoms und ihre Begründung gesagt
wurde, so ergiebt sich, dass jeder einzelne Zug in dem wechsel-
vollen Krankheitsbilde die pathologische Drucksteigerung und
die sie bedingende Störung im Binnenstromgebiete unmittelbar oder mittelbar durch deren Folgezustände zum Ausdrucke bringe. Die Blutstauung in den Wirbelvenen und
die davon abhängige Erhöhung des intraocularen Druckes
erweisen sich solchermassen wirklich als das eigentliche
Wesen, als der Kern des Leidens, aus welchem sämmtliche
Theilprocesse wie aus einer gemeinsamen Wurzel hervorsprossen
und je nach der Grösse der vorhandenen Störung sowie nach der
Gunst der Bodenverhältnisse in der Zeit bald mehr bald minder
üppig gedeihen oder wohl auch verkümmern. Das Glaukom, von
diesem Standpunkte aus betrachtet, reiht sich trotz der Wandelbarkeit seiner äusseren Erscheinungsweise als ein einheitlicher
geschlossener Krankheitsbegriff folgerichtig ein in das nosologische System der Ophthalmologie.

Freilich muss dann aber auch Alles, was in diesen Begriff
nicht streng hineinpasst, ausgeschieden und mit Consequenz
ferne gehalten werden. Es darf nicht mehr das Sehnervenleiden, welches gelegentlich ohne alle Drucksteigerung auftritt
und schliesslich mit Ektasie und Schwund des Opticuskopfes
endet, als massgebend bei der Diagnose des Glaukoms betrachtet
werden, blos deshalb, weil ein ganz ähnlicher Localprocess im
Auge auch unter der Herrschaft krankhaft erhöhten Binnendruckes
und in Abhängigkeit davon zum Vorscheine kömmt.

Die ganz ausserordentliche Verwirrung, welche seit Langem in
der Lehre vom Glaukome Platz gegriffen hat und dermalen eher

gestiegen ist als abgenommen hat, ist zum grossen Theile aus der Identificirung dieser beiden Krankheitsformen zu erklären. Und doch giebt es der Merkmale genug, welche auf die Nothwendigkeit des Auseinanderhaltens beider Zustände hinweisen, ja sie sind so in die Augen springende, dass man zur Zeit des Neubaues der Glaukomlehre in der That das eigentliche, mit Drucksteigerung einhergehende Glaukom von dem ohne diese verlaufenden Seh-nervenleiden, welches man »Amaurosis mit Sehnervenexca-vation« nannte, geschieden hat. [1] Die Verschmelzung beider Begriffe und die Einstellung des fraglichen Opticusleidens in die Reihe der nicht entzündlichen »einfachen Glaukome« ist erst später erfolgt [2] und bis auf den heutigen Tag festgehalten worden.

Der Process spielt sich, wo er, auf den Umfang des hinteren Scleralkranzes beschränkt, ohne Drucksteigerung auftritt, in ganz ähnlicher Weise ab wie eine einfache Opticusatrophie. Seine Entwickelung ist in der Regel eine ganz allmälige, lang-sam fortschreitende und oftmals wird der Kranke sein Leiden erst gewahr, wenn dasselbe in der Ausbildung bereits weit gediehen ist. Gewöhnlich sind es die Umnebelung des Gesichtsfeldes und die zunehmende Schwierigkeit, kleinere Gegenstände deutlich und klar wahrzunehmen, welche den Kranken auf seinen Zustand auf-merksam machen und ärztliche Hilfe anzurufen bewegen. Bei der genauen Untersuchung zeigt sich dann die centrale Sehschärfe meistens vermindert. Besonders gilt dies in Bezug auf fernere Gegenstände, während nicht ganz selten noch die ersten Nummern der Jäger'schen oder Snellen'schen Schriftscalen, wenn auch müh-sam und allenfalls unter Anwendung von entsprechenden Correctiv-gläsern, gelesen werden. [3] Ausnahmsweise stösst man wohl auch

[1] Graefe, Arch. f. Ophthalmologie III., 2, S. 484.
[2] Graefe, ibid. VIII., 2, S. 271.
[3] Die vorhandenen Schriftscalen geben eben nur eine conventionelle Norm. In der Wirklichkeit finden sich genug Augen mit einer Sehschärfe, welche die Einheit übersteigt. Ein selbst geläufiges Lesen von Jäger Nr. 1

auf eine centrale Unterbrechung des Gesichtsfeldes. Die Prüfung der Grenzen des letzteren ergiebt häufig, aber durchaus nicht immer, eine Einschränkung, die nach Sitz und Ausdehnung wechseln kann, meistens aber den inneren und oberen Quadranten vorzugsweise betrifft. Der Lichtsinn und der Farbensinn sind dabei gewöhnlich nicht merklich alterirt. Die einzelnen Organe des Bulbus erscheinen, so weit sie mit freiem Auge wahrnehmbar sind, im Zustande vollkommener Gesundheit und die Resistenz des Augapfels lässt, so oft sie auch untersucht wird, keine auf pathologische Drucksteigerung bezügliche Abweichung ermitteln. Der Augenspiegel erweist sämmtliche Innentheile des Bulbus mit Ausnahme der Sehnervenpapille normal. Diese letztere erscheint, wenn man frühzeitig dazu gelangt, fein getrübt; die Gefässe und die Peripherie sind mit einem feinen Schleier übergossen. Gewöhnlich leuchtet an einem Quadranten oder an einem noch grösseren Sector der Scheibe schon der helle Glanz der sehnigweissen Siebmembran durch, oder es tritt das Bild der reinen Verfärbung an einem grösseren oder kleineren Abschnitte des Sehnervenquerschnittes hervor. Meistens ist auch bereits ein oder das andere Centralgefäss an der Papillengrenze geknickt, oder es zeigt sich wohl gar schon die Excavation in der ganz charakteristischen Form.

Der Process tritt häufig einseitig auf und kann dann eine lange Reihe von Jahren auf Ein Auge beschränkt bleiben. Ebenso oft jedoch verfallen ihm beide Augen in einem kurzen Zeitraume oder fast zu gleicher Zeit.

Mitunter schlagen im Krankheitsbilde die Symptome der Opticusatrophie vor, die Sehnervenpapille verfärbt sich immer mehr und wird schliesslich ihrem ganzen Umfange nach sehnigweiss mit bläulichem Stiche und auffallendem Glanze, während das Sehvermögen immer mehr verfällt und am Ende wohl gar in völlige

---

in der entsprechenden Entfernung schliesst also nicht nothwendig eine Herabsetzung der früheren Sehschärfe aus.

Amaurose übergeht, ohne dass auch nur die Spur einer Excavation
zu sehen wäre. Auf einmal findet man, ohne dass sich im Krankheitsbilde sonst etwas geändert hätte, namentlich ohne dass irgend
eine Erscheinung auf Drucksteigerung hinweisen würde, ein oder
mehrere Centralgefässe an der Papillengrenze geknickt, die Excavation macht sich immer mehr geltend. Die bisher reine Atrophie
des Nervenkopfes hat ihr Bild in jenes des fraglichen Sehnervenleidens umgewandelt.

In der überwiegend grössten Anzahl von Fällen jedoch ist
die Excavation von Anfang an ausgesprochen, richtiger
gesagt, sie zeigt sich neben der Verfärbung, wenn der Kranke,
durch die Sehstörung beunruhigt, sich das erste Mal dem Arzte stellt.

Die Krankheit kann ausnahmsweise in ziemlich raschem
Laufe binnen einigen Monaten zur vollen Atrophie des Nervenkopfes mit oder ohne Excavation und zur absoluten Amaurosis führen. Meistens jedoch ist ihr Gang ein sehr langsamer
und stetig fortschreitender oder von Stillständen unterbrochener.
Oftmals verstreicht eine lange Reihe von Jahren, ehe eine
merkliche Veränderung im Krankheitsbilde sicher nachgewiesen
werden kann. Ich verfolge mehrere derartige Fälle bereits seit
6, 8 und 10 Jahren, ohne dass ein merklicher Wechsel in den
objectiven und subjectiven Symptomen zu beobachten wäre. In
einem Falle, bei einer hochgestellten Dame, ist sogar die Verfärbung der Papille und die ganz deutliche Knickung einer Centralvene, welche bei der ersten Untersuchung wahrnehmbar war, im
Laufe mehrerer Monate bei strenger Augendiät zurückgegangen
und der Zustand nunmehr seit 6 Jahren derselbe befriedigende
geblieben.

In einer gewissen Anzahl solcher Fälle stellt sich über kurz
oder lang Drucksteigerung ein und der Process verläuft fürder
unter dem Bilde eines ausgesprochenen chronischen oder
acuten Glaukoms. Das procentarische Verhältniss dieser Wand-
lung ist ein so bedeutendes, dass an einen Zufall nicht zu
denken ist, sondern die Annahme eines nosologischen Zusammen-

hanges beider Krankheitsformen unabweislich erscheint. Wahrscheinlich manifestirt sich in diesem späteren Ausbruche des wahren Glaukoms das allmälige Fortschreiten des ursprünglich auf den Bereich des hinteren Scleralkranzes beschränkten Leidens auf die ferneren Zonen der Lederhaut, wodurch die Blutstauung in den Wirbelvenen und schliesslich die Drucksteigerung angebahnt wird.

Die relative Häufigkeit dieses Vorganges und das öftere Auftreten des reinen Sehnervenleidens neben, vor oder nach der Entwickelung eines wahren Glaukoms am anderen Auge war es denn auch, was die Augenärzte bestimmt hat, die ursprüngliche Trennung beider Processe aufzugeben und das in Rede stehende Sehnervenleiden entweder bedingungslos mit den sogenannten einfachen, d. i. scheinbar nicht entzündlichen, aber mit Drucksteigerung einhergehenden Formen des Glaukoms zu verschmelzen, oder unter der Bezeichnung »glaukomatöses Sehnervenleiden mit Excavation« und »Scleralglaukom«[1]) als besondere Form den wahren Glaukomen anzureihen.

Es lässt sich nach dem Mitgetheilten dieser Classirung eine gewisse Berechtigung nicht absprechen. Anderseits muss aber auch in Rechnung gezogen werden, dass der Uebergang des bewussten Sehnervenleidens in wahres Glaukom keineswegs ein nothwendiger ist und immer erfolgt; ferner dass, wo er stattfindet, der ganze Charakter der Krankheit ein wesentlich anderer wird, dass durch das Hinzutreten der Blutstauung und Drucksteigerung alle übrigen bisher unbehelligt gebliebenen Augapfelorgane in den Process einbezogen und der Entartung zugeführt werden.

Ich sehe in dem isolirten Auftreten und in dem öfteren Isolirtbleiben des fraglichen Sehnervenleidens sowie in dem durch die Drucksteigerung eingeleiteten Charakterwechsel des Processes einen genügenden Grund zur völligen Scheidung beider Krank-

---

[1]) Ed. Jäger, Zeitschrift der k. k. Gesellschaft der Aerzte in Wien, 1858, Separat-Abdr. S. 18 u. f.; Ergebnisse der Untersuchungen etc. Wien, 1876. S. 19 u. f.

heitsvorgänge und halte es für zweckmässig, dieser Trennung auch
in dem Namen einen unzweideutigen Ausdruck zu geben. Die
Bezeichnungen »Scleralglaukom« und »glaukomatöses Seh-
nervenleiden mit Excavation« besitzen diese Eigenschaft nicht.
Der Name »Ectasia membranae cribrosae« ist ein zu enger.
Vielleicht findet die Benennung »Excavationsatrophie« oder
»Aushöhlungsschwund des Nervenkopfes« Anklang, wenn
man es nicht vorzieht, die ursprüngliche, von Graefe herrührende
Bezeichnung »Amaurosis mit Sehnervenexcavation« wieder
aufzunehmen.

Der Hauptgrund, welcher mich zu diesem Vorschlage eines
eigenen Namens bestimmt, ist ein ausgezeichnet praktischer. Er
fliesst aus der zwingenden Nothwendigkeit einer von der des Glaukoms ganz verschiedenen Behandlungsweise. Die Iridektomie, beziehungsweise die Sclerotomie mit ihren Abarten, sind
streng genommen ja doch nur insoferne heilbringend beim
Glaukome, als sie eine dauernde Herabsetzung pathologischer
Drucksteigerungen zu vermitteln und so auch den Ausgleich
jener krankhaften Theilprocesse anzubahnen vermögen, welche durch
die Blutstauung in den Wirbelvenen und durch die Erhöhung des
Binnendruckes in den verschiedenen Bulbusorganen unmittelbar
oder mittelbar hervorgerufen werden. Ihr Indicationsgebiet
fällt dem entsprechend genau zusammen mit jenem der
pathologischen Drucksteigerung überhaupt. Sie feiern daher
Triumphe beim acuten Glaukome, wenn sie zeitig genug ausgeführt
werden können. Beim chronischen Glaukom, bei welchem der
Kranke sich gewöhnlich erst zur Operation entschliesst, wenn die
Binnenorgane bereits hart mitgenommen worden sind, vermag die
Operation wohl die Drucksteigerung zu bannen, allein die
Gelegenheit zum Ausgleiche der Secundärprocesse ist keineswegs der Ausgleich selber; letztere werden wohl oft zum Stillstande gebracht, oft jedoch schreitet der einmal eingeleitete Entartungsprocess trotz der Herbeiführung günstigerer Ernährungsbedingungen unaufhaltsam weiter. Beim Excavationsschwunde

des Sehnerven, wo jede Drucksteigerung fehlt, hat die
Operation keine Berechtigung, ihre Heilwirkung ist Null.

Es hat dies Ed. Jäger[1]) bereits im Jahre 1858 ganz klar und deutlich ausgesprochen und ich erinnere mich noch lebhaft des Sturmes, welchen
er damit anregte. Zehender[2]) findet die Heilwirkung der Iridektomie bei
Glaucoma simplex »am zweifelhaftesten« gegenüber den Erfolgen bei den
übrigen Formen des Leidens. Arlt[3]) urtheilt sehr vorsichtig und kühl bezüglich der Resultate bei Glaucoma simplex und würde wahrscheinlich sich
noch kühler ausdrücken, wenn er nicht das mit Drucksteigerung einhergehende wahre chronische Glaukom mit der Excavationsatrophie zu-
sammenwürfe und die Operationsergebnisse bei beiden Krankheiten summirte.
Nach Schweigger[4]) »findet die Iridektomie bei Glaucoma simplex im Ganzen
»eine weniger günstige Sachlage vor und durchschnittlich ist nur auf Erhal-
»tung des Status quo zu rechnen.« Dagegen ist Mauthner's[5]) Urtheil ein
überaus abfälliges und Mooren[6]) sagt rund heraus: »Als gewiss gilt, dass
»die Operation ohne alle Wirkung bleibt, wenn mit der reinen Sehnerven-
»excavation nicht gleichzeitig eine gesteigerte Härte des Bulbus, eine ver-
»minderte Tiefe der vorderen Kammer und eine vermehrte Pupillarweite
»einhergeht.«

Ich gehe noch weiter und scheue mich nicht, zu behaupten,
die Iridektomie, beziehungsweise die Sclerotomie mit
ihren Abarten, sei beim Excavationsschwunde im Grossen
und Ganzen ein verderbliches Verfahren, welches unbedingt zu meiden ist, so lange nicht Drucksteigerung mit
ihren Folgen sich unzweifelhaft offenbart und der Process
solchermassen zum wahren Glaukome geworden ist. Wer
immer an diesem Grundsatze consequent festhält, wird bald die
Erfahrung machen, dass die auffälligen Verschlechterungen des
Zustandes, der rapide Verfall der Sehschärfe u. s. w., welche nach
der Operation des einfachen Glaukoms so häufig zu beklagen

---

[1]) Ed. Jäger, Zeitschrift der k. k. Gesellschaft der Aerzte in Wien,
1858, Separat-Abdr. S. 5, 19.

[2]) Zehender, Handbuch II., 1869, S. 728.

[3]) Arlt, Graefe und Sämisch, Handbuch III., S. 358.

[4]) Schweigger, Handbuch, 1871, S. 508.

[5]) Mauthner, Arch. f. Augen- und Ohrenheilkunde VII., S. 160.

[6]) Mooren, Ophth. Mittheilungen. Berlin, 1874. S. 51.

sind, vorzugsweise die Fälle von Excavationsatrophie betreffen.
Er wird bald zur Ueberzeugung kommen, dass die Unterlassung
der Operation hier das eigentliche conservative Verfahren sei.

Ich bin hierbei natürlich weit davon entfernt, glauben machen
zu wollen, dass die Operation in jedem Falle von reinem
Excavationsschwunde den functionellen Untergang des Auges herbeiführen oder auch nur beschleunigen müsse und umgekehrt, dass
die Unterlassung der Operation die Opticusatrophie mit gänz-
lichem Verfalle des Sehvermögens sicher aufhalten oder den
Uebergang in wahres Glaukom hindern werde. Meine Ueberzeugung geht blos dahin, dass in einer längeren Reihe von
Fällen reinen Excavationsschwundes die Summe der in
Function erhaltenen Augen und die Summe der Jahre,
in welchen die Augen dienstfähig bleiben, bedeutend
grösser ausfällt, wenn nicht operirt wird, als wenn die
Iridektomie oder Sclerotomie zur Ausführung gelangt.

In Uebereinstimmung damit operire ich seit 8 Jahren keinen
mit einfachem Excavationsschwunde des Sehnerven behafteten
Kranken, ausser es tritt Drucksteigerung hinzu, und beschränke
mich auf die Empfehlung von strenger Augendiät. Ich darf wohl
sagen, dass die Kranken, welche diesem Rathe nachgekommen
sind, es nicht zu bereuen haben, während Mehrere, welche trotz
meiner Einsprache sich operiren liessen, es dermalen bitter beklagen,
indem dem Eingriffe rasch Erblindung folgte.

Den nächsten Anstoss zum Aufgeben der Operation beim
reinen Aushöhlungsschwunde des Sehnerven gab, abgesehen
von der allgemeinen Unzufriedenheit mit den Leistungen der
Iridektomie beim einfachen Glaukome, ein specieller Fall.

Derselbe betraf die Schwiegermutter eines meiner Jugendfreunde, welche
zu Ende der sechziger Jahre nach Wien gekommen war, um sich wegen des
leidenden Zustandes ihres rechten Auges mit den hiesigen Aerzten zu berathen.
Das Auge zeigte das ausgesprochene Bild des reinen Excavationsschwundes.
Bei völliger Integrität der übrigen Bulbusorgane erschien die Papille theilweise verblasst und an deren Rande die Mehrzahl der Centralgefässe geknickt.
Nebenher ging eine beträchtliche Abnahme der Sehschärfe (die Kranke las

nur mit Schwierigkeit Nr. 5 der Jäger'schen Schriftscala), und eine Einschränkung des Gesichtsfeldes nach innen unten. Die Diagnose wurde allseitig auf
einfaches Glaukom gestellt und demgemäss eine Iridektomie dringend anem-
pfohlen. Die Kranke konnte sich hierzu nicht entschliessen und reiste in
ihre Heimat. Im Jahre 1873 kam ich auf Besuch dorthin und staunte nicht
wenig, den Zustand vollkommen unverändert wieder zu finden. Die Kranke
ist mittlerweile gestorben, ohne dass im Auge ein merklicher Wechsel der
Erscheinungen stattgefunden hätte.

Es sind mir seither ziemlich viele solcher Fälle vorgekommen
— leider kann ich deren Zahl nicht angeben, da sie zum Theile
der Privatpraxis angehören, welche eine genaue Protokollirung
nicht gut möglich macht. Von denen, welche ich längere Zeit
verfolgen konnte, erwähne ich zwei.

Ein 74jähriger Herr aus den höheren Schichten der Gesellschaft merkte
im Jahre 1874 eine beträchtliche Abnahme des Sehvermögens am linken
Auge. Der zu Rathe gezogene Augenarzt diagnosticirte Glaukom und rieth
zur ungesäumten Vornahme der Operation. Doch konnte sich der Kranke
dazu nicht entschliessen. Im Frühjahre 1876 hatte ich Gelegenheit, ihn zu
untersuchen. Ich fand beiderseits Myopie $\frac{1}{10}$. Die Bulbushärte vollkommen
normal, die Kammern weit, die blaue Iris lebhaft reagirend. Auf dem linken
Auge las der Kranke noch Jäger Nr. 8 auf 10″ Entfernung, doch bestand
eine sehr markirte Einschränkung des Gesichtsfeldes nach innen und unten.
Rechts war die centrale Sehschärfe nur wenig gesunken, es ward noch Jäger
Nr. 1, wenn auch etwas mühsam, gelesen. Es scheint, als ob auch hier die
mediale Peripherie des Gesichtsfeldes nicht ganz intact geblieben sei, doch
konnte ich mich nicht davon überzeugen, da der sehr ängstliche Patient ein-
greifendere Untersuchungen sehr ungern gestattete. Mit dem Augenspiegel
gewahrte man rechterseits die Sehnervenscheibe schläfenwärts sehr verblasst,
rings umgeben von einem etwa ein Viertel papillenbreiten schmig weissen,
stellenweise von Pigmentgruppen bestreuten Ringe, dessen nicht ganz regelmässige periphere Begrenzung temporalwärts scharf, medialwärts aber leicht
verschwommen erschien und als eine hintere Lederhautausdehnung diagnosticirt wurde, welche nasenwärts in einen verbreiterten Bindegewebsring über-
ging. Die Gefässpforte zeigte sich nach innen gerückt, und die mediale obere
Hauptvene am Rande der Papille schnabelförmig umgebogen, geknickt. Am
linken Auge war die Verblassung der Papille viel mehr ausgesprochen und
nur ein schmaler medialer Saum rosig geröthet; die Sehnervenscheibe rings
umgeben von einer hellweissen, $\frac{1}{4}$ bis $\frac{1}{3}$ papillenbreiten Zone mit zackigem
pigmentirten äusseren Rande. Die Gefässpforte bis an die mediale Peripherie
der Papille verschoben, alle Gefässe schnabelig umgebogen und der obere
Hauptvenenast, aus welchem die beiden oberen Netzhautblutadern hervorgehen,

durch den vorspringenden medialen Rand der excavirten Papille gedeckt. Die Venen von normalem Kaliber, die Arterien sehr schmal. Kein Puls. Ich widerrieth die Operation bis zum etwaigen Auftreten von Drucksteigerungen und empfahl Augendiät. Der Kranke befindet sich dabei wohl. Anfangs 1881 war der objective Zustand wenig verändert. Doch zeigte sich linkerseits eine beträchtliche Abnahme des Sehvermögens, indem der Kranke nur mehr die grössten Nummern Jäger las und das Gesichtsfeld blos nach aussen bestand. Rechts liest der Kranke prompt Jäger Nr. 2 und auch die Einschränkung des Gesichtsfeldes ist nicht deutlich.

Ein 62 ähriger Stabsofficier wurde am 22. Jänner 1874 auf die Klinik aufgenommen. Im Protokolle findet sich folgender Eintrag: Glaucoma chronicum oc. dext. Excavation sehr deutlich, Bindegewebsring kreisrund, Gefässpforte verschoben, Sehnerv tief eisengrau, Einschränkung nach innen, Pupille mehr als mittelweit, sehr träge reagirend, Kammer etwas enger, intraocularer Druck unmerklich erhöht. Es wurde Tags darauf die Iridektomie ausgeführt. In der folgenden Nacht wurde der Kranke, welcher kein Säufer ist, von einem Anfalle förmlicher Tobsucht befallen, welcher mehrere Stunden anhielt und die Hilfe von einigen männlichen Wärtern nothwendig machte. Der Kranke hatte dabei den Verband abgerissen und die Wunde gesprengt. Iridokyklitis mit Verwachsung des Coloboms und Staarbildung waren die Folgen, daher später die Extractio cataractae mit Irisausschneidung nothwendig wurde. Im November desselben Jahres stellte sich der Kranke wieder vor, indem er am linken Auge eine ihn sehr beängstigende Abnahme des Sehvermögens bemerkte. Seither, also seit mehr als sechs Jahren wiederholt er seine Besuche und der Zustand ist stets der gleiche geblieben, nämlich: ganz schmales Staphyloma posticum nach aussen angedeutet; am unteren Rande der Papille ein mächtiger Pigmentsaum; die äussere Hälfte der Papille bläulichgrau verfärbt; sehr breite aber physiologische Excavation; die Gefässpforte wenig gegen die Nasenseite verschoben; hart am unteren Rande der Papille die zwei grossen Centralvenen deutlich geknickt und gleich den beiden oberen Stämmen stark verbreitert, aber nicht auffallend geschlängelt: die Arterien von normalem Kaliber. Sehschärfe 20 : 70; der Kranke liest Jäger Nr. 5 mit Convexgläsern von 8″ Brennweite leicht und anhaltend. Das Gesichtsfeld scheinbar intact (ohne Perimeter gemessen). Resistenz und alle übrigen Theile des Augapfels normal.

IV.

Zur Lehre von der Embolie der centralen Netzhautschlagader.

Die Lehre von der Embolie der centralen Netzhautschlag-
ader erfreut sich seit Jahren des besonderen Interesses der Augenärzte. Eine lange Reihe von verlautbarten Fällen, in welchen man
die Embolie auf Grundlage einzelner Symptome, insbesondere der
urplötzlichen Erblindung eines Auges, der Trübung der Netzhaut
in der Maculagegend, der dunkelrothen Färbung des gelben Fleckes
und der ganz ungewöhnlichen Verengerung der retinalen Gefässe,
vornehmlich der Centralstücke derselben, diagnosticiren zu können
vermeinte, legt hiervon Zeugniss ab.

Bei genauerer Durchsicht dieser Fälle ergeben sich jedoch im
Ganzen und im Einzelnen die auffälligsten Verschiedenheiten und
überdies ein völliger Mangel an Uebereinstimmung mit den Erscheinungen, welche Cohnheim[1]) auf Grundlage künstlich er-
zeugter Verstopfungen von arteriellen Endästen in der Zunge
des Frosches als pathognomonisch für den Embolismus im
engeren Wortsinne nachgewiesen hat. Alle Versuche, die bei ange-
nommener Embolie der Centralarterie der Netzhaut beobachteten
Symptome mit den von Cohnheim aufgestellten Merkmalen in
Einklang zu bringen, oder ihre Nichtcongruenz aus der Autonomie
des Binnenstromgebietes und aus den Eigenthümlichkeiten der
intraocularen Druckverhältnisse zu erklären, sind in hohem

---

[1]) Untersuchungen über die embolischen Processe. Berlin. 1872.

Grade mangelhaft und angreifbar geblieben. Mehrere Augenärzte
fanden sich in Anbetracht dessen und mannigfaltiger anderer Erfahrungen denn auch bewogen, einen grossen Theil der bezüglichen
Fälle als mit Embolie unvereinbar hinzustellen. Ich selbst[1]
habe im Hinblicke auf Iwanoff's[2] Fall, in welchem alle der
Embolie zugeschriebenen Symptome während des Lebens gegeben
waren, an der Leiche aber kein Embolus gefunden wurde, das
Vorkommen von Embolien der Arteria centralis bezweifelt und die
Nothwendigkeit betont, nach anderen Krankheitsvorgängen aus-
zuschauen, welche den fraglichen Symptomcomplex folgerichtiger
abzuleiten gestatten.

Mittlerweile sind sechs Fälle mit Leichenbefunden veröffentlicht worden, welche jeden weiteren Einwand beseitigen und
mit Bestimmtheit erweisen, dass die auf Embolie bezogenen
Erscheinungen in gewissen Fällen wirklich durch Verstopfung der Centralarterie begründet werden. Ich lasse
dieselben im Auszuge folgen.

Der erste Fall, in welchem ein Embolus der Centralarterie an
der Leiche ganz unzweifelhaft nachgewiesen wurde, rührt von A. Sichel
dem Jüngeren[3] her. Eine 54jährige Dame war am 1. Juli 1868 in Folge
eines heftigen Schreckens am linken Auge plötzlich und vollständig erblindet.
Tags darauf untersucht, zeigt sich die Peripherie des Gesichtsfeldes wieder
frei, das Centrum aber auf 14 Cm. Seiten- und 8 Cm. Höhenabstand rings um
den Fixirpunkt völlig dunkel. Der Augenspiegel ergiebt die Papille normal, die Venen von Blut leicht angefüllt, die Arterien von normalem Kaliber, der Augengrund wegen geringen Pigmentgehalts des Tapetes etwas blässer. In der Maculagegend findet sich ein dunkelrothes scharf umschriebenes Blutextravasat von 7 Mm. Breite und
4 Mm. Höhe. In der Gleicherregion sind sehr viele kleine Netzhauthämor-

[1] Stellwag, Lehrbuch, 1870, S. 250.
[2] Iwanoff, Klin. Monatsblätter, 1868, S. 349. Ein von Loring (ibid.,
1874, S. 316) mitgetheilter Fall, in welchem auch kein Embolus gefunden
wurde, gehört nach den ophthalmoskopischen Erscheinungen kaum hierher.
Auch der von Popp (Nagel's Jahresbericht, 1875, S. 307) berichtete Fall
gestattet manchen Zweifel.
[3] A. Sichel, Arch. de physiologie, 1871, IV., p. 83.

rhagien und daneben zahlreiche weisse Flecken zu sehen, über welche hier und da Netzhautgefässe hinwegstreichen. Im Herzen ist eine Insufficienz der Bicuspitalklappen nachzuweisen.

Im Laufe zweier Monate bessert sich das Sehvermögen derart, dass die Kranke Nr. 17 der Jäger'schen Schriftscala zu lesen vermag. Doch sinkt dasselbe bald wieder in rapider Weise. Der Augenspiegel ergiebt nun die Symptome des trüben Opticusschwundes. Die Centralvenen sind, besonders im Bereiche der Papille, merklich von Blut überfüllt, gegen die Peripherie hin jedoch von normalem Kaliber. Die Arterien sind auf und nahe der Papille verschwunden. Sie werden daselbst von weisslichgrauen scharf begrenzten Strängen ersetzt, welche gegen den Aequator hin sich in ausserordentlich dünne blutführende Zweige spalten, die gegen die Peripherie hin an Durchmesser wachsen. Um die Macula herum ist die Netzhaut diffus infiltrirt, einen trüben matten wie aufgelockerten Kreis bildend, in dessen Mitte ein tief braunrother unregelmässig runder Fleck lagert, umsäumt von dicht gedrängten Gruppen weisslicher glänzender Stippchen.

Sieben Monate später ist der rothe Fleck in der Macula und ihr trüber Saum völlig verschwunden. Die Arterien erscheinen fadenförmig und sind nicht mehr bis an die Peripherie zu verfolgen. Die Venen sind blutgefüllt geblieben, die Papille bietet das Bild reinen Schwundes.

Dreizehn Monate nach der ersten Untersuchung stirbt die Kranke. Der Leichenbefund bestätigt die Diagnose des Herzleidens. Die Arteria centralis retinae wird von ihrem Ursprunge aus der Arteria ophthalmica an mit der Scheere geschlitzt und in ihrer Lichtung bis 9 Mm. hinter der Sclera frei befunden. Hier verengert sie sich sehr, ihre innere Membran erscheint sehr gefaltet, eingeschrumpft. Ein Querschnitt, etwas näher dem Bulbus, zeigt an der inneren Wand des Gefässes anlagernd einen Haufen gelblicher rundlicher fein granulirter Körperchen, welcher etwa ein Drittel des Gefässlumens ausfüllt. In diesen beiden Durchschnitten ist die Arterie mit ihren drei Häuten und die in der Lichtung ganz normale Vene noch ganz leicht zu erkennen. Noch etwas höher füllt der oben beschriebene Körnerhaufen bereits das ganze Lumen der Arterie aus und die mit der letzteren in einer gemeinsamen Scheide gelegene Vene ist auf ein Viertheil ihres Kalibers verengt. In einem 5 Mm. hinter der Scleraloberfläche geführten Querschnitte ist die Arterie auf das Doppelte erweitert und ganz mit jener Körnermasse erfüllt, welche der inneren Gefässhaut fest anhängt. Von der Vene ist hier keine Spur zu finden; doch zeigt sich selbe unmittelbar über dieser Stelle wieder und erscheint sehr abgeplattet und verengt. Von hier nach der Siebmembran hin wird die Arterie wieder frei in ihrer Lichtung, ist jedoch sehr verengt, ihre innere Haut stark gefaltet und runzelig. Die Vene hingegen zeigt sich hier etwas erweitert.

16*

Der zweite Fall gehört Pristley Smith[1] an. Er liegt mir im Originale nicht vor. Bei einem 58jährigen Manne wurde eine Woche nach der plötzlich eingetretenen vollständigen Erblindung des rechten Auges ophthalmoskopisch nachgewiesen: Netzhaut getrübt; um den Sehnerveneintritt herum verdichtet sich diese Trübung zu einem dichteren Hofe. In der Maculagegend ein dunkelrother Fleck, umgeben von einem weissen trüben, nach aussen hin verwaschenen Saume. Die Netzhautarterien zu sehr feinen blassen Linien verengt; die Centralvenen von der Papille gegen den Aequator hin an Kaliber wachsend. In der Aorta leichte Geräusche.

Vier Monate nach der ersten Untersuchung starb der Kranke. An der Leiche fand man die Aortenklappen verdickt, in eine höckerige Masse verwandelt. Der rechte Sehnerv war seiner ganzen Länge nach etwas geschrumpft. Auf einem Querschnitte desselben, knapp hinter dem Bulbus, war die Vene klaffend, aber verengt; die Arterie existirte als Gefässrohr nicht mehr, ihre ursprüngliche Lage war jedoch durch eine scharf begrenzte kreisförmige Stelle von concentrisch angeordnetem Bindegewebe gut gekennzeichnet.

Den dritten Fall bringt Nettleship.[2] Vier Tage nach der plötzlichen Erblindung des linken Auges eines 54jährigen Clerk wurde mittelst des Augenspiegels Oedem der Retina und Embolie der Arteria centralis retinae diagnosticirt. Die Erblindung erwies sich als blosse Verschleierung des Gesichtsfeldes. An den Herzklappen wurden deutliche systolische Geräusche nachgewiesen. Drei Monate später stellten sich Symptome acuten Glaukoms ein, daher die Iridektomie und später die Enucleation des Bulbus ausgeführt wurde.

Ein durch den Opticus des gehärteten Augapfels geführter Längsschnitt zeigte, dass die Centralarterie ein klein wenig hinter der Siebmembran sich in drei Aeste spaltete, wovon zwei ganz ausgefüllt waren von einem blassen Pfropfe, der nach hinten hin in den gemeinsamen Gefässpfropf hineinreichte und hier in zwei Spitzen auslief. Dieser Pfropf bestand in seinem hinteren jüngeren Theile aus weissen Rundzellen; in dem älteren Vordertheile aber, welcher auch die beiden Aeste verstopfte und allenthalben der inneren Gefässhaut fest anhing, mischte sich zwischen die Zellenmasse ein undeutlich faseriges Netzgewebe. Vor dem Pfropfe waren die drei Aeste sehr verengt, von dunklem Blute angefüllt. Die Intima und die stark verdickten übrigen Gefässhäute erschienen

---

[1] Pristley Smith, British med. Journ., 1871, p. 152, nach Nagel's Jahresbericht, 1874, S. 401.

[2] Nettleship, Ophth. Hosp. Rep. VIII., p. 9.

im Bereiche des Pfropfes und vor ihm ringförmig gefaltet. Die
Vena centralis war in dem Schnitte nicht zu sehen.

Der vierte Fall ward von H. Schmidt[1] veröffentlicht. Er betraf
einen 58jährigen Mann, der an einem Herzfehler und in Folge embolischer
Herde des Gehirns auch an linksseitiger Parese der Extremitäten litt. Zwanzig
Stunden nach der plötzlichen Erblindung des linken Auges fand H. Schmidt
auf der normal aussehenden Papille die Arterien blutleer, kaum
als dünne Stränge erkennbar, aber doch eine Strecke weit in die Netzhaut verfolgbar. Die Centralvenen präsentirten sich auf der Netzhaut als dunkel blaurothe ziemlich dicke Striche. Besonders auffällig
war der Mangel der sonst vorhandenen feineren Biegungen. An einzelnen
Stellen zeigte sich eine Unterbrechung der Continuität der in
ihnen enthaltenen Blutsäule. Die Gegend der Macula lutea und
weiter nach der Papille zu war leicht grau getrübt; der gelbe
Fleck trat nicht wie sonst im umgekehrten Bilde als Queroval
mit braunrother, etwas »stumpfer« Färbung hervor. An einer Stelle,
welche der Lage nach etwa dem unteren Rande der Macula entsprechen
würde, fand sich eine dunkelrothe dicke quergestellte Linie von halbem
Papillendurchmesser. — Morgens darauf zeigten sich die Erscheinungen von
Iridochorioiditis.

Nach vier Monaten wurde vollständige Atrophie des Opticus
und der Netzhaut sowie der hinteren Aderhautpartien nachgewiesen. Von der Papille giengen zwei sehr dünne Gefässäste nach
innen und ein anderer leicht geschlängelter Zweig nach oben. Der letztere ward gegen die Peripherie hin etwas stärker und deutlicher.

Ein Jahr nach der ersten Untersuchung stirbt der Kranke. Das
Lumen der Arteria centralis ist bis zur Sehnervenscheide offen. Von da an
erscheint das dem Gefässe nachbarliche Gefüge des Opticus in
einem gegen den Bulbus hin wachsenden Querschnitte atrophirt,
während der Durchmesser des Nerven immer mehr sinkt. Die Centralarterie
spaltet sich kurz nach dem Eintritte in den Opticus in zwei parallel nebeneinander ziehende Zweige, welche schon nahe der Gabel von einer merklich verdickten Bindegewebsscheide umhüllt sind, die mit dem
atrophirten Nervengewebe in Eines zusammenfliesst. Von der
Stelle an, wo die Centralvene den beiden arteriellen Aesten anliegend erscheint, bis nach vorne sind die beiden letzteren vollständig ausgefüllt von einer grösstentheils hyalinen gelblichen Masse, die
durch Querlinien in verschiedene unregelmässige Abtheilungen zerfällt. Es
besteht dieselbe der Hauptmasse nach aus einer homogenen zellenfreien
Substanz, zum kleineren Theile, besonders an einer der Wand nahen Stelle,

---

[1] H. Schmidt, Arch. f. Ophthalmologie XX., 2, S. 287.

aus zelligen Gebilden und lässt einen cylindrischen Schlauch
erkennen, der rothe Blutkörperchen zu enthalten scheint und möglicherweise als ein neugebildetes Gefäss zu betrachten ist. Die Arteria
centralis ist dabei verengert und ihre Intima in glänzenden
Wellenlinien gefaltet. Die Centralvene ist zusammengefallen, etwas
Blut führend.

Ein fünfter Fall wird von Gowers[1] erzählt. Es bestand in demselben gleichzeitig eine Embolie der linken Arteria centralis retinae und der linken Arteria fossae Sylvii. Ein 30jähriger Mann war
plötzlich bewusstlos geworden. Vollständige Lähmung der rechten Extremitäten,
leichte Lähmung des Gesichtes. Theilweise Rückkehr des Bewusstseins und
Besserung der Hemiplegie. Zwei Monate nach dem Anfalle stirbt der Kranke
an seinem Herzfehler. Die Augenspiegeluntersuchung war fünf Tage nach
dem Anfalle vorgenommen worden und ergab im Allgemeinen das der Embolie zukommende Krankheitsbild, doch fehlte der rothe Fleck auf der Macula.

Die anatomische Untersuchung des linken Auges nach Härtung desselben stellt heraus, »dass die Centralarterie im Opticus an einzelnen
»Stellen zwar erweitert, aber grösstentheils so contrahirt war, dass
»ihr Kaliber eine blosse Linie darstellte. Die Gefässwandungen verdickt,
»doch nur proportional der Gefässcontraction. Keine Faltenbildung in
»der Intima. Die erweiterten Partien des Gefässes entsprechen einige Male
»dem Abgange eines Astes der Arterie in die Substanz des Sehnerven. In
»der Papille selbst ist das Kaliber der Hauptäste der Arterie ungemein ver-
»ringert. Hier und da, im Opticus und in der Papille, sind feine granuläre
»Massen in den Gefässen zu sehen. Der grösste Pfropf sitzt im Haupt-
»stamme der Centralarterie, ungefähr $^1/_6$" hinter der Lamina cribrosa. Der
»Pfropf hat eine längliche Gestalt, ist $^1/_{300}$" lang, ungefähr $^1/_{800}$" breit, er-
»scheint granulirt, viele dunkle Punkte enthaltend. Dass er das Gefäss nicht
»ganz ausfüllt, rührt unzweifelhaft von der durch das härtende Medium her-
»beigeführten Schrumpfung her. Eine kurze Strecke vor dem länglichen
»Pfropfe (gegen die Lamina hin) liegt eine kleine rundliche Masse, ebenso
»findet sich in einer der verengerten Papillenarterien ein Quantum kör-
»niger Substanz. Die Centralarterie ist hinter der embolischen Stelle, die
»das Präparat zeigt, verengt.«

»Die Kerne sind im Opticus nicht vermehrt, die Nervenfasern zeigen
»daselbst beginnende Degeneration, einzelne Myelinkugeln. Papille nicht ge-
»schwollen, die runden Kerne längs den Nervenfasern vermehrt, stellenweise
»in ovalen Haufen zwischen den Nervenfasern angesammelt. Die Nervenfaser-
»schichte der Retina in der nächsten Umgebung der Papille ein wenig an-
»geschwollen; unter der geschwellten Partie, wahrscheinlich entsprechend der

---

[1] Gowers, Nagel's Jahresbericht. 1875, S. 308.

»mit dem Spiegel wahrgenommenen Trübung, zeigt sich die ganze Dicke der
»Netzhaut mit kleinen Körperchen, die den Elementen der Körnerschichten
»gleichen, infiltrirt. . . . Der Hauptembolus sass wahrscheinlich beim Ein-
»tritte der Centralarterie in den Nervenstamm, da das Gefäss in centripetaler
»Richtung hinter dem früher beschriebenen Embolus verengt war.«

Ein sechster etwas zweifelhafter Fall, gehört wieder Nettleship[1]) an. Ein 62jähriges Weib erblindet plötzlich, nachdem durch einige
Tage leichte Schmerzen in der rechten Kopfhälfte vorangegangen, unter
plötzlich auftretendem überaus heftigem Kopfschmerze am rechten Auge.
Keine Lichtempfindung. Der Rand der Sehnervenpapille durch eine trübe
Verfärbung verwaschen; Venen breit und gewunden; Arterien eng und
fadenförmig. Nach einigen Wochen glaukomatöse Erscheinungen, Iridektomie und später Enucleation des Auges.

»Die anatomische Untersuchung des enucleirten Bulbus ergiebt:
»Arteria centralis retinae in ihrem Durchmesser verringert; Intima stark
»und unregelmässig gefaltet, am meisten an einer ein wenig über der Lamina
»cribrosa gelegenen Stelle; Adventitia, sowohl des Hauptstammes als eines
»im Präparate sichtbaren Hauptastes, verdickt, mit feinkörniger Substanz in-
»filtrirt. Das Lumen der Arteria centralis (nicht an allen Stellen in gleicher
»Weise) erfüllt mit einer fibrösen Masse, welche mit molekulärer, weisse und
»einzelne rothe Blutkörperchen enthaltender Substanz gemischt erscheint. An
»der Stelle der stärksten Faltung der Intima ist das Lumen des Gefässes
»vollständig mit diesen Massen ausgefüllt. Unzweifelhaft hat also die Central-
»arterie durch eine beträchtliche Zeit vor der Enucleation des Bulbus auf-
»gehört, Blut zu führen. Der Inhalt des Gefässes ist wahrscheinlich fibrinärer
»Natur, die Räume und Kanäle in demselben sind möglicherweise neugebildete
»Gefässe im organisirten Fibrin.«

Ein siebenter und der Zeit seiner Veröffentlichung nach der erste
Fall, in welchem an der Leiche ein Embolus als Veranlassung des eigenthümlichen Symptomencomplexes diagnosticirt worden ist, wurde 1858 von
Graefe[2]) eine Woche nach der plötzlichen Erblindung untersucht. Derselbe
fand absolute Blindheit des betreffenden rechten Auges. Die Papilla optici
erschien ganz bleich, sämmtliche Gefässe innerhalb derselben
auf ein Minimum reducirt. Die Hauptarterienstämme zeigten
sich auch jenseits der Papille auf der Netzhaut als ganz schmale
Linien, deren Aeste in entsprechender Weise immer feiner und feiner wurden.
Auch die Venen waren an allen Punkten dünner als in der Norm,
aber ihre Füllung stieg gegen den Aequator hin. Zwei Tage darnach

---

[1]) Nettleship, Nagel's Jahresbericht, 1875, S. 310.
[2]) Graefe, Arch. f. Ophthalmologie V., 1, S. 136.

wurde in einer Vene eine grosse Unregelmässigkeit der Füllung
beobachtet, in der Art, dass verhältnissmässig gefüllte und völlig blutleere
Strecken wechselten. Dabei gewahrte man eine vollkommen arhythmische
Bewegung der im Gefässrohre enthaltenen Blutcylinder, welche bald stossweise nach dem Opticus vorrückten, bald wiederum vollkommen stillstanden.
In der Regel ergoss sich das Blut aus den gefüllten Räumen in die dazwischen
gelegenen blutleeren, so dass der Unterschied in der Füllung ein geringerer,
die Unterbrechungen der Blutsäule weniger auffallend wurden. Allmälig zog
sich das Blut wieder in bestimmte Gefässstrecken zusammen, so dass sich
ungefähr der ursprüngliche Anblick wieder herstellte. Auch die ganze Form
und Schlängelung der Vene variirte während dieser Erscheinung. Am stärksten
entwickelt war das erwähnte Phänomen in einem etwa 3''' jenseits der Papillengrenze gelegenen Abschnitte des Gefässes. Dessen innerhalb der Papille gelegener Abschnitt schien in der Regel blutleer, nur bei den stärksten Circula-
tionsstössen drang das Blut in denselben ein und nur höchst ausnahmsweise
durchlief es denselben bis zur Ausmündungsstelle. Noch einige Tage später
war die eigenthümliche Kreislaufsstörung in allen Venen wahrzunehmen. Dabei zeigte sich wieder eine Andeutung quantitativer Lichtempfindung nach innen und oben.

Eine Woche nach der ersten Untersuchung wurde die centrale Netz-
hautregion schleierartig getrübt und diese Trübung verdichtete sich
bald bis zur vollkommen opaken grauweissen Infiltration mit weisslichen
Stippchen und Pünktchen, während die nächste Umgebung des Foramen
centrale als ein intensiv kirschrother Fleck von etwa ein Viertel
Papillendurchmesser hervortrat.

Vierzehn Tage nach der Iridektomie sah man von dem ganzen Netz-
hautleiden nur noch eine schwache Andeutung, es markirte sich die Zone, in
welcher früher jene Trübung ihre Höhe erreicht hatte, durch einen licht-
grauen Ring, innerhalb dessen das Netzhautgewebe höchstens mit einem
feinen Schleier durchzogen war. Dabei war ein weit präciserer Licht-
schein in der Schläfengegend des Gesichtsfeldes nachzuweisen, ja der Kranke
vermochte daselbst sogar die Bewegung einer Hand zu erkennen. Später
entwickelte sich vollständiger Sehwund der Papille und ein diasto-
lisches Aftergeräusch liess auf stenosirte Aortenklappen schliessen.

Anderthalb Jahre darnach gelang es Schweigger,[1] in den Besitz
des Auges zu kommen und dieses anatomisch zu untersuchen. Er sagt darüber wörtlich: »Fig. 10, Taf. III giebt die Abbildung des Längsschnittes
»des Sehnerven. Die Arteria centralis retinae zeigt sich durch einen Em-
»bolus vollständig obliterirt. Derselbe hatte sich bis in die Gegend der La-
»mina cribrosa durch die Arterie durchgedrängt, hier aber, wo kein Raum

---

[1] Schweigger, Vorlesungen über den Gebrauch des Augenspiegels
Berlin, 1864. S. 140.

»zu schaffen ist, war er aufgehalten worden. . . . Hinter dem Embolus ist
»die Arterie durch einen Thrombus obturirt. Leider war die Retina bereits
»zu sehr cadaverisch verändert etc.«

Die Abbildung, auf welche Schweigger sich bezieht, ist in bei-
stehendem Holzschnitte (Fig. 5) wiedergegeben. So weit es sich um die
Arteria et vena centralis mit nächster Umgebung handelt, wurde die
Schweigger'sche Lithographie mit allen Einzelnheiten in die Zeichnung aufgenommen. Der Rest wurde blos skizzirt. Man sieht einen sehr dunkel ge-
haltenen rundlichen Pfropf nahe der Siebmembran in der Lichtung der
Arteria centralis steckend. Die Wandungen dieser Schlagader erscheinen
von dem Pfropfe ein klein wenig ausgebaucht, im Uebrigen aber in der ganzen

Fig. 5.

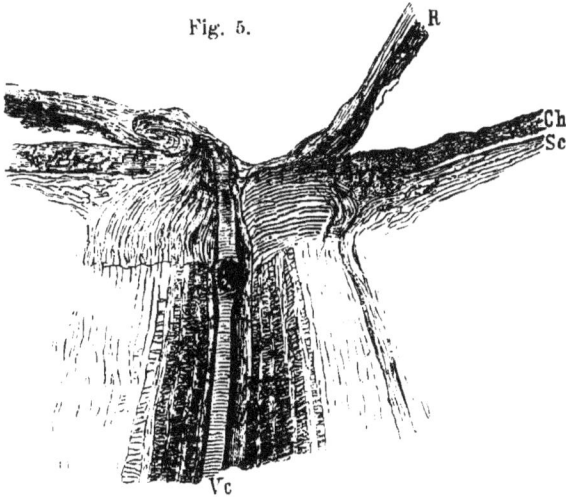

Länge des Präparates ohne Spur von Verdickung oder sonstiger
pathologischer Veränderung. Ebenso erscheinen die anliegenden
Theile des Opticusgefüges vollkommen normal. Die Lichtung der
Centralarterie selbst ist in der ganzen Ausdehnung des Präparates vor und hinter dem Pfropfe eine vollkommen gleichmässige
und freie, der runde Embolus steckt wie eine Kugel im Rohre. Die Abbildung erinnert lebhaft an Fig. 4—7 der dem Cohnheim'schen Werke[1]
beigegebenen lithographirten Tafel.

Auf so unvollständige Daten hin — und andere lagen im Jahre 1870
nicht vor — war es gewiss überaus schwer, das Gegebensein eines seit
anderthalb Jahren bestehenden embolischen Processes in der

---

[1] Cohnheim, Untersuchungen über die embol. Processe. Berlin, 1872.

Centralarterie anzuerkennen, umsomehr, als das von Schweigger Mit-
getheilte sich in keiner Weise mit dem in Uebereinstimmung bringen liess,
was in jedem Lehrbuche der pathologischen Anatomie über Embolismus
zu lesen ist. Und doch nahm es Schweigger[1] sehr übel, als ich[2] die Unzulänglichkeit der gelieferten Thatsachen betonte, was übrigens auch Roth[3]
verbrach. Statt indessen durch eine authentische Abbildung und durch
eine genaue Darstellung des mikroskopischen Befundes jeden Zweifel zu bannen
und damit der Wissenschaft in einer so wichtigen Sache einen Dienst zu leisten,
verschanzt sich Schweigger hinter die Autorität Anderer, indem er schreibt:
»Zur Beruhigung für Herrn v. Stellwag erlaube ich mir zu bemerken, dass
»die betreffenden Präparate sich noch in meinem Besitze befinden, und dass
»alle Sachverständigen, welche sie bisher gesehen haben — unter Anderen
»hatten noch kurz vor dem Drucke dieser Zeilen, die Herren Prof. Virchow
»und Cohnheim die Freundlichkeit, dieselben genau zu untersuchen — sie
»für völlig beweisend gehalten.«

Nach dem Zeugnisse Virchow's und Cohnheim's kann es selbstverständlich nicht dem geringsten Zweifel unterliegen, dass Schweigger
wirklich mehrere Präparate von einer Embolie der centralen Netzhautschlag-
ader besitze. Es ist damit aber nicht entschieden, ob den beiden Koryphäen
das abgebildete und beschriebene Präparat mit der schwarzen Kugel
in der Lichtung der sonst ganz unveränderten Centralarterie vorgelegen
und von ihnen als »völlig beweisend« anerkannt worden ist. Und um das
handelt es sich hier.

Fasst man das ophthalmoskopische Bild in's Auge, unter
welchem die Embolie der Centralarterie sich bisher gezeigt hat,
oder auf Grundlage dessen man die Diagnose eines solchen Zustandes für gerechtfertigt hält, so ergeben sich zwei Haupttypen,
die in der Wirklichkeit jedoch, wenigstens was einzelne Erscheinungen betrifft, in einander fliessen und später, wenn zahlreiche
genaue Untersuchungen ganz frischer Fälle vorliegen, möglicherweise in einen Einzigen verschmelzen werden.

Bei der einen dieser beiden Erscheinungsformen, deren ersten
Repräsentanten Ed. Jäger[4] geliefert hat, treten im Augenspiegelbilde jene Merkmale deutlich und klar hervor, welche

[1] Schweigger, Handbuch, 1871, S. 477.
[2] Stellwag, Lehrbuch, 1870, S. 249.
[3] Roth, Klin. Monatsblätter, 1872, S. 344.
[4] Ed. Jäger, Staar und Staaroperation. Wien, 1854. S. 104.

Cohnheim[1]) in seinem Fundamentalwerke als charakteristisch für die ersten Phasen des der Verstopfung einer »Endarterie« folgenden Processes erwiesen hat.

Bei der anderen Erscheinungsform, für welche Graefe[2]) (S. 247) das erste Beispiel veröffentlicht hat, sind die Symptome der Fluxion mit der darauf folgenden Anschoppung der Gefässe nur angedeutet oder scheinen ganz zu fehlen, wobei allerdings eine zu späte Untersuchung eine Rolle spielen kann.

Ich habe von beiden Haupttypen Fälle in ganz frischem Zustande beobachtet und längere Zeit behandelt. Ich hoffe, dass deren Beschreibung nicht ganz ohne Nutzen sein werde.

Ed. Jäger's Fall betraf einen 72jährigen Mann, welcher über Nacht am rechten Auge vollkommen erblindet war. Wenige Stunden darnach untersucht, zeigte die Netzhaut keine erkennbaren krankhaften Veränderungen. Der Sehnerv, mehr gelb gefärbt, liess nur schwache Andeutungen bläulicher Flecken wahrnehmen. Das im Allgemeinen schwach entwickelte Gefässsystem der Retina zeigte, besonders in den grösseren Stämmen, einen verhältnissmässig geringen Durchmesser. Die entsprechend grossen Arterien und Venen hatten einen gleichen Durchmesser und eine gleich dunkelrothe Farbe; doppelte Contouren waren nicht sichtbar, so dass man die Arterien und Venen nur durch die mit grosser Deutlichkeit sichtbare centrifugale und centripetale Blutcirculation von einander unterscheiden konnte. Dieselbe erschien je nach dem Durchmesser der Gefässe als ein langsameres oder schnelleres, gleichförmiges oder unterbrochenes (nicht rhythmisches) Fortrücken eines ungleich roth gefärbten Blutstromes. In den Hauptstämmen zeigte der Blutstrom in der Ausdehnung eines Viertels oder des ganzen Durchmessers des Gefässes lichtere und dunkelrothe Färbungen, die jedoch bei dem Fortrücken des Blutes sich stets veränderten, so dass die lichteren Stellen kleiner wurden und ganz verschwanden und dagegen an anderen Orten sich neuerdings bildeten. Das Fortrücken des Blutes erschien daselbst gleichförmig, aber äusserst langsam. In den mittleren Gefässen war die Blutbewegung rascher und häufig auf kurze Zeit stockend, die lichteren Stellen im Blute blässer roth; dieselben sowie die dunkleren Stellen hatten eine grössere Ausdehnung, die eines 2—4fachen Gefässdurchmessers. In den feinsten auf dem Sehnerven sichtbaren Gefässchen zeigte sich der Blutlauf am raschesten, aber auch

[1]) Cohnheim, Untersuchungen über die embol. Processe. Berlin, 1872. S. 18.
[2]) Graefe, Arch. f. Ophthalmologie V., 1, S. 136.

am meisten gestört. Der äusserst zarte Blutstrom erschien plötzlich unterbrochen, der dunkelrothe Theil des Blutes verlief sich und das Gefässchen, kaum erkennbar, schien die Farbe des Sehnerven angenommen zu haben: nun drängte sich im unterbrochenen Laufe eine kürzere oder längere Blutsäule durch das Gefäss hindurch: dieser folgte in kleineren oder grösseren Zwischenräumen eine ausgedehntere oder noch geringere Menge von Blutkügelchen, so dass man beinahe einzelne Blutkügelchen zu erkennen glaubte und plötzlich war das ganze Gefässchen mit Blut gefüllt, dessen einzelne Theile im raschen Laufe mehr dahin zu rollen als ruhig zu fliessen schienen.

Diese Blutcirculation — in den entsprechenden Venen und Arterien von gleicher Schnelligkeit — verminderte sich nach und nach zusehends, es traten hier und da auf längere Zeit Stockungen ein, so dass sie endlich nach 24 Stunden vollkommen gehemmt war. Die Retina hatte nun im Allgemeinen eine etwas dunklere rothe Farbe angenommen, der Durchmesser aller Gefässe sich etwas vergrössert. Die kleinsten Gefässe strotzten von Blut, ohne dass man lichtere Stellen oder eine Unterbrechung des gleichförmig dunkelrothen Blutstromes wahrnehmen konnte, und waren verhältnissmässig am stärksten ausgedehnt. Die mittleren Gefässe zeigten hier und da eine kurze Unterbrechung in ihrer Färbung in der Ausdehnung des halben bis zweifachen Durchmessers derselben. Die Hauptstämme waren in grösserer Ausdehnung gleichförmig mit rothem Blute ausgefüllt. Dagegen hatten die wenigen lichteren der Unterlage gleichgefärbten Stellen eine Ausdehnung des zwei- bis vierfachen Gefässdurchmessers. Die deutlich sichtbaren Wandungen derselben liessen daselbst keine Verminderung des Volumens erkennen. Es hatte den Anschein, als ob die Blutkörperchen sich stellenweise mehr auseinander gedrängt und das Blut sich in einen rothen und in einen durchsichtigen Theil getrennt hätte, welche die Gefässe gleichförmig ausfüllten. In den kleinsten und mittleren Gefässen fand nicht die geringste Bewegung statt, in den grösseren Stämmen konnte man noch bei grosser Aufmerksamkeit im Verlaufe einer bis zwei Minuten eine Abnahme der lichteren Stellen und endlich ein Verschwinden derselben mit einem gleichzeitigen Auftreten an einem andern Orte bemerken.

Nach der Anwendung von Blutegeln konnte man nach und nach eine grössere Bewegung des Blutes bemerken, so dass innerhalb 48 Stunden derselbe Zustand wieder hergestellt war, wie er am ersten Tage beobachtet worden war und auch im äusseren Theile des Gesichtsfeldes mühsam Finger gezählt wurden.

Am achten Tage konnte man wieder die Venen von den Arterien unterscheiden. Die ersten behielten ihr früheres Kaliber, die letzteren dagegen zeigten einen geringeren Durchmesser, schwach doppelte Contouren, lichtere Färbung und strotzten nicht mehr so stark von Blut. Die Blutströmung war bedeutend beschleunigt, mehr gleichförmig, weniger stockend, was besonders leicht in den grösseren Stämmen zu erkennen war, indem die lichteren und dunkleren Stellen im Blute fortbestanden, ja sich vermehrt hatten, dagegen aber an Ausdehnung vermindert erschienen.

Am zwölften Tage war die Färbung der Retina lichter roth, die Venen liessen doppelte Contouren erkennen und hatten an Kaliber abgenommen, besonders die kleinsten Zweige. Die verschiedene Färbung im Blute erschien nicht mehr so gleichförmig und scharf abgegrenzt, die Circulation gleichförmiger und rascher, deutlich sichtbar in den Venen, schwieriger in den grösseren und kaum mehr in den kleineren Arterien erkennbar.

Am fünfzehnten Tage zeigte sich die Blutcirculation nur mehr in den grösseren Venen deutlich, am zwanzigsten Tage hörte die Beobachtung wegen zunehmender Linsentrübung auf.

Mein Fall betrifft einen schwächlich gebauten, mittelgrossen, 40jährigen Advocaten mit geringgradiger Myopie und normaler Sehschärfe an beiden Augen. Derselbe litt einige Jahre vor der Erblindung des rechten Auges wiederholt an lang andauernden Anfällen von Rheumatismus der Intercostalmuskeln und wurde überdies viel von chronischem Bronchialkatarrh geplagt. Der letztere bedingte mit freiem Ohre auf Distanz hörbare Rasselgeräusche und eine lästige Schwerathmigkeit, die besonders beim Stiegensteigen u. s. w. sich vermehrte. Oefters war auch starkes Herzklopfen zu beobachten, doch ein organisches Herzleiden von dem behandelnden Arzte, Prof. Skoda, dem Kranken gegenüber stets abgeläugnet worden. Ich hatte den Kranken seit mehreren Jahren wiederholt an leichten Iritiden behandelt, die bald rechts, bald links zum Ausbruche gekommen waren, jedoch stets in der kürzesten Zeit unter dem Gebrauche von Atropin und unter Handhabung strenger Augendiät, ohne eine Spur zu hinterlassen, rückgängig wurden.

Im Sommer 1873 zeigte sich eine plötzliche Vermehrung der Myopie, besonders linkerseits, wo auch eine Abnahme der centralen Sehschärfe nachgewiesen wurde. Der Augenspiegel ergab an der unteren äusseren Grenze der Papille ein sehr schmales sichelförmiges, etwa ein Sechstel des Papillendurchmessers betragendes Staphyloma posticum mit ganz unregelmässiger, stark pigmentirter, zackiger Aussengrenze und blassröthlichem, schmutzig gewölktem Grunde. Vor dieser ektatischen Scleralpartie, im Glaskörper schwebend, wurde ein feiner Nebel sichtbar, welcher durch längere Zeit fortbestand, daher der Kranke, der früher besonders das linke Auge bei seinen Arbeiten verwendete, jetzt vorzugsweise das rechte in Gebrauch zu ziehen bemüssigt war.

Am 6. October 1873, Morgens halb 11 Uhr, beim Ersteigen der Treppe zu seinem Bureau bemerkte der Kranke plötzlich eine Verdunkelung seines rechten guten Auges. Beim Verschlusse des linken Auges erschien das Gesichtsfeld des rechten ganz dunkel, mit Ausnahme einer ganz kleinen Stelle, die es ihm ermöglichte, das Auge und einen kleinen Theil des Gesichtes eines andern Menschen zu erkennen. Es ist ungewiss, ob diese Stelle in oder ausser der Mitte des Sehfeldes gelegen war, da binnen 25 Minuten sich Alles wieder aufgehellt hatte und der Kranke so gut wie früher sah, was ich, sogleich herbeigerufen und etwa eine Stunde darnach eintreffend, mit Bestimmtheit nachweisen konnte. Der Augenspiegel-befund war jetzt vollkommen normal. Ich verordnete grösste Ruhe und wies den Kranken an, mich sogleich wieder zu benach-richtigen, falls irgend etwas Beunruhigendes eintreten sollte.

Gegen 2 Uhr desselben Tages stellte sich abermals Er-blindung des rechten Auges ein und diese war nun eine bleibende, fast vollständige; nur etwas nach aussen von der rechten Schläfe spielende Finger konnte der Kranke zeitweilig ganz unbestimmt wahrnehmen, nicht aber zählen.

Um 4 1/2 Uhr, also dritthalb Stunden nach dem letzten Anfalle, wurde der Kranke ophthalmoskopisch untersucht. Ich fand den Augengrund normal geröthet, aber stark getäfelt, die Papille jener des andern Auges vollkommen gleich gefärbt, zart röthlich und nur an der Grenze von einem höchst feinen Schleier übergossen. Ich konnte deutlich alle acht Hauptgefäss-stämme der Netzhaut und ausserdem eine grosse Anzahl feiner stark mit Blut gefüllter Gefässe unterscheiden. Die Haupt-gefässstämme erschienen etwas dünner als am andern Auge, waren durchwegs stielrund und liessen doppelte Contouren nicht erkennen. Alle Gefässe, die grossen und kleinen, führten

gleichmässig dunkelrothes Blut, so dass es unmöglich war,
die Arterien und die Venen aus der Farbe ihres Inhaltes zu bestimmen. An der nasalen unteren Hauptvene zeigte sich die
Blutsäule vielfach unterbrochen, indem dunkelrothe und helle
Cylinder von wechselnder Axenlänge auf einander folgten und in einer
unregelmässigen wenig excursiven Bewegung hin und her rückten.
Die an Verzweiflung grenzende Aufregung des Kranken und seine
Empfindlichkeit hiessen mich eingehende Studien über die Beweglichkeit dieser Cylinder sowie über die Folgen eines auf den Bulbus
ausgeübten Druckes unterlassen. Die untere temporale und
die beiden oberen Hauptvenen waren ihrer ganzen Länge
nach bis in die Endzweige gleichmässig gefüllt von dunkelrothem Blute; ihre Centralstücke erschienen gegen die Gefässpforte hin deutlich zugespitzt. Die übrigen vier Haupt-
gefässstämme, offenbar die vier grossen Netzhautschlagadern,
waren in ihrem centralen, über der Papille gelegenen
und in dem peripheren Theile ganz blutleer und fast unsichtbar. Es bestand eben nur eine theilweise Füllung derselben jenseits des Sehnerveneintrittes und die Länge der gefüllten Strecken wechselte in den einzelnen Stämmen. Der gefüllte
Theil zeigte sich von dunklem venösen Blute fast strotzend, war
wenig geschlängelt und spitzte sich nach beiden Enden spindelig
zu. Eine Bewegung konnte ich in diesen Blutsäulen nicht wahrnehmen. Die Maculagegend war durch einen tief blutrothen
Fleck von rundlicher Form gekennzeichnet, um welchen herum
eine zarte schleierähnliche Trübung der Netzhaut bemerkbar wurde.

Am folgenden Tage, dem 7. October, wurde ein Consilium
mit Herrn Prof. Skoda und Arlt abgehalten. Der Erstere con-
statirte den Bestand von Vegetationen auf den Herzklappen,
indem die Rauhigkeit des zweiten Herztones sehr ausgesprochen
war; eine wirkliche Insufficienz der Bi- und Tricuspitalklappen
konnte jedoch nicht nachgewiesen werden. Dem Letzteren fiel
bei dem ersten Blicke in das kranke Auge auf, dass in der Netzhaut lauter Venen zu sehen seien und keine Arterien. Im Uebrigen

war der Befund jetzt ein wesentlich anderer wie Tags zuvor. Die
Netzhaut erschien jetzt nämlich fast ihrer ganzen Ausdehnung
nach wie aufgequollen, dicht und ziemlich gleichmässig
getrübt, rahmähnlich gelbweiss und völlig undurchsichtig.
In der nächsten Umgebung der Papille lichtete sich diese Trübung
etwas, so dass der fast normal geröthete Sehnerveneintritt,
an seiner Grenze nur von einem dichten Schleier gedeckt, sich
zeigte. Dem oberen inneren Umfange der Scheibe anstehend
stach ein braunrother, etwa dreiviertel papillengrosser Fleck sehr
stark von der Umgebung ab. Derselbe war scharf begrenzt und
liess hinter einer feinen schleierartigen Trübung eine ganz unregelmässige, wolkig streifige, dunkle Zeichnung erkennen. Auf den
ersten Blick konnte man ihn für einen Bluterguss halten. Doch
war er dies nicht, sondern eine durchscheinend gebliebene
Stelle der Netzhaut, durch welche die von Blut überfüllte
dunkelrothe Aderhaut mit den zerworfenen Resten des Tapetes
hindurchleuchtete. In der Maculagegend war der grosse
dunkelrothe Fleck nur mehr als ein kleines, einem Flohstiche ähnliches, rothes Pünktchen zu sehen. Alle vier Hauptvenen waren
ihrer ganzen Ausdehnung nach gleichmässig mit Blut
gefüllt, die Unterbrechungen der Blutsäule verschwunden. Die
Arterien zeigten sich jedoch noch in ihrem centralen und
peripheren Theile leer, indem sie blos streckenweise jenseits
der Papille dunkelrothes Blut führten. Auch die kleineren sichtbaren Gefässe enthielten blos dunkles Blut und hatten von
ihrem Kaliber nichts eingebüsst.

Am 9. October war die Trübung der Netzhaut schon etwas
geringer, die Papille bei normaler Färbung umschleiert, der braune
Fleck an ihrer Grenze unverändert. Die Venen erschienen nun
bereits gut gefüllt, die Arterien nur streckenweise, sie
enthielten noch immer dunkles Blut.

Am 15. October hatte die Netzhauttrübung um ein Weiteres
abgenommen. Die Arterien waren allenthalben von Blut
gefüllt, doppelt contourirt. An der unteren Grenze der Papille

machte sich jetzt ein von der Netzhaut gebildeter trüber Wulst bemerklich, welcher die Breite von etwa einem Viertel des Papillendurchmessers hatte, gegen den Sehnerveneintritt hin steil abfiel, in der entgegengesetzten Richtung aber sich sanft abdachte und nach rechts und links spitz in die Netzhaut verlief. Die darüber hinwegziehenden Gefässe machten am centralen Rande einen steilen Bogen. Ich dachte anfänglich an eine beginnende Abhebung, es war aber wahrscheinlich blos eine durch Oedem gebildete Querfalte.

Am 20. October war diese Falte völlig verschwunden. Es erschien nun die Netzhaut ihrer ganzen Ausdehnung nach blos florig getrübt. Der Fleck in der Macula bestand fort, ebenso jener an der Papillengrenze, doch war die Färbung beider nicht mehr so dunkel, wahrscheinlich weil der Blutgehalt der Uvea wesentlich vermindert war. Es präsentirten sich jetzt nämlich alle Venen und Arterien ihrer ganzen Länge nach als blutführend. Die Arterien waren allerdings schwächer als in der Norm, doch bereits deutlich doppelt contourirt. Der Kranke behauptete, wiederholt schläfenwärts gelegene Objecte, z. B. die Finger einer Hand, einen halben Kopf u. s. w. gesehen zu haben. Bei der Untersuchung jedoch erwies sich das ganze Gesichtsfeld blind. Nach oben aussen wurden allerdings Finger einer Hand undeutlich erkannt, aber nicht gezählt, und bei Fortsetzung des Versuches erlosch alsbald jede Spur qualitativer Lichtempfindung.

Von nun an sah ich den Kranken nur mehr selten, da ich ihm die Nutzlosigkeit jeder directen Behandlung vorgestellt hatte. Am 25. Februar 1875 konnte ich ihn neuerdings einer genaueren Untersuchung unterziehen. Der Sehnerv war jetzt etwas blässer als in der Norm, an der Schläfenseite sehr auffällig eisengrau verfärbt, doch noch immer von dem zarten Roth der Ernährungsgefässe überhaucht, besonders deutlich in der peripheren Zone. Ein schmales sichelförmiges Staphyloma posticum mit stark pigmentirtem Rande umsäumte die äussere Grenze. Von Gefässen waren blos fünf Venen zu sehen, sämmtlich überaus schmal. Das

stärkste Kaliber hatte eine Vene, welche ohne Aeste abzugeben
schräg nach innen lief und über den Gleicher hinaus verfolgt werden
konnte, ja gegen die Peripherie hin eher breiter ward. Eine
andere Vene ging nach unten und gabelte sich noch innerhalb der
Papille in zwei Aeste. Eine dritte Vene strich nach unten aussen
und verlor sich gleich der vorigen mit ihren beiden Zweigen schon
vor der Gleicherzone. Keine Spur von Lichtempfindung.

Bald darauf erkrankte das linke Auge an Iridochorioiditis
mit starker Glaskörpertrübung und das rechte folgte nach. Der
Zustand schwankte Monate lang zwischen Verschlimmerungen und
Nachlässen und links schläfenwärts, einige Linien hinter der Hornhautgrenze, bildete sich eine etwa hanfkorngrosse unregelmässig
begrenzte Scleralektasie.

Anfangs August 1877 starb der Kranke nach langem und
schwerem Herzleiden, während ich auf einer Ferialreise begriffen war.

Des bequemeren Vergleiches halber erlaube ich mir, aus Cohnheim's Fundamentalwerke[1]) jene Stellen anzufügen, welche sich
auf die künstliche Embolisirung von Endarterien beziehen.

»Ist eine Endarterie durch einen Embolus verstopft, so wird
»jenseits des Embolus immer absolute Bewegungslosigkeit
»herrschen, in den Arterienzweigen sowohl, als auch in den Capil-
»laren und abführenden Venen, bis zu der Stelle, wo die betreffende
»Vene zusammenfliesst mit einer anderen, die von einer zweiten
»nicht verstopften Arterie gespeist wird . . . Hierfür kann es auch
»von keinem Belang sein, ob die Verstopfung plötzlich oder all-
»mälig zu Stande gekommen; im ersteren Falle ist es eine Säule
»rothen Blutes, welche bewegungslos die Gefässe anfüllt, während
»im zweiten alle Gefässe blass sind und vielleicht selbst nur eine
»so geringe Menge von Plasma enthalten, dass man sie füglich als
»zusammengefallene betrachten kann.

------

[1]) Cohnheim, Untersuchungen etc. Berlin. 1872. S. 18.

»Nicht lange indessen hält dieser Ruhezustand an. Bald
»nämlich beginnt unter den Augen des Beobachters in den bisher
»stromlosen Venen eine rückläufige Bewegung. Es beginnt die-
»selbe an der Vereinigungsstelle der ruhenden mit der strömenden
»Vene, indem letztere zwar den grössten Theil ihres Inhaltes in
»normaler Richtung zum Herzen hin entleert, eine gewisse Quan-
»tität davon aber auch in den bewegungslosen Venenast vorschiebt,
»in direct von jener divergirender Richtung. Langsam und ganz
»allmälig dringt nun in der unbewegten Vene die Blutsäule vor,
»rückläufig bis in die Capillaren hinein, und selbst über diese hin-
»aus in die Arterienäste: um so leichter und bequemer, je leerer
»das Gefässgebiet zuvor gewesen. Anfangs geschieht das Vor-
»dringen der rückläufigen Blutsäule ganz gleichmässig, wie der
»Venenstrom überhaupt; sobald aber die Füllung des Gefässgebietes
»einen gewissen Grad erreicht hat, so stellt sich eine Art rhythmischer
»Bewegung ein, ein Va-et-vient, ganz ähnlich, wenn nicht schon
»so energisch, wie bei der Stauung nach Unterbrechung des venösen
»Abflusses.«

Die successive Erfüllung des Gefässgebietes der embolisirten
Arterie mit Blut, die Anschoppung, wird nach einiger Zeit auch
für das unbewaffnete Auge kenntlich. »Bis es dazu gekommen,
»darüber vergehen allerdings meist einige Stunden; von da ab
»aber wird der betreffende Abschnitt der Zunge immer lebhafter
»roth, und nach Ablauf von 1—2 Tagen erscheint derselbe in dem
»ruhig liegenden, nicht ausgespannten Organ als ein dunkelrother,
»scharf abgegrenzter Keil, gegen den die übrige Zunge durch ihre
»Blässe aufs Lebhafteste absticht.

»Die Erklärung für diesen Vorgang der Anschoppung ist die
»einfachste von der Welt. In dem ganzen Gefässbezirke hinter
»dem Pfropfe ist der Druck Null, in der communicirenden strömen-
»den Vene zwar gering, doch immer positiv, und so muss die
»unmittelbare Folge sein, dass von dieser Vene aus so lange Blut
»in jenen Bezirk einströmt, bis der Widerstand in diesem dem
»Venendrucke das Gleichgewicht hält. Das Auftreten der rhyth-

17*

»mischen Bewegung des Va-et-vient ist eben das erste Zeichen
»dieses Widerstandes.«

Die Uebereinstimmung des ophthalmoskopischen Bildes in
Ed. Jäger's und meinem Falle mit den von Cohnheim für die
ersten Phasen des embolischen Processes als charakteristisch bezeichneten Erscheinungen ist eine höchst auffällige und durchgreifende.

Die der Verstopfung unmittelbar folgende Blutleere
oder absolute Bewegungslosigkeit der Blutsäule in dem
vor dem Pfropfe gelegenen Abschnitte der Arterie und den zugehörigen Capillaren und Venen konnte allerdings nicht mehr beobachtet werden; es hatte in beiden Fällen die bis zur Untersuchung
verstrichene Zeit hingereicht, um venöses Blut aus den Nachbarvenen in die retinale Centralvene und von hier aus durch die
Capillaren in die Netzhautschlagadern hineinzutreiben.

In meinem Falle stand die Blutsäule in den gefüllten
Arterienabschnitten scheinbar still; dasselbe war auch der
Fall bezüglich der kleineren Gefässe und dreier Hauptvenen-
stämme, welch' letztere stark zugespitzte Centralstücke zeigten,
so dass es das Aussehen hatte, als sei die in ihnen enthaltene
Blutsäule gegen die Gefässpforte hin abgeschnitten und ausser
Verbindung mit der Blutsäule in den nichtretinalen Nachbarvenen.
Nur in Einer der Netzhautvenen war die freie Communication
offenkundig, indem das Hin- und Herschwanken der scheinbar
unterbrochenen Blutsäule die mit der Herzthätigkeit wechselnden
Druckverhältnisse in jenen Venen widerspiegelte, welche den
rückläufigen Blutstrom für die Centralvene und weiter auch für
die arteriellen Netzhautgefässe lieferten.

In Jäger's Falle ist die Füllung des gesammten retinalen
Gefässsystems mit dunklem, also venösem Blute ebenfalls ganz
deutlich ausgesprochen. Dagegen ist die vielfach unterbrochene
Blutsäule in allen Gefässen bewegt und wird als ein stetiges
Fortrücken beschrieben, welches in den Hauptstämmen sehr
langsam, in den mittleren Aesten schneller, in den kleinen Zweigen
am raschesten erfolgte und erst nach 24 Stunden zum Stillstande

kam, bald aber in einzelnen Gefässen neuerdings anhub, um abermals zu stocken, bis endlich nach acht Tagen der Blutstrom sogar beschleunigt erschien und die Arterien wieder hellrothes Blut führten.

Merkwürdigerweise wird der Blutstrom ausdrücklich als rechtläufig bezeichnet, als centrifugal in den Arterien und centripetal in den Venen. Es schliesst sich insoferne der Meyhöfer'sche Fall[1]) an, in welchem eine ganz gleiche Beobachtung gemacht wurde, leider aber von einem Hauptsymptome, der gleich dunklen Blutfarbe in Arterien und Venen, keine Erwähnung gethan wird.

Es betraf dieser Fall einen 28jährigen Mann. Sechzehn Stunden nach der plötzlichen Erblindung des rechten Auges wurde in demselben eine auffallende Verengerung der Gefässe, besonders der Arterien, nachgewiesen. Der untere gemeinschaftliche Arterienstamm war auf der Papille nicht sichtbar. In mehreren arteriellen und venösen Gefässstämmen zeigte sich die Continuität der Blutsäule in kurzen Abschnitten durch helle kleine Strecken unterbrochen. Bei längerem Fixiren sah man, dass die Blutcylinder in den Arterien centrifugal, in den Venen centripetal sich fortbewegen. Die Fortbewegung war durchaus unregelmässig. In den beiden oberen grossen Venenstämmen sah man Pulsationen, welche mit dem Radialpulse synchronisch waren. In der Gegend der Macula lutea lag hinter den Gefässen eine matte Trübung; an der Stelle der Fovea centralis zeigte sich ein intensiv rother unregelmässig runder Fleck.

In den nächstfolgenden Tagen bemerkte man in dem inneren unteren Hauptvenenaste einen besonders lebhaften und stürmischen Venenpuls. Auch zeigten sich Hämorrhagien in der Netzhaut und auf der Papille. Am fünften Tage war von Blutbewegungen in den Arterien nichts mehr zu sehen; auch der Venenpuls war schwächer geworden, verschwand jedoch erst am dreizehnten Tage nach der Aufnahme. Am neunzehnten Tage war auch die Trübung in der Maculagegend verschwunden und der rothe Fleck kaum mehr sichtbar. Durch Fingerdruck auf den Augapfel entstand eine lebhafte Blutbewegung in sämmtlichen Gefässen; in Arterien und Venen strömte das Blut nach dem Centrum der Papille hin. Nach Aufhebung des Fingerdruckes füllten sich alle Gefässe wieder, die Arterien vom Centrum, die Venen von der Peripherie her.

Es frägt sich: woher die Kraft nehmen für eine rechtläufige Strömung in dem retinalen Gefässsysteme bei Vorhandensein eines

---

[1]) Meyhöfer, Klin. Monatsblätter, 1874, S. 314.

verstopfenden Embolus in der Centralarterie? Für eine rein
pendelnde Bewegung der Blutsäule, wie sie Cohnheim beschreibt und in meinem Falle gegeben war, genügt allerdings der
mit dem Herzdrucke wechselnde Blutdruck in den Nachbarvenen, aus welchen eben das Blut rückläufig in das retinale
Gefässgebiet strömt; ja es reicht derselbe hin, um den von Meyhöfer gesehenen Venenpuls zu erklären, da dieser denn doch
nichts Anderes als ein rhythmisches Füllen und Leerwerden der
Centralstücke einzelner retinaler Hauptvenen bedeuten dürfte. Allein
für ein allmäliges Fortrücken der Blutsäule in den Arterien
und deren stete Erneuerung an der Pforte ist kein befriedi-
gender Erklärungsgrund zu finden.

Die Centralarterie ist nämlich als eine Endarterie aufzufassen. Sie giebt in der Höhe des Nervenkopfes allerdings einige
höchst feine Reiserchen ab, welche, im Stützgewebe sich vertheilend,
unmittelbar und mittelbar durch die Capillaren und Venen zusammenhängen mit den Gefässen, welche aus der Aderhautgrenze und
dem hinteren Scleralkranze zum Nervenkopfe gelangen (Leber[1]).
Auch geht sehr gewöhnlich kurz nach dem Eintritte der Netzhaut-
schlagader in den Opticus ein Ast ab, welcher parallel dem Stamme
in der Opticusaxe nach vorne zieht und sich ausschliesslich in dem
Nervenkopfe verästelt (Schwalbe[2]). Diese Anastomosen sind aber
so geringfügig und beschränkt, dass sie bei Verstopfung der Centralarterie ganz unmöglich ein merkbares Ueberströmen des Blutes
und eine Bewegung vermitteln können, welche nach Jäger's
ausdrücklicher Angabe in den Hauptstämmen wohl langsam, in
den mittleren Gefässen aber rascher und in den kleineren am
raschesten ist. Und wenn dies wäre, wie kann man damit die von
Jäger und mir unzweifelhaft beobachtete dunkle, also venöse
Färbung des in den Arterien enthaltenen Blutes vereinbaren? In

[1] Leber, Denkschriften der math.-naturw. Classe der kais. Akademie
der Wissensch. zu Wien XXIV., Sep.-Abdruck S. 27.
[2] Schwalbe, Graefe und Sämisch, Handbuch I., S. 346.

den späteren Stadien des Processes mag allenfalls eine Erweiterung
dieser Anastomosen und somit ein Ueberströmen arteriellen Blutes
in die Verästelungen der Centralarterie annehmbar sein, insoferne
Jäger wirklich ein späteres Hellwerden der Blutsäule und eine
Rückkehr der Arterien zu ihrem normalen Typus nachweisen
konnte. Für die ersten Stadien des Processes ist ein solcher
Vorgang jedoch durch die dunkle Blutfarbe ausgeschlossen.

In gleicher Weise spricht dieses letztere Moment gegen die
Annahme, es könnte der Embolus nur eine unvollständige Verstopfung der Centralarterien bedingt und ein weiteres Einströmen
arteriellen Blutes in die Netzhautschlagadern gestattet haben.

Wohl aber erklärt diese Gefässvertheilung die auffällig geringen Veränderungen, welche die Papille im Augenspiegelbilde während der ersten Zeiten des Processes darbietet. Ich
fand keinen Unterschied gegenüber der Norm und Jäger bemerkte
nur schwache Andeutungen bläulicher Flecke in der mehr gelb
gefärbten Scheibe.

Wenden wir uns nun den weiteren Phasen des Embolismus
zu, so ergeben sich ganz erhebliche Abweichungen von den Cohnheim'schen Befunden. Wirklich kann von einem hämorrhagischen
Infarcte, wie ihn Cohnheim der Anschoppung folgen lässt, in
der Netzhaut kaum die Rede sein. Jäger sagt wohl, die Retina
habe nach 24 Stunden »im Allgemeinen eine etwas dunkler rothe
»Farbe angenommen«. Am 12. Tage jedoch erschien die Farbe
schon wieder lichter roth. Meyhöfer erwähnt davon nichts und
mir ist auch etwas Aehnliches nicht aufgefallen. Wie weit sich
diese Beobachtung Jäger's mit der Cohnheim'schen deckt,
steht dahin.

Es bleiben als mögliche Repräsentanten der von Cohnheim
beschriebenen Secundärzustände also nur die von Meyhöfer angeführten Hämorrhagien und die ansehnliche Trübung der Netzhaut, welche in meinem Falle bis zur völligen Undurchsichtigkeit
gesteigert erschien. Die ersteren sind aber höchst wahrscheinlich
nicht sowohl durch Diapedesis rother Blutkörperchen, als vielmehr

durch Einreissen der bereits sehr geschädigten Gefässwandungen
begründet. Und was die Trübung anbelangt, so ist man über das
Wesen derselben völlig im Unklaren und wird es auch wohl bleiben,
bis genaue anatomische Untersuchungen, kurz nach dem Auftreten
der Embolie angestellt, Einsicht in den Trübungsprocess gewähren.
Vorderhand wird sie von Leber[1] auf molekulare Trübung der
Elemente bezogen und der nach Durchschneidung des Sehnerven
rasch auftretenden, gleichfalls sehr intensiven Netzhauttrübung
(Berlin[2]) an die Seite gestellt, also in der Bedeutung eines reinen
Atrophisirungsprocesses aufgefasst, bei welchem laut meinem
Falle auch Oedem des Stützgewebes eine Rolle spielen kann.

Sei der nosologische Vorgang indessen, welcher er wolle,
sicherlich betrifft er ursprünglich immer nur die vorderen
Strata und namentlich die Faserschichte der Netzhaut, während
die bezüglich ihrer Ernährung von der Choriocapillaris abhängigen
hinteren Lagen erst später in den Schwund einbezogen werden.
Man darf dies schliessen aus dem fast unverschleierten Durch-
scheinen der mit Blut überfüllten Aderhaut im Bereiche der
Fovea centralis, in welchem eben die Faserschichte ganz fehlt und
die übrigen Vorderstrata auf ein höchst dünnes Häutchen ver-
schmächtigt sind.

Der rothe Fleck in der Maculagegend, welcher fast von
allen über Embolie der Centralarterie berichtenden Autoren als
charakteristisch hervorgehoben wird, erscheint anfänglich, wo
die noch wenig dichte Trübung der Netzhaut den gelben Fleck
nebelartig in weiterem Umkreise einsäumt, von entsprechenden
grossen Durchmessern, sein Flächeninhalt steht dem der Papille
wenig nach oder übertrifft ihn wohl gar. In dem Maasse aber,
als die retinale Trübung gegen das Centrum hin vorrückt und an
Durchscheinbarkeit abnimmt, zieht sich auch der Fleck zusammen
und wird dunkler und dunkler, indem der Contrast zwischen der

[1] Leber, Graefe und Sämisch, Handbuch V., S. 512.
[2] Berlin, Klin. Monatsblätter, 1871, S. 278, 281.

blutrothen Farbe der Foveagegend und der hart daran stossenden
hellweissen Färbung der Netzhautvorderschichten die Schattirung
der ersteren wesentlich beeinflusst.[1] Mit der folgenden Aufhellung
der Netzhaut vergrössert sich auch wieder der flohstichähnliche
Fleck und nimmt an Helligkeit zu, um schliesslich in der rothen
Farbe des Augengrundes völlig aufzugehen. Wirkliche Blutextravasate sind dabei durchaus nicht ausgeschlossen,[2] vielmehr ist
ihr Auftreten durch den Zerfall des Gewebes, welcher sich in der
Faserschichte der Netzhaut ausspricht, und durch die öfters beobachtete namhafte Erweiterung der dort streichenden feinen Gefässe (Blessig, Mauthner[3]) geradezu begünstigt. Aber eine
constante Erscheinung sind sie nicht, fehlen vielmehr in der
überwiegenden Anzahl der veröffentlichten Fälle. Es muss daher
der rothe Fleck in der Regel blos auf die Blutüberfüllung in
der Aderhaut zurückgeführt werden.

Diese Blutüberfüllung der Aderhaut ist hinwiederum
eine nothwendige Folge der im Innern des Bulbus herrschenden Strömungsgesetze.[4] Insoferne nämlich das im Binnenraume jeweilig kreisende Blutquantum ein nahezu unveränder-
liches ist, muss bei Entleerung der retinalen Gefässe eine
ausgleichende Vermehrung des uvealen Blutgehaltes eintreten
oder richtiger gesagt: wenn die Stromkraft und damit auch der
Seitendruck in dem Netzhautgebiete auf ein Kleinstes sinkt,
nehmen auch die Widerstände ab, welche dem Zuströmen des
arteriellen Blutes in die uvealen Gefässe entgegenstehen; es wird
daher kraft des regulatorischen Einflusses der elastischen Bulbuskapsel so lange arterielles Blut im Ueberschusse einfliessen
und venöses Blut weniger abströmen, bis der Seitendruck in

---

[1] Liebreich, Arch. f. Ophthalmologie V., 2. S. 255; Graefe, ibid.
V., 1, S. 152.

[2] Blessig, ibid. VIII., 1, S. 223 u. f.

[3] Blessig, ibid. S. 221; Mauthner, Lehrbuch der Ophthalmoskopie.
Wien, 1868. S. 339.

[4] Stellwag, Der intraoculare Druck etc. Wien, 1868. S. 20. 30.

dem uvealen Gebiete sich dem früheren Seitendrucke des gesammten Binnenstromgebietes nähert oder denselben erreicht.

Wirklich konnte ich in beiden von mir beobachteten einschlägigen Fällen eine wesentliche auffällige Verminderung der
Bulbushärte nicht wahrnehmen. Mauthner[1] jedoch giebt eine
Spannungsherabsetzung an, spricht sich aber über den Grad
derselben nicht aus. In Nettleship's[2] und Loring's[3] Fälle dagegen war, allerdings erst nach wochenlangem Bestande der
Embolie, entschiedene Spannungszunahme mit allen Erscheinungen des Glaukoms zu Stande gekommen, und in meinem oben
mitgetheilten Falle hatte sich unter dem Bilde von Iridochorioiditis
eine partielle Scleralektasie entwickelt, was wieder mit einer
Herabsetzung des intraocularen Druckes nicht zusammenstimmt.

Die Aufrechterhaltung des intraocularen Druckes in einer der
Norm nicht allzuferne stehenden Höhe ist nun aber zweifelsohne der
Hauptgrund des Nichtzustandekommens des in der embolisirten
Froschzunge so wuchtig auftretenden hämorrhagischen Infarctes
(Leber[4]. Die Weitmaschigkeit der Netzhautcapillaren, deren
eigenthümlicher Bau und ihre Umscheidung von Lymphräumen
(Schwalbe[5]) können dabei mitwirken, sind aber jedenfalls neben-
sächlich. Es leuchtet nämlich ein, dass die Stromkraft des von
den Nachbarvenen des retinalen Blutadersystemes in dieses rückläufig eindringenden Blutes nur sehr gering und zur Noth hin-
reichend sein könne, um unter den herrschenden Binnendruck-
verhältnissen die grösseren Gefässe zu füllen, nicht aber um das
gesammte retinale Stromgebiet förmlich vollzupfropfen und bis in
die feinsten capillaren Netze hin mit Blut auszuweiten.

—

[1] Mauthner, Lehrbuch der Ophthalmoskopie. Wien, 1868, S. 342.

[2] Nettleship, Ophth. Hosp. Rep. VIII., p. 12; Nagel's Jahresbericht,
1875. S. 120.

[3] Loring, Klin. Monatsblätter, 1868, S. 349. Dieser Fall kann indessen
nicht mit Sicherheit auf Embolie bezogen werden.

[4] Leber, Arch. f. Ophthalmologie XVIII., 2, S. 35; Graefe und Sämisch,
Handbuch V., S. 547.

[5] Schwalbe, ibid. I., S. 441.

Damit fallen denn auch alle Einwände, welche aus dem
Nichterscheinen des hämorrhagischen Infarctes gegen die
embolische Natur der in Rede stehenden Gruppe von Fällen
erhoben werden können. Die Abweichungen, welche der Process
im retinalen Stromgebiete erkennen lässt, fliessen mit Nothwendigkeit aus der Verschiedenheit des Bodens, auf welchem der pathologische Vorgang sich abspielt.

Dagegen erwächst ein anderer triftiger Einwand aus einer
Beobachtung, welche Ed. Jäger[1]) wiederholt gemacht zu haben
erklärt und welche mit Bestimmtheit darthut, dass gewisse Haupt-
züge des von diesem selbst[2]) auf Embolie gedeuteten oben beschriebenen Krankheitsbildes auch unter Umständen vorkommen
können, welche die Unterschiebung einer embolischen
Verstopfung der Centralarterie als nosologischen Grund nur
schwer oder gar nicht gestatten. Ed. Jäger beschreibt sie
als »Hyperämie mit stärkerer Ausdehnung der Arterien
(Blutstockung)« in folgenden (abgekürzten) Sätzen:

»In diesen Fällen nahmen die arteriellen wie venösen Blut-
»säulen, und zwar die ersteren überwiegend, an Durchmesser und
»Färbung allmälig aber constant zu, bis endlich jeder Unterschied
»hierin verschwunden war und die Arterien sich ebenso breit und
»dunkel gefärbt zeigten, wie die Venen. Diese Erweiterung erschien
»in den einzelnen Fällen stets gleichmässig ausgeprägt an gleichwerthigen
»Arterien und Venen.

»Mit der Entwickelung dieser Gefässerscheinungen verminderte sich die
»allgemeine Erleuchtungsintensität des Augengrundes und vermehrte sich die
»röthliche Färbung der Netzhaut und des Sehnervenscheitels.

»Der Augengrund zeigte noch immer eine gelbröthliche, wenn auch
»dunklere Färbung, und der Sehnerv blieb in seiner lichteren Farbe und in
»seiner Begrenzung deutlich erkennbar.

»Die interessanteste Erscheinung in diesen Fällen war das Sichtbar-
»werden der Blutcirculation und die Verlangsamung derselben
»bis zur Stase.

»Hatte die Verbreiterung und dunkle Färbung der Blutsäulen in den
»Arterien wie in den Venen einen nahezu gleichen Grad erreicht, so traten

---

[1]) Ed. Jäger, Ergebnisse und Untersuchungen etc. Wien, 1876. S. 100.
[2]) Ed. Jäger, ibid. S. 75.

»in beiden allmälig und immer deutlicher Bewegungserscheinungen hervor.
»Es gab sich in denselben anfangs eine Bewegung in ähnlicher Weise kund,
»als würde feiner Sand mit sehr grosser Geschwindigkeit durch eine Glas-
»röhre hindurch getrieben. Die Bewegung schien weiterhin an Raschheit ab-
»zunehmen und im Blutstrome die Körnung immer deutlicher und mächtiger
»sich hervorzubilden.

»Allmälig konnte man mit Sicherheit erkennen, dass sich dunkelrothe
»Körner, suspendirt in einem farblosen durchsichtigen Medium, mit grosser
»Raschheit und zwar in den Arterien in centrifugaler, in den Venen
»aber in centripetaler Richtung weiter bewegten.

»Diese rothen Körner nahmen weiterhin an Grösse und gegenseitigem
»Abstande zu, verminderten sich an Zahl und bewegten sich immer langsamer.
»Hatten sie endlich einen Durchmesser entsprechend dem Lumen des jeweili-
»gen Gefässes erlangt, so nahmen sie allmälig an Länge zu und füllten das
»Gefässrohr in grösserer oder kleinerer Ausdehnung vollständig aus.

»Bei weiterer Abnahme der Bewegung konnte man nun deutlich er-
»kennen, dass das Blut sich in dunkelrothe und in durchsichtige nahezu farb-
»lose (sehr schwach röthlichgelbe) Theile getrennt hatte. Der rothe Blutantheil
»bildete Cylinder, deren Breite dem Lumen des jeweiligen Gefässes entsprach,
»deren Länge dagegen sehr beträchtlich mit dem geringeren Durchmesser der
»Gefässe zunahm. Die kleinsten Gefässe wurden ihrer Länge nach von diesen
»Cylindern zum grössten Theile, ja bei fortdauernder Bewegung durch längere
»Zeit, vollkommen ausgefüllt.

»In den Venen traten die rothen und farblosen Blutcylinder im All-
»gemeinen in derselben Art und Weise auf wie in den Arterien, zeigten
»jedoch häufig eine grössere Ungleichheit, insbesondere einen geringeren Längs-
»durchmesser.

»Die Bewegung dieser Cylinder war im Anfange eine äusserst rasche
»und wurde allmälig immer langsamer, sie erschien jedoch in den einzelnen
»Gefässen nicht gleichmässig; sie war in den grösseren Gefässen stets
»verhältnissmässig langsamer, in den kleinen rascher, in den kleinsten am
»schnellsten.

»War die Verlangsamung der Blutbewegung bis zu einem gewissen
»Grade vorgeschritten, so beobachtete man in dem einen oder andern Gefäss-
»bezirke, oder auch gleichzeitig im ganzen Centralgefässgebiete, einen plötz-
»lichen Stillstand der Cylinder, welch' letztere sich jedoch alsbald wieder
»gleichmässig fortbewegten. Kürzere oder längere Zeit hierauf trat abermals
»ein Stillstand mit darauf folgender gleichmässiger Bewegung ein, worauf
»dann Stillstand und Bewegung in immer kürzeren Zwischenräumen sich
»folgten, bis endlich im ganzen Gefässgebiete die Blutmasse nur ruckweise
»(stossweise) vorgeschoben wurde.

»Hatte diese Bewegungsart einige Zeit gedauert und dabei wesentlich
»an Raschheit abgenommen, so erfolgte plötzlich ein Hin- und Herschwanken,

»ein Vor- und Rückwärtsschieben der ganzen Blutmasse in immer geringeren
»Excursionen. Diese Bewegung ging in ein Vibriren, Erzittern der Cylinder
»über und schliesslich trat ein allseitiger und andauernder Stillstand ein —
»die Stase war vollendet.

»Diese Stase dauerte in den beobachteten Fällen einen bis mehrere
»Tage, worauf sich allmälig die Blutbewegung wieder einstellte und die Rück-
»bildung der übrigen Erscheinungen (in genau umgekehrter Ordnung) erfolgte.

»Die Functionsstörung war in den gegebenen Fällen stets sehr beträcht-
»lich. Das Sehvermögen sank rasch auf blos quantitative Lichtempfindung und
»war während des Bestehens der Stase vollständig aufgehoben. Mit Wieder-
»eintritt der Blutbewegung erwachte die Lichtempfindung und steigerte sich in
»Fällen, in welchen kein neues Sehhinderniss sich entwickelte, zu einem nahezu
»gleichen Sehvermögen, wie es ursprünglich bestanden.«

Die Aehnlichkeiten, welche die Erscheinungen in diesen und
in den oben mitgetheilten, auf Embolie gedeuteten Fällen bieten,
sind in die Augen springend. Auch hier ist das Herkommen
des in den Arterien rechtläufig strömenden dunklen, also
venösen Blutes für mich ein unlösbares Räthsel.

Noch schwieriger aber gestaltet sich die Entwirrung der
gegebenen Thatsachen, wenn man die Unterschiede in den
beiden Krankheitsbildern und namentlich die von Jäger ausdrücklich betonte allmälige und sehr beträchtliche Kaliberzunahme
der arteriellen und venösen Gefässe behufs einer Analyse
heranzieht.

Von einer embolischen Verstopfung der Arterienlich-
tung kann selbstverständlich nicht die Rede sein, selbst eine
Verengerung des Lumens der Centralarterie müsste innerhalb der
Netzhaut eine Verminderung des arteriellen Kalibers im Gefolge
haben und liesse überdies die dunkle Färbung der darin enthaltenen rechtläufig vorrückenden Blutsäule unerklärt. Viel eher
liesse sich an eine theilweise oder gänzliche Verstopfung
der Centralvene denken, da mit der Stauung nothwendig eine
Verlangsamung des Stromes auch in den Arterien platzgreifen
müsste und so eine Desoxydation des Blutes in den Schlagadern
nichts sehr Besonderes an sich hätte.

Allein Jäger bemerkt ausdrücklich, dass die Verbreiterung und dunkle Färbung der Arterien vorausgeht und dann erst eine sehr rasche Bewegung sichtbar wird, welche allmälig bis zur Stase sich verlangsamt, dann wieder anhebt und zur Norm zurückkehrt. Ueberdies liegen Fälle vor, in welchen eine Thrombosirung der Centralvene durch anatomische Untersuchungen vollkommen sichergestellt ist (Michel, Angelucci[1]). Das Bild, welches diese Fälle während des Lebens darboten, ist aber ein von dem Jäger'schen Befunde ganz verschiedenes.

Michel hat diese Krankheit sieben Mal beobachtet, vorwaltend bei Individuen zwischen 60 und 70 Jahren, einmal beiderseitig, ausnahmslos mit hochgradiger Sclerose der peripheren Arterien verknüpft. Die Erkrankung ist stets eine plötzliche, doch gedeiht sie niemals primär zu absoluter Blindheit. Er unterscheidet drei Grade: die vollkommene, die unvollkommene Verstopfung und eine blosse Verengerung der Venenlichtung.

Bei dem höchsten Grade erscheint Opticus und umgebende Retina blutig diffus suffundirt. Jenseits dieser Zone findet sich eine ungemein grosse Anzahl von umschriebenen Extravasaten. Von Arterien und Venen ist innerhalb der blutig suffundirten Zone nicht das Geringste wahrzunehmen. Jenseits derselben erscheinen die venösen Hauptverzweigungen bedeutend erweitert, wurstförmig, stark geschlängelt, von einer tief dunkel schwarzroth gefärbten nicht selten unterbrochenen Blutsäule gefüllt. In der Macula eine gelblichgraue Verfärbung, in der Mitte derselben ein Blutextravasat.

Bei dem zweiten Grade sind die Grenzen der Papille durch breite streifenförmige Extravasate vollständig verdeckt, besonders dicht gegen die Macula hin. Die Arterien erscheinen nur schwach angedeutet, während die Venen wieder sehr angepfropft und geschlängelt sich zeigen. Jenseits der oben erwähnten Extravasatzone zahlreiche Netzhauthämorrhagien.

Bei dem dritten Grade endlich erscheinen die Arterien sehr dünn, während die Venen stark geschlängelt und verbreitert, von dunkelrother Farbe sind. An der Papille und ihrer Umgebung sind büschelförmige Extravasatstreifen, in den mehr peripheren Netzhautpartien jedoch rundliche Hämorrhagien zu sehen.

Angelucci spricht sich gegen Michel's Ansichten insoferne aus, als er die Verstopfung der Centralvene in zwei Fällen bei jugendlichen

---

[1] Michel, Arch. f. Ophthalmologie XXIV., 2, S. 37; Angelucci, Klin. Monatsblätter, 1878, S. 443; 1879, S. 151; Zehender, ibid. 1878, Beilage S. 182.

Individuen mit Herzfehlern, aber ohne Spur von Arteriosclerose, anatomisch nachweisen und auf Phlebitis und Periphlebitis zurückführen konnte. Auch er hebt die starke Verengerung der retinalen Arterien hervor. Dagegen bestand in diesen zwei Fällen absolute Blindheit und in der Netzhaut waren in einem dritten Falle, begründet durch Altersbrand, keine Netzhauthämorrhagien. Der aus Fibrin und weissen Blutkörperchen bestehende Pfropf schloss die Vena centralis unmittelbar hinter der Siebmembran nicht vollständig.

Es winkt aber auch kein Gewinn für die Deutung der Jäger'schen Beobachtungen, wenn man mit Magnus[1]) Blutungen im Bereiche des Nervenkopfes und eine dadurch gesetzte Zusammendrückung der Centralgefässe als nächsten Grund annehmen wollte. Die Ausdehnung der retinalen Arterien, deren Erfüllung mit dunklem venösen Blute und dessen rechtläufige Bewegung machen jeden derartigen Versuch scheitern.

Die raschere Entwickelung der Netzhauttrübung und die völlige Leerheit oder bedeutende Verengerung der Arterien bei normalem Kaliber oder bei Erweiterung der Venen mögen einmal im Sinne Magnus' beihelfen, die Diagnose auf Sehnervenblutung festzustellen und die betreffenden Fälle von jenen zu unterscheiden, in welchen eine Embolie vorliegt und bei absoluter Anämie der Arterien und Venen die Netzhauttrübung erst im Verlaufe mehrerer Tage hervortreten soll; für die Aufhellung der Jäger'schen Fälle sind diese durch anatomische Belege nicht ausreichend unterstützten Angaben ohne alle Bedeutung.

Die Zurückführung der räthselhaften Erscheinungen auf ihre nosologische Grundlage muss nach allem dem bis auf Weiteres der Zukunft anheimgestellt werden. Nur so viel lässt sich sagen, dass diese Grundlage der »Stase« ein Veränderliches und öfters ein Vorübergehendes sein müsse, welches die Rückkehr zur Norm nicht ausschliesst.

Ein solcher Wechsel zum Besseren, ja zur Heilung (Knapp[2]), Haase[3]) ist übrigens auch in mehreren anderen Fällen

---

[1]) Magnus, Die Sehnervenblutungen. Leipzig, 1874; Klin. Monatsblätter, 1878, S. 78.

[2]) Knapp, Arch. f. Ophthalmologie XIV., 1, S. 217. 4. Fall.

[3]) Haase, Arch. f. Augenheilkunde X., S. 474.

(Schneller, Stefan[1]) beobachtet worden, und vorübergehende
— mehrere Minuten bis Tage (Knapp[2]) anhaltende — Erblindungen
sind als Vorläufer der auf wahre Embolie bezogenen end-
giltigen Anfälle sogar etwas nicht ganz Ungewöhnliches. Zwei
meiner Fälle verhielten sich so und andere Autoren[3]) wissen
Aehnliches zu berichten. Mauthner[4]) hat übrigens einen Fall
gesehen, in welchem es bei solchen Anläufen blieb, ohne dass
es zu einer dauernden Amaurose gekommen wäre.

Ein 60jähriger Herr, welcher seit anderthalb Stunden an seinem linken
Auge eine bald steigende, bald wieder zurückgehende Verdunkelung des Gesichtsfeldes wahrnahm, suchte ihn auf. Während Mauthner die Prüfung des
Sehvermögens vornahm, verminderte sich dieses immer mehr, so dass nach
ungefähr einer Minute nur mehr quantitative Lichtempfindung vorhanden war.
Bei der sogleich angestellten Augenspiegeluntersuchung ersah Mauthner,
»dass während seiner Prüfung totale Embolie der Arteria cen-
»tralis retinae eingetreten war.« Der Spiegel zeigte nichts als hochgradige Verdünnung der Arterien. Auf der Papille und etwas darüber
hinaus waren die Netzhautschlagadern nur noch als dünne rothe Streifen zu
sehen, während sie an der Peripherie völlig unsichtbar erschienen. Die Venen
unverändert. Nach kurzer Zeit war Alles zur Norm zurückgekehrt und das
Auge blieb seitdem auch verschont. Doch war einige Monate darnach eine
rechtsseitige Hemiplegie aufgetreten.

Eine auf befriedigenden Gründen fussende Erklärung dieser
Vorgänge liegt nicht vor.

Die letzterwähnten Fälle sind fast durchwegs ihrer
ophthalmoskopischen Erscheinung nach von den früher erörterten
wesentlich abweichend, daher ich selbe mit den übrigen ihnen
ähnlichen in eine besondere Gruppe zusammenfassen zu sollen
glaube. Die Fälle, in welchen bisher eine wirkliche Embolie

[1]) Schneller, Arch. f. Ophthalmologie VIII., 1, S. 271; Steffan,
ibid. XII., 1, S. 34.

[2]) Knapp, ibid. XIV., 1, S. 212.

[3]) Liebreich, Ophthalmoscop. Atlas, S. 23; Schneller, l. c.; Loring,
Klin. Monatsblätter, 1874, S. 317, 2. und 3. Fall; Mauthner, Lehrbuch der
Ophthalmoskopie. Wien, 1868. S. 342.

[4]) Mauthner, Wiener medicinische Jahrbücher, 1873, S. 199.

der Arteria centralis anatomisch nachgewiesen werden
konnte, fallen sämmtlich in diese Gruppe hinein, daher
über den embolischen Charakter vieler derselben kaum ein
Zweifel aufkommen kann. Graefe (S. 247) hat für selbe das
Musterbild gezeichnet.

Als charakteristisch gilt neben der plötzlichen Erblindung
die ausserordentliche Verdünnung der Arterien bei Verdünnung
oder normalem Kaliber der Venen, das Auftreten der starken
Trübung um die Papille und Macula und die Entwickelung eines
dunkel blutrothen Fleckes im Bereiche der Centralgrube. Die
Verdünnung der Arterien geht oft bis zum Verschwinden der
Blutsäule, deren Färbung, wo sie angegeben wird, als eine hell-
rothe bezeichnet ist. Die Verdünnung betrifft bald das gesammte
arterielle Gebiet, bald ist sie besonders stark im Bereiche der
Papille und an der Peripherie ausgesprochen, während umgekehrt
in anderen Fällen die Centralstücke verhältnissmässig am
weitesten getroffen wurden und auch wohl eine Verbreiterung
der Arterien gegen die Peripherie hin angemerkt erscheint. Was
die Venen betrifft, so werden sie bald von normalem Kaliber,
bald verengt bezeichnet. Meistens finden sich die Centralstücke
als sehr verengert angegeben, während die peripheren Theile oftmals verhältnissmässig dicker befunden wurden. Die Blutsäule in
den Venen wird gewöhnlich dunkel gefärbt, bisweilen unterbrochen
und hin- und herbewegt, oftmals auch pulsirend geschildert.

Es sind diese Fälle schon vielfach Gegenstand weitläufiger Erörterungen gewesen, daher ich mich einer neuerlichen Bearbeitung um
so lieber enthalte, als ich nichts Wesentliches hinzuzufügen vermöchte.
Ich beschränke mich auf die Mittheilung zweier einschlägiger Fälle.

Ein hochgestellter 70jähriger rüstiger Herr kam um 2 Uhr Nachmittags in meine Ordinationsstunde, nachdem er im Laufe des Vormittags
plötzlich unter Flimmererscheinungen auf dem rechten Auge erblindet war.
Ich fand die Lichtempfindung bis auf ganz geringe Spuren vollständig aufgehoben. Mittelst des Augenspiegels vorgehend, stiess ich auf das ausgesprochene Bild einer Embolie der Centralarterie. Sämmtliche Gefässe
der Netzhaut waren sehr stark verengert; die Arterienhauptstämme ihrer

ganzen Länge nach fadendünn, im Bereiche der Papille kaum mehr zu erkennen; die Venenhauptstämme stielrund, auf dem Sehnervenquerschnitte spitz zulaufend und gegen die Pforte hin sowie jenseits des Aequators verschwindend; die darin enthaltene Blutsäule mässig dunkel, nirgends unterbrochen, ohne sichtbare Bewegung, nicht pulsirend; die kleinen Gefässe scheinbar fehlend; die Papille und der Augengrund ohne auffällige Veränderung der Farbe; die Papillengrenze und die Umgebung der Macula leicht nebelig getrübt, die Gegend des gelben Fleckes selbst etwas dunkler roth.

Nächsten Tages war die Trübung um die Papille und Macula herum schon sehr auffällig, spielte in's Grauweisse, während die übrige Netzhaut wie mit einem diffusen Nebel übergossen schien. In der Gegend des gelben Fleckes war die Röthe durch die umgebende Trübung beträchtlich eingeengt, stach dagegen durch ihre sehr tief dunkelrothe Farbe viel mehr hervor und hatte ganz das Aussehen eines Flohstiches. Die Venenhauptstämme hatten an Durchmesser etwas abgenommen, gegen die Peripherie hin jedoch sich verlängert und einzelne zeigten sich hier sogar etwas weiter als in der Gleichergegend.

Im Verlaufe der nächsten acht Tage nahm die Netzhauttrübung mehr und mehr ab, der dunkelrothe Punkt in der Maculagegend lichtete sich etwas; dagegen machte sich rings um die Papille ein, an Breite derselben nahekommender, heller Saum mit etwas unregelmässigem schmutzig bräunlich gewölktem Aussenrande bemerklich, die Venen wurden immer dünner, die Arterien fast unsichtbar, die Papille selbst blässer.

Der Kranke blieb, da ich ihm die Erfolglosigkeit einer Behandlung von vorneherein dargestellt hatte, aus. Nach einem Jahre sah ich ihn wieder, da er glaubte, auch auf dem linken Auge stellen sich Vorboten der Erblindung ein, wie dies vor der Erkrankung des rechten Auges der Fall gewesen war. Nach Allem musste ich jedoch schliessen, dass es sich dermalen blos um ein Flimmerscotom handle, und in der That ist der Kranke seither, d. i. seit zwei Jahren frei geblieben.

Bei der ophthalmoskopischen Untersuchung ergab sich vollständige Atrophie der Papille, die von einem ihr an Breite fast gleichkommenden hellweissen, sehnig glänzenden, etwas unregelmässig begrenzten, am Rande von zerworfenem Pigmente bestandenen Ringe umgeben war. Derselbe ist ohne Zweifel auf Schwund der hinteren Aderhautzone zu beziehen und deutet auf krankhafte Vorgänge im Bereiche des hinteren Scleralkranzes. Von den Gefässen sind nur mehr vier dünne zarte Stämmchen zu sehen, die ohne Verzweigung noch vor dem Gleicher enden. Von Trübungen der Netzhaut und dem rothen Flecke in der Centralgrube keine Spur mehr zu entdecken. Vollständige Amaurose des betreffenden Auges.

Der zweite Fall ist erst in allerjüngster Zeit auf meiner Klinik zur Beobachtung gekommen und steht daselbst noch in Behandlung.

Er bietet in seinen einzelnen Zügen so viel des Uebereinstimmenden, dass man kaum umhin kann, ihn der Kategorie jener Fälle
einzureihen, welche dermalen auf Embolie der Centralarterie zurückgeführt werden. Anderseits hat er aber auch seine Besonderheiten
und schlägt in gewissen Beziehungen ganz aus der Art. Er lässt
es so recht schwer empfinden, wie wenig abgegrenzt die Krankheitsbilder der mannigfaltigen krankhaften Vorgänge sind, welche
im Nervenkopfe sich möglicherweise abspielen können, und wie
vieler genauer Untersuchungen es noch bedarf, um die Diagnose
zu sichern.

Ein 26jähriger kräftig gebauter Färbergeselle, E. H., war im Jahre
1875 mit acutem Gelenksrheumatismus durch sechs Wochen in Spitalbehandlung gelegen. Ob er damals ein Herzleiden erworben, ist nicht zu ermitteln;
darauf hindeutende Beschwerden waren seither nicht vorhanden, nur will er
während seiner Militärdienstzeit bei grösseren Körperanstrengungen öfter von
Herzklopfen befallen worden sein. Am Tage vor der Aufnahme auf die
Klinik hatte der Kranke nach überreichlichem Genusse geistiger Getränke
eine ziemlich grosse Strecke in raschem Laufe zurückgelegt. Am Ziele
angelangt, bemerkte er, dass er nach der linken Seite hin schlechter sehe
und, nachdem er das rechte Auge mit der Hand verdeckt hatte, dass das
linke Auge vollständig erblindet sei, Tag und Nacht zu unterscheiden nicht
vermöge. Obwohl erschreckt, schöpfte er doch aus dem Umstande Hoffnung,
dass bereits vor einem Jahre ein ähnlicher Anfall ohne Folgen rasch vorübergegangen war. Es hatten sich nämlich bei Verrichtung einer schweren
Arbeit plötzlich Blendungserscheinungen, Flimmern und Funkensehen mit
völliger Verdunkelung des Gesichtsfeldes, wie der Kranke glaubt, auf beiden
Augen eingestellt, waren aber rasch wieder verschwunden und hatten keine
Spur zurückgelassen, so dass der Kranke sich eines vollkommen guten Sehens
erfreute. Diesmal jedoch kam es anders. Die vollständige Amaurose hielt
an, daher der Kranke gleich Morgens auf der Klinik Hilfe suchte. Der erste
Eindruck, welchen das Augenspiegelbild machte, war ganz der einer Embolie
der Centralarterie, daher der Kranke auch der Klinik des Herrn Hofrathes Bamberger behufs Sicherstellung eines etwaigen Herzleidens zugeführt wurde. Das Ergebniss der dort gepflogenen Untersuchungen war ein
rein negatives. Ich lasse nun die Erscheinungen, wie sie sich am kranken
linken Auge Tag für Tag ergaben, nach den Aufzeichnungen meines Assistenten, Herrn Dr. Hampel, folgen, da ich durch Erkrankung zehn Tage
lang gehindert wurde, den Fall selber zu beobachten.

Bei der Aufnahme: Aeussere Theile normal, Pupille weit starr, auf
Licht und Schatten nicht reagirend. Die Sehnervenscheibe blass; ihre

innere Grenze scharf, die äussere von einer dichten grauweissen Trübung
gedeckt, deren temporaler Rand strahlig-wolkig in die nachbarliche Netz-
hautpartie sich verliert. Die Macula noch unverändert. Die Centralstücke
sämmtlicher Gefässe, soweit sie auf der Papille streichen, sehr verengt, nahezu
blutleer. Die retinalen Gefässe im Allgemeinen etwas enger als in der Norm,
besonders die schläfenwärts ziehenden, in welchen die Blutsäule theilweise
auch unterbrochen erscheint, so dass kleine Blutcylinder mit leeren Stellen
abwechseln. Gegen die Peripherie hin nimmt die Füllung merklich zu.
Arterien und Venen führen allenthalben gleich dunkles venöses Blut. An
den nach oben streichenden Schlagaderstämmen ist der centrale Reflex noch
deutlich zu erkennen, an den übrigen nicht. Eine Bewegung des Blutes
ist nirgends wahrzunehmen, auch nicht dort, wo die Blutsäule unterbrochen
erscheint. Ein äusserer Druck, auf den Augapfel ausgeübt, auch wenn derselbe ziemlich gesteigert wird, hat weder eine Veränderung in der Blut-
füllung der Gefässe zur Folge, noch bedingt er wahrnehmbare Verrückungen
der Blutsäulen. Die Spannung des Auges ist unverändert. Vollständige
Amaurose.

Nachmittags: Die Trübung an der äusseren Papillengrenze hat bedeutend zugenommen und ist von einem bandartigen glänzenden Saume umgeben. In der Maculagegend sieht man eine unregelmässig geigenförmige,
einen Papillendurchmesser lange und ⅓ so breite, mit der Längsaxe nicht
ganz meridional gelagerte, dichte grauweisse wie gestichelte Trübung mit
breitem hellglänzendem, unregelmässig streifig schattirtem Randsaume. Der
centrale Theil dieser Trübung ist von einem graurothen stecknadelkopf-
grossen Flecke eingenommen. Ein temporalwärts ziehendes und ein anderes
nach innen oben ziehendes Netzhautgefäss zeigt besonders scharf markirte
Unterbrechungen der Blutsäule. Auf äusseren Druck erfolgt weder Pulsation
noch eine Aenderung in der Füllung der Gefässe. Die Spannung des Bulbus
normal.

Am zweiten Tage: Die Maculatrübung hat an Länge und Breite
zugenommen, ebenso der oben erwähnte centrale graurothe Fleck, der bereits
halblinsengross geworden ist. Die Netzhaut in ihrer ganzen Ausdehnung erscheint nun stark getrübt, daher die Gefässe mit der unterbrochenen Blutsäule minder deutlich sichtbar sind. Dabei zeigt sich, dass die früher absolut
blutleeren Gefässstücke wieder etwas Blut enthalten, so dass stärker und
schwächer gefüllte Theile mit einander abwechseln.

Am dritten und vierten Tage: Die Trübung der Netzhaut steigert
sich noch immer, besonders in der Maculagegend, wo der centrale braunrothe
Fleck schon ganz verwaschen, kaum sichtbar ist. Mehrere retinale Gefässe
werden von der Trübung fast völlig verdeckt. Wo sie noch deutlich durch-
scheinen, zeigt sich ihre Füllung mehr gleichmässig. An den schläfenwärts
ziehenden Gefässen sind die Unterbrechungen der Blutsäule nicht mehr wahrzunehmen. Spannung des Augapfels normal.

Am fünften und sechsten Tage. Die Trübung und Schwellung der Netzhaut nimmt um ein Weiteres zu. Auch der obere und der untere Rand der Papille ist verwaschen und geht in eine strahlige Trübung der angrenzenden Netzhaut über. Die im oberen äusseren Quadranten streichende Vene ist in ihrem peripheren Theile sehr stark gefüllt; gegen die Papille hin hat sie sich neuerdings sehr beträchtlich verengert und bleibt so bis zur Gefässpforte. An den Gefässwänden zeigen sich ganz unregelmässige gesprenkelte Trübungen. Die Schwellung und Trübung um die Papille herum steigt noch immer und ist bereits zusammengeflossen mit dem in der Maculagegend befindlichen Flecke. Durch Druck auf den Augapfel können nunmehr Pulsationen in den gleichmässig dunkles Blut führenden, kaum auffällig verdünnten Gefässen hervorgerufen werden. Spannung normal. Keine Spur von Lichtempfindung.

Am siebenten und achten Tage: Die Schwellung und dichte Trübung der Netzhaut erstreckt sich nun von der Papille bis gegen die äusserste Peripherie. Der Fleck in der Macula erscheint mehr in die Breite gezogen und löst sich in mehrere kleinere rothbraune Flecke auf. Die grösseren Venen pulsiren spontan. Beim Drucke auf den Bulbus sind die pulsatorischen Kaliberschwankungen sämmtlicher retinaler Gefässe ausserordentlich deutlich. Bei noch weiter wachsendem Drucke werden die centralen Gefässstücke blutleer. Spannung des Bulbus etwas erhöht. Amaurosis.

Am neunten Tage werden in der Umgebung der Macula und der Papille sowie an den Wandungen einzelner Gefässe zahlreiche kleine Blutextravasate sichtbar. Es wurde nun jeden dritten Tag eine hypodermatische Einspritzung von Pilocarpinlösung gemacht.

Am zehnten Tage hat die Schwellung und Trübung der Netzhaut merklich abgenommen, die Blutextravasate aber haben sich zwischen Papille und Macula und besonders an der Peripherie der Netzhaut vermehrt.

In Folge der weiteren Pilocarpineinspritzungen schwindet die Trübung und Schwellung der Netzhaut immer mehr, es werden die Grenzen der Papille nach oben und unten wieder sichtbar. Auch die Blutextravasate werden spärlicher und nehmen an Umfang ab. Dabei vermindert sich in auffallendem Grade das Kaliber der Gefässe und dieselben ziehen sich gleichsam von der Peripherie gegen den Sehnerveneintritt zurück, werden immer kürzer. Im oberen äusseren Quadranten des Gesichtsfeldes zeigt sich eine Spur zweifelhafter Lichtempfindung. Spannung des Bulbus normal.

Am sechzehnten Tage erscheint die Trübung der Netzhaut fleckig, es zeigen sich zwischen Papille und Macula in dem sich allmälig aufhellenden Nebel vereinzelte hellweisse, punkt- bis hirsekorngrosse Inseln, ganz unregelmässig zerstreut. Der Fleck in der Maculagegend, welcher sich bisher nicht verändert hatte, wird verwaschen und fast unkenntlich.

Am vierundzwanzigsten Tage sind die Blutextravasate allenthalben völlig verschwunden, ebenso die dichteren Trübungen der Netzhaut,

es lagert ein kaum merklicher graulicher gleichmässiger Nebel über dem vielleicht etwas dunkleren Augengrund. Die Papille ist von normaler Grösse,
von einem wenig dichteren gelblichweissen Schleier überkleidet, welcher die
Umgrenzung noch nicht ganz scharf heraustreten lässt. Hinter diesem Schleier
leuchtet, besonders an der äusseren Papillenhälfte, der bläulichweisse sehnige
Glanz der Siebmembran deutlich hervor. Sämmtliche Retinalgefässe sind sehr
verdünnt und verkürzt. Die meisten reichen nur wenig über die Papillen-
grenzen hinaus, keines erreicht den Aequator. Die Seitenäste fehlen gänzlich.
Die Füllung aller lässt sich bis in die Pforte verfolgen. Der Unterschied in
der Farbe ist gering, aber doch merklich, so dass sich Arterien und Venen
unterscheiden lassen. An ersterer ist auch der doppelte Contour zu bemerken.
Spuren zweifelhafter Lichtempfindung nach oben und aussen. Spannung des
Bulbus normal.

V.

Ueber centrale Sehschärfe.

Es gilt als Grundsatz, dass jedes einzelne lichtempfindende Element der Netzhaut von mehreren gleichzeitigen Lichteindrücken nur Einen einheitlichen gemischten Gesammteindruck dem Gehirne zu übermitteln vermöge. Insoferne nun die Zapfen und Stäbe körperliche Gebilde sind, welche räumlich ausgedehnte Flächen dem Brechapparate des Auges zukehren, können von jedem Netzhautbilde jeweilig nur so viele Einzelnheiten zur Wahrnehmung gebracht werden, als dasselbe lichtempfindende Elemente deckt.

In der Netzhautmitte führt die lichtempfindende Schichte blos dicht aneinander gedrängte Zapfen, welche überdies bedeutend kleinere Querschnitte ergeben als die gleichen Elemente der anderen Stellen. Das Mass der Fähigkeit, Einzeleindrücke gesondert zur Wahrnehmung zu bringen, d. h. die Sehschärfe, ist darum in der Netzhautmitte am grössten. Es nimmt gegen die Peripherie hin in dem Verhältnisse ab, als die Zapfen seltener und durch die überhandnehmenden Stabgruppen mehr und mehr auseinander gerückt werden.

Immerhin ist auch die centrale Sehschärfe eine überaus beschränkte. In dem Netzhautbilde ist nämlich allerdings jeder einzelne Punkt des Gesichtsobjectes wiedergegeben, es wird aber nicht die Gesammtheit derselben zur Wahrnehmung gebracht. Es verhält sich vielmehr das durch das Auge wahrgenommene Bild

des Gesichtsobjectes zu dem objectiven Netzhautbilde wie ein
Mosaikbild zu seinem Originale.

Um einen Gegenstand durch Mosaik in einem Bilde erkennbar darzustellen, ist eine bestimmte kleinste Anzahl von Steinchen
erforderlich. Mit Einem solchen Steinchen kann man einen Punkt,
nicht aber eine Linie und noch weniger einen zusammengesetzten
Körper bildlich zur Anschauung bringen. In gleicher Weise setzt
das leichte und sichere Erkennen eines zusammengesetzten Gesichtsobjectes ein Netzhautbild voraus, welches eine entsprechend grosse
Anzahl von lichtempfindenden Elementen deckt und, insoferne die
Querschnitte der letzteren gegebene unveränderliche sind, ein
gewisses Flächenmass erreicht.

Es steht das Flächenmass der Netzhautbilder in einem gewissen
Verhältnisse zu dem Winkel, unter welchem die einzelnen Durchmesser des Gesichtsobjectes von dem optischen Mittelpunkte des
Auges aus gesehen werden. Man kann daher auch sagen: Um
einen Gegenstand durch das Auge leicht und sicher zu erkennen,
müssen die einzelnen Durchmesser desselben sich mindestens unter
einem bestimmten kleinsten Gesichtswinkel (Grenzwinkel)
präsentiren.

Um diesen Grenzwinkel für Druckschriften als dem
handlichsten und bei ganz gleichmässiger Form in den verschiedensten Grössen leicht herstellbaren Probeobjecte zu ermitteln, habe
ich im Jahre 1855[1]) die grösste Entfernung gemessen, in welcher
ich mit Einem Auge im Stande war, die kleinste auf den damals
umlaufenden österreichischen Banknoten befindliche Schrift leicht
und sicher zu lesen. Der Versuch ergab 6—8 Wiener Zoll Entfernung für eine Buchstabenhöhe von 0·2 Wiener Linien.

Ich berechnete auf Grund dieses Versuches eine Anzahl Höhen,
welche Buchstaben haben müssen, auf dass sie, aus verschiedenen
grösseren Entfernungen bis 15 Wiener Fuss betrachtet, ein

---

[1]) Sitzungsberichte der math.-naturw. Classe der kais. Akademie der
Wissensch. zu Wien, XVI., S. 209.

annähernd gleich grosses Netzhautbild ergeben, und liess die
gefundenen Werthe auf einer lithographirten Tafel durch eine
Reihe von Schriftzeilen zum Ausdrucke bringen, welchen links die
Buchstabenhöhe A und rechts die entsprechende Entfernung D
beigefügt ist. Die einzelnen Zeilen enthalten aus lauter grossen
lateinischen Buchstaben zusammengefügte einzelne Worte ohne
Verbindung, damit die letzteren nicht wie in geschlossenen Sätzen
aus dem Contexte errathen werden können.

Ich glaubte solchermassen ein Probeobject hergestellt zu
haben, welches allen Anforderungen entspricht und namentlich bei
der Ermittelung des Fern- und Nahepunktes der einzelnen
Augen bessere Erfolge gewährleistet, als die von Ed. Jäger[1] kurz
vorher veröffentlichten Schriftscalen.

Es haften dieser Tafel indessen gar mannigfaltige Gebrechen
an, wie die folgenden Erörterungen darthun werden. In erster
Linie muss als ein Grundfehler gerügt werden, dass der Grenzwinkel (etwas über 9 Minuten) viel zu gross ausgefallen ist, was
sich aus der Blässe der als Basis der Berechnung gewählten Bank-
notenschrift erklärt. Dann sind die Höhen- und Breitendurchmesser
der einzelnen Buchstaben von ungleicher Länge und überdies die
Haarstriche vielmal dünner als die Schattenstriche, daher für die
einzelnen Theile jedes Buchstaben sich ganz verschiedene Grenzwinkel ergeben.

Snellen[2] hat diese Mängel wohl erkannt und bei der Heraus-
gabe seiner Probebuchstaben weislich vermieden. Er wählte die
»Typen des egyptischen Paragones; quadratische Buchstaben,
»von welchen alle Theile, die auf- und absteigenden sowohl wie
»die horizontalen und verticalen gleiche Dicke haben«. Auch
fand er, dass solche »quadratische Buchstaben, deren einzelne
»Striche ein Fünftel der Höhe dick sind, im Allgemeinen unter

---

[1] Ed. Jäger, Staar und Staaroperationen. Wien, 1854.
[2] Snellen, Probebuchstaben zur Bestimmung der Sehschärfe.
Utrecht. 1862.

»einem Winkel von fünf Minuten für ein normales Auge deutlich wahrnehmbar sind«. Er berechnete demgemäss die Höhe und Breite, welche ein quadratischer Buchstabe haben muss, auf dass er aus einer Entfernung von Einem Pariser Fuss unter einem Gesichtswinkel von fünf Minuten erscheine. Es ergaben sich 0·209 Pariser Linien.

Auf Grund dieser Werthe liess Snellen ebenfalls eine Reihe von Schriftproben anfertigen, deren vorgesetzte Nummern zugleich die Vergrösserungscoëfficienten sind, indem sie angeben, um wievielmal die einzelnen Maasse der betreffenden Schriftprobe jene der ersten Nummer übersteigen und aus der wievielfachen Normalentfernung von einem Pariser Fuss diese Schriftprobe zu betrachten ist, auf dass sie unter einem Gesichtswinkel von fünf Minuten gesehen werde.

Snellen geht hierbei von der Voraussetzung aus, dass Buchstaben von 2-, 3-, x-fachem Kaliber aus der 2-, 3-, x-fachen Distanz von normalen Augen mit gleicher Leichtigkeit und Sicherheit wahrgenommen werden müssen, da sie sich unter gleichen Gesichtswinkeln darbieten. Der Bedarf eines grösseren Gesichtswinkels gilt ihm daher als eine Abweichung von der Norm, welche ihren Ausdruck findet in dem Verhältnisse des erforderlichen zu dem normalen Gesichtswinkel von fünf Minuten. Schärfer bezeichnet würde es heissen: Die abweichende centrale Sehschärfe S verhält sich zur normalen $s = 1$ umgekehrt wie der Sinus oder die Tangente des erforderlichen Gesichtswinkels zum Sinus oder der Tangente des normalen Winkels von fünf Minuten.

Es wäre Fig. 6 $A A_1$ die verlängerte optische Axe eines auf die vordere Trennungsfläche CC reducirt gedachten Auges, c der optische Mittelpunkt oder die vereinigten beiden Knotenpunkte, RR der centrale Netzhauttheil, p dessen Abstand von c, h die halbe Normalhöhe von 0·209 Linien eines in der Entfernung $d = 1$ Fuss von c aufgestellten Buchstaben. In der doppelten Entfernung $2d$ sei ein Buchstabe von doppelter halber Höhe $2h$, in der dreifachen Distanz $3d$ ein Buchstabe von dreifacher halber Höhe $3h$ u. s. w.

in der x-fachen Entfernung xd ein Buchstabe von x-facher halber Höhe xh befindlich. Offenbar ist

$$\frac{x\,h}{x\,d} = \frac{3\,h}{3\,d} = \frac{2\,h}{2\,d} = \frac{h}{d} = \mathrm{tang}\ \varsigma = \sin \varsigma;$$

es werden alle diese verschieden grossen Buchstaben aus den genannten Entfernungen (unter dem Normalwinkel $\varsigma = 5$ Minuten) gesehen.

Fig. 6.

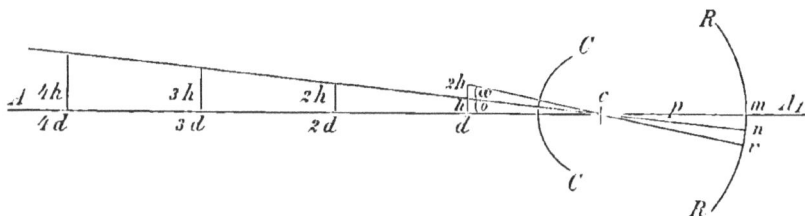

Ergäbe sich dagegen in einem Einzelnfalle, dass auf die Normalentfernung von 1 Fuss die doppelte Normalhöhe $2\,h$ erforderlich sei, auf dass der betreffende Buchstabe deutlich und sicher erkannt werde, so wäre der nothwendige Gesichtswinkel offenbar $\varsigma + \omega$, also doppelt so gross als der normale und die Sehschärfe nur die Hälfte der normalen, gerade so, als wenn Buchstaben der sechsfachen Grösse blos auf die dreifache Entfernung und Buchstaben der zwanzigfachen Grösse nur auf zehnfache Distanz erkannt würden. Es ist nun nach Snellen's Voraussetzung

$$S : s = \sin \varsigma : \sin \varsigma + \omega = \frac{2\,h}{2\,d} : \frac{2\,h}{d}$$

also

$$S = \frac{d}{2\,d}$$

oder allgemeiner ausgedrückt

$$S = \frac{d}{D},$$

wobei die normale centrale Sehschärfe $s = 1$ gesetzt ist, d den grössten Abstand bedeutet, in welchem ein Auge noch einen Buchstaben von bestimmten Dimensionen leicht und sicher zu erkennen vermag, und D die Entfernung, in welcher derselbe Buchstabe unter einem Winkel von fünf Minuten gesehen wird.

Es ist diese Formel in oculistischen Kreisen allgemein aner-
kannt und wird fast durchwegs benützt, um das Maass der im
Einzelnfalle gegebenen centralen Sehschärfe kurz zu bezeichnen.
Sie ist in der That sehr durchsichtig, auch überaus bequem in der
Handhabung und ihre Einführung in die Ophthalmologie sichert
Snellen ein bleibendes Verdienst.

Es frägt sich nun, ob diese Formel auch strengeren Anforderungen, als gewöhnlich in der Praxis gestellt zu werden pflegen,
zu entsprechen vermöge; ob sie das, was sie als Gesetz offenbaren soll, auch wirklich scharf und fehlerfrei zum Ausdrucke
bringe; ob sie demnach den Charakter einer mathematischen
Formel beanspruchen dürfe.

Man wird auf diese Zweifel unwillkürlich hingeleitet durch
die längst schon erkannte und wiederholt mit Nachdruck betonte
Unverträglichkeit derselben gegen die einfachsten Rechnungsmanöver.
Es weiss Jedermann, dass Sehschärfen

$$\frac{100}{200}, \frac{20}{40}, \frac{10}{20}, \frac{2}{4} \text{ durchaus nicht gleich } \frac{1}{2}$$

gesetzt werden dürfen, insoferne das Erkennen eines Buchstaben,
dessen einzelne Maasse das Zweihundertfache der Snellen'schen
Schrift Nr. 1 betragen, auf 100 Fuss Entfernung durchaus nicht
das Erkennen der Buchstaben von 40-, 20-, 10-, 2 facher Grösse auf
die 20-, 10-, 5- oder einfache Normaldistanz verbürgt, sondern
erfahrungsmässig öfters recht auffälligen Abweichungen Spielraum
lässt, daher man denn auch längst gewöhnt ist, die Sehschärfe
für verschiedene Entfernungen zu bestimmen und die gefundenen
Werthe unverkürzt anzuführen, also

$$S = \frac{20}{200}, \frac{70}{100} \text{ u. s. w., nicht aber } S = \frac{1}{10}, \frac{7}{10}$$

zu setzen. Was ist wohl der Grund davon?

Vorerst kommt hier in Betracht, dass Snellen das Verhältniss des erforderlichen Gesichtswinkels zum Normalwinkel von
fünf Minuten als das einzig Massgebende bei der Beurtheilung
der Sehschärfe im Einzelnfalle hingestellt hat. Es ist das leichte

und sichere Erkennen eines Objectes durch das Auge aber bedingt
durch die gleichzeitige Erregung einer genügenden Anzahl lichtempfindender Elemente, in letzter Instanz und
unmittelbar also abhängig von der Grösse des Netzhautbildes,
und diese ist nicht blos von dem Gesichtswinkel, sondern auch
noch von anderen Factoren abhängig. Es ist nämlich (Fig. 6)

$$m\,n : h = p : d, \text{ oder}$$

$$m\,n : h = \frac{1}{d} : \frac{1}{p}, \text{ also}$$

$$m\,n = \frac{h\,p}{d}.$$

Der Abstand p der vereinigt gedachten beiden Knotenpunkte
von dem Netzhautcentrum ist aber kein unveränderlicher, bestimmter. Er wird einerseits beeinflusst durch den Bau des
Auges, welcher bei verschiedenen Individuen sehr grosse Abweichungen zeigt, anderseits von dem jeweiligen Accommo-
dationszustande des Bulbus, insofern bei jeder Aenderung des
letzteren die Knotenpunkte auf der optischen Axe sich verschieben.

Es haben dies bereits Donders[1] und Snellen[2] in exacter
Weise dargethan. Sie haben aber auch nachgewiesen, dass der
Einfluss der accommodativen Veränderungen des dioptrischen
Apparates und des Baues der Augen auf die Netzhautbildgrösse
sehr ungleich bewerthet werden müsse. Der Wechsel des Accom-
modationszustandes ergiebt einen so geringen Ausschlag, dass
derselbe in der Praxis füglich ganz vernachlässigt werden kann.
Dagegen vermag der andere Factor p unter Umständen sich sehr
fühlbar zu machen, was auch nicht Wunder nehmen wird, wenn
man die extremen Unterschiede in Betracht zieht, welche die Länge
der optischen Axe in hochgradig hypermetropischen und kurzsichtigen Augen erkennen lässt.[3]

---

[1] Donders, Arch. f. Ophthalmologie XVIII., 2, S. 245.

[2] Snellen, Graefe und Sämisch. Handbuch III., S. 10.

[3] Donders, Die Anomalien der Refraction und Accommodation. Wien,
1866. S. 151. 208, 312.

Donders findet die Rückwirkung dieser Differenzen auf die
Netzhautbildgrösse in verschieden gebauten Augen so beträchtlich,
dass ihm eine Ableitung der Sehschärfe ametropischer Augen
aus der mittleren Sehschärfe von Emmetropen geradezu unstatthaft erscheint, und zwar dies umsomehr, als er an seiner schon
früher ausgesprochenen Meinung festhält, nach welcher die Zahl
der in einer bestimmten Flächenmaasseinheit der Netzhaut enthal
tenen lichtempfindenden Elemente bei verschiedenen Bauzuständen
des Auges eine sehr verschiedene sein kann und folgerecht einer
gleichen oder zur Netzhautoberfläche proportionirten Bildgrösse in
verschiedenen Augen nicht nothwendig gleiche Werthe für die
Unterscheidung zuzuerkennen sein dürften.

Mit anderen Worten würde dies heissen: Um die Sehschärfe
verschieden gebauter Augen mit einander zu vergleichen und
durch Verhältnisszahlen richtig auszudrücken, müsste für
jedes einzelne Auge und für jeden einzelnen Versuch nicht nur
die Netzhautbildgrösse, sondern überdies auch die von diesem Bilde
bedeckte Zahl der lichtempfindenden Elemente bestimmt werden
können.

Wer die Schwierigkeit kennt, auch nur eine einzelne Constante im speciellen Falle halbwegs richtig zu stellen, und wer die
Zahl der Constanten berücksichtigt, welche erforderlich sind, um
eine Berechnung der Netzhautbildgrösse mit Erfolg durchzuführen,
wird die Grösse einer solchen Aufgabe ermessen und darauf verzichten, richtige Verhältnisszahlen für die Sehschärfe verschieden
gebauter Augen auf Wegen zu finden, welche für den Praktiker
gangbar sind.

Der Versuch, die Vergleichbarkeit der Sehschärfen verschieden
gebauter Augen durch Zurückführung der Refractionszustände auf
eine bestimmte Grösse, sagen wir Null, mittelst vorgesteckter
Hilfslinsen anzubahnen, ist in Anbetracht des Factors p selbstverständlich ganz unzureichend. Im Gegentheile wird hierbei in
dem unvermeidlichen Abstande der Hilfslinse von dem optischen

Centrum des reducirten Auges ein neuer Factor eingeführt, welcher besonders bei stärkeren Hilfslinsen die Netzhautbildgrösse in sehr empfindlicher Weise beeinflusst und die Verhältnisse verwirrt.

Fig. 7.

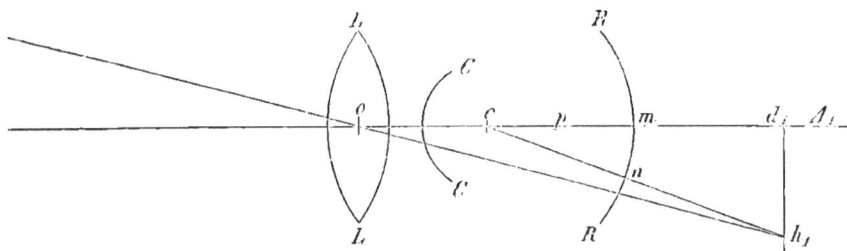

Es sei (Fig. 7) AA_1 die verlängerte optische Axe, CC die Cornea, RR die Netzhautstabschichte, c der optische Mittelpunkt des reducirten Auges und $cm = p$. Vor der Hornhaut CC stehe eine Convexlinse L mit dem Centrum o und es sei $co = g$. In der Entfernung $od = d$ sei ein Object aufgestellt, dessen halbe Höhe hd ist. Dessen virtuelles halbes Bild wird dann $d_1 h_1$ in der Vereinigungsweite der Linse $od_1 = v$ sein. Selbstverständlich ist $h_1 c$ der Richtstrahl in Bezug auf das Auge, und die halbe Netzhautbildfläche ist mn. Es ergiebt sich

$$hd : h_1 d_1 = d : v$$

$$h_1 d_1 = hd \cdot \frac{v}{d}.$$

Es ist nun weiter

$$h_1 d_1 : mn = \frac{v-g}{n} : \frac{p}{n_1} \text{ und}$$

$$mn = h_1 d_1 \cdot \frac{n}{n_1} \cdot \frac{p}{v-g} = hd \cdot \frac{n}{n_1} \cdot \frac{p}{d} \cdot \frac{v}{v-g}.$$

Wäre eine Concavlinse dem Auge vorgesetzt, so würde die halbe Netzhautbildhöhe mn sein

$$mn = hd \cdot \frac{n}{n_1} \cdot \frac{p}{d} \cdot \frac{v}{v+g}.$$

Es ist $\frac{v}{v-g}$ ein unechter, $\frac{v}{v+g}$ ein echter Bruch. Der Gebrauch einer Sammellinse wird daher eine Vergrösserung, der Gebrauch einer Zerstreuungslinse eine Verkleinerung des Netzhautbildes mit sich bringen, welche mit dem Abstande und der Schärfe des Brillenglases zunimmt.[1]

_____

[1] Stellwag, Sitzungsberichte der math.-naturw. Classe der kais. Akademie der Wissensch. zu Wien, 1855, XVI., S. 220, 274.

Besonders störend ist dieser Einfluss des Brillenabstandes auf
die Netzhautbildgrösse bei hohen Graden von Kurzsichtigkeit.
Will man hier die Sehschärfe für grössere Objectsdistanzen
ermitteln, so können sehr scharfe Zerstreuungslinsen nicht umgangen werden. Diese ergeben aber stets einen sehr bedeutenden
Verkleinerungscoëfficienten. Es ist derselbe bei voll corrigirenden
Gläsern öfters so beträchtlich, dass er eine ganz auffallende Verminderung der Sehschärfe im Gefolge hat und dadurch dem Kranken
schon bei kurzem Versuche unerträglich wird, umsomehr aber im
gewöhnlichen Leben den Zwang auferlegt, auf scharfes Sehen in die
Ferne zu verzichten und, unter Benützung einer unvollkommen
corrigirenden Brille, sich mit einer wesentlich verkürzten Sehweite
zu begnügen.

Von geringer Bedeutung ist der fragliche Coëfficient dagegen
bei mittleren und niederen Graden von Myopie, wenn selbe
behufs der Ermittelung der Sehschärfe für grössere Entfernungen
durch entsprechende Gläser ausgeglichen werden. Es handelt sich
dann nämlich immer um beträchtlichere Vereinigungsweiten, gegen
welche der Brillenabstand fast verschwindet, daher der Werth des
Coëfficienten sich sehr der Einheit nähert.

Ebenso verhält sich die Sache bei mittleren und niederen
Graden von Hypermetropie, wo nicht sowohl für weite, als vielmehr für nahe Objectsdistanzen Correcturen durch Sammellinsen
nothwendig werden können und dann gleichfalls grosse Vereinigungsweiten in Rechnung kommen.

Bei hohen Graden absoluter Hypermetropie jedoch und
besonders bei Aphakie, wo für grosse und für kleine Distanzen
verschiedene, und zwar starke Linsen in Verwendung gezogen
werden müssen, um ein deutliches Sehen zu ermöglichen, fällt der
Brillenabstand schwer in's Gewicht und darf bei der Bestimmung
der Sehschärfe nicht vernachlässigt werden.

Fasst man das Gesagte zusammen, so ergiebt sich als Schluss-
folgerung, dass die Snellen'sche Formel das, was sie ausdrücken

soll, keineswegs immer genau zum Ausdrucke bringt; dass sie
geradezu fehlerhaft wird, wenn man sie auf Augen von sehr
verschiedenen Bauzuständen anwendet, und dass diese Fehler-
haftigkeit noch um ein Beträchtliches steigt, wenn starke Hilfslinsen in Gebrauch gezogen werden, um von den Probeobjecten
scharfe Netzhautbilder zu gewinnen und so zu verhindern, dass
nicht auf Rechnung mangelhafter Sehschärfe gesetzt werde, was
ausgiebige Zerstreuungskreise an der Deutlichkeit der Wahrnehmungen verschuldet haben.

Strenge genommen lässt sich kein Auge dem andern bezüglich seines Baues von vornherein völlig gleichstellen, auch wenn
der Brechzustand derselbe wäre, indem sehr mannigfaltige
Factoren in den verschiedensten Werthverhältnissen zusammen-
wirken können, um einen gleichen Refractionszustand zu begründen. [1])

Man wird folgerecht der Gefahr, Ungleichartiges zu vergleichen und so zu ganz unrichtigen Verhältnisszahlen zu gelangen,
sich nur dann mit voller Sicherheit entziehen, wenn man auf eine
allgemeine Formel für die Sehschärfen verschiedener Augen
verzichtet und sich darauf beschränkt, in jedem einzelnen Falle
ganz einfach eine Mehrzahl verschiedener grösster Entfernungen zu bestimmen, in welchen ein für jede betreffende Entfernung durch Accommodation oder durch
Hilfslinsen scharf eingestelltes Auge Buchstaben, Ziffern
u. s. w. von bestimmten Durchmessern leicht und sicher
zu erkennen vermag.

Man kann sich damit in der Praxis auch wirklich bescheiden,
denn hier kommt es doch wahrlich weniger darauf an, das Verhältniss der Sehschärfe des kranken Auges zur Sehschärfe eines
andern gesunden und vielleicht ganz verschieden gebauten Auges
zu ermitteln, als vielmehr die Zu- oder Abnahme der Functions-
tüchtigkeit und das Maass derselben zu ergründen, um darauf

---

[1]) Stellwag, Lehrbuch, 1870, S. 785.

Schlüsse über den Gang und die muthmasslichen Folgen eines laufenden Krankheitsprocesses zu stützen.

Ohne Zweifel waren es ähnliche Erwägungen, welche Donders[1]) veranlassten, das Hauptgewicht auf die relativen Sehschärfen zu legen. Es sind dieselben nichts Anderes, als die Verhältnisszahlen der Sehschärfen eines und desselben Auges beim Sehen in verschiedene Entfernungen, für welche der dioptrische Apparat durch die Accommodation oder durch Hilfslinsen genau eingestellt ist. Es müssen diese relativen Sehschärfen unter Zugrundelegung der gefundenen Werthe durch Berechnung aus der absoluten Sehschärfe ermittelt werden, welch' letztere nach Snellen's Methode beim Sehen in die Ferne unter Erschlaffung der Accommodation, bei ametropischen Augen also unter Beihilfe corrigirender Linsen, bestimmt wird.

Es haben diese relativen Sehschärfen unbestreitbar ihre wissenschaftliche Bedeutung. Doch ist es kaum ein dringendes praktisches Bedürfniss, die Sehschärfen, welche ein und dasselbe Auge bei entsprechender genauer Einstellung für verschiedene Entfernungen nachweisen lässt, durch Verhältnisszahlen mathematisch richtig auszudrücken. Darin liegt gewiss einer der Gründe, warum die relativen Sehschärfen in den oculistischen Schriften bisher noch wenig Eingang zu finden vermochten.

Der mächtige Einfluss, welchen die verschiedenen Bauzustände der Augen und der unvermeidliche Abstand neutralisirender Hilfslinsen auf die Netzhautbildgrösse ausüben, ist übrigens nicht die einzige Fehlerquelle, welche sich bei der Bezeichnung der Sehschärfen durch Verhältnisszahlen und bei der rechnungsmässigen Umsetzung der letzteren zur Geltung bringt. Eine weitere Fehlerquelle liegt in der Schwierigkeit, bei der Untersuchung verschiedener Augen zu verschiedenen Zeiten und an verschiedenen Orten stets annähernd gleiche Beleuchtungsverhältnisse zu schaffen.

Es ist männiglich bekannt und lässt sich jeden Augenblick erproben, dass für die Sehschärfe eines und desselben Auges sehr erheblich abweichende Werthe gefunden werden, je nachdem der Versuch bei günstiger oder ungünstiger, zu schwacher oder zu starker Beleuchtung, bei directem Sonnenlichte oder bei

---

[1]) Donders, Arch. f. Ophthalmologie XVIII., 2, S. 246.

mehr weniger hellem zerstreuten Tageslichte, bei einer Kerzen-,
Lampen- oder Gasflamme vorgenommen wird; je nachdem das
Licht senkrecht oder unter grossem Winkel seitlich auf den
Gegenstand fällt; je nachdem blos das Probeobject beleuchtet und
das Auge beschattet ist oder umgekehrt u. s. w. Es kömmt hierbei nicht blos die verschiedene Art und Grösse der Erregung
in Betracht, welche die Netzhautelemente durch verschiedene
Beleuchtungen erleiden, sondern in sehr erheblichem Maasse auch
der Einfluss, welchen differente Pupillenweiten auf die Helligkeit der Netzhautbilder und auf die Grösse der Zerstreuungskreise[1] ausüben.

Die sich solchermassen ergebenden Werthunterschiede der Sehschärfen
sind theilweise auch ziffermässig festgestellt worden. Aubert[2] mass die
Sehschärfe bei abnehmender Lichtintensität, indem er die Jäger'schen Schriftproben in der Dunkelkammer mittelst einer im Fensterladen angebrachten,
von 400 auf 2·5 Quadratcentimeter verkleinerbaren und mit einer matten Glastafel geschlossenen Oeffnung durch helles Tageslicht beleuchtete. Die Ver-
suchsergebnisse, welche Mauthner[3] auf Snellen'sche Maasse zurückführte,
lassen sich kurz dahin zusammenfassen, dass, wenn die Sehschärfe bei der
Beleuchtung der Schriftproben durch eine 400 Quadratcentimeter grosse Fenster-
öffnung gleich 1 gesetzt wird, dieselbe bei Verengerung der Oeffnung auf
2·5 Quadratcentimeter allmälig auf $\frac{1}{12·5}$ falle, im freien hellen Tageslichte
sich dagegen auf 1·6 erhebe.

Die eingehenden und mühevollen Untersuchungen von A. Posch[4]
haben in ziemlich übereinstimmender Weise ergeben, dass die Sehschärfe
in arithmetischer Progression wachse, wenn die Beleuchtung in geometrischer Progression zunimmt, mit anderen Worten, dass der erforderliche kleinste Gesichtswinkel sowie die Grösse des kleinsten Netzhautbildes in arithmetischer Progression abnehme, wenn die Lichtintensität in
geometrischer Progression steigt; dass dieses Verhältniss jedoch nur gelte,
so lange die Beleuchtungsintensität nicht jene des hellen Tageslichtes überschreitet.

---

[1] Hasner, Ueber die Grenzen der Accommodation. Prag, 1875. S. 5.

[2] Aubert, Physiologie der Netzhaut. Breslau, 1865. S. 84.

[3] Mauthner, Vorlesungen über die optischen Fehler des Auges. Wien,
1876. S. 145.

[4] Posch, Arch. f. Augen- und Ohrenheilkunde V., S. 14, 40.

19*

Ausserdem hat Jeffries[1] gefunden, dass seine Sehschärfe auf $\frac{17}{8}$ bis $\frac{47}{20}$ zu steigen vermöge, wenn die benützten Schriftproben von der Sonne beleuchtet, die Augen aber beschattet sind.

Man hat Mancherlei versucht, um den Uebelständen wirksam zu steuern, welche sich aus der wechselnden Art und Grösse der Beleuchtung ergeben,[2] leider ohne zureichenden Erfolg. Wird Tageslicht verwendet, so bleiben die Erleuchtungsintensitäten nothwendig vom Wetter, von der Lage des Fensters, von dem jeweiligen Stande der Sonne u. s. w. abhängig; die sinnreichsten Vorkehrungen können daran nur wenig ändern. Wird aber künstliches Licht benützt, so kömmt in Betracht, dass vielerlei Umstände das hellere oder schwächere Brennen einer Flamme beeinflussen; dass selbst Gasflammen je nach der Gestalt und Grösse des Brenners, je nach der Beschaffenheit des Gases und nach dem Drucke, unter welchem es sich befindet u. s. w. in ihrer Leuchtkraft sehr veränderlich sind, also keineswegs die stete Gleichmässigkeit der Beleuchtungsintensität für denselben Ort, noch weniger selbstverständlich für verschiedene Orte gewährleisten; dass demnach die mit ihrer Hilfe für die Sehschärfe gewonnenen Verhältnisszahlen auf Gleichwerthigkeit keinen Anspruch machen können.

Schweigger[3] und Mauthner[4] haben daher vorgeschlagen, im Falle helles Tageslicht für eine Untersuchung nicht zu Gebote steht, vorerst den Ausfall an der Sehschärfe des eigenen oder eines andern normalen Auges zu messen und dann um diesen Werth die unter gleichen Umständen gefundene Sehschärfe des kranken Auges zu erhöhen. Doch tritt einem solchen Vorgange

---

[1] Joy Jeffries, Transact. of the amer. ophth. society II., 1874, S. 158.
[2] Mauthner, Vorträge aus dem Gesammtgebiete der Augenheilkunde. Wiesbaden, 1879. S. 140 u. f.
[3] Schweigger, Sehproben. Berlin, 1876.
[4] Mauthner, Vorlesungen über die optischen Fehler des Auges. Wien, 1876. S. 147.

die tägliche Erfahrung entgegen, nach welcher die Sehschärfe nicht nothwendig proportional der abnehmenden Beleuchtung fällt, nicht einmal bei gesunden und viel weniger bei kranken Augen. Ein solches Manöver würde also nicht immer eine Richtigstellung, sondern mitunter eine sehr bedeutende Verschlechterung der gesuchten Verhältnisszahl veranlassen, wie auch Mauthner[1]) hervorhebt und durch ein Beispiel erläutert, indem er auf das gegentheilige Verhalten hinweist, welches mit typischer Pigmententartung der Netzhaut behaftete und an Alkoholamblyopie erkrankte Augen bei abnehmender Beleuchtung offenbaren.

Die Zuverlässlichkeit der für die Sehschärfe verschiedener Augen zu erhaltenden Werthe wird demnach auch durch die unvermeidlichen Schwankungen in der Beleuchtung geschädigt. Bringt man dann noch die schon früher beanständeten Fehlerquellen in Anschlag, so stellt sich die Möglichkeit heraus, dass unter Umständen für gleiche Sehschärfen verschiedene Werthe und umgekehrt sich ergeben können. Damit entkleiden sich aber die für die Sehschärfe üblichen Bezeichnungen völlig des Charakters mathematischer Grössen, mit welchen zu rechnen gestattet ist. Dieselben dürfen nicht in der Bedeutung von Verhältnisszahlen, sondern lediglich nur als bequeme Ausdrucksweisen für das bei der Untersuchung direct Gefundene aufgefasst werden. Mit anderen Worten, Ausdrücke wie:

$$s = \frac{20}{200}, \; s = \frac{20}{40}, \; s = \frac{20}{20} \; \text{u. s. w.}$$

besagen nicht, die Sehschärfen der betreffenden Augen verhalten sich wie $1/10$ oder $1/2$ zu 1: sondern blos, dass eben diese Augen bei der Untersuchung auf 20fache Normalentfernung nur noch Snellen'sche Schriftproben von 200-, 40-, 20facher Normalgrösse leicht und sicher erkannt haben. Das eigentliche Maass ihrer Sehschärfen ist damit nicht bestimmt, sondern kann nur nach

---

[1]) Mauthner, Vorträge aus dem Gesammtgebiete der Augenheilkunde. Wiesbaden, 1879. S. 141.

Erörterung aller darauf Einfluss nehmenden Factoren durch Rechnung festgestellt werden.

So wenig nun die Snellen'sche Formel zureicht, um das
Verhältniss der Sehschärfen verschiedener Augen zu einander
befriedigend klarzustellen, so wenig ist sie geeignet, das Verhältniss zur Norm, das Maass der Abweichung von derselben
richtig und verlässlich zu bezeichnen. Es kömmt hier eben ausser
den bereits angedeuteten Mängeln noch ein weiterer Umstand in
Betracht, nämlich das Schwankende in den Werthverhältnissen der Norm selber. Was bei dem Einen noch als normaler Zustand zu gelten hat, das kann bei dem Andern bereits
eine sehr beträchtliche Abnahme der natürlichen Sehschärfe,
selbst einen krankhaften Zustand bedeuten.

So kann man sich jeden Augenblick davon überzeugen, dass
die Sehschärfe bei Kindern und jugendlichen Leuten, welche
ihre Augen leicht für grosse Fernen einzustellen vermögen, fast
durchwegs das von Snellen angenommene Normalmaass beträchtlich überschreitet (Krüger[1]). H. Cohn[2]) fand unter 244 Dorf-
kindern sogar nur 7, deren Sehschärfe gleich 1 war, in der grössten
Mehrzahl der Fälle erreichte die Sehschärfe das Zwei- und das
Zweieinhalbfache, in einzelnen Fällen sogar das Dreifache des
Normalwerthes.

Bei marastischen Greisen hingegen ist sehr oft, ganz
unabhängig von krankhaften Zuständen der Augen, ein Sinken
der Sehschärfe unter das Normalmaass nachzuweisen. Es macht
sich dasselbe besonders bei geringen Beleuchtungsintensitäten fühlbar (Dörnickel[3]) und kann die Sehschärfe im hohen Alter bis
unter die Hälfte ihres ursprünglichen Werthes zurückgehen (Vrösom
de Haan[4]).

---

[1]) Krüger, Klin. Monatsblätter, 1873, S. 272.
[2]) H. Cohn, Arch. f. Ophthalmologie XVII., 2, S. 321.
[3]) Dörnickel, Dissert. Marburg. 1876.
[4]) Vrösom de Haan, Klinische Monatsblätter, 1863, S. 327.

H. Cohn[1] läugnet auf Grund seiner diesbezüglichen Forschungen diesen Einfluss des Greisenalters und stellt sich damit in Widerspruch mit allen bisherigen Erfahrungen. Die Vermittelung zwischen beiden gegentheiligen Anschauungsweisen dürfte indessen darin zu suchen sein, dass H. Cohn bei sehr günstiger Tagesbeleuchtung untersuchte und alle Leute, welche sechzig Lebensjahre und wenig darüber zählten, unter die Greise rechnete. Sechzig und selbst fünfundsechzig Jahre alte Leute erfreuen sich aber häufig noch der vollen Körperkraft und zeigen keine Spur von beginnendem Marasmus. Hätte H. Cohn blos Individuen höheren Alters in seine Zählungen einbezogen, das Ergebniss wäre ein anderes gewesen.

Gegen Vrösom de Haan's Angaben muss übrigens sehr wohl in Anschlag gebracht werden, dass der Bedarf grösserer Gesichtswinkel nicht allerwärts schon mit einer Abnahme der Sehschärfe gleichbedeutend erachtet werden könne. In gar vielen Fällen ist eine solche Verminderung der Sehschärfe nur eine scheinbare. Sie wird einmal bedingt durch zunehmende Hypermetropie und durch vermehrte Accommodationswiderstände, indem solchermassen die Einstellung für die Ferne ohne Hilfslinsen schwieriger gestaltet oder unmöglich gemacht wird. Das andere Mal ist die wachsende Rigidität der Irisgefässwandungen Schuld, insoferne sie Trägheit und eine ganz beträchtliche Verengerung der Pupille, folgerecht also auch eine entsprechende Herabsetzung der Helligkeit der Netzhautbilder veranlasst. Bei einigermassen ungenügender Beleuchtung können durch eine solche senile Pupillenenge so bedeutende Ausfälle in der Sehschärfe vorgetäuscht werden, dass minder Bewanderte an Hemeralopie oder gar an Amblyopie denken könnten.[2]

Man wird also kaum fehlgehen, wenn man in den Vrösom de Haan'schen Fällen nur ein gewisses Percent als wirkliche Verminderung der Sehschärfe anerkennt und in einem anderen Percente nur einen Theil des Ausfalles darauf bezieht. Immerhin besteht der Einfluss des Greisenthums auf die Sehschärfe und muss bei merklichem oder gar vorgeschrittenen Marasmus erfahrungs-

---

[1] H. Cohn. Klin. Monatsblätter. 1875. S. 79.
[2] Stellwag, Lehrbuch. 1870. S. 804, 840.

mässig ziemlich hoch angeschlagen werden. Die bekannten senilen Veränderungen im Bereiche der Ader- und Netzhaut erklären die Functionsabnahme, wenn nicht ganz, so doch zum guten Theile.

Aber auch im kräftigsten Mannesalter schwankt die Sehschärfe innerhalb ziemlich weiter Grenzen.[1] In der That stösst man in der Praxis nicht ganz selten auf Leute, welche bei vollkommen entsprechender Einstellung des dioptrischen Apparates und bei Abgang jedweden krankhaften Zustandes das von Snellen aufgestellte Normalmaass der Sehschärfe entweder gar nicht, oder doch nur knapp und bei sehr günstigen Beleuchtungsverhältnissen erreichen. Häufiger allerdings findet man unter jenen Voraussetzungen das Normalmaass überboten.

Würde man wilde Völkerschaften, welche hauptsächlich durch Jagd und Fischerei ihren Lebensunterhalt gewinnen, in die Forschung einbeziehen können, so müsste man nach den staunenswerthen Leistungen, von welchen verlässliche Reisende erzählen, noch viel erheblichere Ueberschreitungen des Normalmaasses als etwas ganz Gewöhnliches zu verzeichnen haben. Insoferne die Einstellung des Auges auch bei Europäern gewöhnlich eine richtige ist, müssen diese Mehrleistungen unbedingt auf eine namhaft erhöhte Functionsenergie der Netzhaut bezogen werden.

Es liegt nach allem dem klar auf der Hand, dass der Gesichtswinkel von fünf Minuten in der Bedeutung eines Normalwerthes den natürlichen Verhältnissen nicht ganz entspricht. Es hat darum auch nicht an Vorschlägen gefehlt, denselben um ein Gewisses herabzusetzen.[2] Allein damit ist wenig gewonnen, insofern dann statt der Fälle, in welchen die Sehschärfe grösser als 1 erscheint, einfach jene in das Uebergewicht kommen, in welchen das Normalmaass nicht erreicht wird.

Der Natur der Sache nach kann eigentlich gar kein Winkel dem Zwecke voll genügen. Die Grenze zwischen Normalem und Abnormem stellt sich nämlich in der Wirklichkeit nicht als eine scharfe Linie, sondern als breite Zone mit verschwommenen Rändern dar.

----

[1] Vrösom de Haan, Klin. Monatsblätter, 1863, S. 327 u. f.
[2] Burchardt (Internationale Sehproben. Cassel, 1870. S. 8) spricht sich für einen Winkel von 2·15 Minuten aus.

Will man durchaus einen bestimmten Grenzwinkel als Werthmesser für die Sehschärfe benützen, was nach dem oben Mitgetheilten grobe Fehler in sich schliesst, so bleibt nichts übrig, als denselben durch gegenseitiges Uebereinkommen festzustellen. Es muss dann aber stets vor Augen gehalten werden, dass dieser Winkel nur so lange als Massstab gelten darf, als die Probeobjecte benützt werden, für welche er berechnet wurde. Der von Snellen eingeführte Winkel erlaubt nur die Hantierung mit den Snellen'schen Schriftproben, Ziffern und Haken, der Burchhardt'sche Winkel die Handhabung der betreffenden internationalen Sehproben u. s. w. In der That lehrt ein einfacher Versuch, dass gothische und lateinische Currentschrift, cyrillische, griechische, hebräische, arabische, chinesische Lettern, dass Ziffern, Haken, Linien, Punkte, Musiknoten u. s. w. einen andern Grenzwinkel ergeben, besser gesagt, dass jedwede Art von Zeichen je nach der Zahl und Form der sie zusammensetzenden Theile ein centrales Netzhautbild von bestimmter, aber verschiedener Minimalgrösse voraussetzt, auf dass sie sicher und leicht erkannt werden könne.

Fasst man das Ganze noch einmal kurz zusammen und zieht daraus die praktischen Nutzanwendungen, so würde es lauten:

1. Die Snellen'sche Formel ist nicht geeignet, das Verhältniss der Sehschärfe verschiedener Augen zu einander und zu einem beliebigen, durch Uebereinkommen festzustellenden Normalmaasse annähernd richtig zum Ausdrucke zu bringen.

2. Um dieses Verhältniss zu ermitteln, müssten in jedem einzelnen Falle alle Factoren, welche auf die Grösse und Helligkeit der Netzhautbilder Einfluss nehmen, genau bekannt sein und in Gestalt von bestimmten Zahlenwerthen in die Rechnung eingeführt werden können.

3. Bei der praktischen Unmöglichkeit dessen muss man sich darauf beschränken, die Leistungsfähigkeit eines jeden Auges dadurch klarzustellen, dass man die grössten Entfernungen

bezeichnet, in welcher es bei günstiger Beleuchtung bestimmte
Objecte leicht und sicher zu erkennen im Stande ist.

4. Als Probeobjecte wird man am besten die eigens zu diesem
Zwecke angefertigten und durch Druck vervielfältigten Schrift-
oder Sehproben benützen. Jene darunter, deren einzelne Nummern
nach einem bestimmten Verhältnisse wachsen, wie z. B. die
Snellen'schen, haben selbstverständlich den Vorzug, dass sie Vergleiche erleichtern. Im Grunde genommen kann man jedoch mit jeder
beliebigen reinen Druckschrift das Auslangen finden; nur muss
dann die Höhe und Breite der Lettern genau bestimmt werden oder
allgemein bekannt sein. Insoferne empfehlen sich auch die Jäger-
schen Schriftscalen, welche durch ihre Reichhaltigkeit und durch
die Vortrefflichkeit ihrer technischen Ausführung den anderen voran-
stehen und ihre allgemeine Beliebtheit rechtfertigen.

Im Uebrigen hat Schnabel[1]) die Grössenverhältnisse der einzelnen
Nummern gemessen und die Entfernungen berechnet, in welchen sie unter
einem Winkel von 5 Minuten vom vorderen Knotenpunkte aus gesehen
werden. Wem es auf das genaue Verhältniss derselben zu den einzelnen
Nummern von Snellen ankömmt, der findet dort die nöthigen Angaben.

5. Zuerst ist die Leistungsfähigkeit des Auges für verschiedene Entfernungen zu bestimmen, welche nach den gegebenen
Refractions- und Accommodationsverhältnissen in dem Bereiche
der deutlichen Sehweite liegen und daher Hilfslinsen entbehrlich machen. Man beginnt mit den niedersten Nummern
der Schriftscalen und sucht die kleinste Schrift u. s. w., welche
das betreffende Auge überhaupt leicht und sicher zu erkennen
vermag, um dann die relativ grösste Entfernung zu messen, in
welcher eine genaue Wahrnehmung jener Schrift noch möglich
ist. Erlaubt es der Fernpunktsabstand, so wird der Versuch in derselben Weise mit mittleren und grossen Schriftproben auf
Distanzen von zwei oder drei Fussen und beziehungsweise von
zwanzig und mehr Fussen wiederholt.

¹) Schnabel, Arch. f. Augen- und Ohrenheilkunde V., S. 210.

6. Reicht wegen Brechungsfehlern oder Accommodations-
mängeln des Auges die deutliche Schweite nicht in grössere
Entfernungen (Myopie), oder nicht in die nächste Nähe
(Hypermetropie), ist sie vielleicht gar eine ganz negative (absolute Hypermetropie), oder in verschiedenen Meridianen eine
verschiedene (Astigmatismus), so müssen für die ausserhalb
der deutlichen Schweite gelegenen Distanzen, aber nur
für diese, die entsprechenden Correctionsgläser zu Hilfe genommen werden. Im Uebrigen bleibt der Vorgang der gleiche.

7. Bei allen diesen Versuchen ist womöglich immer seitlich
einfallendes helles Tageslicht zu verwenden. Steht dieses
nicht zu Gebote, so müssen die Mängel der Beleuchtung nach
Art und Grösse bezeichnet werden.

8. Es empfiehlt sich, die Ergebnisse der Einzelver-
suche einfach wie sie gefunden werden und ohne weitere
Umsetzungen in der angedeuteten Reihenfolge anzumerken, denselben aber den genau ermittelten Refractionszustand und, wo
thunlich, auch die Accommodationsbreite voranzusetzen.

Zum Behufe einer mehr gleichmässigen und übersichtlichen Darstellung
kann man vielleicht folgendes Schema benützen und die eingeklammerten
erläuternden Worte als selbstverständlich beim praktischen Gebrauche hin-
weglassen.

R(echtes) A(uge)   L(inkes) A(uge)

R(efractionszustand) $\dfrac{1}{f}$

A(ccommodationsbreite) $\dfrac{1}{a}$

$$(Liest) \begin{cases} \begin{cases} Jäger \\ Snellen \\ \\ Schweigger \\ oder\ Andere \end{cases} \begin{cases} (kleine)\ Nr.\ x \\ (mittlere)\ Nr.\ y \\ \\ (grosse)\ Nr.\ z \end{cases} \begin{cases} ohne, \\ beziehungs- \\ weise\ mit \\ +\ Linse \\ \dfrac{1}{q} \end{cases} \begin{cases} in\ p \\ in\ p_1 \\ \\ in\ p_{11} \end{cases} \begin{cases} grössten \\ Abstand. \end{cases} \end{cases}$$

9. Bei einer solchen Bezeichnungsweise werden auch alle die
Fehler umgangen, welche sich bei der Aufstellung von Verhältnisszahlen für die Sehschärfe nothwendig aus dem Vorhanden-

sein von Trübungen in den dioptrischen Medien, von Ver-
krümmungen der einzelnen Trennungsflächen und anderen
pathologischen Abweichungen ergeben müssen. Will Jemand
nicht nur die Leistungsfähigkeit des Auges, sondern auch
das Verhältniss der Functionsenergie der Netzhaut zu einem
conventionellen Normalmaasse ziffermässig zum Ausdrucke bringen,
so bedarf es blos der Einsetzung der gefundenen Werthe in die
betreffende Grundformel.

— — —

VI.

Ueber Accommodationsquoten und deren Beziehungen zur Brillenwahl.

Ich habe bereits in meinem Lehrbuche, 1870, S. 765, der Accommodationsquoten erwähnt und auf deren Bedeutung im praktischen Leben hingewiesen. In den folgenden Zeilen sollen die Verhältnisse des Näheren gewürdigt werden, unter welchen dieselben eine wichtige Rolle zu spielen und die Thätigkeit des Arztes herauszufordern vermögen; zuvörderst jedoch sei es gestattet, den Begriff klarzustellen.

Ist f der positive oder negative Fernpunktabstand eines Auges, n der Nahepunktabstand, so lässt sich durch $\frac{1}{f}$ der kleinste, durch $\frac{1}{n}$ der grösste Brechzustand ausdrücken, dessen der dioptrische Apparat des betreffenden Auges überhaupt fähig ist. Der Unterschied zwischen beiden äussersten Brechwerthen wird als Accommodationsbreite durch $\frac{1}{a}$ bezeichnet. Man gelangt solchermassen zu den drei folgenden wichtigen Gleichungen:

$$\frac{1}{n} - \frac{1}{f} = \frac{1}{a}; \quad \frac{1}{n} - \frac{1}{a} = \frac{1}{f}; \quad \frac{1}{f} + \frac{1}{a} = \frac{1}{n}.$$

Um den kleinsten Refractionszustand aufzubringen und zu erhalten, bedarf es keinerlei Anstrengung von Seite der Accommodationsmuskeln; dagegen müssen diese ihre ganze verfügbare Kraft daran setzen, um den maximalen Brechzustand herzustellen.

Durch Verwendung bestimmter Quoten der dem Accommodations-
apparate zu Gebote stehenden Muskelkraft kann der jeweilige
Brechzustand des Auges innerhalb der beiden genannten Grenzen
beliebig gewechselt werden; doch ist die Erhaltung der verschiedenen Brechwerthe für längere Zeit eine um so schwierigere,
je mehr sich dieselben dem maximalen Refractionszustande nähern,
je grösser also die zu ihrer Aufbringung erforderliche Quote der
verfügbaren Muskelkraft ist.

Die Binnenmuskeln des Auges sind eben denselben Gesetzen
unterworfen wie die übrigen Fleischmassen des Körpers. Ein halbwegs kräftiger Mann wird z. B. ein Centnergewicht spielend zwei
oder mehr Fuss hoch von der Erde emporheben, die actuelle
Energie der dabei betheiligten Muskeln ist hierzu mehr als ausreichend. Allein derselbe Mann wird das Gewicht nicht längere
Zeit in jener Höhe erhalten können, indem die belasteten Muskeln
vermöge ihrer elastischen Dehnbarkeit nachgeben und, um diese rein
mechanische Verlängerung wieder auszugleichen, ihre Zusammenziehung allmälig steigern, also mit wachsender Kraft arbeiten
müssen, bis sie ermüden, d. h. bis ihre potentielle Energie
erschöpft ist. Es geschieht das letztere selbstverständlich um so
früher, je grösser die aufgewendete Quote der disponiblen
Kraft ist. Daher denn auch Niemand mit der ganzen oder dem
grössten Theile der ihm zu Gebote stehenden Muskelkraft, wohl
aber mit mittleren oder kleineren Quoten der letzteren dauernd
zu arbeiten vermag. Insoferne aber die Muskulatur bei verschiedenen Menschen in ungleichem Grade entwickelt ist, beansprucht dieselbe absolute Leistung bei verschiedenen Menschen
erfahrungsmässig auch ungleiche Kraftquoten und wird darum
von dem Einen leicht, von dem Andern schwer oder gar nicht
aufgebracht. Besonders auffallend tritt dieser Unterschied bei bestimmten Hantierungen hervor, indem die einzelnen Muskelgruppen durch fortgesetzte zweckmässige Uebung bedeutend er-
starken und vielleicht auch mit verhältnissmässig grösseren Quoten
der verfügbaren Kraft zu arbeiten befähigt werden können.

In ganz ähnlicher Weise verlangt jeder einzelne bestimmte
Brechwerth in verschiedenen Augen auch verschiedene
Quoten der vorhandenen muskularen Accommodationskraft und
ist daher bald schwieriger, bald leichter herzustellen und zu erhalten,
immer vorausgesetzt, dass er zwischen den kleinsten und grössten
Refractionszustand des betreffenden Auges hineinfällt.

Brechwerthe, welche ausserhalb dieser Grenzen liegen, sind
nur unter Zuhilfenahme entsprechender Correctionslinsen aufzubringen. Wo aber letztere benützt werden, muss der minimale
Refractionszustand $\frac{1}{f}$ des Auges in obigen drei Gleichungen ersetzt
werden durch

$$\frac{1}{f_1} = \frac{1}{f} \pm \frac{1}{g},$$

wo $\pm \frac{1}{g}$ die Brechkraft der Hilfslinse bedeutet.

Jedem beliebigen Brechwerth $\frac{1}{e}$ entspricht die Einstellung
des dioptrischen Apparates für eine gewisse Entfernung e. Derselbe repräsentirt nur insoweit eine Kraftleistung $\frac{1}{v}$ von
Seite der Accommodationsmuskeln, als er den Werth des kleinsten
durch die Bauverhältnisse des Bulbus begründeten Refractionszustandes überragt; daher er denn auch durch den Unterschied
beider ausgedrückt werden muss. Es ist

$$\frac{1}{v} = \frac{1}{e} - \frac{1}{f}, \text{ beziehungsweise } \frac{1}{v} = \frac{1}{e} - \frac{1}{f_1}.$$

Falls $\frac{1}{f}$ oder $\frac{1}{f_1}$ positive Grössen darstellen (bei Kurzsich-
tigkeit), so ist $\frac{1}{v} < \frac{1}{e}$. Falls hingegen $\frac{1}{f}$ oder $\frac{1}{f_1}$ negativ sind
(Uebersichtigkeit), so ist $\frac{1}{v} > \frac{1}{e}$. Ist $\frac{1}{f}$ oder $\frac{1}{f_1}$ gleich Null
(Emmetropie), so ergiebt sich $\frac{1}{v} = \frac{1}{e}$.

Die wirkliche Kraftleistung $\frac{1}{v}$ getheilt durch den Werth der
ganzen verfügbaren Kraft $\frac{1}{a}$ ist dann das, was man die für

einen bestimmten Brechwerth erforderliche Accommodationsquote q nennt:

$$q = \frac{\frac{1}{v}}{\frac{1}{a}} = \frac{a}{v},$$

Es ist nun der für eine bestimmte Beschäftigung erforderliche Objectabstand, also auch der Einstellungswerth des Auges
und die zugehörige Convergenz der Gesichtslinien nicht willkürlich, sondern von der Grösse und der Eigenart des Objectes
innerhalb ziemlich enger Grenzen vorgezeichnet. Vor Jahrhunderten,
als die Correctur von Refractions- und Accommodationsfehlern noch
sehr schwierig und für die Meisten unmöglich war, mussten die
Bücher mit mächtigen Buchstaben und dem entsprechend in grossem
Formate gedruckt oder geschrieben werden, so dass sie ebensogut
auf Klafterweite, als aus grösster Nähe leicht und sicher gelesen
werden konnten. Heutzutage, wo die optischen Hilfsmittel Jedermann zu Gebote stehen, sind die gewöhnlichen Drucksorten auf
eine Leseweite von 12 Zoll berechnet, oder sollten es sein. Ein
gleicher Abstand ist beim Schreiben und einer Menge von Hand-
arbeiten die Regel. Gewisse feinere Arbeiten, das Weissticken,
die Uhrmacherei u. s. w. fordern eine grössere Annäherung,
das Musiciren und manche gröbere Handwerke eine weitere
Entfernung des Gegenstandes: kurz gesagt, für jede das Scharfsehen beanspruchende Beschäftigung ist eine gewisse
mittlere Arbeitsdistanz nicht nur zweckmässig, sondern
geradezu geboten und wird auch annäherungsweise von Jedermann eingehalten, so lange es die Verhältnisse gestatten, indem
jede grössere Abweichung eine Summe von Schwierigkeiten mit
sich bringt.

Ich bleibe vorderhand bei dem Zollmaasse, weil es derzeit in Bezug
auf Brillennummerirung noch immer am meisten im Gebrauche ist. Ich ver-
kenne durchaus nicht die damit verknüpften Unzukömmlichkeiten, meine aber,
dass dieselben weitaus überwogen werden von den Vortheilen, welche das
Duodecimalsystem, namentlich beim Kopfrechnen, gegenüber dem deci-
malen Metersysteme gewährt. Auf mathematisch genaue Werthe muss man

bei Brillenbestimmungen in der Praxis ja ohnedies verzichten, da der Brechungsindex des verwendeten Rohmateriales innerhalb weiter Grenzen schwankt und kaum geringere Fehler in die Rechnung bringt, als die Verschiedenheit des Zollmaasses in den einzelnen Ländern.

Ich kann darum auch keinen wesentlichen Nutzen in der Einführung der Dioptrien (Donders) erblicken. Will man nicht eine lange Reihe von in der Praxis ganz unentbehrlichen Brillennummern opfern, so muss man fortwährend mit Zahlen hantieren, welchen mehrere Decimalstellen anhaften. Zudem fordert die Anwendung der Dioptrien ein stetiges Umrechnen direct gemessener Werthe in systemmässige und zurück, gerade so, wie wenn Jemand darauf bestände, alle seine Einnahmen und Ausgaben in Kronen zu verzeichnen, wovon eine 27·40 Mark oder 13·70 Gulden enthält. Endlich dünken mir Ausdrücke wie »4·5 Dioptrien« oder »Fünfthalb - Meterlinse« viel weniger durchsichtig, als der Ausdruck »Linse von 9 Zoll Brennweite«.

In der folgenden Tabelle sind nun die für einen solchen Brech - oder Einstellungswerth $\frac{1}{12}$ nothwendigen Kraftleistungen $\frac{1}{v}$ des Accommodationsmuskels bei minimalen Refractionszuständen $\frac{1}{f}$ oder $\frac{1}{f_1} = -\frac{1}{6}$ bis $+\frac{1}{12}$ und weiters die Kraftquoten q, welche sich bei Accommodationsbreiten von $\frac{1}{3}, \frac{1}{4}, \frac{1}{5}, \frac{1}{6}, \frac{1}{12}, \frac{1}{24}$ ergeben, schematisch dargestellt. Für Werthe, welche der Natur der Sache nach unaufbringlich sind, ist an der betreffenden Stelle ein Querstrich (—) gesetzt.

Für einen Brechwerth $\frac{1}{e} = \frac{1}{12}$ ist die Accommodations- oder Kraftquote q

Bei einem minimalen Refractionszustand $\frac{1}{f}$ oder $\frac{1}{f_1}$	die erforderliche Kraftleistung $\frac{1}{v}$	wenn $\frac{1}{a}=\frac{1}{3}$	wenn $\frac{1}{a}=\frac{1}{4}$	wenn $\frac{1}{a}=\frac{1}{5}$	wenn $\frac{1}{a}=\frac{1}{6}$	wenn $\frac{1}{a}=\frac{1}{8}$	wenn $\frac{1}{a}=\frac{1}{12}$	wenn $\frac{1}{a}=\frac{1}{24}$	wenn $\frac{1}{a}=\frac{1}{48}$	
$-\frac{1}{6}$	$\frac{1}{4}$	$\frac{3}{4}$	1	—	—	—	—	—	—	1
$-\frac{1}{12}$	$\frac{1}{6}$	$\frac{3}{6}$	$\frac{4}{6}$	$\frac{5}{6}$	1	—	—	—	—	2
$-\frac{1}{24}$	$\frac{1}{8}$	$\frac{3}{8}$	$\frac{4}{8}$	$\frac{5}{8}$	$\frac{6}{8}$	1	—	—	—	3
$-\frac{1}{48}$	$\frac{1}{9{\cdot}6}$	$\frac{3}{9{\cdot}6}$	$\frac{4}{9{\cdot}6}$	$\frac{5}{9{\cdot}6}$	$\frac{6}{9{\cdot}6}$	$\frac{8}{9{\cdot}6}$	—	—	—	4
$\frac{1}{\infty}$	$\frac{1}{12}$	$\frac{3}{12}$	$\frac{4}{12}$	$\frac{5}{12}$	$\frac{6}{12}$	$\frac{8}{12}$	1	—	—	5
$+\frac{1}{48}$	$\frac{1}{16}$	$\frac{3}{16}$	$\frac{4}{16}$	$\frac{5}{16}$	$\frac{6}{16}$	$\frac{8}{16}$	$\frac{12}{16}$	—	—	6
$+\frac{1}{24}$	$\frac{1}{24}$	$\frac{3}{24}$	$\frac{4}{24}$	$\frac{5}{24}$	$\frac{6}{24}$	$\frac{8}{24}$	$\frac{12}{24}$	1	—	7
$+\frac{1}{12}$	0	0	0	0	0	0	0	0	0	8

Man ersicht aus dieser Tabelle deutlich, dass der für Beschäftigungen mit kleinen Gegenständen nothwendige mittlere Brechwerth jede Kraftleistung von Seite der Accommodationsmuskulatur ausschliesst, wenn er dem im Bau des Auges begründeten minimalen Refractionszustande gleich ist; dass die zu seiner Herstellung und Erhaltung erforderliche Kraftleistung aber in dem Maasse steigt, als der natürliche kleinste Brechzustand des betreffenden Auges sinkt, und dass diese Kraftleistung bei höheren Graden von Uebersichtigkeit Werthe erreicht, welche nur unter Voraussetzung s e h r g r o s s e r Accommodationsbreiten, wie sie dem kindlichen und jugendlichen Alter zukommen, aufbringbar erscheint.

Es geht weiters daraus hervor, dass solche bedeutende Kraftleistungen selbst bei sehr grossen Accommodationsbreiten ü b e r a u s b e t r ä c h t l i c h e Q u o t e n, wenn nicht die g a n z e verfügbare Kraft der bezüglichen Muskeln in Anspruch nehmen, also nothwendig bald zur Ermüdung führen müssen und nur für eine k u r z e D a u e r zu Gebote stehen.

Es ergiebt sich ferner, dass j e d e e i n z e l n e b e l i e b i g e Kraftleistung um so grössere Quoten der disponiblen Accommodationskraft erheischt, je geringer diese selbst ist; dass daher Alles, was die A c c o m m o d a t i o n s b r e i t e h e r a b z u s e t z e n geeignet ist, sei es unmittelbar durch Schwächung der Muskulatur, sei es mittelbar durch Vermehrung der Widerstände, die Herstellung und Erhaltung des erforderlichen Brechwerthes schwieriger zu gestalten und schliesslich ganz u n m ö g l i c h zu machen vermag.

Endlich ist aus der Tabelle zu entnehmen, dass jede Veränderung des minimalen Refractionszustandes durch Bewaffnung des Auges mit H i l f s l i n s e n auch eine Aenderung der entsprechenden K r a f t v e r h ä l t n i s s e mit sich bringe: dass Herabsetzung des natürlichen Brechzustandes durch Z e r s t r e u u n g s l i n s e n die dem Accommodationsmuskel auferlegte Kraftleistung und damit auch die aufzuwendenden K r a f t q u o t e n erhöhe; dass hingegen Steigerung des minimalen Refractionszustandes durch Benützung von

20*

Sammellinsen die erforderlichen Kraftleistungen und Kraftquoten
vermindere.

Strenge genommen sagt die Tabelle nichts Neues, sondern
bringt nur ziffermässig zum Ausdrucke, was in allgemeinen
Umrissen längst bekannt und theilweise sogar schon in meiner
ersten Arbeit über Refractions- und Accommodationsfehler des
Auges 1855[1]) klargestellt worden ist. Doch wird ein näheres
Eingehen auf die Einzelnheiten hoffentlich jeden Zweifel darüber
beheben, dass eine solche ziffermässige Darstellung der Krafterforder-
nisse wesentlich dazu beitragen könne, das Verständniss mancher
recht verworren scheinender Verhältnisse zu erleichtern und den
therapeutischen Massregeln einen gesetzlichen Boden zu geben.

Bei hochgradiger Myopie kann von einer Einstellung des
Auges für die Normalentfernung von 12 und mehr Zollen selbstverständlich nur die Rede sein, wenn entsprechende Hilfslinsen
in Gebrauch gezogen werden.

Dies verschmähen aber nicht wenige Kranke und helfen
sich durch Annäherung der Objecte an ihren Fernpunktabstand.
Es ist dann natürlich jede Kraftleistung von Seite der Accommodationsmuskulatur ausgeschlossen, die ganze Arbeit fällt auf
den lichtempfindenden Apparat und auf die Convergenzmuskeln,
welche beide denn auch bei fortgesetzter angestrengter Bethätigung,
und zwar jedes nach seiner Art, in mannigfacher Weise gefährdet
werden können.

Insbesondere häufig geschieht es, dass die beiden inneren Geraden rasch
ermüden und ihren Dienst als Convergenzmuskeln versagen. Verwirrtes
Sehen, Durcheinanderlaufen der Gegenstände, Diplopie u. s. w. sind die unmittelbare Folge.

---

[1]) Sitzungsberichte der math.-naturw. Classe der kais. Akademie der
Wissensch. zu Wien, XVI., 1855, S. 187.

In einem kleinen Theile solcher Fälle entwickelt sich dann die musculare Asthenopie, indem die übermässigen Anstrengungen, welche gemacht werden, um die richtige Convergenz immer wieder zu erzwingen, die potenzielle Energie der beiden inneren Geraden erschöpfen und am Ende auch einen Grad von Hyperästhesie erzeugen, welcher jede weitere Arbeit untersagt.

Gewöhnlich aber wird der gemeinschaftliche Sehact rasch aufgegeben, das eine Auge übernimmt allein die Fixation, während das andere zur Seite weicht, die Convergenzinnervation wird ungenügend, oder hört ganz auf, oder es wird das eine Auge gar um ein Gewisses nach aussen gedreht, also ein Zustand eingeleitet, welcher in seinen minderen Entwickelungsstufen fälschlich als Insufficienz der inneren Geraden, in den höheren als Strabismus externus beschrieben wird und seinem Wesen nach unter die relativen Paralysen zu rechnen, als Convergenzlähmung aufzufassen ist.[1]) Da das fixirende Auge unter solchen Umständen bei der Arbeit allein steht und sein lichtempfindender Apparat eine wesentlich erhöhte Aufgabe hat, kömmt es leicht zu Ueberbürdungen des letzteren und in weiterer Folge zu hyperämischen Zuständen, welche durch die vorgebeugte Körperstellung des arbeitenden Myops noch wesentlich gefördert werden. Das Ergebniss sind dann nicht selten die Entwickelung oder Vergrösserung hinterer Lederhautektasien, Entzündungen, Blutungen, Abhebungen der Netzhaut u. s. w.

In Anbetracht dessen erscheint bei hochgradig Kurzsichtigen, welchen die Verhältnisse es nicht gestatten, die Beschäftigung mit kleinen Gegenständen auf ein geringes Maass zu beschränken oder völlig aufzugeben, der Gebrauch von Hilfslinsen geboten, welche die Objecte der Arbeit über den natürlichen Fernpunkt des Kranken hinaus, wenn thunlich, in die mittlere Arbeitsdistanz zu rücken erlauben. Besonders dringend tritt diese Anzeige hervor, wenn der gemeinschaftliche Sehact beider Augen noch besteht und zeitweilige Ermüdung oder gar das Nachlassen der Convergenzmuskeln dessen gänzliches Aufgeben und die dauernde Ablenkung eines Auges befürchten lassen.

Würden zu diesem Behufe voll corrigirende Gläser gewählt, so käme der Kranke annähernd in die Lage eines Emmetropen (S. 306, Querreihe 5). Er könnte der Beschäftigung mit kleinen

---

[1]) Stellwag, Lehrbuch. 1870, S. 884, 921.

Gegenständen in der mittleren Arbeitsdistanz, oder in einer kürzeren, nur unter Voraussetzung einer beträchtlichen Accommodationsbreite dauernd und ohne Ermüdung obliegen. Grosse
Accommodationsbreiten sind aber bei hohen Kurzsichtigkeits-
graden etwas Seltenes und namentlich im reifen Alter nur ausnahmsweise, wenn je, zu finden. In der Regel führen daher voll
corrigirende Gläser unter so bewandten Umständen bald zu
Ermüdungen der überbürdeten Accommodationsmuskulatur.
Dazu kömmt, dass scharfe Brillen vermöge des unvermeidlichen
Abstandes von dem vorderen Knotenpunkte des Auges eine sehr
in's Gewicht fallende Verkleinerung der Netzhautbilder nothwendig mit sich bringen[1]) und insoferne die Anforderungen an
die Netzhautenergie bei der Arbeit gewaltig steigern. Die Folgen
sind darum meistens Reizzustände, welche zur Wahl eines schwächeren Glases zwingen.

Wird nur theilweise corrigirt, so gestalten sich die Verhältnisse ähnlich wie bei mittleren und niederen Graden der
Myopie (S. 306, Querreihe 6, 7, 8). Der Kranke vermag je nach
der Brechkraft seiner neu angeschafften oder umgetauschten Brille
mit kleinerem oder gar ohne allem Kraftaufwande von Seite
des Accommodationsmuskels in die mittlere Arbeitsdistanz scharf
zu sehen. Auch wird die Netzhautfunction wegen Abschwächung
des Verkleinerungscoëfficienten weniger belastet. Im Allgemeinen
muss daher der Kranke bei seiner Beschäftigung länger ausdauern,
weniger leicht ermüden.

Am besten pflegt er sich erfahrungsmässig zu behagen mit
Zerstreuungsgläsern, welche die gegebene Kurzsichtigkeit nahezu
oder ganz auf den reciproken Werth der mittleren Arbeitsdistanz herabsetzen, welche es dem Kranken daher möglich
machen, seiner Beschäftigung mit einer minimalen oder ohne
alle Kraftleistung von Seite des Accommodationsmuskels obzuliegen.

[1]) Stellwag, Sitzungsberichte der math.-naturw. Classe der kais. Akademie der Wissensch. zu Wien, XVI., 1855, S. 220.

Bei sehr hohen Graden von Myopie und namentlich, wo der gemeinschaftliche Sehact bereits dauernd aufgegeben und daher auf die Convergenzmuskeln keine Rücksicht mehr zu nehmen ist, pflegt der Kranke sogar Brillen vorzuziehen, welche von der Kurzsichtigkeit beträchtlich mehr als den von der Beschäftigung geforderten mittleren Einstellungswerth übrig lassen, und gleicht das Fehlende durch Annäherung des Objectes an den Fernpunkt des brillenbewaffneten Auges aus. Er arbeitet dann auch ohne jede Accommodationsquote und geniesst den Vortheil einer grösstmöglichen Verminderung des Verkleinerungs-coëfficienten seiner Hilfslinse.

Bei mittleren Graden der Kurzsichtigkeit (etwa $\frac{1}{15}$ bis $\frac{1}{8}$) liegt die gewöhnliche Arbeitsdistanz entweder noch inner-halb oder doch nicht weit jenseits der Fernpunktsgrenze der deutlichen Sehweite. Der Kranke vermag daher bei unbe-waffnetem Auge je nach den gegebenen Umständen mit äusserst geringer oder ohne alle Accommodationsquoten (S. 306, Quer-reihe 8) dem Bedarfe zu genügen und hat in den betreffenden Fällen die Gegenstände nur um ein Kleines hereinzurücken, ohne aber jemals die Convergenzmuskeln im Uebermaasse anstrengen zu müssen. Er benützt daher in der Regel nur zum Fernsehen Brillen, denen er gerne den vollen Correctionswerth giebt, legt dieselben aber bei der Arbeit ab, indem sie hier dem Accom-modationsmuskel ganz ungewohnte Kraftleistungen aufbürden, also leicht zur Ermüdung und weiterhin möglicherweise zu Reiz-zuständen führen. Nur in der Jugend, wo grössere Accom-modationsbreiten zur Verfügung stehen, werden solche voll corri-girende Gläser öfters eine Zeit lang, wenn auch nicht immer ohne Beschwerden, bei der Arbeit vertragen.

Doch können theilweise neutralisirende Hilfslinsen zweck-dienlich oder geradezu nothwendig sein, wenn die zu einer

bestimmten Beschäftigung bei unbewaffnetem Auge erforderlichen
mässigen Convergenzen schwer aufzubringen und zu erhalten sind, dagegen ein geringes und seitens der Arbeit zu-
lässiges Hinausschieben der Objecte genügt, um die potentielle
Energie der Convergenzmuskulatur ausreichend erscheinen zu
lassen; oder wenn eine bestimmte Art der Beschäftigung, z. B.
das Musiciren, verhältnissmässig kurze Objectsdistanzen verlangt,
welche jedoch grösser sind, als der Fernpunktsabstand des mittelgradig Kurzsichtigen.

Erfahrungsmässig fühlt sich der Kranke unter solchen Umständen am behaglichsten und dauert bei der Arbeit am längsten
aus mit einer Brille, welche den natürlichen Fernpunkt der Augen
ein klein wenig über oder in jene Distanz hinausrückt,
welche die mangelhafte Convergenzenergie oder die specielle Art
der Beschäftigung als Objectsabstand erheischt. Bei dem Gebrauche
eines solchen Glases kann nämlich der Kranke in seiner gewohnten
Weise mit einem Minimum oder ohne alle Kraftleistung von
Seite des Accommodationsmuskels der Aufgabe genügen.

Wäre bei Myopie $\frac{1}{8}$ die Convergenz für 8 Zoll Objectsabstand mangelhaft, aber für 12 Zoll zureichend, so ergäbe sich als Brechwerth der erforderlichen Brille

$$\frac{1}{12} - \frac{1}{8} = -\frac{1}{24} \text{ oder vielleicht } -\frac{1}{20}.$$

Soll ein Kurzsichtiger mit natürlichem Refractionszustande $\frac{1}{12}$ auf
24 Zoll Noten lesen, so entspräche ihm gleichfalls eine Brille

$$\frac{1}{24} - \frac{1}{12} = -\frac{1}{24} \text{ oder besser vielleicht } -\frac{1}{20}.$$

Der Brechwerth der unter solchen Verhältnissen zu
wählenden Brille ist also gleich oder etwas weniger grösser,
als die Differenz zwischen den reciproken Werthen der
nothwendigen Objectsdistanz und des natürlichen Fernpunktabstandes.

Bei Myopien niederen Grades von $\frac{1}{16}$ abwärts fällt die von der besonderen Art des Objectes vorgeschriebene mittlere Arbeitsdistanz wohl nur sehr ausnahmsweise jenseits des natürlichen Fernpunktabstandes. Wo dies der Fall ist, wird der Kranke bei nur einigermassen genügender Accommodationsbreite mit seiner zum Fernsehen benützten voll corrigirenden Brille auch bei der betreffenden Arbeit das Auslangen finden. Ist jedoch die Accommodationsbreite sehr herabgesetzt, so kann es nothwendig werden, für die Arbeit eine schwächere Brille zu verwenden, d. i. eine nur theilweise Correctur der Myopie vorzunehmen, um die deutliche Sehweite entsprechend zu verlängern, ohne die bei der Arbeit erforderlichen Accommodationsquoten über die Grenze des Erträglichen zu steigern.

So könnte z. B. ein Bassgeiger oder Paukenschläger mit Myopie $\frac{1}{16}$ in die Lage kommen, seinen Fernpunktsabstand durch eine Concavlinse von 32 Zoll Brennweite auf die Notendistanz von 32 Zoll zu vergrössern, um ohne alle Kraftleistung von Seite des sehr geschwächten Accommodationsapparates seinem Berufe obzuliegen. Wollte er die zum Fernsehen benützte voll corrigirende Brille von 16 Zoll Brennweite zum Notenlesen gebrauchen, so wäre bei einer Accommodationsbreite von $\frac{1}{24}$ die erforderliche Quote $\frac{24}{32} = \frac{3}{4}$, ein Werth, welcher für Myopen, die an starke Kraftleistungen von Seite des Ciliarmuskels nicht gewöhnt sind, schwer auf die Dauer zu erhalten ist. Dagegen würde ein anderer Kranker, dessen Accommodationsbreite $\frac{1}{16}$ oder mehr beträgt, mit der voll corrigirenden Brille — $\frac{1}{16}$ nur die halbe und beziehungsweise einen noch geringeren Theil der verfügbaren Accommodationskraft aufzuwenden haben.

Im Allgemeinen kann man als Regel hinstellen, dass geringgradig Kurzsichtige Concavgläser nur zum Fernsehen benützen dürfen, dass ihnen hingegen bei Beschäftigungen mit kleinen Gegenständen Zerstreuungslinsen fast durchwegs übel bekommen, insoferne diese die zur Arbeit erforderlichen Accommodationsquoten entsprechend dem Brechwerthe des gebrauchten Glases erhöhen.

Es sind nämlich diese Quoten bei der mittleren Arbeitsdistanz, umsomehr also bei kürzeren Objectsabständen, schon für

das freie Auge nicht ganz unerhebliche, und sie können bei
stark verminderter Accommodationsbreite für die Dauer schwer
aufbringbar oder ganz unerschwinglich werden (S. 306, Querreihe 6, 7, Längsreihe 6, 7, 8).

Dem entsprechend sind geringgradig Kurzsichtige bei wie
immer begründeter beträchtlicher Abnahme der Accommodationsbreite gar nicht selten gezwungen, zu Convexgläsern zu greifen,
um durch Erhöhung des Refractionszustandes die zur Arbeit erforderlichen Accommodationsquoten mit der verfügbaren Kraft in
das richtige Verhältniss zu setzen.

Ein 60jähriger Industrieller, überaus kräftig gebaut, doch stark ergraut,
hat vor mehreren Jahren an linksseitiger Oculomotoriuslähmung gelitten,
welche an dem betreffenden Auge eine Mydriasis mit Accommodationsparese,
eine merkliche Ablenkung nach aussen und eine geringe Beschränkung der
Excursionsfähigkeit nach innen zurückgelassen hat. Das rechte Auge soll
früher sehr scharf in die Ferne gesehen haben, ist jetzt aber im geringen
Grade kurzsichtig, lässt bei der Augenspiegeluntersuchung ein sehr schmales
sichelförmiges Staphyloma posticum und eine physiologische Excavation des
Sehnerveneintrittes erkennen. Dieses Auge wird jetzt allein zum Sehen verwendet. Sein Fernpunktabstand beträgt 36 Zoll, der Nahepunktsabstand
11 Zoll. In letzterer Distanz liest der Kranke noch Jäger Nr. 1. Es ist

$$\frac{1}{f} = \frac{1}{36} ; \frac{1}{n} = \frac{1}{11} ; \frac{1}{a} = \frac{1}{15\cdot8}.$$

Beim Lesen und Schreiben hält der Kranke das Buch und beziehungsweise das Papier 13·5 Zoll vom Auge entfernt. Diese Beschäftigung wird,
besonders bei künstlicher Beleuchtung und längerer Dauer, sehr beschwerlich,
strengt den Kranken an, bedingt gerne geröthete Augen und selbst ein-
genommenen Kopf. Es ist annähernd

$$\frac{1}{v} = \frac{1}{13\cdot5} - \frac{1}{36} = \frac{1}{21\cdot6} ; q = \frac{15\cdot8}{21\cdot6} = \frac{4}{5\cdot4}.$$

Mit einer Convexbrille von 60 Zoll Brennweite sieht der Kranke viel
schärfer in die Nähe, die Buchstaben erscheinen viel schwärzer, das Lesen
und Schreiben ist wesentlich erleichtert und auch für die Dauer ermöglicht.
Als Arbeitsdistanz ergiebt sich mit dem Glase 13 Zoll, doch kann der Kranke
Jäger Nr. 1 bis auf 8 Zoll annähern und Jäger Nr. 8 bis auf 24 Zoll entfernen. Es ergiebt sich annähernd für das bewaffnete Auge

$$\frac{1}{v} = \frac{1}{13} - \left(\frac{1}{36} + \frac{1}{60}\right) = \frac{1}{30\cdot8} ; q = \frac{15\cdot8}{30\cdot8} = \frac{4}{7\cdot7}.$$

Der bebrillte Kranke arbeitet ungefähr mit der halben Kraft, während er bei freiem Auge annähernd vier Fünftheile seiner Accommodations-

kraft benöthigte. Zugleich vermag er seinen Einstellungswerth um $\frac{1}{20\cdot8}$ zu erhöhen und um $\frac{1}{28}$ zu erniedrigen (siehe das Folgende). Die Brille entspricht allen Anforderungen.

———————

Es kann dieses Sinken der Accommodationsbreite durch mancherlei Erkrankungen der einzelnen Theile des Anpassungs-apparates begründet werden und ist dann gewöhnlich ein plötz-liches oder sehr rasches. Im Uebrigen, d. h. abgesehen von diesen Ausnahmsfällen, ist es ein rein physiologischer Vor-gang, beginnt schon zur Zeit der Geschlechtsreife und schreitet mit den Lebensjahren ganz allmälig fort bis in das höchste Greisenalter. Es besteht jedoch nicht, wie Manche meinen, ein ganz bestimmtes Verhältniss zwischen der jeweiligen Accom-modationsbreite und der Zahl der zurückgelegten Lebensjahre; sondern das Sinken ist bald ein sehr langsames, unmerkliches, bald ist es periodenweise ein sehr auffälliges, schleuniges. Es wird nämlich wesentlich beeinflusst von der grösseren oder geringeren Gunst oder Ungunst der allgemeinen und örtlichen Ernährungs-zustände. Erschöpfende Krankheiten, Kummer, Sorge, mangelhafte Nahrung u. s. w., insbesondere aber vorzeitiger Marasmus des Gesammtkörpers oder des Auges, bedingen nicht selten ein über-aus rasches Sinken der Accommodationsbreite auf Werthe, welche ganz ausser Verhältniss zur Lebensperiode des Kranken stehen.

Das frühzeitige Beginnen und das Vorwärtsschreiten während des kräftigsten Mannesalters deuten mit Bestimmtheit darauf hin, dass das Sinken der Accommodationsbreite seine nächste Ur-sache nicht wohl allein in einer Abnahme der Energie der Binnenmuskeln finden könne; dass dieses Moment allerdings in dem höchsten Alter oder bei krankhaften Zuständen und vor-zeitigem Marasmus eine wichtige Rolle spielen könne; dass aber der hauptsächlichste Erklärungsgrund offenbar in der Ver-mehrung der Widerstände zu suchen sei, welche die zuneh-mende Verdichtung der Linse der Accommodationsarbeit bereitet.

Es ist diese zunehmende Verdichtung des Krystalles bekanntlich mit einer Verminderung der Brechkraft der Linse gepaart. Es wirken also das Sinken der Accommodationsbreite und des natürlichen Refractionszustandes zusammen,
um bei fortschreitendem Lebensalter die zur Arbeit erforderlichen
Accommodationsquoten zu steigern und am Ende unerschwinglich
zu gestalten. Und das ist, was man gemäss der Etymologie des
Wortes »Presbyopie« nennt oder eigentlich nennen sollte.

Es liegt auf der Hand, dass die Greisenveränderungen der
Linse und überhaupt des ganzen Accommodationsapparates früher
oder später bei allen Augen ohne Ausnahme, ihr Bau sei welcher
er wolle, zum Vorscheine kommen und sich durch Verminderung
der Accommodationsbreite sowohl als des natürlichen
Refractionszustandes geltend machen müssen. Es war daher
ein grosser Irrthum zu glauben, die Presbyopie sei an Emmetropie
gebunden und lediglich als Accommodationsbeschränkung
bei unverändertem Fortbestande des Brechzustandes gleich Null
aufzufassen. Sie macht sich ebensowohl bei Kurz- als bei Uebersichtigkeit geltend und führt die Emmetropie unfehlbar in Hypermetropie über. [1]

Bei höheren und mittleren Graden von Myopie kann
die Presbyopie allerdings nicht so auffällig hervortreten. Einerseits sind jene Fehler nämlich sehr oft progressiv und das durch
die Senescenz der Theile begründete Sinken des Brechzustandes
wird ausgeglichen oder sogar weitaus überboten durch die optische
Wirkung einer fortschreitenden Axenverlängerung des Auges. Anderseits kömmt in Betracht, dass ein starkes Sinken der Accommodationsbreite sich nur dort bemerklich machen könne, wo diese
eine beträchtliche Grösse besitzt, was aber bei hoch- und
mittelgradiger Kurzsichtigkeit nicht leicht der Fall ist. Ausserdem ist in Rechnung zu bringen, dass derlei Myopen nur selten
oder nie in die Lage kommen, ihre Accommodationsbreite aus-

---

[1] Stellwag, Lehrbuch, 2. Auflage, 1861. S. 657.

zunützen, dass sie vielmehr in der Regel ohne alle Kraftquote
arbeiten, indem sie die Gegenstände einfach in den Fernpunktabstand
stellen, daher eine selbst beträchtliche Verminderung der Accommodationsbreite nicht nothwendig wahrgenommen werden muss.

Wohl aber spielt die Presbyopie bei niedergradigen
Myopien eine gar nicht unbedeutende Rolle, indem hier die senilen
Veränderungen des Auges schon an sich eine sehr empfindliche
Steigerung der Accommodationsquoten mit sich bringen (S. 306,
Querreihe 7, 6) und überdies den Refractionszustand gar häufig
auf Emmetropie und weiter auf Hypermetropie herabdrücken
(S. 306, Querreihe 5, 4, 3).

Emmetropie ist mehr ein theoretischer Begriff. Untersucht
man ophthalmoskopisch lange Reihen von Augen, welche für
emmetropisch gelten, so überzeugt man sich sehr bald, dass
deren minimaler Refractionszustand nur höchst ausnahmsweise
zusammenfalle mit dem durch Uebereinkommen festgestellten
Normalwerthe, welcher mit Null bezeichnet wird. Man findet,
dass der natürliche Brechwerth solcher Augen das Normale fast
durchwegs um ein Kleines übersteige oder um ein Kleines
hinter dem Normale zurückbleibe; dass die betreffenden Augen
demnach streng genommen als niedergradig kurzsichtig, beziehungsweise hypermetropisch zu betrachten sind.

In solchen Augen wird dem Accommodationsmuskel schon
eine ganz erhebliche Kraftleistung zugemuthet, wenn es gilt,
den dioptrischen Apparat für eine Arbeitsdistanz von 12 Zoll eingestellt zu erhalten (S. 306, Querreihe 5). Es wird dann bei einer
Accommodationsbreite von $\frac{1}{6}$ schon die halbe und bei $\frac{1}{a} = \frac{1}{12}$
die ganze verfügbare Kraft in Anspruch genommen. Feinere
Arbeiten, welche eine grössere Annäherung der Objecte an das
Auge erheischen, z. B. das Weissnähen, das Sticken, die Uhr-

macherei u. dgl., ebenso aber auch das Lesen und Schreiben bei
ungenügender Beleuchtung, welche eine Verkürzung des Abstandes fordert, erhöhen selbstverständlich den nothwendigen
Kraftaufwand und damit die aufzubringenden Accommodationsquoten.

Bei einer grossen Accommodationsbreite, wie sie dem jugendlichen und dem früheren Mannesalter zukömmt, kann die
Binnenmuskulatur des Auges solchen Zumuthungen in der Regel
leicht und für die Dauer genügen. Aber schon im späteren
Mannesalter kömmt es bei derlei Arbeiten gerne zu Ermüdungen,
welche bei fortgesetzter gewaltsamer Anstrengung des Accommodationsmuskels sich mit hyperästhetischen Zuständen vergesellschaften, am Ende möglicherweise zur accommodativen
Form der Asthenopie führen und jedwede Beschäftigung mit
kleinen Gegenständen für lange Zeit unmöglich machen können.

In den allermeisten Fällen sucht der Kranke ärztliche Hilfe,
sobald sich beim Arbeiten Beschwerden einstellen, oder er ver-
schafft sich auf eigene Faust Sammellinsen, welche den Brechzustand seines Auges erhöhen, in Myopie überführen und solchermassen die erforderlichen Accommodationsquoten auf ein ohne
allen Anstand leicht aufzubringendes Maass herabmindern (S. 306,
Querreihe 5, 6, 7).

Eine Zeit hindurch findet der Kranke mit diesen Gläsern
das Auslangen, über kurz oder lang jedoch melden sich bei der
Arbeit die Beschwerden wieder. Mit der fortschreitenden
Senescenz des Auges geht nämlich die Accommodationsbreite
immer mehr zurück und gleichzeitig sinkt der natürliche Refractionszustand fort und fort; die zur Arbeit erforderlichen
Kraftleistungen des Accommodationsmuskels und die aufzuwendenden Quoten werden immer grösser; der Kranke muss zu schär-
feren Convexbrillen greifen, um den Ausfall zu decken.

Die Emmetropie ist eben gerade so wenig wie jeder andere
natürliche Brechwerth des Auges ein bleibender Zustand. Die
mit dem Alter zunehmende Verdichtung des Krystalles und die in

späteren Lebensepochen auftretenden Greisenveränderungen des Auges bedingen einen fortwährenden Wechsel, ein stetes Zurückgehen des minimalen Refractionszustandes, welches jedoch im Einzelnfalle, bei jedwedem Baue des Auges, periodenweise unterbrochen oder gar in's Gegentheil verkehrt werden kann durch die Entwickelung und Vergrösserung eines Staphyloma posticum. Gemeiniglich handelt es sich, wenn die Arbeit anfängt beschwerlich zu werden und Hilfslinsen erheischt, gar nicht mehr um Emmetropie, vielmehr ist der Brechzustand des Auges bereits negativ geworden und fällt weiterhin immer mehr, so dass Kranke, welche in der Jugend mit Leichtigkeit feinere Arbeiten ausführen konnten, im späteren Alter sich ausser Stand gesetzt sehen, den dioptrischen Apparat für kurze Objectsabstände richtig einzustellen.

Bei ursprünglich hypermetropischem Baue des Auges bedarf es selbstverständlich noch grösserer Kraftleistungen von Seite des Accommodationsmuskels, um für feinere Arbeiten den erforderlichen Brechwerth herzustellen, und zwar ist der Bedarf an effectiver Muskelkraft ein um so höherer, je weiter sich der natürliche Refractionszustand des Auges von der Null entfernt. Demgemäss sollte bei allen Hypermetropen die Beschäftigung mit kleinen Gegenständen durchwegs eine viel grössere Schwierigkeit finden und auch wohl in viel früherem Lebensalter zur Ermüdung führen, als bei emmetropischen oder gar bei kurzsichtigen Augen.

Doch kömmt den Hypermetropen hier ein sehr wesentlicher Umstand zu Hilfe. Eben die Tiefe des natürlichen Refractionszustandes bringt es mit sich, dass Uebersichtige von der ersten Jugend an gezwungen sind, ihren Accommodationsmuskel zu üben, diesem nicht nur behufs des Nahesehens, sondern auch zum Fernesehen gewisse Kraftleistungen aufzuerlegen und ihn so während der ganzen Dauer des Wachseins in einer entsprechenden Thätig keit zu erhalten. Die Folge dieser fortgesetzten Uebung ist dann in der Regel eine ganz ausserordentliche Massenzunahme des Muskels[1]) und damit eine sehr bedeutende Erhöhung seiner actuellen und potentiellen Energie. In der That sind bei jugendlichen Uebersichtigen, welche von erster Kindheit an sich viel mit kleinen Objecten zu beschäftigen hatten, Accommodationsbreiten von $\frac{1}{3}$ etwas Gewöhnliches und von $\frac{1}{2\cdot5}$ nichts ganz Seltenes; mitunter steigt der Werth sogar noch höher.

Es stehen nun die für eine gewisse Beschäftigung aufzubringenden Kraftquoten in umgekehrtem Verhältnisse zur Grösse der vorhandenen Accommodationsbreite. Es liegt daher auf der Hand, dass jugendliche Hypermetropen mit wohl geübtem und massig entwickeltem Muskelapparate selbst hohen Ansprüchen genügen und unter Umständen mit denselben Quoten arbeiten können wie Myopen mit geringer Accommodationsbreite.

So ergiebt ein Blick auf die Tafel (S. 306), dass Augen mit

Hypermetropie	$\frac{1}{12}$	und Accommodationsbreite	$\frac{1}{3}$,
	$\frac{1}{24}$	»	$\frac{1}{4}$,
»	$\frac{1}{48}$	» »	$\frac{1}{5}$,
Emmetropie	$\frac{1}{\infty}$ »	»	$\frac{1}{6}$,
Myopie	$\frac{1}{48}$ »	»	$\frac{1}{8}$,
»	$\frac{1}{24}$ »	»	$\frac{1}{12}$

in gleicher Weise mit der halben verfügbaren Accommodationskraft sich für eine Arbeitsdistanz von 12 Zoll einzustellen haben.

Wenn aber nach Abstreifung der Jugendblüthe die Widerstände wachsen, welche der sich verdichtende Linsenkern den accommodativen Vorgängen im Innern des Augapfels entgegenstellt, dann macht sich auch die Hypermetropie bald geltend, es steigern sich rasch die für feinere Arbeiten erforderlichen Accom-

---

[1]) Iwanoff, Arch. f. Ophthalmologie XV., 3, S. 284.

modationsquoten, die potentielle Energie des Muskels wird unzureichend und verlangt dringend nach Hilfslinsen, welche den Verlust an Accommodationsbreite und die nebenher gehende Verminderung des natürlichen Refractionszustandes auszugleichen im Stande sind.

Es tritt diese Nothwendigkeit in um so früheren Lebensepochen hervor, je grösser die absoluten Anforderungen sind, welche die Beschäftigung an das Leistungsvermögen des Auges stellt, je höher der im Baue des Auges begründete Grad der Hypermetropie ist und je weniger günstig die Umstände für eine Zunahme des Accommodationsmuskels an Masse und Energie waren.

Niedergradig Hypermetropische greifen gewöhnlich erst im reiferen Mannesalter oder an der Grenze des Greisenthumes zu Sammellinsen, ausgenommen die Fälle, in welchen vorzeitiger Marasmus, erschöpfende Krankheiten oder mangelhafte Ernährung die Energie des Accommodationsmuskels wesentlich beeinträchtigt haben. Bei mittleren Graden von Uebersichtigkeit, etwa $\frac{1}{20} - \frac{1}{12}$, macht sich das Bedürfniss einer Nachhilfe durch Correctionsgläser jedoch nicht selten schon im frühen Mannesalter, bei hohen und höchsten Graden von Uebersichtigkeit bald nach der Geschlechtsreife oder gar schon in der Kindesperiode geltend.

Im Einzelnfalle ist es nach dem Vorhergehenden nicht sowohl der durch den Bau des Auges begründete Grad der vorhandenen Hypermetropie, als vielmehr die für die Dauer unerschwinglich gewordene Höhe der Accommodationsquote, welche den Uebersichtigen früher oder später zwingt, sich bei der Beschäftigung mit kleinen Gegenständen der Convexgläser zu bedienen. Der eigentliche therapeutische Zweck der letzteren kann darum keineswegs eine Ausgleichung der gegebenen Uebersichtigkeit, sondern lediglich nur eine Herabminderung der zur Arbeit erforderlichen Accommodationsquoten auf ein für den Kranken leicht aufbringbares Maass sein.

Es unterliegt nun gar keiner Schwierigkeit, die Brechkraft
jener Sammellinse zu ermitteln, welche, dem dioptrischen Apparate
beigefügt, die Accommodationsquote für eine bestimmte
Objectsdistanz bei einem beliebigen Grade von Hypermetropie
und bei jeder beliebigen Accommodationsbreite auf irgend einen
willkürlich wählbaren Werth bis Null herabzusetzen vermag.

Wollte man, von rein theoretischem Standpunkte ausgehend, einen
Kranken mit Hypermetropie $-\frac{1}{6}$ bei einem Objectsabstande von 12 Zoll mit
halber Accommodationskraft, also mit einer Quote $\frac{1}{2}$ arbeiten lassen, so
müsste man (siehe Schema S. 306) seinen natürlichen Refractionszustand
bringen:

$$\text{bei } \frac{1}{a} = \frac{1}{3} \text{ durch eine Linse } + \frac{1}{12} \text{ auf } - \frac{1}{12},$$

$$\text{,, } \frac{1}{a} = \frac{1}{4} \text{ ,, ,, ,, } + \frac{1}{8} \text{ ,, } - \frac{1}{24},$$

$$\text{,, } \frac{1}{a} = \frac{1}{5} \text{ ,, ,, ,, } + \frac{1}{6\cdot8} \text{ ,, } - \frac{1}{48},$$

$$\text{,, } \frac{1}{a} = \frac{1}{6} \text{ ,, ,, ,, } + \frac{1}{6} \text{ ,, } \frac{1}{\infty},$$

$$\text{,, } \frac{1}{a} = \frac{1}{8} \text{ ,, ,, ,, } + \frac{1}{5\cdot6} \text{ ,, } + \frac{1}{48},$$

$$\text{,, } \frac{1}{a} = \frac{1}{12} \text{ ,, ,, ,, } + \frac{1}{4\cdot8} \text{ ,, } + \frac{1}{24}.$$

Mit einer nach solchen Grundsätzen gewählten Hilfslinse würde
indessen der Uebersichtige keinen Augenblick deutlich in die Entfernung von 12 Zoll zu sehen im Stande sein. Es steht nämlich
durchaus nicht in seinem Belieben, die Accommodationsquote für
einen bestimmten, durch die Art der Beschäftigung gebotenen oder durch Angewöhnung fixirten Objectsabstand je nach Bedarf oder Laune zu wechseln. Vielmehr ist er
bei den Innervationen seiner Accommodations- und Convergenzmuskulatur an ein gewisses, jeweilig nur innerhalb enger
Grenzen wandelbares Verhältniss gebunden, welches sich
den gegebenen Umständen gemäss allmälig ausgebildet und durch
längere Uebung gefestigt hat (Donders' relative Accommoda-
tions- und Convergenzbreite).

Es kann dieses Associationsverhältniss, wo es einmal durch dauernde Hantierung mit gewissen kleinen Gegenständen eingewurzelt ist, wohl nach und nach, in längeren Zeiträumen, den veränderten Bedürfnissen entsprechend ein wesentlich verschiedenes werden; es duldet aber keine plötzlichen und ausgiebigen Störungen, sondern straft dieselben mit höchst unbehaglichen Gefühlen und weiterhin mit unerträglichen nervösen Beschwerden.

Insoferne nun die Arbeitsdistanz bei jedweder Beschäftigung im Allgemeinen eine wenig veränderliche ist (S. 304), so liegt es auf der Hand, dass Uebersichtige nur mit solchen Hilfslinsen den angestrebten Zweck, Erleichterung des scharfen Nahesehens, erreichen können, welche die bisher bei der Arbeit aufgewendeten Accommodationsquoten um ein relativ Kleines herabmindern, also eine geringe Störung jenes Associationsverhältnisses mit sich bringen.

Die praktische Erfahrung liefert hiefür tagtäglich die Belege. In der That findet man bei den Brillenbestimmungen, dass Hypermetropen, welche bisher mit unbewaffneten Augen ihre gewohnten Arbeiten verrichtet haben, aber durch Beschwerden gezwungen sind, zu Hilfslinsen zu greifen, in der Regel nur schwache Convexgläser als diejenigen bezeichnen, welche ihnen ein genügendes und behagliches Sehen in die Nähe vermitteln, also auch eine ausreichende Nachhilfe für Dauerarbeit versprechen. Gemeiniglich liegt der Brechwerth der ersten Brille, gleichviel welches der durch den Augenspiegel festgestellte kleinste Refractionszustand der Augen sei, unter $\frac{1}{30}$, selten erreicht er oder übersteigt er gar $\frac{1}{24}$.

Die Fälle, in welchen stärkere Sammellinsen als erste Brille benöthigt werden, sind immer solche, in welchen es sich nicht sowohl um die Erleichterung einer bisher fortgesetzten gewohnten Arbeit handelt, sondern Leistungen gefordert werden, welchen die Augen von Anbeginn oder

wenigstens seit längerer Zeit nicht mehr gewachsen
waren. Sie betreffen hochgradig hypermetropische Kinder oder
jugendliche Leute, welche ihren Aufgaben nur mit äussester
Mühe und Anstrengung oder gar nicht gerecht werden konnten,
oder Uebersichtige reiferen Alters, welche die Arbeiten, zu
denen sie eine Brille suchen, seit längerer Zeit wegen Unvermögens
ganz aufgegeben hatten.

In einem guten Theile auch dieser Fälle erweist sich
übrigens die Wahl einer solchen regelwidrig scharfen ersten Brille
hinterher als eine verfehlte. Dieselben Hilfslinsen, welche bei
dem Versuche als ganz vortrefflich befunden wurden, müssen nach
kurzem Gebrauche als ganz unleidlich bei Seite geworfen und mit
schwächeren vertauscht werden.

Nimmt man sich die Mühe, in einer längeren Reihe von
Fällen die Accommodationsquoten zu berechnen, welche der
Uebersichtige bisher mit unbewaffnetem Auge während der
Arbeit aufwenden musste, und diese Quoten zu vergleichen
mit jenen, welche unter Benützung der neugewählten, als
zweckmässig und behaglich erkannten Brille bei derselben oder
einer ähnlichen Arbeit aufgebracht werden müssen, so stellt sich
obiges Gesetz ziffermässig in voller Klarheit und Bestimmtheit
vor Augen.

Es ergiebt sich, dass jene Hypermetropen, welche auftreten-
der Beschwerden halber der Hilfslinsen wirklich benöthigen, durchwegs mit sehr hohen Accommodationsquoten arbeiten, und
dass in verschiedenen Fällen wohl eine verschiedene, stets
aber verhältnissmässig geringe Herabsetzung dieser hohen
Quoten hinreicht, um die Arbeitsfähigkeit wieder voll
herzustellen, ja dass überhaupt nur eine solche gering-
fügige Verminderung der Accommodationsquote zweck-
dienlich und zulässig sei.

Man findet weiter, dass brillenbedürftige Hypermetropen
bei der Beschäftigung mit kleinen Gegenständen stets mehr als

die Hälfte, in der Regel sogar mehr als drei Viertheile, ja mitunter nahezu die ganze verfügbare Accommodationskraft in Verwendung bringen oder vielmehr zu bringen scheinen, ein Verhältniss, welches nur wenige Analogien in den Kraftleistungen anderer Muskelgruppen haben dürfte.

Bei eingehender und wiederholter Prüfung der einzelnen Factoren stellt sich die Sache indessen etwas milder dar. Es zeigt sich nämlich, dass die Kranken bei dem Versuche, welcher naturgemäss nur kurze Zeit dauert und bei welchem auf scharfes und deutliches Sehen Gewicht gelegt wird, ihren Accommodationsmuskel weit mehr zu bethätigen pflegen, als bei der gewohnten ruhigen Arbeit, ja dass sie bei der letzteren sehr oft gar nicht für die wirkliche Objectsdistanz, sondern für einen grösseren Abstand den dioptrischen Apparat eingestellt erhalten, sich also mit mehr oder weniger undeutlichem Sehen in Zerstreuungskreisen behelfen, höchstens nur zeitweilig und vorübergehend richtig accommodiren. Sie lesen z. B. auf 12—14 Zoll Abstand Jäger Nr. 5—8, sind aber ausser Stande, Nr. 1—3 derselben Schriftscala zu entziffern, was doch sein müsste, wenn das Auge wirklich auf die genannte Distanz eingestellt wäre.

Doch sind diese Abweichungen niemals so gross, dass dadurch die dem Accommodationsmuskel zugemuthete Kraftleistung eine leicht aufzubringende und zu erhaltende würde. Auch wenn man die während der ärztlichen Untersuchung oft beliebte Verkürzung der Arbeitsdistanz und die ungenaue Einstellung des dioptrischen Apparates voll in Anschlag bringt, ergiebt sich immer wieder, dass nur solche Hypermetropen einer Correctur durch Sammellinsen bedürftig sind, welche weit mehr als die Hälfte der verfügbaren Accommodationskraft aufbieten müssen, um den Anforderungen bei der Arbeit zu genügen; ja dass die Meisten erst dann zu Hilfslinsen greifen, wenn sie bereits mehr als drei Viertheile der Accommodationskraft aufzuwenden haben, um nothdürftig und allenfalls mit unzureichender Einstellung des Auges der gewohnten Beschäftigung obliegen zu können.

Dagegen stellt sich die Gewohnheit vieler Hypermetropen, sich bei der Arbeit mit einem nicht ganz scharfen Sehen zu bescheiden, als ein Verhältniss heraus, welches bei der Brillenbestimmung sorglich berücksichtigt werden muss, sollen Irrthümer vermieden werden. Es versteht sich nämlich von selbst, dass eine solche Gewohnheit nur dort einreissen könne, wo die geringere Feinheit der Arbeitsgegenstände ein Sehen in mässigen Zerstreuungskreisen nicht ausschliesst. Wollte man nun in derlei Fällen stets ein vollkommen scharfes Sehen durch die geeigneten Brillen erzwingen, so würde gar oft und namentlich bei älteren Leuten eine ganz unleidliche Störung des natürlichen Associationsverhältnisses zwischen Accommodation und Convergenz herbeigeführt, das gewählte Glas nach kurzem Gebrauche unerträglich befunden werden. Man muss sich also oft mit einer theilweisen Correctur begnügen, d. h. mit einer Correctur, welche die gewohnte Arbeit ohne Beschwerden durchzuführen gestattet, dagegen aber auf eine ganz genaue Einstellung des dioptrischen Apparates verzichten.

Es wäre z. B. ein ältlicher Mann, welcher viele Stunden des Tages mit Lesen und Schreiben zu verbringen hat und einer Hilfslinse bedürftig erscheint. Würde man bei der Wahl der letzteren das Hauptaugenmerk darauf richten, dass der Kranke die feinste Perlschrift (Jäger Nr. 1 und 2) fliessend zu lesen vermöge, so würde man in der Mehrzahl der Fälle zu einem Glase gelangen, welches für die gewohnte Arbeit viel zu scharf ist und bald zur Seite gelegt werden muss.

Es frägt sich nun: Welche ist denn im Einzelnfalle die Sammellinse, welche die zu einer bestimmten Arbeit erforderlichen Accommodationsquoten ausreichend herabzusetzen vermag, ohne die eingewurzelten Associationsverhältnisse in einem für den Kranken peinlichen oder unerträglichen Grade zu stören?

Die Theorie der relativen Accommodationsbreite [1] lässt die Antwort errathen: Es kann nur jene Hilfslinse als richtig

---

[1] Donders, Die Anomalien der Refraction und Accommodation. Wien, 1866. S. 93.

gewählt gelten, welche bei der für eine gegebene mittlere
Arbeitsdistanz erforderlichen Convergenz einen entspre-
chenden positiven und negativen Theil der relativen
Accommodationsbreite verfügbar lässt, d. h. unbeschadet
des scharfen und deutlichen Sehens bei unverändertem
Objectsabstande die Zulegung ebensowohl einer weiteren
Sammel- als einer Zerstreuungslinse von gewisser Brech-
kraft gestattet.

Bekanntlich ist die relative Accommodationsbreite bei
verschiedenen Individuen eine verschiedene und in jedem Einzelnfalle für jede Objectsdistanz eine andere, sowohl was ihre
absolute Grösse, als was den Werth ihres positiven und
negativen Theiles betrifft. Doch besteht überall eine gewisse
mittlere Objectsdistanz, für welche der positive und der
negative Theil der relativen Accommodationsbreite sich nahezu
gleichen. Wird der fixirte Gegenstand von dieser mittleren Entfernung aus den Augen genähert, so nimmt der positive Theil
an Werth ab, um im binocularen Nahepunkte Null zu werden.
Entfernt sich hingegen das Object, so sinkt der Werth des
negativen Theiles, ohne jedoch nothwendig zu verschwinden,
wenn die beiden Gesichtslinien parallel werden, indem Einstellungen
für negative Distanzen bei Uebersichtigkeit sehr gewöhnlich zu
Gebote stehen (manifeste Hypermetropie).

Offenbar ist es die Aufgabe der Hilfslinse, allen diesen Verhältnissen gebührende Rechnung zu tragen und insbesondere die
mittlere Objectsdistanz, für welche der Kranke einen
gleichgrossen positiven und negativen Theil der relativen
Accommodationsbreite zur Verfügung hat, womöglich zusammenfallen zu machen mit der bei der bestimmten
Beschäftigung einzuhaltenden mittleren Arbeitsdistanz.

Mit anderen Worten heisst dies: Es ist eine Linse zu
suchen, welche, dem dioptrischen Apparate zugefügt, ein
genügend scharfes und deutliches Sehen in die von der
Grösse und Eigenart der Objecte bedingte mittlere Arbeits-

distanz (S. 304) ermöglicht und unbeschadet dieses scharfen
und deutlichen Sehens den Gegenstand in positiver und
negativer Richtung um ein möglichst Grosses zu verschieben, den Einstellungswerth also zu erhöhen und zu
erniedrigen gestattet.

Sieht das mit der Brille bewaffnete Auge nämlich nicht nur
in der gegebenen mittleren Arbeitsdistanz scharf und deutlich,
sondern auch wenn der Gegenstand aus der letzteren hinweg den
Augen um ein Beträchtliches genähert und solchermassen
der Convergenzbedarf ansehnlich gesteigert wird, so muss für die
mittlere Arbeitsdistanz ein entsprechend grosser positiver
Theil der relativen Accommodationsbreite verfügbar gewesen sein. Umgekehrt aber kann das scharfe und deutliche
Sehen beim Hinausrücken des Gegenstandes in merklich grössere
Entfernungen nur aufrecht erhalten bleiben, wenn für die
mittlere Arbeitsdistanz ein entsprechender negativer
Theil der relativen Accommodationsbreite disponibel war.

Eine Brille, welche zu einer ansehnlichen Verkürzung des
Objectsabstandes über die bezügliche mittlere Arbeitsdistanz herein
nöthigt und nur ein geringes Hinausrücken der Gegenstände
ohne Gefährdung des scharfen Sehens erlaubt, ist demgemäss zu
scharf. Gläser dagegen, welche die Objecte der Beschäftigung
über die mittlere Arbeitsdistanz hinaus zu schieben zwingen und
nur eine geringe Annäherung an die Augen zulassen, sind zu
schwach.

Bei einiger Erfahrung und Uebung gelingt es ohne Schwierigkeiten, ein Glas zu finden, welches den theoretischen Anforderungen entspricht und dem praktischen Bedürfnisse Genüge leistet.
Gar nicht selten gelangt man rasch, ja auf den ersten Griff, zu
einer Brille, welche nicht nur ein scharfes und deutliches
Sehen in die mittlere Arbeitsdistanz ermöglicht, sondern
ausserdem eine nahezu gleiche Erhöhung und Erniedrigung
des Einstellungswerthes mit der zugehörigen Convergenz
gestattet, sich also dem Ideale nähert. In der grössten Mehr-

zahl der Fälle jedoch, namentlich wo höhere Grade von Hypermetropie im Spiele sind, oder wo es sich um sehr kleine Objecte, also um sehr kurze Arbeitsdistanzen handelt, vermag die Brille das Missverhältniss nur mehr weniger abzuschwächen, welches bisher zwischen dem positiven und dem negativen Theile der relativen Accommodationsbreite bestanden hat, sollen nicht unerträgliche Störungen der eingewurzelten Associationsverhältnisse das Ergebniss der Correctur sein.

Leider lassen sich die Unterschiede der Einstellungswerthe, welche in jedem gegebenen Einzelnfalle die Hilfslinse gewähren muss, auf dass ihr das Maximum der erreichbaren Leistungsfähigkeit zugesprochen werden kann, noch nicht ziffermässig ausdrücken. Dazu gehören lange Reihen genauer Messungen.

Es stellen sich aber der genauen Messung des Spielraumes, innerhalb welchem ein brillenbewaffnetes Auge noch scharf und deutlich zu sehen vermag, auch wenn dieser Spielraum seiner ganzen Länge nach positiv ist, häufig ganz unübersteigliche Hindernisse in den Weg. Man kann sogar sagen, dass Fälle, welche ganz zuverlässliche und theoretisch verwerthbare Messungen liefern, zu den Ausnahmen gehören. Wenn nämlich die Kranken schon in der mittleren Arbeitsdistanz sich zumeist mit einem Sehen in Zerstreuungskreisen bescheiden, um an Accommodationsarbeit zu ersparen, so ist dies sicherlich noch in viel höherem Grade an den Grenzen der dem brillenbewaffneten Auge zukommenden deutlichen Sehweite der Fall. In der That ergiebt sich bei der Berechnung, dass selbst in jenen Fällen, in welchen die Intelligenz und der gute Wille des Kranken der Messung zu Hilfe kommen, die beiden Endpunkte des fraglichen Spielraumes in der Regel ausserhalb der deutlichen Sehweite des brillenbewaffneten Auges gelegen sind, die dorthin gerückten Objecte demnach nur in Zerstreuungskreisen wahrgenommen werden können. Es ist eben schon für den Geübten sehr schwer, haarscharf den Abstand anzugeben, in welchem die geeignetsten Sehproben, nämlich Schriftscalen, aufhören, vollkommen scharf und deutlich zu erscheinen. Bei Ungeübten ist ein solches Verlangen ganz unerfüllbar, man muss sich damit begnügen, die Distanzen zu ermitteln, in welchen die Undeutlichkeit der Wahrnehmungen schon störend hervortritt, und da wird man bei wiederholten Messungen häufig auf sehr abweichende Werthe stossen.

Es versteht sich von selbst, dass als Objecte bei diesen Versuchen am besten Schriftscalen benützt werden, und dass für jeden zu messenden Abstand immer nur solche Nummern der Probebuchstaben zu verwenden sind, welche, aus der fraglichen Distanz gesehen, unter einem Winkel von ungefähr 5 Minuten erscheinen (S. 282, 298). Handelt es sich um Brillen für anderweitige Hantierungen, so ist die mittlere Arbeitsdistanz für diese zu ermitteln und zum Versuche jene Schriftprobe zu gebrauchen, welche aus dem gleichen Abstande sich unter einem Winkel von ungefähr 5 Minuten präsentirt.

Es kommen Fälle vor, wo die deutliche Sehweite des mit der Brille bewaffneten Auges theilweise negativ bleibt. Sie betreffen wohl immer nur Individuen mit höheren Graden von Uebersichtigkeit (über $\frac{1}{14}$). Als minimaler Einstellungswerth des bebrillten Auges sollte hier offenbar der manifeste Theil der Hypermetropie gelten. Man stösst indessen auf Kranke, welche mit einer gewissen Convexlinse ganz scharf und deutlich in grosse Entfernungen und in die mittlere Arbeitsdistanz sehen, aber mit derselben Linse ausser Stande sind zu lesen, wenn die Schrift aus der mittleren Leseweite um ein Gewisses hinausgerückt wird. Die Kranken haben für kurze Abstände nur einen sehr geringen negativen Theil der relativen Accommodationsbreite verfügbar. Es liegt auf der Hand, dass unter solchen Umständen der von der Brille gewährte Spielraum, beziehungsweise die Differenz der Einstellungswerthe, nach dem letzteren Abstande bemessen werden muss.

Einige Beispiele sollen zeigen, wie ich vorgehe, um die nöthigen Anhaltspunkte zur Beurtheilung der Zweckmässigkeit einer

Convexlinse zu gewinnen. Ich habe dabei nur zu bemerken, dass der minimale Refractionszustand $\frac{1}{f}$, stets mit dem Augenspiegel (aufrechtes Bild) gemessen ist.

Ein sehr intelligenter gesunder kräftiger 12jähriger Realschüler, klagt über Thränen und Schmerzen der Augen, wenn er angestrengt zu lesen und zu schreiben gezwungen ist. Er ist hypermetropisch $\frac{1}{12}$, liest Jäger Nr. 1 bis auf 5 Zoll Annäherung, Snellen Nr. 20 sowohl mit freiem Auge als mit Convexbrillen von 48 Zoll und 24 Zoll Brennweite auf 20 Fuss Entfernung vollkommen sicher und leicht. Als Arbeitsdistanz ergiebt sich 12 Zoll. Es ist

$$\frac{1}{f} = -\frac{1}{12} \;;\; \frac{1}{n} = \frac{1}{5} \;;\; \frac{1}{a} = \frac{1}{3\cdot 5}$$

$$\frac{1}{v} = \frac{1}{12} + \frac{1}{12} = \frac{1}{6} \;;\; q = \frac{3\cdot 5}{6}.$$

Mit Convexbrillen $+48$ und $+24$ kann er Jäger Nr. 1 bis auf 3·5 Zoll annähern, doch verschwimmt ihm Jäger Nr. 8 beim allmäligen Hinausrücken von der mittleren Arbeitsdistanz 12 Zoll schon in 27 und in 25 Zoll, je nachdem er die 48- oder die 24zöllige Brille in Anwendung bringt. Dieser Umstand und die verhältnissmässige Geringfügigkeit der Accommodationsquote beim Lesen mit freiem Auge ergeben deutlich, dass der Kranke einer Convexbrille nicht bedarf, sondern blos auf bessere Beleuchtung u. s. w. Rücksicht genommen werden müsse.

Ein 19jähriger schwächlicher und etwas buckeliger Juweliergehilfe klagt über Beschwerden bei der Ausführung feinerer Berufsarbeiten und bedient sich hierbei seit einiger Zeit eines Convexglases von 48 Zoll Brennweite in Zwickerform. Es ergiebt sich eine totale Hypermetropie von $\frac{1}{20}$. Jäger Nr. 1 liest der Kranke von 12 bis auf 4 Zoll Distanz. Mit freiem Auge und mit der Brille $+48$ liest er Snellen Nr. 20 sicher und leicht auf 20 Fuss Entfernung. Es ist

$$\frac{1}{f} = -\frac{1}{20} \;;\; \frac{1}{n} = \frac{1}{4} \;;\; \frac{1}{a} = \frac{1}{3\cdot 33}.$$

Beim Lesen ergiebt sich als Arbeitsdistanz 12 Zoll. Es ist also

$$\frac{1}{v} = \frac{1}{12} + \frac{1}{20} = \frac{1}{7\cdot 5} \;;\; q = \frac{3\cdot 33}{7\cdot 5}.$$

Bei der Juwelierarbeit beansprucht der Kranke eine Arbeitsdistanz von 8 Zoll. Mit Rücksicht darauf erscheint

$$\frac{1}{v} = \frac{1}{8} + \frac{1}{20} = \frac{1}{5\cdot 7} \;;\; q = \frac{3\cdot 33}{5\cdot 7}.$$

Beim Lesen wird demnach etwas weniger, beim Berufsgeschäfte etwas mehr als die Hälfte der Accommodationskraft verwendet. Die Brille erscheint jedenfalls nicht als ein wirkliches Bedürfniss. Der Versuch ergiebt nun, dass mit dem Zwicker Jäger Nr. 1 bis auf 3·5 Zoll dem Auge genähert werden könne, Jäger Nr. 6—8 aber schon in 22 Zoll Distanz undeutlich werden. Es ist

$$\frac{1}{r} = \frac{1}{12} - \left(-\frac{1}{20} + \frac{1}{48}\right) = \frac{1}{8·86} ; q = \frac{3·33}{8·86}.$$

Der Einstellungswerth kann mit Rücksicht auf die Lesedistanz von 12 Zoll um $\frac{1}{4·9}$ erhöht, aber nur um $\frac{1}{26·4}$ erniedrigt werden, mit Rücksicht auf die Arbeitsdistanz von 8 Zoll um $\frac{1}{6·2}$ erhöht, um $\frac{1}{12·5}$ erniedrigt werden. Die Brille ist offenbar zu scharf.

Ein herrschaftliches Kammermädchen von 21 Jahren, gross und stark gebaut, klagt über Schwierigkeiten beim Lesen und Schreiben, namentlich aber bei feineren weiblichen Arbeiten unter künstlicher Beleuchtung. Sie liest Jäger 18 auf 18 Fuss und kann Jäger Nr. 1 bis auf 5 Zoll an das Auge bringen. Es ist

$$\frac{1}{f} = -\frac{1}{9} ; \frac{1}{n} = \frac{1}{5} ; \frac{1}{a} = \frac{1}{3·2}.$$

Bei guter Tagesbeleuchtung wurde die Arbeitsdistanz mit freiem Auge 12 Zoll gefunden, daher

$$\frac{1}{v} = \frac{1}{12} + \frac{1}{9} = \frac{1}{5·14} ; q = \frac{3.2}{5·14}.$$

Mit Convexbrillen von 40 Zoll Brennweite ist die Arbeitsdistanz die gleiche; doch wird Jäger Nr. 1 bis auf 4 Zoll gelesen und gleichzeitig Jäger Nr. 18 auf 18 Fuss deutlich gesehen, ja es kann dann noch eine Brille von 40 Zoll dazu gefügt werden, wobei jedoch die Deutlichkeit schon leidet und die Kranke sich unbehaglich fühlt. Es ist

$$\frac{1}{v} = \frac{1}{12} - \left(-\frac{1}{9} + \frac{1}{40}\right) = \frac{1}{5·9} ; q = \frac{3·2}{5·9}.$$

Der Einstellungswerth kann um $\frac{1}{6}$ erhöht und, wenn man die Leistung der 20zölligen Linse rechnet, um ungefähr $\frac{1}{7·5}$ vermindert werden.

Ein gesunder kräftig gebauter Rechnungsbeamter klagt, es beginne das Lesen und Schreiben, besonders bei künstlicher Beleuchtung und überhäufter Arbeit, beschwerlich zu werden und verursache gerne Bindehautkatarrhe. Der Kranke liest Snellen Nr. 20 fertig auf 20 Fuss Entfernung und Jäger Nr. 1 bis auf 9 Zoll Distanz. Es ist

$$\frac{1}{f} = -\frac{1}{6} ; \frac{1}{n} = \frac{1}{9} ; \frac{1}{a} = \frac{1}{3·6}.$$

Als mittlere Arbeitsdistanz werden 12 Zoll ermittelt. Es erscheint daher

$$\frac{1}{v} = \frac{1}{12} + \frac{1}{6} = \frac{1}{4} \; ; \; q = \frac{3\cdot 6}{4}.$$

Mit einer Brille von 32 Zoll positiven Brennweite verkürzt sich anfangs die Arbeitsdistanz auf 11 Zoll, doch bald wird dieselbe wieder auf 12 Zoll gebracht. Jäger Nr. 1 wird, bis auf 7·5 Zoll genähert, noch deutlich gesehen. Jäger Nr. 6—8 können bis 23 Zoll entfernt werden, ehe sie verschwimmen. Mit der Brille ist nun

$$\frac{1}{v} = \frac{1}{12} - \left(-\frac{1}{6} + \frac{1}{32}\right) = \frac{4}{4\cdot 6} \; ; \; q = \frac{3\cdot 6}{4\cdot 6}.$$

Der Objectsabstand kann um 4·5 Zoll vermindert, um 11 Zoll vergrössert, der Einstellungswerth also um $\frac{1}{20}$ vermehrt und um $\frac{1}{25}$ herabgesetzt werden. Die Brille entspricht den Anforderungen.

Es möge eine solche Brille übrigens allen Anforderungen noch so gut entsprechen, mit der Zeit wird sie doch ungenügend. In dem Maasse nämlich, als mit fortschreitendem Alter die Verhornung des Krystallkörpers zunimmt, also die Accommodationsbreite und der Refractionszustand sinken, wachsen die für die Bearbeitung kleiner Gegenstände nöthigen Accommodationsquoten und werden schliesslich unerschwinglich, der Brechwerth der Hilfslinse muss verhältnissmässig erhöht werden.

Für die Bemessung dieser Erhöhung gelten selbstverständlich dieselben Regeln, welche die Wahl der ersten Brille zu leiten haben. Der Hypermetrope befindet sich nämlich jetzt mit seinen Gläsern ganz in derselben Lage, in welcher er sich mit freien Augen befand, als er das erste Mal zu Hilfslinsen greifen musste. Die Aufgabe ist eigentlich nur, den Gesammtbrechzustand des bebrillten Auges um ein Gewisses zu steigern, also gleichsam dem bisher benützten Glase eine weitere Hilfslinse von bestimmtem Brechwerthe beizufügen. Es handelt sich also wieder nicht um eine volle Correctur der gegebenen Hypermetropie, sondern um eine Verminderung der dem Accom-

modationsmuskel bei der Arbeit zugemutheten Kraftleistung, um
eine Herabsetzung der Quoten auf ein leicht und für die
Dauer aufzubringendes Maass bei möglichster Schonung
der hergebrachten Associationsverhältnisse.

In der allergrössten Mehrzahl der Fälle wird der Uebersichtige mit einer geringen Erhöhung des Brechwerthes seiner
Brille (etwa um $\frac{1}{48}$, $\frac{1}{32}$) das volle Auslangen finden, immer vorausgesetzt, dass er bisher der gewohnten Beschäftigung wirklich,
wenn auch mit Beschwerden, obgelegen hat und dieselbe nicht
etwa wegen Unzulänglichkeit der früheren Brille seit Längerem
ganz aufzugeben gezwungen war, oder doch nur zeitweilig und
vorübergehend mit Mühsal betreiben konnte; vorausgesetzt also, dass
der Uebersichtige seine Ansprüche nicht plötzlich in's Ungemessene
steigert. In einem solchen Falle kann der nothwendige Ergänzungs-
werth allerdings noch grösser werden, doch wird er wieder nur
selten $\frac{1}{24}$ erreichen oder gar übersteigen dürfen, wenn nicht ganz
unleidliche Störungen des bezüglichen Associationsverhältnisses das
Ergebniss des Brillenwechsels sein sollen.

Eine 50jährige gesunde und kräftig gebaute Frau liest auf 18 Fuss
Abstand bei nicht sehr günstiger Beleuchtung leicht und fliessend Jäger
Nr. 19. Sie klagt, feinere weibliche Arbeiten nicht mehr ausführen zu können.
Auf 16 Zoll Abstand entziffert sie noch Jäger Nr. 3 mühsam. Es ist beiläufig

$$\frac{1}{f} = -\frac{1}{12} ; \frac{1}{n} = \frac{1}{16} \text{ (Jäger Nr. 3) } ; \frac{1}{a} = \frac{1}{6\cdot 86}.$$

Mit der bisher benützten Convexbrille von 48 Zoll Brennweite erscheint
die Arbeitsdistanz = 13·5 Zoll und der Spielraum reicht von 11 Zoll (Jäger
Nr. 3) bis 28 Zoll (Jäger Nr. 8). Es ist bei bewaffnetem Auge

$$\frac{1}{v} = \frac{1}{13\cdot5} - \left(-\frac{1}{12} + \frac{1}{48}\right) = \frac{1}{7\cdot3} ; q = \frac{6\cdot86}{7\cdot3}.$$

Es lässt sich der Einstellungswerth nur um $\frac{1}{59}$ erhöhen, aber um $\frac{1}{26}$
vermindern. Die Brille ist zu schwach, umsomehr, als auch die Arbeitsdistanz zu gross erscheint.

Mit einer Convexbrille von 24 Zoll Brennweite fällt die Arbeitsdistanz
auf 12 Zoll und es wird ein Spielraum von 8 Zoll (Jäger Nr. 2) bis 20 Zoll
gewonnen. Es ist

$$\frac{1}{v} = \frac{1}{12} - \left(-\frac{1}{12} + \frac{1}{24}\right) = \frac{1}{8} : q = \frac{6\cdot86}{8}.$$

Der Einstellungswerth ist um $\frac{1}{24}$ erhöhbar, um $\frac{1}{30}$ verminderbar, die Brille entspricht den theoretischen Anforderungen und dem Bedarfe der Kranken.

Ein 53jähriger Rechnungsbeamter, sehr muskulös gebaut, aber überaus stark gealtert, kann seit Jahren ohne Brille nicht mehr lesen und schreiben. Auf 20 Fuss Entfernung erkennt er leicht Nr. 20 der Snellen'schen Schriftproben. Es ergiebt sich annähernd:

$$\frac{1}{f} = -\frac{1}{12} : \frac{1}{n} = \frac{1}{62} \text{ (Jäger Nr. 14)}: \frac{1}{a} = \frac{1}{10}.$$

Mit seiner Convexbrille von 18 Zoll Brennweite liest und schreibt er auf 15 Zoll Distanz und hat einen Spielraum von 13 Zoll (Jäger Nr. 3) bis 67 Zoll (Jäger Nr. 14). Es ist also

$$\frac{1}{v} = \frac{1}{15} - \left(-\frac{1}{12} + \frac{1}{18}\right) = \frac{1}{10\cdot6} ; q = \frac{10}{10\cdot6}.$$

Der Einstellungswerth des bewaffneten Auges kann dabei nur um $\frac{1}{97}$ erhöht, dagegen um $\frac{1}{19}$ herabgesetzt werden, die Brille ist nach Allem entschieden zu schwach. Mit einer Brille von 14 Zoll Brennweite verkürzt sich die Arbeitsdistanz auf 13 Zoll mit einem Spielraum von 10 Zoll (Jäger Nr. 1) bis 24 Zoll (Jäger Nr. 8). Es ist

$$\frac{1}{v} = \frac{1}{13} - \left(-\frac{1}{12} + \frac{1}{14}\right) = \frac{1}{11\cdot25} ; q = \frac{10}{11\cdot25}.$$

Der Einstellungswerth kann um $\frac{1}{43}$ erhöht, um $\frac{1}{28}$ erniedrigt werden. Die Brille ist um ein Kleines zu schwach, doch behauptet der Kranke, mit 13 Zoll Brennweite sich weniger behaglich zu fühlen.

Ein 46jähriger Arzt, viel älter aussehend und stark ergraut, liest mit freiem Auge Snellen Nr. 30 auf 20 Fuss Abstand. Jäger Nr. 5 kann er bis auf 26 Zoll an das Auge heranrücken, worauf es undeutlich wird. Er benützt seit Jahren zweierlei Brillen: + 13 Zoll für das Lesen und Schreiben bei guter Beleuchtung, + 9·5 zum Betrachten feinerer Gegenstände und zum Lesen bei künstlicher und schlechter Beleuchtung. Es ist

$$\frac{1}{f} = -\frac{1}{12} ; \frac{1}{n} = \frac{1}{26} ; \frac{1}{a} = \frac{1}{8\cdot2}.$$

Mit der Brille + 13 ist die Arbeitsdistanz 12 Zoll (Jäger Nr. 5). Dabei kann er Jäger Nr. 1 bis 8 Zoll an das Auge rücken und Jäger Nr. 6 bis 24 Zoll davon entfernen. Es ergiebt sich

$$\frac{1}{v} = \frac{1}{12} - \left(-\frac{1}{12} + \frac{1}{13}\right) = \frac{1}{11} ; q = \frac{8\cdot2}{11}.$$

Der Einstellungswerth kann um $\frac{1}{24}$ erhöht und erniedrigt werden, die Brille passt.

Mit der Convexbrille von 9·5 Zoll Brennweite ist die Arbeitsdistanz 9·5 Zoll und der Spielraum von 6·5 Zoll (Jäger Nr. 1) bis 13 Zoll (Jäger Nr. 4). Es ist

$$\frac{1}{r} = \frac{1}{9\cdot5} - \left(-\frac{1}{12} + \frac{1}{9\cdot5}\right) = \frac{1}{12} \; ; \; q = \frac{8\cdot2}{12}.$$

Der Einstellungswerth kann um $\frac{1}{20\cdot5}$ erhöht, um $\frac{1}{35}$ erniedrigt werden, die Brille ist auch mit Rücksicht auf die kurze Arbeitsdistanz für den gewöhnlichen Gebrauch zu scharf.

Mit der Zeit wird auch die zweite, nach weiterem Verlaufe von Jahren die dritte Brille unzulänglich und so kann es fortgehen bis in's hohe Alter, wenn der Kranke nicht in der Lage ist, seiner bisherigen Beschäftigung zu entsagen und zu Arbeiten überzugehen, welche geringere Anforderungen an den Accommodationsapparat des Auges stellen.

Ueberblickt man eine möglichst grosse Anzahl von Einzelnfällen und vergleicht man die Brechwerthe der jeweilig zu feineren Arbeiten erforderlichen Gläser mit den minimalen Refractionszuständen der betreffenden Augen, so ergiebt sich als Regel, dass Uebersichtige unter sonst normalen Verhältnissen bis an den Zenith ihres Lebens entweder gar keiner, oder doch nur solcher Hilfslinsen zum Nahesehen bedürfen, welche einen relativ sehr geringen Theil der gegebenen Hypermetropie decken; dass von dieser Lebensepoche ab immer grössere Quoten der Uebersichtigkeit neutralisirt werden müssen, um die Fähigkeit für feinere Arbeiten aufrecht zu erhalten; dass endlich bei entschieden ausgesprochenem Greisenthume meist schon der grösste Theil oder die ganze vorhandene Hypermetropie durch Sammellinsen auszugleichen sei und bei fortschreitendem senilen Verfalle selbst eine Uebercorrectur nothwendig werden könne.

Als das Massgebende erscheint hierbei wieder nicht das Alter als solches, nicht die Zahl der bereits zurückgelegten Lebensjahre an sich, sondern vielmehr das frühere oder spätere Merkbarwerden und das raschere oder langsamere Vorwärtsschreiten der allgemeinen und besonders der örtlichen senilen Involution (Verhornung der Linse und weiterhin der Rückbildung des Accommodationsmuskels). Parallel derselben sinkt nämlich die Accommodationsbreite (S. 315) und steigt das Missverhältniss zwischen der verfügbaren effectiven Kraft und der von der Arbeit in Verbindung mit dem natürlichen Refractionszustande des Auges geforderten Kraftleistung.

Dieses stetig wachsende Missverhältniss kömmt bei höhergradiger Hypermetropie und stark gesunkener Accommodationsbreite übrigens nicht blos dort zum Vorscheine, wo feinere Arbeiten geleistet werden sollen, welche naturgemäss nur sehr kurze Objectsabstände gestatten, sondern macht sich schliesslich auch bei Beschäftigungen geltend, welche ein ziemlich starkes Hinausrücken der Gegenstände erlauben, oder geradezu fordern, z. B. das Schmiede-, das Zimmerhandwerk, überhaupt alle Arbeiten, welche langgestielte Werkzeuge erheischen; ja nicht selten erweisen sich unter solchen Umständen die für das scharfe Fernsehen nöthigen Kraftquoten als schwer aufbringbar oder ganz unerschwinglich.

Das nachfolgende Schema, ähnlich dem auf S. 306 gebildet, wird dies klar machen. Die obersten fünf Zeilen (1—5) ergeben die bei verschiedenen Graden von Hypermetropie und bei verschiedenen Accommodationsbreiten erforderlichen accommodativen Kraftleistungen und Quoten, wenn der dioptrische Apparat für einen Abstand von 24 Zoll eingestellt ist, die folgenden Zeilen 6—10, wenn das Auge für unendliche Fernen eingerichtet gedacht wird.

bei einem minimalen Refractionszustande R	die erforderliche Kraftleistung $\frac{1}{v}$	die Accommodations- oder Kraftquote q							
		wenn $\frac{1}{a}=\frac{1}{3}$	wenn $\frac{1}{a}=\frac{1}{4}$	wenn $\frac{1}{a}=\frac{1}{5}$	wenn $\frac{1}{a}=\frac{1}{6}$	wenn $\frac{1}{a}=\frac{1}{8}$	wenn $\frac{1}{a}=\frac{1}{12}$	wenn $\frac{1}{a}=\frac{1}{24}$	wenn $\frac{1}{a}=\frac{1}{48}$
Für den Brechwerth $\frac{1}{e}=\frac{1}{8}$ ist									
$\frac{1}{8}$	$\frac{1}{4}$	$\frac{3}{4}$	1	—	—	—	—	—	—
$\frac{1}{12}$	$\frac{1}{4\cdot8}$	$\frac{3}{4\cdot8}$	$\frac{4}{4\cdot8}$	—	—	—	—	—	—
$\frac{1}{24}$	$\frac{1}{6}$	$\frac{3}{6}$	$\frac{4}{6}$	$\frac{5}{6}$	1	—	—	—	—
$\frac{1}{8}$	$\frac{1}{8}$	$\frac{3}{8}$	$\frac{4}{8}$	$\frac{5}{8}$	$\frac{6}{8}$	1	—	—	—
$\frac{1}{24}$	$\frac{1}{12}$	$\frac{3}{12}$	$\frac{4}{12}$	$\frac{5}{12}$	$\frac{6}{12}$	$\frac{8}{12}$	1	—	—
$\frac{1}{16}$	$\frac{1}{16}$	$\frac{3}{16}$	$\frac{4}{16}$	$\frac{5}{16}$	$\frac{6}{16}$	$\frac{8}{16}$	$\frac{12}{16}$	—	—
$\frac{1}{12}$	$\frac{1}{24}$	$\frac{3}{24}$	$\frac{4}{24}$	$\frac{5}{24}$	$\frac{6}{24}$	$\frac{8}{24}$	$\frac{12}{24}$	1	—
$\frac{1}{8}$	0	0	0	0	0	0	0	0	0
Für den Brechwerth $\frac{1}{e}=\frac{1}{24}$ ist									
$\frac{1}{6}$	$\frac{1}{4\cdot8}$	$\frac{3}{4\cdot8}$	$\frac{4}{4\cdot8}$	—	—	—	—	—	—
$\frac{1}{8}$	$\frac{1}{6}$	$\frac{3}{6}$	$\frac{4}{6}$	$\frac{5}{6}$	1	—	—	—	—
$\frac{1}{12}$	$\frac{1}{8}$	$\frac{3}{8}$	$\frac{4}{8}$	$\frac{5}{8}$	$\frac{6}{8}$	1	—	—	—
$\frac{1}{24}$	$\frac{1}{12}$	$\frac{3}{12}$	$\frac{4}{12}$	$\frac{5}{12}$	$\frac{6}{12}$	$\frac{8}{12}$	1	—	—
$\frac{1}{48}$	$\frac{1}{16}$	$\frac{3}{16}$	$\frac{4}{16}$	$\frac{5}{16}$	$\frac{6}{16}$	$\frac{8}{16}$	$\frac{12}{16}$	—	—
0	$\frac{1}{24}$	$\frac{3}{24}$	$\frac{4}{24}$	$\frac{5}{24}$	$\frac{6}{24}$	$\frac{8}{24}$	$\frac{12}{24}$	1	—
$\frac{1}{48}$	$\frac{1}{48}$	$\frac{3}{48}$	$\frac{4}{48}$	$\frac{5}{48}$	$\frac{6}{48}$	$\frac{8}{48}$	$\frac{12}{48}$	$\frac{24}{48}$	1
$\frac{1}{24}$	0	0	0	0	0	0	0	0	0
		1	2	3	4	5	6	7	8	9	10

Man ersieht daraus leicht, dass, wenn $\frac{1}{e} = \frac{1}{24}$ ist und $\frac{1}{a} = \frac{1}{v}$ wird, bereits die ganze actuelle Energie des Accommodationsmuskels in Anspruch genommen wird; weiters dass, im Falle $\frac{1}{e} = \frac{1}{x}$ ist, $\frac{1}{f}$ neben dem Refractionszustande zugleich die erforderliche Kraftleistung $\frac{1}{v}$ und überdies den Grenzwerth ausdrückt, über welchen hinaus $\frac{1}{a}$ nicht sinken darf, soll ein scharfes Sehen in die Ferne ermöglicht sein.

Demgemäss können bei Hypermetropen auch zum Scharfsehen in mittlere und selbst in grosse Entfernungen Convexgläser nothwendig werden. Bei hochgradiger Uebersichtigkeit braucht die Accommodationsbreite sogar nicht sehr tief unter das in der ersten Jugend gewöhnliche Maass zu fallen, auf dass ein solches Bedürfniss hervortrete.

Bei der Wahl der betreffenden Gläser gelten wieder dieselben Regeln, welche die Wahl der für kurze Abstände zu verwendenden Brillen leiten (S. 327). Stets ist nur eine verhältnissmässig geringe Herabsetzung der für die genannten Distanzen bisher aufgewendeten Kraftquoten erforderlich und zulässig. Diese müssen, da sie bisher grosse waren und gerade durch die Schwierigkeit oder Unmöglichkeit ihrer Aufbringung und Erhaltung das Bedürfniss nach Hilfslinsen wachgerufen haben, auch grosse bleiben, widrigenfalls eine ganz unerträgliche Störung der eingewurzelten Associationsverhältnisse das Ergebniss wäre. Selbstverständlich werden in den meisten Fällen für solche Zwecke ganz schwache oder doch viel schwächere Sammellinsen als zum scharfen Nahesehen genügen. Bei hochgradiger Hypermetropie und sehr gesunkener Accommodationsbreite kann übrigens der erforderliche Brechwerth auch ein hoher werden. Es kommen Fälle vor, wo zum Fernesehen Convexlinsen von 8 Zoll Brennweite nothwendig sind, ja ich kenne Hypermetropen, welche eine Brille von 5 Zoll Brennweite zum Fernsehen benützen.

Als Prüfstein einer richtigen oder besser einer zweckmässigen Wahl gilt auch hier wieder ein gewisser Spielraum für die

22*

Objectsdistanzen in der Art, dass das bebrillte Auge seinen Gesammteinstellungswerth um ein Gewisses zu erhöhen und zu erniedrigen im Stande sei (S. 327).

Da es sich hier wohl immer um Fälle mit sehr gesunkener Accommodationsbreite handelt, wird man im Ganzen auf keine sehr grossen Unterschiede in den Einstellungswerthen rechnen dürfen, welche sich mit der Brille in positiver und negativer Richtung erzielen lassen. In Anbetracht dessen werden derlei Hypermetropen denn auch gewöhnlich für verschiedene Objectsdistanzen verschiedene Brillen in Gebrauch ziehen müssen. Es kann geschehen, dass ein alter Hypermetrope für kurze, mittlere und grosse Entfernungen je ein anderes Glas benöthigt und thatsächlich gebraucht.

Ein 48jähriger Bankier, wohlgenährt, aber sehr gealtert, hat früher ein ausserordentlich scharfes Gesicht in die Ferne gehabt. Seit einigen Jahren benützt er zum Ferne- und Nahesehen ein Convexglas von 15 Zoll Brennweite. In der That vermag er mit freiem Auge auf 20 Fuss nur Nr. 23 und 24 der Jäger'schen Schriftscalen mühsam zu enträthseln. In der Nähe erkennt er keine der niederen Nummern derselben Scala. Mit der Brille $+$ 15 dagegen und noch besser mit einem Convexglas von 20 Zoll Brennweite liest er fertig Jäger Nr. 20 auf 20 Fuss Distanz, ja mit $+$ 20 Schilder auf mehrere hundert Schritte. In der Nähe kann er bei Benützung der Brille $+$ 15 Jäger Nr. 6 bis auf 16 Zoll an das Auge bringen, auf kürzere Distanz wird die Schrift unlesbar. Es ist

$$\frac{1}{f} = -\frac{1}{8} \; ; \; \frac{1}{n} = -\frac{1}{240} \; ; \; \frac{1}{a} = \frac{1}{8{\cdot}27}.$$

Mit einer Brille $+$ 10, welche er allen andern vorzieht, hat er eine Arbeitsdistanz von 12 Zoll, kann auch Jäger Nr. 2 auf 8 Zoll, Jäger Nr. 8 bis auf 38 Zoll lesen. Es ergiebt sich

$$\frac{1}{v} = \frac{1}{12} - \left(-\frac{1}{8} + \frac{1}{10}\right) = \frac{1}{9{\cdot}2} \; ; \; q = \frac{8{\cdot}27}{9{\cdot}2}.$$

Der Einstellungswerth kann um $\frac{1}{24}$ erhöht, um $\frac{1}{17{\cdot}5}$ erniedrigt werden, die Brille ist ziemlich richtig gewählt.

Mit einer Convexbrille $+$ 8 ist die Arbeitsdistanz ebenfalls $\frac{1}{12}$, der Spielraum reicht aber nur von 6·5 bis 24 Zoll, daher der Einstellungswerth um $\frac{1}{11}$ erhöht, aber nur um $\frac{1}{24}$ erniedrigt werden kann. Die Brille zeigt schärfer, strengt den Kranken aber an, sie ist etwas zu scharf.

Im Allgemeinen werden in der Praxis von Hypermetropen viel seltener Hilfslinsen für mittlere und grosse Entfernungen begehrt, als dies nach der Häufigkeit hochgradiger Uebersichtigkeit und sehr herabgesetzter Accommodationsbreite der Fall sein sollte.

Der Grund liegt einestheils darin, dass gröbere Arbeiten ein ganz scharfes Sehen nicht unbedingt fordern und viele Leute sich darum bei ihren Beschäftigungen mit einem Sehen in Zerstreuungskreisen bescheiden, um so leichter aber auf ein ganz scharfes Sehen in die Ferne verzichten.

Anderentheils liegt der Grund darin, dass der das tiefe Herabsinken der Accommodationsbreite und des Brechzustandes der Linse bedingende senile Involutionsprocess auch in dem lichtempfindenden Apparate sein Wesen treibt, dessen Functionsenergie mehr und mehr schädigt, ein ganz deutliches Sehen unmöglich, also auch eine volle Correctur des erforderlichen Einstellungswerthes minder werthvoll macht.

Es ist dieses Sinken der Sehschärfe bei alten und besonders bei schon marastischen Leuten oft ein sehr bedeutendes und hindert in der misslichsten Weise die Gewinnung der zur Berechnung der Kraftquoten unumgänglich nöthigen Werthe, insonderheit des Nahepunktabstandes, der Arbeitsdistanz und des Unterschiedes der mit der Brille ermöglichten Einstellungswerthe.

VII.

Ueber Accommodationsquoten und deren Beziehungen zum Einwärtsschielen.

Es schliesst sich dieses Thema unmittelbar an das Vorhergehende an und steht mit demselben im innigsten Zusammenhange. Ich habe dasselbe in meinem Lehrbuche [1]) bereits ausführlich behandelt und in den seit 1870 veröffentlichten Arbeiten anderer Autoren nichts gefunden, was eine grundsätzliche Aenderung meiner dort ausgesprochenen und begründeten Ansichten erheischen könnte. Ich darf daher auf den betreffenden Abschnitt verweisen und mich auf die Anführung von Einzelheiten beschränken, welche hoffentlich zur Läuterung und Festigung der Lehre beitragen werden.

Um Missverständnissen vorzubeugen, muss ich gleich von vorneherein erklären, dass hier nur von dem echten und wahren Einwärtsschielen die Rede ist, welches ich als ein durch Uebung erlerntes gewohnheitsmässiges Uebermaass von Convergenz definirt habe, das mit voller Orientirung der beiden Augen einhergeht und folgerecht nur durch eine bewusste und darum willkürliche, wenn auch nicht mehr freiwillige, binoculare Innervation bedingt sein kann. Es stellt sich dasselbe somit in die Reihe der reinen Functionsanomalien, bei welchen wenigstens primär jedwede sicht- und

---

[1]) Stellwag, Lehrbuch, 1870, S. 889.

greifbare Veränderung der bezüglichen Theile ausgeschlossen und die Beweglichkeitssumme unvermindert
ist. Es fallen damit eine Anzahl unter sich verschiedener, im
Ganzen nur selten vorkommender Zustände weg, welche noch
ziemlich allgemein in den Begriff des Einwärtsschielens einbezogen
werden, zumeist aber sehr ungenau oder geradezu fehlerhaft untersucht sind, also einer scharfen Beurtheilung nicht unterzogen werden
können. Sie haben mit dem Strabismus convergens nur die Ablenkung der Gesichtslinie nach innen gemeinsam, sind aber in der
Regel durch das nebenhergehende binoculare Doppeltsehen,
also durch die Desorientirung des abgelenkten Auges, als grund-
verschiedene Zustände gekennzeichnet.

Das echte und wahre Einwärtsschielen ist, so lange es rein
dasteht, an das Wach- oder Halbwachsein des Kranken gebunden. Im tiefen Schlafe, in tiefer Narkose sowie im
Tode verschwindet es, die Augen zeigen sich in der Primärstellung, welche dem Ruhezustande der betreffenden Muskeln
entspricht. Ich versäume es nie, die Zuhörer bei Schieloperation-
tionen, welche unter Narkose vorgenommen werden, auf diesen
Umstand aufmerksam zu machen, und sehe in der Primärstellung
der Augen das Kennzeichen einer wirklich tiefen Narkose.
Einmal geschah es in einem solchen Falle, dass der ambulatorische
Kranke wieder erweckt werden musste, da zwischen mir und dem
Assistenten ein Meinungsstreit darüber entstanden war, ob das
rechte oder das linke Auge das schielende sei. Aehnlich verhält
sich die Sache im Tode. Ich habe in den Jahren 1847—1854
die Augen fast sämmtlicher im k. k. allgemeinen Krankenhause
zu Wien vorhanden gewesener Leichen angesehen, um die krankhaft veränderten für meine Untersuchungen zu gewinnen. Unter
den vielen Tausenden von Todten war auch nicht Einer, an welchem
ich ein Einwärtsschielen an der Leiche hätte wahrnehmen können,
obgleich ich sehr sorgfältig darnach fahndete, indem in den Büchern
so viel von Verkürzungen und Verbildungen der Schielmuskeln
und ihrer Gegner zu lesen war.

Es könnten die Augen unmöglich in die Primär- oder Ruhe-
stellung zurücktreten, sobald jede willkürliche und bewusste Innervation der den Bulbus bewegenden Muskeln aufhört, wenn materielle Veränderungen der letzteren, unrichtige Ansätze ihrer
Sehnen, vermehrte oder verminderte Widerstände u. dgl. in der
Pathogenese des echten und wahren Einwärtsschielens eine massgebende oder auch nur eine wichtige Rolle spielen würden. Es
ist nämlich jene Primärstellung offenbar der Ausdruck für das
Gleichgewicht in den lebendigen und elastischen Spannungs-
verhältnissen sämmtlicher augenbewegender Muskeln, und ein
solches Gleichgewicht könnte bei Gegebensein jener anomalen
Zustände nimmer bestehen. Es muss demnach das echte und
wahre Einwärtsschielen als ein reiner Functionsfehler
aufgefasst und behandelt werden.

Es lässt sich aber auch noch ein anderer schlagender Grund
für die Richtigkeit dieser Anschauung in's Feld führen. Nimmt
man unreine und sehr veraltete hochgradige Fälle aus, so
wird man stets finden, dass das Schielauge, wenn es allein
zur Fixation verwendet wird, vollkommen orientirt ist,
was voraussetzt, dass die Grösse der aufgewendeten Innervationen
und ihres mechanischen Effectes sich ganz genau decken, die Bewegungen also vollkommen frei und unbehindert sind. Man
kann sich davon sowohl beim periodischen als ständigen, alternirenden und einseitigen Einwärtsschielen überzeugen.

Es soll damit durchaus nicht gesagt sein, dass derlei materielle
Veränderungen beim Strabismus convergens völlig ausgeschlossen
seien. Es würde dies der Erfahrung widerstreiten. In der That
hat man in einzelnen Fällen von veraltetem Einwärtsschielen
Hypertrophie und weiterhin sehnige Schrumpfung des Schielmuskels
neben Verdünnung des gedehnten Gegners beobachtet. In anderen
Fällen darf man auf krankhafte Zustände der Muskulatur aus der
Möglichkeit schliessen, gewisse Arten von Doppelbildern zur
Wahrnehmung zu bringen, welche nur aus einer Desorientirung,
also aus einem Missverhältnisse zwischen bewusster Innervation

und dem mechanischen Effecte folgerichtig erklärt werden können. [1]) Es sind dies aber wohl immer secundäre Leiden oder Complicationen; wo sie bestehen, kann von einem reinen und echten Einwärtsschielen nicht mehr die Rede sein, es handelt sich um ein Schiefstehen des Auges, um Luscitas.

Richtige Orientirung der Netzhäute ist ein wesentliches, ein Grundmerkmal des wahren und nicht complicirten Strabismus convergens. Es ist dieselbe nicht nur gegeben, wenn das schielende Auge zur Fixation verwendet wird, sondern auch, wenn es in abgelenkter Stellung sich befindet. Wirklich werden die Netzhautbilder des Schielauges, so lange der Strabismus rein dasteht, unter gewöhnlichen Verhältnissen stets in der wahren Richtung nach aussen versetzt. Ueberdies ist es in solchen Fällen ganz unmöglich, durch irgend welche Manöver Doppelbilder hervorzurufen, welche ihrer Stellung und Lage nach in ursächlichen Zusammenhang mit der strabotischen Ablenkung als solcher gebracht werden könnten.

Diese Orientirung bezieht sich indessen nur auf die Richtung, nicht aber auch auf die Stellung der einzelnen Objectpunkte im Raume. Der Schieler entbehrt in der That des binocularen Einfachsehens und folgerecht der directen Tiefenwahrnehmung. Der gemeinschaftliche Sehact beider Augen müsste nämlich vermöge der meistens sehr beträchtlichen strabotischen Ablenkung des einen Bulbus mit ganz ausserordentlich disparaten Netzhautstellen in's Werk gesetzt werden und demgemäss höchst störende stereoskopische Verzerrungen aller von nahegelegenen Objecten binocular gewonnenen Wahrnehmungen verursachen. Der Schieler entgeht diesem Uebelstande durch consequente Unterdrückung aller jener Eindrücke, welche ihm von Seite der im gemeinschaftlichen Gesichtsfelde gelegenen Netzhautabschnitte des Schielauges geboten werden, und die fortgesetzte Nichtübung dieser Theile führt schliesslich zu einer Abnahme ihrer Functions-

---

[1]) Stellwag, Lehrbuch, 1870, S. 893, 895.

energie, zur partiellen Anästhesie (Anopsie); der Strabote benützt am Ende das abgelenkte Auge nur so weit, als das mono-
culare Gesichtsfeld desselben reicht.

Die richtige Orientirung des Schielauges setzt das
volle Bewusstsein der Lage der abgelenkten Netzhaut
im Raume voraus. Die Schielstellung ist also nothwendig
das Ergebniss einer willkürlichen, wenn auch nicht durchwegs freiwilligen Innervation.

Es stellt sich daher die Frage, was zu einer solchen
Innervation Veranlassung geben könne, was der Schieler
damit bezwecke?

Um diese Frage zu beantworten, ist es nothwendig, sich gegenwärtig zu halten, dass das Einwärtsschielen ein binocularer
Fehler sei, obwohl die Ablenkung jeweilig nur auf Einem Auge
zum Ausdrucke kömmt. Die Gründe dafür liegen theils darin,
dass der Strabismus convergens anfänglich zumeist ein alter-
nirender ist, theils in dem Umstande, dass beim ständig gewordenen Einwärtsschielen das fixirende Auge, sobald es verdeckt
wird, in die Schielstellung übergeht, während das abgelenkte
Auge die Fixation übernimmt. Es wird also nicht die einseitige Schielstellung als solche innervirt, dies könnte auch
nur im Gegensatze zu den die Augenbewegungen beherrschenden
Gesetzen geschehen; vielmehr ist die Innervation in voller Uebereinstimmung mit diesen Gesetzen eine binoculare, auf vermehrte Convergenz gerichtete; es handelt sich um ein Uebermaass von Convergenz, bei welchem behufs deutlichen Sehens
das eine Auge zur Fixation verwendet wird, das andere aber die
doppelte Ablenkung übernimmt. Dafür spricht auch der Einfluss,
welchen die Blickrichtung und besonders die zum Sehen in verschiedene Distanzen erforderlichen Convergenzquoten auf das Hervortreten oder Verschwinden und auf den Grad der jeweiligen Schielstellung nehmen. [1]

—

[1] Stellwag, Lehrbuch, 1870, S. 890.

Vermöge des innigen Associationsverhältnisses, welches zwischen der Convergenz- und Accommodationsmuskulatur besteht, können übermässige Convergenzen nicht ohne Rückwirkung auf den Brechzustand der Augen bleiben. In der That haben genaue Untersuchungen mit voller Bestimmtheit herausgestellt, dass das Convergenzvermögen über den binocularen Nahepunkt ein Beträchtliches hereinreiche und dass jedes Ueberschreiten des letzteren von Seite der Convergenz auch eine weitere Erhöhung des Refractionszustandes mit sich bringe, jedoch so, dass vom binocularen Nahepunkte gegen das Auge hin die Einstellung des dioptrischen Apparates um ein Gewisses, stetig Wachsendes, hinter dem Convergenzpunkte zurückbleibt.

Es wird demnach durch eine forcirte Innervation der Convergenzmuskeln der Nahepunkt hereingerückt, folgerecht die Accommodationsbreite erhöht und damit die Kraftquote ermässigt, welche jede beliebige Einstellung des dioptrischen Apparates von Seite der Accommodationsmuskulatur erfordert.

Es sei z. B. ein Kind, dessen minimaler Refractionszustand $-\frac{1}{18}$ beträgt. Es hält das Spielzeug vermöge der Kürze seiner Arme 6 Zoll von den Augen entfernt. Sein Nahepunktsabstand sei 4 Zoll. Es ist daher (S. 303)

$$\frac{1}{f} = -\frac{1}{18} ; \frac{1}{n} = \frac{1}{4} ; \frac{1}{a} = \frac{1}{3\cdot 27},$$

$$\frac{1}{v} = \frac{1}{6} + \frac{1}{18} = \frac{1}{4\cdot 5} ; q = \frac{3\cdot 27}{4\cdot 5}.$$

Durch übermässiges Convergiren soll das Kind seinen Nahepunkt auf 3 Zoll hereinzurücken vermöge. Es ist dann

$$\frac{1}{a} = \frac{1}{2\cdot 57} ; q = \frac{2\cdot 57}{4\cdot 5}, \text{ also um } \frac{0\cdot 7}{4\cdot 5}$$

vermindert, das Kind arbeitet mit ungefähr um $\frac{1}{6}$ verminderter Accommodationsquote.

Fasst man nun die Zustände näher in das Auge, mit welchen das echte und wahre Einwärtsschielen in der überwiegenden Mehrzahl der Fälle verknüpft getroffen wird, so findet man in der That, dass diese Zustände solche sind,

welche eine Ermässigung der zum Nahesehen erforderlichen Accommodationsquoten sehr annehmbar und wünschenswerth erscheinen lassen, ja sehr oft dringend erheischen.

Auf meiner Klinik sind nach den Zählungen des früheren Assistenten,
Herrn Dr. Picha's, und des dermaligen Assistenten, Herrn Dr. Hampel's,
vom Beginne des Jahres 1860 bis Ende des Jahres 1880, nahe an 400 Fälle
von wahrem und echtem Einwärtsschielen beobachtet und behandelt worden.
Bei 278 Fällen ist der Zustand der Augen in den Büchern näher bezeichnet,
beim Reste fehlen darauf bezügliche Angaben. In 237 Fällen wurde der
Brechzustand des Auges mit dem Ophthalmoskope bestimmt.

Unter 204 von Herrn Dr. Hampel zusammengestellten Fällen war der
Strabismus

rechtsseitig in 84 Fällen
linksseitig in 76 »
alternirend in 44 »

Zusammen in 204 Fällen.

Die von Herrn Dr. Picha zusammengestellten 74 Fälle wurden schon
einmal in meinem Lehrbuche, 1870, S. 902 statistisch verwerthet.

In 278 Fällen von Einwärtsschielen waren

Nr.	Fälle	Procent	Verknüpft mit
I	26	9·35	Uebersichtigkeit $\frac{1}{2}$ bis $\frac{1}{8}$,
II	4	1·44	» anisometropischer,
			1 Auge mit $H\frac{1}{11}$; 7 Augen mit $H\frac{1}{4}$ bis $\frac{1}{8}$,
III	79	28·12	» $\frac{1}{9}$ bis $\frac{1}{14}$,
IV	62	22·30	» $\frac{1}{15}$ bis $\frac{1}{20}$,
V	29	10·43	» $\frac{1}{21}$ bis $\frac{1}{35}$,
VI	10	3·60	» und mit einseitigen Hornhautflecken,
			4 mit $H\frac{1}{6}$ bis $\frac{1}{8}$; 5 mit $H\frac{1}{10}$ bis $\frac{1}{14}$; 1 mit $H\frac{1}{18}$,
VII	8	2·88	» und mit beiderseitigen Hornhautflecken,
			1 mit $H\frac{1}{8}$; 3 mit $H\frac{1}{10}$ bis $\frac{1}{11}$; 3 mit $H\frac{1}{16}$ bis $\frac{1}{20}$; 1 mit $H\frac{1}{21}$
VIII	2	0·72	Emmetropie,
IX	5	1·80	Kurzsichtigkeit,
			3 mit $M\frac{1}{4}$ bis $\frac{1}{11}$; 1 mit $M\frac{1}{8}$ und $\frac{1}{26}$; 1 mit M niederen Grades,
	225	70·61	

Nr.	Fälle	Procent	Verknüpft mit
	225	70·64	

X 4 1·44 Kurzsichtigkeit und mit beiderseitigen Hornhautfleeken,

$$1 \text{ mit } M\frac{1}{7}; 1 \text{ mit } M\frac{1}{12}; 2 \text{ mit } M \text{ niederen Grades},$$

XI 5 1·80 » nebst grossem Staphyl. post. und abge-
laufener Retinoehorioditis,

$$4 \text{ mit } M\frac{1}{2\cdot5} \text{ bis } \frac{1}{7}; 1 \text{ mit } M\frac{1}{3} \text{ und } H\frac{1}{14},$$

XII 2 0·72 » { mit Glaskörpertrübungen,
{ mit Sehnervenschwund,

XIII 1 0·36 Gemischter Anisometropie, Nystagmus,

$$\text{reehts (Sehielauge) } M\frac{1}{24}, \text{ links } H\frac{1}{24},$$

XIV 26 9·35 Einseitigen Hornhautfleeken } ohne Refractions-
XV 13 4·68 Beiderseitigen Hornhautfleeken } bestimmung.

Ein Fall mit Centralcataracta und Nystagmus.

XVI 2 0·72 { Beiderseitiger Cataraeta,
{ Beiderseits abgelaufenem Glaukome.

278 100·01

Bei genauerem Eingehen findet man, dass von den sämmtlichen 278 Einwärtsschielern

218	d. i.	78·42 %	übersichtig,
2	»	0·72 »	emmetropisch,
16	»	5·76 »	kurzsichtig,
1	»	0·36 »	gemischt anisometropisch,
39	»	14·03 »	mit Hornhautfleeken } ohne Refractionsbe-
2	»	0·72 »	mit Cataract und Glaukom } stimmung

278 d. i. 100·01 % behaftet waren.

Von den 218 Hypermetropen waren

$$35 \text{ d. i. } 16·055\% \text{ übersichtig } \frac{1}{2} \text{ bis } \frac{1}{8},$$

$$87 \text{ » } 39·908 \text{ » } \text{ » } \frac{1}{9} \text{ » } \frac{1}{14},$$

$$66 \text{ » } 30·275 \text{ » } \text{ » } \frac{1}{15} \text{ » } \frac{1}{20},$$

$$30 \text{ » } 13·761 \text{ » } \text{ » } \frac{1}{21} \text{ » } \frac{1}{35},$$

218 d. i. 99·999 %

Bei den 16 Myopen bestand die Kurzsichtigkeit in reiner Form nur 5 Mal, d. i. in 31·25 Procent. In 11 Fällen, d. i. in 68·75 Procent waren nebenbei Zustände gegeben, welche das Sehvermögen in hohem Grade beeinträchtigen.

Auch in dem Falle von gemischter Anisometropie (XIII) deutet der vorhandene Nystagmus auf vorausgegangene schwere Sehstörungen.

Mit Hornhautflecken behaftet waren von sämmtlichen 278 Einwärtsschielern 61, d. i. 21·95 Procent. Unter diesen 61 Fällen fanden sich

18 d. i. 29·50 % Hypermetropen,
 4 » 6·56 » Myopen,
39 » 63·93 » ohne Refractionsbestimmung.
61 d. i. 99·99 %

Fasst man Alles zusammen, so ergiebt sich als Schlussresultat, dass das echte und wahre Einwärtsschielen in fast 94 Procent der Fälle mit Hypermetropie oder Hornhautflecken gepaart einhergeht, so dass an einem engen pathogenetischen Zusammenhange dieser Zustände zu zweifeln kaum gestattet ist. Es waren unter den 278 Fällen nämlich:

200 d. i. 71·94 % mit reiner Hypermetropie,
 18 » 6·48 » mit Uebersichtigkeit und Hornhautflecken,
 39 » 14·03 » mit Hornhautflecken allein,
  4 » 1·44 » mit beiderseitigen Hornhautflecken und Myopie
261 d. i. 93·89 %   vergesellschaftet.

Der Rest von 17 Fällen oder 6·12 Procent vertheilt sich auf:

 2 d. i. 0·72 % Emmetropen,
 5 » 1·80 » reine Myopen,
 7 » 2·52 » Myopen mit Sehstörungen,
 1 » 0·36 » Anisometropen mit Nystagmus,
 2 » 0·72 » Staar- und Glaukomkranke.
17 d. i. 6·12 %

Was nun den allergewöhnlichsten Gesellschafter des Einwärtsschielens, die Hypermetropie, betrifft, so liegt es sehr nahe anzunehmen, dass die hohen Kraftquoten, deren der Uebersichtige zum scharfen Nahesehen bedarf, und die Möglichkeit, dieselben unter übermässiger Convergenz durch Vergrösserung der Accommodationsbreite zu ermässigen, die nächste Veranlassung zur Uebung der Schielinnervation abgiebt.

Es entwickelt sich der Strabismus convergens bei Hypermetropen mit sehr seltenen Ausnahmen in der ersten Kindheit von dem Zeitpunkte an, wo der kleine Weltbürger äusseren Gegen-

ständen Aufmerksamkeit zu schenken, sich mit denselben zu
beschäftigen anfängt, bis zum Beginne der Lernperiode im 6. oder
7. Lebensjahre, wo bereits starke Anforderungen an die Accommodation gestellt zu werden pflegen. Man sieht dann oft, wie das
Kind sich abmüht, die ihm gebotenen und auf wenige Zolle an
die Augen herangerückten Objecte scharf zu sehen, und da geschieht es denn auch wohl zuweilen, dass die Gesichtslinien plötzlich in übermässiger Convergenz zusammenneigen. Ist das Kind
aber einmal auf das Mittel gekommen, das Sehen in kürzeste
Distanzen zu verschärfen und überdies die Aufgabe des noch wenig
geübten Accommodationsmuskels zu erleichtern, so ist es kein
Wunder, wenn es das Manöver wiederholt, so oft der Bedarf sich
einstellt, immer vorausgesetzt, dass auch die andern Bedingungen
günstig sind, dass das Kind mit Leichtigkeit übermässige Convergenzen aufzubringen und die Wahrnehmungen des abgelenkten
Auges zu unterdrücken im Stande ist, vorausgesetzt also, dass dem
Schacte aus einem solchen normwidrigen Gebahren ein wirklicher
Vortheil erwächst. [1])

Anfangs krankhaft zuckend, mit wechselndem Schielwinkel und
blos unter bestimmten Verhältnissen hervortretend, wird die Schielbewegung bei fortgesetzter Uebung zur Fertigkeit und schliesslich
zur Gewohnheit, die Schielinnervation wird allmälig bei kleineren
und kleineren Anforderungen an den Accommodationsmuskel zu Hilfe
genommen und begleitet endlich auch den gedankenlosen Blick,
der Strabismus ist ständig geworden, die übermässige Convergenz
weicht nur mehr im tiefsten Schlafe und im Tode.

Gemäss diesen Anschauungen muss die Geneigtheit zum
Einwärtsschielen in geradem Verhältnisse zur Höhe der
gegebenen angebornen Uebersichtigkeit und in umgekehrtem Verhältnisse zur Grösse der vorhandenen Accommodationsbreite wachsen und fallen. Es gebührt demnach
der Statistik das Wort.

----

[1]) Stellwag, Lehrbuch, 1870, S. 903.

Mein Assistent, Herr Dr. Hampel, hat sich, um das erstgenannte Verhältniss klarzustellen, die grosse Mühe genommen, sämmtliche seit dem Jahre 1870 bis Ende 1880 im Ambulatorium meiner Klinik mit dem Augenspiegel bestimmten Hypermetropien, einschliesslich der mit Einwärtsschielen verknüpften, zusammenzustellen. Es sind 1634 Fälle, bei welchen der minimale Refractionszustand genau gemessen wurde, und ausserdem 92 Fälle, wo blos »hoch-, mittel- oder niedergradig« angemerkt erscheint. Mit Rücksicht auf die gemischte Anisometropie war es nothwendig, mit der Zahl der Augen, nicht der Fälle, zu rechnen. Die Verhältnisszahlen werden dadurch selbstverständlich nicht wesentlich berührt, und um diese handelt es sich allein.

Unter 1634 Fällen waren:

Nr.	Zahl der Fälle	Zustand der Augen	Anzahl der Augen				
			H $\frac{1}{2}$ bis $\frac{1}{8}$	H $\frac{1}{9}$ bis $\frac{1}{14}$	H $\frac{1}{15}$ bis $\frac{1}{20}$	H $\frac{1}{21}$ bis $\frac{1}{48}$	Myopisch
I	1407	Mit Hypermetropie	651	1090	794	276	—
II	72	Mit Anisometropie	37	24	33	14	36
III	132	Mit Hypermetropie und Einwärts-schielen	48	124	70	22	—
IV	5	Mit Anisometropie und Einwärts-schielen	7	1	—	1	1
V	18	Mit Hypermetropie, Hornhaut-flecken und Schielen . . .	10	16	8	2	—
	1634	Summe . .	756	1255	905	315	37

3268 Augen.

Dazu 92 Fälle, d. i.   82 Augen mit hochgradiger ⎫
                    40 »   mit mittelgradiger ⎬ Hypermetropie ohne
                    62 »   mit niedergradiger ⎭ genauere Bezeichnung,

184 Augen, macht Alles in Allem 3452 Augen.

Rechnet man von den 3268 Augen, deren Brechzustand genau bezeichnet ist, die 37 myopischen ab, so bleiben 3231 hypermetropische Augen, und unter diesen waren

756 Augen, d. i. 23·40 % hypermetropisch $\frac{1}{2}$ bis $\frac{1}{8}$,

1255 »   »   38·84 »   » $\frac{1}{9}$ » $\frac{1}{11}$,

905 »   »   28·01 »   » $\frac{1}{15}$ » $\frac{1}{20}$,

315 »   »   9·75 »   » $\frac{1}{21}$ » $\frac{1}{48}$,

3231 Augen, d. i. 100·00 %

Von den 3231 hypermetropischen Augen waren 36 mit Hornhautflecken behaftet. Um das Verhältniss der schielenden Hypermetropen zu den nicht schielenden möglichst rein zu erhalten, müssen auch diese 36 Augen abgezogen werden. Es bleiben demnach 3195 hypermetropische Augen, wovon 273 Schielern angehören. Die Verhältnisszahl ist demgemäss 8·54 Procent oder, wenn man die 184 Augen dazu rechnet, bei welchen die Hypermetropie nicht genau bestimmt wurde, 8·08 Procent.

Berücksichtigt man jedoch den Grad der Hypermetropie, so schielen von

$$746 \text{ Augen mit Hypermetropie } \frac{1}{2} \text{ bis } \frac{1}{8} \quad 55 \text{ d. i. } \quad 7\cdot37\%,$$

$$1239 \text{ » » » } \frac{1}{9} \text{ » } \frac{1}{14} \quad 125 \text{ » } \quad 10\cdot09 \text{ »,}$$

$$897 \text{ » » » } \frac{1}{15} \text{ » } \frac{1}{20} \quad 70 \text{ » } \quad 7\cdot80 \text{ »}$$

$$313 \text{ » » » } \frac{1}{20} \text{ » } \frac{1}{48} \quad 23 \text{ » } \quad 7\cdot35 \text{ »}$$

$$\underline{3195} \qquad\qquad \underline{273}$$

Ueberblickt man diese Zahlenreihen, so ergiebt sich wider alles Erwarten, dass die statistischen Auskünfte, welche das ambulante klinische Materiale liefert, die Voraussetzung nicht rechtfertigen, nach welcher hochgradig Uebersichtige mehr zum Einwärtsschielen geneigt sein sollen, als mittel- und niedergradig Hypermetropische. Sie gestalten sich in dieser Hinsicht auch nicht viel günstiger, wenn man alle Fälle, in welchen die Uebersichtigkeit sich zwischen $\frac{1}{2}$ und $\frac{1}{14}$ bewegt, zu den hochgradigen rechnet. In der That erhöht sich dann die Verhältnisszahl der schielenden zu den nichtschielenden hochgradig Hypermetropischen nur auf 9·07 Procent, während sie für Uebersichtige mit einem Refractionszustande von $-\frac{1}{15}$ bis $-\frac{1}{20}$ 7·8 Procent und für Hypermetropen mit einem Brechungszustande von $-\frac{1}{21}$ bis $\frac{1}{48}$ 7·35 Procent beträgt.

Man darf hierbei jedoch nicht übersehen, dass das ambulante Materiale, welches eine Klinik bietet, ein sehr unvollständiges und gewissermassen einseitiges ist. Von den hochgradig Uebersichtigen nehmen nämlich die meisten über kurz oder lang wegen Beschwerden beim Nahesehen ärztliche Hilfe in Anspruch.

werden also in den Protokollen verzeichnet. Dagegen werden die
der Zahl nach weitaus überwiegenden mittelgradig und besonders
die niedergradig Uebersichtigen vor den späteren Lebensepochen
seltener und beziehungsweise gar nur im Ausnahmsfalle auf
Refractionsfehler untersucht, erscheinen demnach nur zum kleinen
Theile in den klinischen Answeisen. Folgerecht sind die obigen
Verhältnisszahlen, soweit sie die Häufigkeit des Einwärtsschielens bei mittel- und niedergradig Uebersichtigen
ausdrücken sollen, viel zu gross. Sie würden, wenn man
die ganze Bevölkerung einer grösseren Stadt zur Verfügung hätte,
ohne Zweifel ganz anders lauten und mit den Voraussetzungen
der Theorie besser harmoniren.

Im Uebrigen darf man nicht ausser Acht lassen, dass das
wahre und echte Einwärtsschielen sich durchwegs nur in den
ersten Kinderjahren entwickelt, die Hypermetropen hingegen
ohne Rücksicht auf das Alter derselben statistisch zusammengefasst und nach Graden geordnet worden sind. Es bleibt der
Brechzustand der Augen aber nicht immer der gleiche, besonders
bei einer Stadtbevölkerung, wo Schulbildung und der Betrieb
von mancherlei Handwerken und Künsten in sehr vielen Fällen
eine allmälige Erhöhung des angebornen Refractionszustandes
mit sich bringen. Es ist also anzunehmen, dass nicht Wenige
der in den klinischen Protokollen ausgewiesenen schielenden und
nicht schielenden Hypermetropen in ihrer Kindheit einen viel
höheren Grad von Uebersichtigkeit dargeboten haben, als zur
Zeit, wo sie Gegenstand einer genauen Untersuchung waren. Die
Häufigkeit der Anisometropie und der bei Uebersichtigen an-
gemerkten hinteren Lederhautektasien ist ein nicht zu ver-
kennendes Wahrzeichen dessen. Die Verhältnisszahl der hochgradig hypermetropischen Schieler muss also um ein
Weiteres erhöht gedacht werden.

Um den zweiten Punkt, die muthmassliche Begünstigung
der ersten Schielversuche durch geringe Accommodationsbreiten, klarzustellen, müsste man in der Lage sein, den Fern-

und Nahepunktsabstand in jener Epoche, in welcher das Einwärtsschielen sich zu entwickeln pflegt, also in der ersten Kindeszeit, durch einschlägige Versuche zu ermitteln.   Einem solchen
Beginnen stellen sich aber selbstverständlich unübersteigliche Hindernisse in den Weg. Es bleibt demnach nichts übrig, als sich auf
die Ergebnisse der bisherigen anatomischen Untersuchungen zu
berufen, nach welchen der Accommodationsmuskel bei fortgesetzter Uebung eine allmälige ganz auffallende Massenzunahme
erkennen und eine demgemässe Kräftigung voraussetzen lässt;
woraus wieder mit Grund geschlossen werden kann, dass die Accommodationsbreite während der ersten sechs Lebensjahre im
Allgemeinen geringer sein müsse als in späteren Epochen.
Das Wichtigste, worauf es hier ankömmt, das Mehr oder Weniger
der Accommodationsbreite im Einzelnfalle, wird dadurch
allerdings nicht zur Einsicht gebracht.

Bei geistig entwickelten Schielern, welche bereits eine genauere
Bemessung des Fern- und Nahepunktsabstandes ermöglichen, fand
ich die Accommodationsbreite ganz übereinstimmend mit
jener von Nichtschielern des gleichen Alters und gleichen
Brechzustandes der Augen.   In einzelnen Fällen war sie ganz
ausserordentlich gross.

Ein sehr aufgeweckter 12jähriger Realschüler schielt mit dem rechten
Auge, welches anästhetisch ist und auf 20 Fuss Entfernung Snellen Nr. 200,
in der Nähe blos Jäger Nr. 16 liest. Das linke Auge liest auf 20 Fuss
mit Leichtigkeit Snellen Nr. 20 und in der Nähe Jäger Nr. 1 bis auf 2 Zoll
Abstand. Sein Refractionszustand ist $-\frac{1}{16}$ und manifest ist $H\frac{1}{24}$. Es ist
(S. 303)

$$\frac{1}{f} = -\frac{1}{16} \; ; \; \frac{1}{n} = \frac{1}{2} \; ; \; \frac{1}{a} = \frac{1}{1\cdot8},$$

$$\frac{1}{v} = \frac{1}{12} + \frac{1}{16} = \frac{1}{6\cdot85} \; ; \; q = \frac{1\cdot8}{6\cdot85}.$$

Wendet man sich zu jenen Fällen, in welchen der Strabismus convergens an mit Hornhautflecken behafteten Augen

erscheint, so muss vorerst in Erwägung gezogen werden, dass bei
einem gewissen Procente derselben das Einwärtsschielen zur Zeit,
als die Cornealtrübungen aus Geschwürsprocessen sich entwickelten,
schon bestanden haben könne. Von einem pathogenetischen
Zusammenhange zwischen dem Schielen und den Hornhautflecken
darf in diesen Fällen selbstverständlich nicht die Rede sein,
derselbe muss anderswo gesucht werden. Berücksichtigt man,
dass unter 61 mit Cornealtrübungen leidenden Einwärtsschielern
(S. 348, VI, VII, X, XIV, XV) blos 22 auf den Brechzustand der
Augen untersucht, von diesen aber 18 hypermetropisch be-
funden wurden, und zwar 13 mit Uebersichtigkeit $\frac{1}{6}$ bis $\frac{1}{14}$, 4 mit
Uebersichtigkeit $\frac{1}{15}$ bis $\frac{1}{20}$ und 1 mit Uebersichtigkeit $\frac{1}{24}$; so liegt
es wohl am nächsten, in Uebereinstimmung mit dem Vorhergehen-
den die Hypermetropie und den Bedarf grosser Accommodationsquoten als die vornehmlichste Veranlassung der
Schielinnervation vorauszusetzen.

In der Mehrzahl der Fälle jedoch geht die Hornhauttrübung
der Ausbildung des Strabismus convergens bestimmt voran, und
die Annahme einer ursächlichen Verbindung beider Leiden
drängt sich förmlich auf, wenn man in Anschlag bringt, dass von
den in den Ausweisen meiner Klinik verzeichneten Einwärtsschielern
61, d. i. 21·94 Procent oder mehr als ein Fünftel mit Hornhautflecken behaftet waren.

Es stören derlei Trübungen, sie mögen einseitig oder binoculär
sein, das Sehvermögen ebensowohl durch Verschluckung, als
durch Zerstreuung eines Theiles des directen, von äusseren
Objecten auf die Hornhaut fallenden Lichtes; mit anderen Worten,
sie stören, indem sie die scheinbare Helligkeit der Netzhautbilder vermindern, und weiters, indem sie secundäre Kugelwellen
erzeugen, welche nach allen Richtungen fortschreitend auch auf
die Retina gelangen und in der Gestalt eines lichten Spectrums
die Objectbilder verschleiern, in Nebel gehüllt erscheinen
lassen. Die geringere Schärfe und Helligkeit der solchermassen

durch den gemeinschaftlichen Sehact beider Augen vermittelten
Wahrnehmungen kann, wo es Noth thut, nur durch starke Annäherung der Augen an die Gegenstände, also durch möglichste
Vergrösserung ihrer Netzhautbilder theilweise ausgeglichen
werden. Dies setzt aber in der grössten Mehrzahl der Fälle sehr
bedeutende Kraftleistungen von Seite des Accommodationsmuskels voraus und man darf daher bis auf Weiteres mit Grund
annehmen, dass die ersten Schielübungen unter solchen Umständen gleichwie bei angeborner Hypermetropie auf das Streben
zurückzuführen seien, die zum scharfen Nahesehen erforderlichen
Kraftquoten durch Vergrösserung der Accommodationsbreite auf ein geringeres Maass herabzusetzen.

Wo Uebersichtigkeit und Hornhautflecken in der ersten
Kindeszeit neben einander bestehen, würde natürlich die Ein-
ladung zu übermässigen Convergenzen noch dringender erscheinen
und die allmälige Ausbildung des Strabismus zur Fertigkeit und
Gewohnheit einen noch geeigneteren Boden finden.

Diesen Fällen stehen nun aber andere schroff gegenüber, in
welchen die obigen Voraussetzungen nicht zulässig scheinen
und welche darum mit Fug und Recht benützt werden könnten,
um die ganze Theorie, nach welcher der convergirende Strabismus
eine behufs Ermässigung der zum scharfen Nahesehen
erforderlichen Accommodationsquoten willkürlich geübte
übermässige Convergenz ist, über den Haufen zu werfen. Es
sind dies die Fälle, in welchen das echte und wahre Einwärtsschielen an Myopie geknüpft erscheint (S. 348, IX bis XIII).
Es ist allerdings eine kleine Minderheit. Unter 278 Einwärtsschielern waren nur 17, d. i. etwas über 6 Procent, kurzsichtig,
und von diesen 17 Fällen waren nur 5, d. i. 1·8 Procent, in
welchen die Myopie rein, ohne Complicationen, getroffen wurde.

In den übrigen 12 Fällen bestanden nebenbei Trübungen der dioptrischen Medien, schwere Leiden des lichtempfindenden Apparates u. s. w., also Zustände, welche das Sehvermögen sehr schädigten. Doch unterliegt es wohl keinem Zweifel, dass diese letztgenannten Complicationen mit wenigen Ausnahmen erst nach der Ausbildung des Strabismus zu Stande gekommen sind; daher die Verhältnisszahl der Fälle, in welchen das wahre und echte Einwärtsschielen neben reiner Kurzsichtigkeit bestand, oder eine Zeit lang bestanden hatte, immerhin gross genug erscheint, um eine zutreffende Erklärung herauszufordern.

Für die überwiegende Mehrzahl dieser Fälle zögere ich keinen Augenblick, die Erfahrung anzurufen, laut welcher sich die Myopie gar nicht selten in Folge fortgesetzter harter Accommodationsarbeit zu hohen Graden in Augen ausbildet, welche im ersten Kindesalter stark übersichtig waren. Es darf demgemäss dort, wo das Einwärtsschielen an kurzsichtigen Augen getroffen wird, keineswegs ohneweiters geschlossen werden, dass die Schielinnervation unter dem Einflusse der Myopie zur Fertigkeit und Gewohnheit geworden sei. Ich kenne mehrere Fälle, wo die Kurzsichtigkeit sich bei Schielern erst im Knabenalter entwickelt hat an Augen, welche vordem bestimmt hypermetropisch gewesen sind. Einer betrifft einen hohen Staatsbeamten, der sich sehr wohl erinnert, während seiner Kinderzeit in die grössten Entfernungen scharf gesehen, die Thurmuhr auf weite Distanz ausgenommen zu haben, aber erst während der Gymnasialstudien myopisch geworden zu sein. Seine Myopie beträgt $\frac{1}{4\cdot5}$ und ist auf beiderseitige rundbogenförmige, fast $\frac{3}{4}$ Papillen breite, hintere Lederhautausdehnungen als Quelle zurückzuführen. Sein Strabismus datirt hingegen aus den allerersten Lebensepochen.

Was den Rest dieser Fälle betrifft, welche bezüglich ihrer Pathogenese gleichsam in der Luft schweben, möchte ich darauf hinweisen, dass die nächste Veranlassung der ersten Schielübungen durchaus keine fortwirkende zu sein brauche, indem die Schielinnervation, durch einige Zeit betrieben und zur Fertigkeit geworden, immer leichter ausgelöst wird und schliesslich als üble Gewohnheit fortbesteht, ohne dass irgend ein Nutzeffect ersichtlich wäre.

Insoferne können Trübungen, geschwürige Substanzlücken u. s. w. der Hornhaut bei Kindern den Strabismus einleiten. Kommen dann die krankhaften Processe in der Cornea zum Ausgleiche, ohne sichtbare Spuren zu hinterlassen, so wird es späterhin scheinen, als hätte sich das mittlerweile zur Gewohnheit gewordene Einwärtsschielen ohne auffindbaren nosologischen Grund, ja in offenem Widerspruche mit der wiederholt ausgesprochenen Theorie, entwickelt.

In gleicher Weise kommt es bisweilen vor, dass vorübergehende Halblähmungen der Accommodationsmuskulatur die ersten Schielübungen anregen, indem das mit der Parese verknüpfte Sinken der Accommodationsbreite die zum Scharfsehen in gewisse Entfernungen erforderlichen Kraftquoten ganz ausserordentlich steigert und die Aushilfe, welche übermässige Convergenzen herbeizuschaffen vermögen, besonders wünschenswerth erscheinen lässt. Schwinden dann die Leitungshindernisse im Bereiche der oculopupillaren Zweige des dritten Gehirnnervenpaares, während das Schielen gewohnheitsmässig fortgeübt wird, so kann der Strabismus in der Folge möglicherweise an Augen getroffen werden, welche vermöge ihres Brechzustandes u. s. w. allen früheren Voraussetzungen Hohn sprechen. In dieser Beziehung können ausnahmsweise Atropincuren, Diphtheritis faucium, überhaupt Halsentzündungen u. s. w., als fernere Ursachen des Einwärtsschielens in Betracht kommen.

Auch ist der Fälle zu gedenken, in welchen das Einwärtsschielen sich während des Bestandes von Paralysen der augenbewegenden Muskeln wahrscheinlich unter dem Drange entwickelt, die störenden Doppelbilder zu unterdrücken. Es liegt auf der Hand, dass der Brechzustand der Augen bei so bewandten Umständen ohne alle Bedeutung ist, und dass ebensogut kurzsichtige als hypermetropische Augen betroffen werden können. Gelangt dann in der Folge die Lähmung zu einer vollständigen Heilung, so würde das zurückbleibende Schielen ganz den Charakter des echten convergirenden Strabismus zur Schau tragen und, falls die Anamnese nicht mehr ermittelt werden könnte, auch als echtes und wahres Einwärtsschielen diagnosticirt werden müssen.

Endlich darf nicht übersehen werden, dass es auch scheinbare Strabismen giebt, und dass gerade die convergente Form derselben gerne von kurzsichtig gebauten Augen vorgetäuscht wird. Es sind mir einige derartige Fälle vorgekommen, wo die Tenotomie in kosmetischem Interesse durchgeführt worden ist, ich weiss nicht, ob aus Irrthum oder auf dringendes Verlangen des Kranken.

In Anbetracht aller dieser erwiesenen und überdies nicht ganz seltenen Vorkommnisse darf man ohne Sehen wohl die Behauptung wagen: es wäre die Verhältnisszahl des mit Kurzsichtigkeit in wirklichem ursächlichen Zusammenhange stehenden wahren und echten Einwärtsschielens eine verschwindend kleine oder Null, wenn die Möglichkeit bestünde, jeden einzelnen Fall bis an die Quelle der ersten Schielübungen zu verfolgen.

Graefe[1]) hat bekanntlich eine an Kurzsichtigkeit gebundene eigenthümliche Form des Strabismus convergens beschrieben, welche sich blos beim Fernsehen bemerklich macht, während der Kranke nahe Objecte richtig fixirt. Horstmann[2]) beobachtete diese Form in 1799 Fällen von Myopie 16 Mal, also nicht ganz in 0·9 Procent. Ich habe dieselbe seit Langem nicht gesehen und bin nicht in der Lage, über die nosologischen Verhältnisse Näheres anzugeben. Wenn es richtig ist, was Graefe behauptet, dass ein Uebergewicht der inneren Geraden zu Grunde liegt, das beim Nahesehen durch eine entsprechende Abductionsinnervation neutralisirt wird, so ergäbe dies ein Missverhältniss zwischen der bewussten Innervation und dem mechanischen Effecte der inneren Geraden, folgerecht eine Des-

---

[1]) Graefe, Arch. f. Ophthalmologie X., 1, S. 156.
[2]) Horstmann, Arch. f. Augenheilkunde IX., S. 220.

orientirung der Netzhäute; es könnten diese Fälle nicht als echte convergirende Strabismen anerkannt, sondern müssten in die Kategorie der
Sehiefstellungen (Luscitas) der Augen verwiesen werden, kämen hier
also weiter gar nicht in Betracht.

— — — — —

Es erübrigt nur noch einiger Erfahrungen zu gedenken, welche
geeignet sind, die im Vorhergehenden entwickelten Ansichten zu
stützen und deren praktische Nutzbarkeit zu erweisen.

In erster Linie ist der höchst auffällige Einfluss hervorzuheben,
welchen Sammel- und Zerstreuungslinsen sowie die mydriatischen Mittel im Beginne des Leidens, also bevor der Strabismus zu einem eingewurzelten veralteten Uebel geworden ist,
auf die Schielinnervation ausüben.

Es ist eine allbekannte Thatsache, dass bei vielen einwärts-
schielenden Kindern und jugendlichen Leuten, besonders wo der
Strabismus noch periodisch oder auch nur alternirend auftritt,
die übermässige Convergenz durch Vorsetzung passender Convexbrillen augenblicklich beseitigt und die richtige Fixation auch
erhalten werden kann, so lange die Gläser getragen werden, vorausgesetzt, dass reine Hypermetropie die Grundlage des Leidens ist.

Anderseits ergiebt der Versuch, dass bei periodischem Einwärtsschielen das Vorsetzen von Concavgläsern oder die Anwendung eines Mydriaticums die Schielinnervation sogleich
hervorzurufen vermöge.

Donders[1]) hat auf diese Verhältnisse zuerst die Aufmerksamkeit ge-
lenkt und dieselben auch benützt, um den von ihm entdeckten ursächlichen
Zusammenhang zwischem dem echten Einwärtsschielen und der
Hypermetropie, weiterhin aber auch zwischen dem Strabismus convergens
und verminderter Accommodationsbreite zu begründen und für alle
Zeiten festzustellen. Javal[2]) hat die Versuche mit Concavgläsern und

— — — —

[1]) Donders, Arch. f. Ophthalmologie VI., 1, S. 92; IX., 1, S. 99—154;
Die Anomalien der Refraction und Accommodation. Wien, 1866. S. 245.

[2]) Javal, Nagel's Jahresbericht, 1870, S. 464.

Mydriaticis wiederholt und ist zu gleichen Ergebnissen gelangt. Green[1]) macht darauf aufmerksam, dass Buffon schon 1743 die Ursache des Strabismus und den Nutzen der Sammellinsen erkannt und ähnlich wie Donders erklärt habe. Es ist dies aber nicht ganz richtig. Die betreffende Stelle[2]) lautet: »Buffon prouve d'après un grand nombre d'observations, que la cause ordi-»naire du strabisme est l'inégalité de force dans les deux yeux. »Lorsque l'un des deux yeux se trouve être beaucoup plus foible d'autre, on »écarte cet œil foible de l'objet, qu'on veut regarder, ou l'on ne fait pas »l'effort nécessaire pour l'y diriger et l'on ne se sert, que de l'œil le plus »fort .... M. Buffon determine le degré de l'inégalité, qui le produit, et »les cas ou l'on peut esperer de diminuer ce défaut et meme de le corriger »entièrment. Le moyen en est fort simple et a l'avantage d'avoir reussie »plusieurs fois. Il ne s'agit que de couvrir pendant quelques jours le »bon œil avec un bandeau d'étoffe noir. C'est a peu pres comme si »on lioit le bras gauche à un enfant que de naissance ou par educatione se »trouveroit gaucher, car dans le cas d'une inégalité, ou la plus grande force »n'est pas insurmontable ni la foiblesse sans ressource, l'art, la contrainte et »enfin l'habitude viennent a bout de modifier, de changer meme la Nature »ou une autre habitude de maniere, que le sang et l'esprit se portent ensuite »vers la partie la plus foible avec plus de facilité, qu'ils n'auroient pas en »premier sentiment.« In dem zweiten Aufsatze (S. 231) sind diese Ansichten weitläufiger, mit werthvollen Einzelheiten, durchgeführt. Ich kann daraus keine wesentliche Uebereinstimmung mit der Donders'schen Lehre entnehmen und habe auch zu bemerken, dass der Benützung von Convexgläsern als eines Heilmittels (S. 243) nur sehr nebenbei und in ganz abweichendem Sinne Er-wähnung geschieht.

Wenn ich nun die Schielinnervation auf das Streben zurückführe,[3]) die Aufbringung und Unterhaltung grosser Accommodationsquoten durch willkürliche Anspannung der associirten Convergenzmuskeln zu erleichtern, so ist dies nur ein weiterer wichtiger Schritt auf der von Donders vor-gezeichneten Bahn. Er war von dem Momente an geboten, in welchem mir das Ungerechtfertigte der Behauptung klar wurde, nach welcher hohe Grade der Uebersichtigkeit viel weniger als mittlere zum Einwärtsschielen geneigt machen sollen.

---

[1]) Green, Transactions of the americ. ophth. society, 1870, p. 140.
[2]) Buffon, Mémoires de l'acad. royale des sciences, 1743, p. 68, 231, 243.
[3]) Stellwag, Lehrbuch, 1870, S. 898 u. f.

In der That, wohin man auf pathogenetischem Gebiete des Strabismus convergens den prüfenden Blick wendet, überall leuchtet wie ein das Ganze durchschlingender rother Faden das Ringen nach hohen Kraftleistungen des Accommodationsmuskels durch, nach Kraftleistungen, welchen die potentielle und selbst die actuelle Energie des Ciliarmuskels nur schwer gewachsen sein kann: die innige Verknüpfung des echten und wahren Einwärtsschielens mit allen Graden der Hypermetropie sowie mit Hornhautflecken; sein ausschliessliches Zustandekommen im ersten Kindesalter, also bei noch ungeübtem und wenig erstarktem Ciliarmuskel; das anfänglich an die Fixation nahe gelegener Objecte gebundene periodische Auftreten der Schielinnervation; der fördernde Einfluss von Zerstreuungslinsen, welche den Gesammtbrechzustand des Auges erniedrigen, von mydriatischen Mitteln und Paresen, welche die Accommodationsbreite vermindern oder auf Null setzen; umgekehrt der corrigirende Einfluss von Convexbrillen, welche den Refractionszustand erhöhen und folgerecht die Anforderungen an den Ciliarmuskel ermässigen: Alles und Jedes weiset klar darauf hin, dass die Schielinnervation mit schwer aufzubringenden und zu unterhaltenden Kraftleistungen des Accommodationsmuskels in unmittelbarem ursächlichen Zusammenhange gedacht werden müsse.

Es findet sich nun auf allen Gebieten willkürlicher Bewegungen täglich und stündlich die Gelegenheit zu beobachten, wie bei unzureichender actueller und potentieller Energie eines Muskels oder einer Muskelgruppe andere associirte Fleischmassen zu Hilfe genommen werden, um durch deren kräftige Innervation die Leistungsfähigkeit der ersteren zu steigern. Bei häufiger Wiederholung grosser Anforderungen an einzelne Muskeln oder Muskelgruppen sieht man oft sogar weit ausgreifende und mitunter höchst seltsame Coordinationsbewegungen sich ausbilden, welche schliesslich zu einer schwer abzulegenden Gewohnheit werden und besonders stark bei psychischen Erregungszuständen hervorzutreten pflegen. Ich erinnere beispielsweise an die auffällige

Gang- und Tanzweise mancher Menschen, an die komischen Grimassen
vieler Kegelschieber, an das Gesichterschneiden einzelner Violoncello-
spieler u. s. w.

Lässt man diese Analogie gelten, und es liegt kein Grund
vor, dieselbe abzuweisen, so erscheint die erwiesene Willkür-
lichkeit der Schielbewegung (S. 343, 346) nicht nur erklärlich,
sondern als eine selbstverständliche Sache. Noch mehr, die
ersten Schielversuche ergeben sich von diesem Standpunkte
aus betrachtet als freiwillige Acte, welche im Dienste des scharfen
Nahesehens mit vollem Bewusstsein in's Werk gesetzt werden, bei
fortgesetzter Uebung sich immer leichter einstellen und dann auch
ohne Bedarf, lediglich in Folge seelischer Erregungen auftreten, um endlich, nachdem sie zu einer eingewurzelten Gewohnheit geworden sind, unfreiwillig, ja gegen den Willen
des Kranken und so lange derselbe sich im wachen oder halb-
wachen Zustande befindet, das Feld zu behaupten.

Angesichts dieser harmonischen Gestaltung aller Einzelnheiten
darf ich nun wohl meine im Jahre 1870 entwickelte Lehre, nach
welcher das echte und wahre Einwärtsschielen ein behufs
der Ermässigung hoher Accommodationsquoten angelern-
tes und unter fortgesetzter Uebung zur eingewurzelten
Gewohnheit gewordenes willkürliches, wenn auch nicht
stets freiwilliges, Uebermaass der der Accommodation
natürlich coordinirten binocularen Convergenz ist, für
berechtigt erachten, umsomehr, als die bisher laut gewordenen
Widersacher kaum auf sicherem Boden fussen.

Um nicht zu sehr in's Weite schweifen zu müssen, will ich
nur einiger, in jüngster Zeit aufgetauchter oder neuerdings wieder
zur Geltung gebrachter, gegentheiliger Ansichten gedenken.

So glaubt Alf. Graefe,[1] gestützt auf die Autorität A. v.
Graefe's, es sei der die fehlerhafte Stellung verschuldende Con-
tractionsexcess nach vollendeter Ausbildung des typischen Schielens

---

[1] Alf. Graefe, Graefe und Sämisch, Handbuch VI., S. 89.

lediglich ein passiver, es documentire sich in ihm eine einseitige Erhöhung des mittleren Contractionszustandes des die
Schielstellung vermittelnden Muskels.

Hasner[1]) hält dafür, dass in dem von Porterfield aufgestellten Gesetze des Zusammenhanges von Accommodation und
Convergenz der Schwerpunkt der Sache nicht gelegen sein könne,
indem sonst alle Hypermetropen schielen müssten, während umgekehrt Emmetropen und Kurzsichtige schielen. Er meint vielmehr,
dass auch erhöhte oder verminderte Widerstände, welche
in abnormen Insertionen und Längen der Muskeln, in abnormen
Verbindungen und Conformationen derselben sowie in abnormen
Formen und Stellungen der Augen ihre Quelle finden, den Strabismus veranlassen können. Er stellt sich nämlich vor, dass die Augenbewegungen auf der antagonistischen Thätigkeit gewisser Muskelgruppen beruhen und dass bei fehlerhafter Lage des Drehpunktes oder
der Muskeln zum Drehpunkte bei gleichen Innervationsimpulsen
nothwendig abweichende mechanische Effecte resultiren müssen.
Besonders wichtig erscheinen ihm in dieser Beziehung die Stato-
pathien des Auges und insbesondere die häufige massenhaftere
Entwickelung der rechten Kopfhälfte, welche mit fehlerhafter Stellung des rechten Auges einhergeht und eine asymmetrische Muskelthätigkeit bei Fixation medial gelegener Objecte nothwendig mit sich bringt.

Schneller[2]) hält eine congenitale Insufficienz der Externi für die wesentliche Ursache des Strabismus, glaubt aber auch,
dass angeborne oder in der Kindheit erworbene Lähmungen der
äusseren Geraden, wenn sie längere Zeit bestehen, zum Schielen
führen können.

Mannhardt[3]) schreibt dem Abstande beider Augen eine
grosse Bedeutung zu in Bezug auf die Pathogenese des Schielens,

---

[1]) Hasner, Prager medicinische Wochenschrift, 1877, Nr. 1.
[2]) Schneller, Arch. f. Ophthalmologie XXI., 3, S. 186.
[3]) Mannhardt, ibid. XVII., 2, S. 92.

wurde hierin aber schon von Meulen,[1] Pflüger,[2] und Mauthner[3] widerlegt.

Mauthner[4] erklärt sich das Einwärtsschielen aus einem tonischen Krampfe des inneren Geraden. »Der Krampf hört »gewiss bei allen Schielenden nach einiger Zeit auf, aber durch »die Lösung des Krampfes wird die ursprüngliche Muskellänge »nicht restituirt, weil der Muskel in Folge von Structurverände- »rungen verkürzt ist.«

Passive Contractionsexcesse, einseitige Erhöhungen des mittleren Contractionszustandes, tonische Krämpfe mit nachfolgender Structurveränderung und Muskelverkürzung, veränderte Widerstände und davon abhängige asymmetrische Muskelthätigkeit, Insufficienz der Externi u. s. w. sind ganz undenkbar ohne entsprechende Unterschiede zwischen der Grösse der bewussten Innervation und der mechanischen Leistung der betreffenden Muskeln, sie setzen also neben einer auffälligen Beweglichkeitsbeschränkung auch eine vollständige Desorientirung des abgelenkten Auges voraus. Dieselben müssen ausserdem, wenn sie die Veranlassung zum Schielen geben sollen, schon bei den ersten Schielversuchen, beim periodischen und beim alternirenden Strabismus convergens ebenso auffällig, ja wegen der Grösse der Ablenkung noch auffallender, zur Geltung kommen als bei Lähmungen der äusseren Geraden. Dem widersprechen aber die gegebenen Thatsachen vollständig und unzweideutig.

Im Uebrigen lassen sich diese Verhältnisse auch nicht in Einklang bringen mit gewissen Erfahrungen und Beobachtungen, welche theilweise schon in meinem Lehrbuche 1870 des Weiteren erörtert worden sind. Ich meine das öftere »Auswachsen« des

[1] Meulen, Arch. f. Ophthalmologie XIX., 1, S. 149.
[2] Pflüger, ibid. XXII., 4, S. 101.
[3] Mauthner, Vorlesungen über die optischen Fehler des Auges. Wien, 1866, S. 547.
[4] Mauthner, ibid., S. 558.

convergirenden Strabismus und dessen Heilbarkeit durch zweckentsprechende therapeutische Massregeln.

Was das »Auswachsen« betrifft, so erfolgt dasselbe bei
bereits ständig gewordenem Schielen immer nur zur Zeit der
Geschlechtsreife oder nicht gar lange darnach. Es ist
entweder ein ganz vollständiges, so dass ohne Zuhilfenahme
sehr genauer Instrumente eine Ablenkung nicht mehr wahrgenommen
werden kann, oder es wird der Schielwinkel blos um ein Gewisses
vermindert. Das Letztere geschieht häufig, doch ist auch das
Erstere nicht ganz selten,[1] und ich habe mit Rücksicht darauf
mir es seit Langem zum Grundsatze gemacht, Schieloperationen
vor dem bezeichneten Zeitpunkte nicht vorzunehmen, insbesondere nachdem ich mehrere Fälle zu beobachten Gelegenheit
hatte, in welchen nach einer in der Kinderepoche des Kranken
vorgenommenen Tenotomie der geheilte Strabismus während der
Zeit der Geschlechtsreife oder später in eine sehr entstellende Ablenkung nach aussen übergegangen ist.[2]

Es möge dieses Auswachsen eines bereits ständig gewordenen
Strabismus convergens ein vollständiges oder unvollständiges sein,
stets bleibt der gemeinschaftliche Schact beider Augen
ausgeschlossen. Dagegen erweisen sich die Seitenblickrichtungen völlig unbeirrt, die Beweglichkeit des Auges nach
rechts und links ergiebt sich als eine der Norm entsprechende.
Es ist dies ein ganz besonders wichtiger Umstand, da er die
Irrthümlichkeit der Behauptung völlig erweiset, nach welcher

[1] Stellwag, Lehrbuch, 1870, S. 904. — Wecker, Klin. Monatsblätter,
1871, S. 453, bestätigt dies und erklärt es sich aus der Abnahme der Accommodationsbreite, welche die Beihilfe der Convergenz fürder nutzlos macht. —
Die Verminderung des Procentes Einwärtsschielender bei wachsendem Alter
möchte ich nicht mit H. Cohn, ibid. S. 457 allein aus dem Absterben vieler
Kinder, sondern hauptsächlich durch das »Auswachsen« und daraus
erklären, dass ältere Leute auf die Heilung verzichten und daher nicht Gegenstand ärztlicher Behandlung und Zählung werden.

[2] Wecker und Horner, Klin. Monatsbl. 1871, S. 456, 459, haben
dasselbe beobachtet.

mechanische Widerstände und namentlich Structurveränderungen der Muskeln eine gewöhnliche oder auch nur häufige Veranlassung des Einwärtsschielens sein sollen, einer Behauptung, welche sich übrigens auch noch dadurch widerlegt, dass trotz der grossen Anzahl der von jedem beschäftigten Augenarzte vorgenommenen Schieloperationen es nur ausserordentlich selten gelingt, derartige Verbildungen mit Sicherheit festzustellen. [1]

Es ist dieses Auswachsen des Strabismus convergens in manchen Fällen ganz sicherlich blos ein scheinbares, auf eine Convergenzparese zurückzuführen. Nähert man nämlich einen vom Kranken scharf fixirten Gegenstand in der Medianebene, so zeigt sich mitunter die Convergenzfähigkeit mehr oder weniger ungenügend oder gänzlich aufgehoben, das Schielauge bleibt, wenn das Object auf einen bestimmten Abstand herangerückt ist und sich noch weiter gegen die Nasenwurzel hin bewegt, stehen oder wird gar mit einem plötzlichen Ruck nach aussen abgelenkt. Es verhalten sich diese Fälle demnach ganz ähnlich jenen so überaus häufig vorkommenden, welche fälschlich als »Insufficienz der inneren Geraden« und als Strabismus divergens in den Lehrbüchern beschrieben werden, und sind auch ganz bestimmt in die Reihe der Letzteren zu stellen. [2]

In anderen solchen Fällen jedoch findet man nicht nur die Seitenblickrichtungen, sondern auch die Convergenzbewegungen beider Augen der Norm völlig entsprechend oder bei einer in der Kindeszeit vorangegangenen, erfolgreich gewesenen Operation blos um den Rücklagerungsbogen verkürzt, eingeschränkt.

---

[1] Williams, Transact. of the americ. ophth. society, 1876, S. 298, berichtet von mehreren schielenden Kindern, bei welchen die Muskelsehne und das umliegende Bindegewebe ausserordentlich hart und derb gefunden wurde, so dass der Schielhaken nur mit Mühe darunter hinweggeführt und der Sehnenschnitt schwer durchgeführt werden konnte. Es wurde eine genügende Correctur, jedoch nur sehr geringe Beweglichkeit des Auges in der Bahn des Antagonisten durch die Operation erzielt. Der Zustand soll bei einzelnen Kindern angeboren gewesen sein. Mir ist so etwas bisher nicht vorgekommen.

[2] Stellwag, Lehrbuch, 1870, S. 921.

Nur unter solchen Verhältnissen kann von einem allmäligen
»Auswachsen« gesprochen werden. Es findet seine treffenden
Analogien in den dem echten Einwärtsschielen nahe verwandten,
mitunter recht sonderbaren Coordinationsbewegungen auf
anderen Gebieten, welche, wenn sie in der Jugend einmal zu
einer eingewurzelten Gewohnheit geworden sind, niemals
plötzlich aufgegeben werden können, wohl aber nach und nach
an In- und Extensität abzunehmen, das Eckige und bisweilen
Barocke abzuschleifen und schliesslich bis auf Spuren oder selbst
gänzlich zu verschwinden vermögen.

Beim echten Einwärtsschielen mit hypermetropischer Grundlage kömmt einem solchen Vorgange gewiss der Umstand zu Hilfe,
dass die wesentliche Erhöhung, welche die Accommodationsbreite
und oft auch wohl der Refractionszustand der Augen während der
Lernperiode des Kindes erfährt, die zum Scharfsehen erforderlichen
Kraftquoten des Ciliarmuskels um ein sehr Beträchtliches ermässigt,
die Beihilfe übermässiger Convergenzen also entbehrlich machen
und die Intensität der darauf hingerichteten Innervationen ab-
schwächen kann.

Wenn Wecker[1]) eine Abnahme der Accommodationsbreite und ein
damit gesetztes Nutzloswerden der Convergenzinnervation als Ursache
ihres Aufgebens annimmt, so stimmt dies nicht mit dem Zeitpunkte, in welchem
das Auswachsen des Schielens zu erfolgen pflegt. In der That ist die Accommodationsbreite während der Geschlechtsreife oder kurz darnach von
ihrem individuellen Höhenpunkte noch kaum so beträchtlich herabgesunken.

Was den zweiten Punkt, nämlich die Heilbarkeit des
echten Einwärtsschielens durch zweckentsprechende therapeutische Massregeln betrifft, so wäre derselbe völlig ausgeschlossen, wenn mechanische Widerstände, Muskelverbildungen
u. s. w. die Grundlage des Strabismus wären. Und doch spricht
die Erfahrung der letzten Jahre laut und entschieden für die Er-
reichbarkeit selbst idealer Ziele.

---

[1]) Wecker, Klin. Monatsblätter, 1871. S. 455.

Der in vielen Fällen geradezu brillante Erfolg der Schiel-
operation ist nicht sowohl als eine wahre Heilung, sondern als
eine Verdeckung, als eine Maskirung des Uebels aufzufassen.
Es dauert nämlich die Schielinnervation nach der Operation
fort und muss fortdauern, ja die Rücklagerung des Schielmuskels
kann überhaupt nur unter der Voraussetzung unternommen werden,
dass die Schielinnervation für alle Zukunft anhält; denn widrigen
Falles müsste der Erfolg ja offenbar eine Ablenkung nach
aussen, ein sogenannter secundärer Strabismus sein. Ausserdem ist die Verkürzung des Umwickelungsbogens nothwendig mit
einem Missverhältnisse zwischen bewusster Innervation und mechanischer Leistung des rückgelagerten Muskels, folgerecht mit einer
Desorientirung der Netzhaut, verknüpft. Es wird also eigentlich das eine Uebel ersetzt durch ein anderes, welches der
Kranke leichter ertragen zu können wähnt, es ist kurz gesagt die
Operation ein rein kosmetisches Mittel.

Von einer wahren Heilung kann nur gesprochen werden,
wenn durchwegs wieder normale Verhältnisse herrschen,
d. i. wenn beide Augen wieder richtig fixiren und der gemeinschaftliche Sehact mit directer Tiefenwahrnehmung zur vollen Geltung gelangt.

Ein solches Ergebniss darf nun allerdings niemals bei erwachsenen Schielern erhofft werden, bei welchen der Strabismus
bereits zur eingewurzelten Gewohnheit geworden ist. Wohl
aber liegt die Möglichkeit dessen vor im ersten Beginne des
Schielens, so lange der gemeinschaftliche Sehact noch nicht
dauernd aufgegeben worden ist, kurz gesagt beim periodischen
Schielen der Kinder. Wenn bei diesen der Strabismus bereits
ständig geworden ist, sei es alternirend oder einseitig, so muss
man sich selbst im glücklichen Falle mit annähernd oder völlig
richtiger Stellung der beiden Augen ohne gemeinschaftlichen Sehact begnügen.

In voller Uebereinstimmung mit der von mir entwickelten
Theorie des Einwärtsschielens findet sich das Mittel zu solchen

Erfolgen in der dauernden Verhinderung aller Gelegenheiten zu höheren Kraftleistungen von Seite des Accommodationsmuskels. Es handelt sich eben darum, die Schielinnervation, welche das Kind als willkommene Aushilfe kennen gelernt hat und, sobald der Bedarf eintritt, freudig übt, so dass sie ihm bald zur süssen Gewohnheit wird, wieder verlernen, vergessen zu machen. Eine solche Lösung des neu entstandenen Coordinationsverhältnisses fordert aber, dass die Schielinnervation während einer sehr langen Zeit mit äusserster Consequenz ohne jedwede Unterbrechung ferne gehalten wird. Wenn der Schieler auch nur zeitweilig in langen Zwischenräumen Gelegenheit findet, die Schielinnervation auszuüben, wird dieselbe immer wieder aufgenommen werden, die Behandlung bleibt fruchtlos, das mühsam Gewonnene geht wieder verloren, die therapeutischen Massregeln werden zur unnützen Marter.

Ueber die Einzelnheiten dieser Massregeln, über die Nothwendigkeit, alle Spielzeuge zu beseitigen, welche das Kind zum scharfen Fixiren veranlassen können, ferner der Gewohnheit zu steuern, alle Gegenstände in nächste Nähe der Augen zu bringen, endlich den Beginn der Lernperiode möglichst hinauszuschieben, ebenso über die Nothwendigkeit nach Beginn der letzteren durch zweckentsprechende Subsellien einen genügend grossen Objectsabstand zu erzwingen und die Accommodationsarbeit durch richtige Wahl der Lernmittel, durch reichliche Beleuchtung, durch passende Convexbrillen, sowie durch gehörige Beschränkung und Vertheilung der Lernstunden auf ein richtiges Maass herabzusetzen, über alles dieses habe ich mich in meinem Lehrbuche bereits hinlänglich ausgesprochen [1]) und komme darauf nicht mehr zurück. Ich kann nur wiederholen, dass ein solches Verfahren sich in nicht wenigen Fällen glänzend bewährt hat und gewöhnlich nur darum fehlschlägt, weil es von Seite der Eltern und Erzieher an der nöthigen Beständigkeit und Ausdauer in der Durchführung jener Massregeln fehlt.

---

[1]) Stellwag, Lehrbuch. 1870, S. 906, 791, 809.

Green[1]) glaubt auf Grundlage mehrerer Beobachtungen, dass durch Monate lang fortgesetzten Gebrauch von Atropin und Convexgläsern das Schielen ganz unter die Herrschaft der Convexgläser gebracht werden könne. Er erklärt sich dies daraus, dass die vollständig gelähmte Accommodation durch die Convergenzstellung der Augen nicht mehr beherrscht werden kann. Auch Boucheron[2]) und Mauthner[3]) empfehlen das Mittel. Ich habe es zweimal versucht, aber beide Male nach den ersten Einträufelungen eine sehr bedeutende Zunahme des Schielwinkels mit entsprechender Zufriedenheit der Eltern erlebt. Magnus[4]) schlägt im Gegentheile die täglich zwei- bis dreimalige Einträufelung einer Lösung von Extract. Calabar. 1 : 60 vor. Ich habe darüber keine Erfahrung, da ich die Wirkung eines fortgesetzten Gebrauches dieses Mittels auf den Strahlenkörper fürchte.

[1]) Green, Transactions of the amer. ophth. society 1870, p. 134; 1871, p. 136.

[2]) Boucheron, Klin. Monatsblätter, 1879, S. 278.

[3]) Mauthner, Vorlesungen über die optischen Fehler des Auges. Wien, 1866. S. 662.

[4]) Magnus, Klin. Monatsblätter, 1874, S. 303.

VIII.

Zur Diagnose der Augenmuskellähmungen.

Die Diagnose der Augenmuskellähmungen bietet noch mancherlei Schwierigkeiten und erfolgt nicht immer mit der wünschenswerthen Schärfe und Sicherheit. Es wird allerdings ein Augenarzt kaum in Verlegenheit gerathen, wenn es sich um schulgerechte, fast vollständige Lähmungen im Bereiche des 3., 4. oder 6. Gehirnnervenpaares handelt. Anders liegt aber die Sache, wenn der mechanische Effect eines oder mehrerer Augenmuskeln nur sehr wenig hinter der aufgewendeten bewussten Innervation zurückbleibt, wenn Halblähmungen einzelner Augenmuskeln den Scharfsinn des Arztes herausfordern. Da sind die bekannten objectiven Kennzeichen nur sehr wenig ausgesprochen, die pathognomonische Falschstellung der Gesichtsfläche wird oft ganz vermisst, die Ablenkung der Gesichtslinie ist bei der Primärstellung der Augen sehr gering und bei excessiven Blickrichtungen schwer zu beurtheilen, die Beweglichkeitsbeschränkung des Bulbus in der Bahn eines oder mehrerer Muskeln tritt sehr undeutlich und schwankend hervor: der Arzt ist behufs seiner Diagnose mehr auf die subjectiven Symptome angewiesen, er muss sich hauptsächlich an die gegenseitige Stellung und Lage der Doppelbilder (Trug- oder Halbbilder) halten, um einen einigermassen sicheren Grund für seine Schlüsse zu gewinnen.

Aber auch hier stösst er auf eine reiche Quelle von Täuschungen, welche ihn leicht verwirren, zu falschen Diagnosen verleiten

oder wohl gar zu einem Verzichte auf jede Bestimmung der Parese
zwingen können.

Um solchen Verlegenheiten zu entgehen, ist es unerlässlich
nothwendig, die Untersuchung mit gewissen Vorsichten aufzunehmen
und systematisch durchzuführen.

Da die gegenseitige Lage und Stellung der Doppelbilder das Massgebende ist, müssen dem Kranken selbstverständlich Gesichtsobjecte geboten werden, welche in ihren
Doppelbildern jene Factoren leicht und sicher erkennen lassen. Am
besten eignet sich ein etwa schuhlanger fingerdicker Strich mit
scharfen Rändern, welcher in der Mitte einer grossen, etwa eine
Klafter im Quadrat haltenden Tafel senkrecht gezeichnet wird,
z. B. mit Kreide auf einer schwarzen Schultafel, oder mit Tusch
auf einer weissen Wand oder auf einer grossen Papierfläche. Es
unterliegt bei strichförmigen Doppelbildern nämlich der aller-
geringsten Schwierigkeit, die Seiten- und Höhenabstände sowie
die Art und den Grad der gegenseitigen Neigung zu ermitteln
und, wo nothwendig, auch zu messen.

Um ganz genau vorgehen zu können, dient der von Hering
angegebene Apparat. [1]) Wo es sich aber blos um die Sicherstellung
der Diagnose handelt, ist er zu entbehren.

Selbstverständlich muss der Kranke das Object in seinen
Doppelbildern mit genügender Schärfe und Deutlichkeit wahrzunehmen im Stande sein. Es setzt dies eine zureichende Beleuchtung und im Falle höhergradiger Ametropie deren Ausgleichung durch entsprechende Brillengläser voraus. Bei etwa
gegebener Anästhesie des einen Auges und darin begründeter
Undeutlichkeit oder gänzlicher Unterdrückung des einen Doppelbildes wird dessen deutlicheres Hervortreten durch Uebung des
betreffenden Auges und Abschwächung des andern Doppelbildes
mittelst eines vor das bessere Auge gesetzten rothen oder grünen
Glases anzubahnen sein.

[1]) Stellwag, Lehrbuch, 1870, S. 878.

Es ist nun aber ganz erstaunlich, wie schwer viele Kranke zur richtigen Beurtheilung der gegenseitigen Lage und Stellung der Doppelbilder gebracht werden können, wie schwer es ist, sie festhalten zu machen, was rechts und links, was höher und tiefer steht, oder ob und in welcher Art die Doppelbilder gegen einander geneigt sind. Jede Untersuchung muss daher mit einem eingehenden Exercitium beginnen, welches darauf gerichtet ist, dem Kranken die gegenseitige Lage und Richtung seiner Doppelbilder zum klaren Bewusstsein zu bringen und selbe darin derart zu fixiren, dass er im Stande ist, sie auf der Tafel mit voller Sicherheit hinzuzeichnen. So lange bei wiederholten derartigen Versuchen noch Schwankungen in der Lage und Stellung der Doppelbilder bemerkbar sind, ist die Untersuchung oder die Beobachtung von Seite des Kranken eine mangelhafte und zur Beurtheilung des mechanischen Effectes der einzelnen Muskeln ungeeignet.

Ist man in dieser Beziehung zu einem vollkommen sicheren Ergebnisse gelangt, urtheilt der Kranke jedesmal richtig über Rechts und Links, Höher und Tiefer, so stellt sich die Aufgabe, zu ermitteln, welches der beiden Doppelbilder dem rechten, welches dem linken Auge zugehöre. Auch dies ist nicht immer leicht und keineswegs mit Verlässlichkeit dadurch zu erreichen, dass man abwechselnd das eine und andere Auge des Kranken deckt. In dem Augenblicke nämlich, als man das richtig fixirende Auge durch einen Schirm von dem Objecte abschliesst, springt das abgelenkte Auge in die richtige Fixirungslage ein und dem Kranken dünkt es, als sei das Doppelbild des letzteren verschwunden. Man kann solchen Täuschungen nur dadurch entgehen, dass man abwechselnd das eine und das andere Auge langsam von oben oder unten her mit dem Schirme nur halb verdeckt, so dass der Schirmrand in der Höhe des wagrechten Durchmessers der Pupille dicht vor das Auge zu stehen kommt. Bei solchermassen halbgedeckter Pupille wird der Kranke noch beide Doppelbilder wahrnehmen, jenes des beschirmten Auges aber nur zur Hälfte sehen und leicht angeben können, ob dies das rechte oder

linke, höhere oder tiefere Doppelbild sei. Damit ist aber die
Zugehörigkeit des einen und des andern Doppelbildes zu diesem
oder jenem Auge über allen Zweifel gestellt.

Nun droht noch eine weitere arge Täuschung. Es geschieht
nämlich gar nicht selten, dass der Kranke, dessen ganze Aufmerksamkeit auf das Trugbild des abgelenkten Auges gerichtet ist,
diesem letzteren die bewusste senkrechte Stellung des
Objectstriches beimisst und folgerecht die ganze Ablenkung auf das Bild des richtig fixirenden Auges überträgt,
dem letzteren also eine Stellung und Lage im Raume andichtet, welche
jener des fälschlich vertical gedachten Trugbildes in Allem und
Jedem gerade entgegengesetzt ist. Man kömmt so in Gefahr,
das gesunde Auge für das kranke zu halten und sich in einen
ganzen Rattenkönig von Widersprüchen zu verwickeln. Es ist
darum in zweifelhaften Fällen dringend nothwendig, jedes der
beiden Doppelbilder für sich allein unter Deckung des einen
Auges wiederholt auf seine Stellung und Lage im Raume zu
prüfen, zwischendurch aber immer wieder beide Augen zu öffnen
und die Bilder mit einander nach Stellung und Lage zu vergleichen. Schliesslich wird ein einigermassen intelligenter Kranker
wohl immer zu einem richtigen Urtheile gelangen und jedwede
Täuschung ausschliessen lassen.

Ist völlig sichergestellt, welches Auge das abgelenkte sei,
welches der beiden Doppelbilder ihm zugehöre und welches die
Stellung und Lage desselben in Bezug auf das Bild des fixirenden
gesunden Auges sei, so unterliegt es keiner Schwierigkeit mehr,
herauszubringen, welcher oder welche Muskeln in ihrer
Function beeinträchtigt erscheinen, und sogar das Missverhältniss zwischen der Innervation und dem mechanischen
Effecte der halbgelähmten Muskeln in Zahlen auszudrücken.

Erste und unerlässliche Bedingung hierzu ist, dass man sich
die Verhältnisse nicht selber verwickele, sondern den beiden Augen
während der Untersuchung eine Stellung anweise, in welcher die
bewegenden Muskeln derselben annähernd gleichmässig innervirt

erscheinen, in welcher jeder einzelne Muskel im Momente verstärkter Innervation den Bulbus blos um Eine auf seine Verlaufsrichtung senkrechte Axe dreht, und in welcher die steuernde Wirkung der einzelnen Muskeln als elastischer gespannter Bänder Null wird. Es ist dies die sogenannte Primärstellung der Augen, eine Stellung, welche die beiden Bulbi auch in tiefem Schlafe, in tiefer Narkose, sowie im Tode einnehmen, nämlich: Parallelismus beider Sehaxen mit der Medianlinie bei wagrechter Blickebene und senkrechter Körperaxe (beziehungsweise senkrecht gestellter verticaler Kopfaxe).

Man darf nämlich nicht vergessen, dass beim Verlassen der Primärstellung von Seite der Augäpfel die Ansatzlinie einzelner Muskeln zu deren Verlaufsrichtung schief gestellt wird, die diese Muskeln zusammensetzenden Faserbündel also sehr ungleich gespannt werden und so schon vermöge ihrer Elasticität Drehungen des Bulbus anstreben, welche dem Muskel sonst ganz fremd sind.

Beispiele sollen dies erläutern. Bei jeder wagrechten Seitenblickrichtung wird die Ansatzlinie des oberen und des unteren Geraden, und wohl auch der beiden Schiefen, in einen spitzen Winkel zur Axe ihrer Muskelbäuche gebracht. Wären nun die seitlichen abgespannten Gegner der activen Seitenmuskeln völlig gelähmt oder ausser Zusammenhang mit dem Augapfel gebracht, so würde dennoch die ungleiche elastische Spannung der Muskelbündel in den Hebern und Senkern und noch mehr deren willkürliche Innervation die optischen Axen in die Primärstellung zurückzudrehen vermögen. Bei vollständiger Paralyse des äusseren Geraden hat man oft Gelegenheit, dieses Verhältniss zu beobachten. Immer nämlich vermögen die Kranken, den Augapfel der gelähmten Seite in die der Medianebene parallele Richtung zu bringen, nicht aber darüber hinauszudrehen. Ebenso können die seitlichen Geraden Drehungen um eine wagrechte Axe vermitteln, wenn die Blickrichtung eine gehobene oder gesenkte ist.

Nicht minder verwirren einigermassen beträchtliche Convergenzstellungen der Augen die Verhältnisse, insoferne jene nur durch complicirte Innervationen ganzer Muskelgruppen anbringbar sind, insbesondere Raddrehungen in sich schliessen und so eine Verschiebung der Drehungsfactoren bedingen.

Der Nichtbeachtung dieser Verhältnisse ist es wohl zum grossen Theile zuzuschreiben, dass die Schemen, welche man für die gegen-

seitige Lage und Stellung der Doppelbilder bei Augenmuskellähmungen entworfen und zumeist an Ophthalmotropen
ausstudirt hat, an welchen die Muskeln durch dünne Schnüre
vertreten, die Ansatzlinien also in Ansatzpunkte zusammen-
geschrumpft sind, mit der Wirklichkeit nicht recht stimmen wollen
und in der Praxis längst als unverlässlich erkannt wurden.

Es ist aber nicht blos die Steuerkraft der nicht direct innervirten
Muskeln, welche die Lage und Stellung der Doppelbilder bei secundären und tertiären Augendrehungen beeinflusst, wenn ein oder
mehrere dieser Muskeln an Leistungsfähigkeit verloren haben; es
wirkt dabei noch ein anderer hochwichtiger Umstand mit, nämlich die
ausserordentliche Wandelbarkeit der Grösse und äusseren
Gestaltung des passiv bewegten Augapfels selber. Der
damit gesetzte Wechsel der beim Drehungsacte massgebenden
Constanten muss nothwendig individuelle Verschiedenheiten
in den Bewegungscurven der einzelnen Augen bedingen,
welche sich umsomehr von der schematischen Norm entfernen, je
abweichender der Bulbus geformt ist und je excursivere und compli-
cirtere Drehungen desselben innervirt werden. Man kann wohl
sagen, dass die Bewegungen des einen Augenpaares jener eines
andern niemals im mathematischen Sinne congruent sind, so wenig
wie die Bewegungen unvollkommen runder Billardballen bei gleichem
Abstosse. Unter normalen Verhältnissen wird durch regulirende
Muskelcontractionen verschieden gestalteten Augen schliesslich wohl
eine gleiche Lage und Stellung gegeben werden können, nur der
Weg dahin wird ein etwas abweichender sein; wo aber einzelne
Muskeln den der Innervation entsprechenden mechanischen Effect auf-
zubringen unfähig sind, da wird auch die Verschiedenheit der bei der
Bewegung massgebenden Factoren zum Ausdrucke kommen.

Die Primärstellung der Augen schliesst alle diese
Fehlerquellen aus. Um sie einzuleiten und für einige Zeit sicher
festzuhalten, wäre es nothwendig:

1. das Object, d. i. den Kreidestrich auf einer Schultafel, so
anzubringen, dass der Kranke bei aufrechter Stellung und namentlich

bei senkrecht erhaltener verticaler Kopfaxe die markirte Mitte genau in der Höhe der beiden Augen und in der Verlängerung der Medianlinie vor sich habe;

2. dass der Kranke, um Convergenzstellungen zu meiden, wenigstens 4 Meter entfernt stehe und, um Seitenblickrichtungen hintanzuhalten, die Gesichtsfläche der Tafelebene parallel zuwende.

Will man ganz sicher vorgehen und falsche Stellungen des Kopfes sowie der Augen ausschliessen, so wird man kaum des von mir angegebenen diademähnlichen Controlapparates [1]) entbehren können.

Leider machen sich bei so grossem Objectsabstande, wie ihn die reine Primärstellung der Augen verlangt, einige Nebenumstände in sehr missliebiger Weise geltend. Nicht selten geschieht es, dass das dem abgelenkten Auge zugehörige Bild nicht mehr mit genügender Deutlichkeit wahrgenommen wird, um in Bezug auf seine Lage und Stellung richtig beurtheilt werden zu können; mitunter vermisst es der Kranke wohl auch gänzlich. Bei halbwegs stärker entwickelten Paresen ist übrigens unter Voraussetzung eines grossen Objectsabstandes die gegenseitige Entfernung der beiden Doppelbilder häufig eine so grosse, dass das dem abgelenkten Auge zugehörige Trugbild ausserhalb der Tafel zu stehen kömmt und übersehen wird oder, falls dies nicht wäre, bezüglich seiner Lage und Stellung zum Bilde des fixirenden Auges nur mit grosser Schwierigkeit vollkommen verlässlich vom Kranken erfasst und mittelst Zeichnung auf der Tafel wiedergegeben werden kann.

In Anbetracht dessen erscheint es vom praktischen Standpunkte aus vortheilhafter, die reine Primärstellung der Augen zu Gunsten einer kleinen Convergenz aufzugeben und den Objectsabstand auf 1—1·5 Meter zu beschränken. Der damit eingeführte Fehler ist so gering, dass er füglich übersehen werden kann, so lange es sich eben um rein diagnostische Zwecke handelt.

[1]) Stellwag, Lehrbuch, 1870, S. 878.

Wollte man den Grad der Lähmung eines oder mehrerer Muskeln
durch die Differenz der aufgewendeten Innervation und des mechanischen Effectes in Zahlen genau ausdrücken, so bliebe allerdings
nichts übrig, als zur reinen Primärstellung zurückzukehren und unter
Zuhilfenahme des oben erwähnten Hering'schen und meines Controlapparates[1]) die gegenseitige Lage und Stellung der Doppelbilder
zu messen. Man wird dann bei scharfsichtigen und intelligenten
Kranken genügend verlässliche Werthe ermitteln können, um daraus
die Ablenkungswinkel mit einiger Sicherheit zu berechnen.

——————— ——

Sind alle Bedingungen erfüllt, so giebt die Lage und
Stellung des falschen, von der wirklichen Lage und
Stellung des Objectes abweichenden Doppelbildes genau
die Zugsrichtung des oder der paretischen Muskeln an;
es erscheint in ihr genau die Bahn verzeichnet, in welcher der
oder die gelähmten Muskeln das betreffende Auge im ersten Momente ihrer Innervation aus der Primärstellung herausdrehen würden.
Damit ist aber auch das Gebiet der Lähmung, so weit es die augenbewegenden Muskeln betrifft, bestimmt.

Um innerhalb dieser Grenzen die Diagnose zu stellen, bedarf
es also blos einer genauen Definition der Abweichung des falschen
von dem wahren Bilde, die weiteren Schlüsse ergeben sich aus
den anatomischen Verhältnissen der Augenmuskulatur.

Es fände sich in einem Falle (Fig. 8) das falsche Bild dem
rechten Auge zugehörig, nach rechts von dem senkrechten
wahren Bilde und etwas tiefer gelegen, dabei aber mit dem
oberen Ende stark nach links geneigt. Entsprechend der
angegebenen Regel muss der gelähmte Muskel dem rechten Auge
zugehören, ein schwacher Auswärtswender, ein Senker und

———

[1]) Stellwag, Lehrbuch, 1870, S. 878.

ein starker Raddreher, insonderheit ein das obere Ende der verticalen Trennungslinie der Netzhaut nach einwärts neigender Muskel sein. Es ist, kurz gesagt, der obere schiefe Muskel des rechten Auges gelähmt.

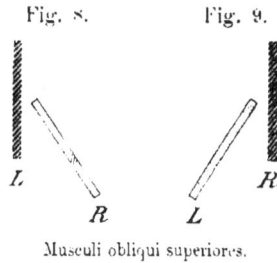

Fig. 8.   Fig. 9.

Musculi obliqui superiores.

Gehört im zweiten Falle (Fig. 9) das senkrechte wahre Bild dem rechten, das nach links unten abweichende und mit dem oberen Ende stark nach rechts geneigte Bild dem linken Auge, so handelt es sich, nach der gleichen Regel zu schliessen, um eine Paresis des linken oberen Schiefen.

Wäre in einem dritten Falle (Fig. 10) das falsche Bild dem rechten Auge eigen, wiche es nach rechts und oben von dem wahren ab und wäre es mit dem unteren Ende stark nach links gegen das wahre geneigt, so muss man schliessen, der ge-

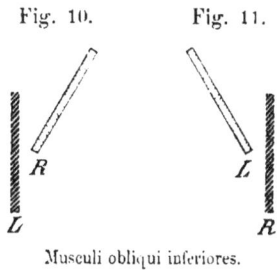

Fig. 10.   Fig. 11.

Musculi obliqui inferiores.

lähmte Muskel sei ein schwacher Auswärtswender, ein Heber und ein starker Raddreher, welcher das obere Ende der verticalen Trennungslinie der Netzhaut nach auswärts neigt; es ist der rechte untere Schiefe gelähmt.

Im Falle, als (Fig. 11) das falsche Bild dem linken Auge zugehört, nach links und nach oben abweicht und mit dem wahren senkrechten Bilde stark nach oben divergirt, so hat man eine Paresis des linken unteren Schiefen vor sich.

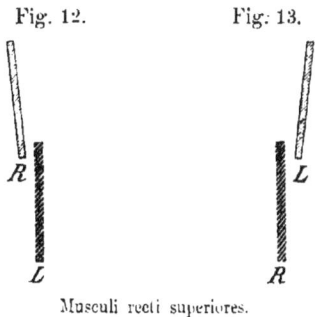

Fig. 12.   Fig. 13.

Musculi recti superiores.

Weicht (Fig. 12) das falsche dem rechten Auge angehörige Bild stark nach oben und ein klein wenig nach links von dem wahren senkrechten Doppelbilde ab und zeigt es Links-

neigung des oberen Endes, so kann der gelähmte Muskel nur
ein rechtsseitiger kräftiger Heber sein, welcher nebenbei
eine schwache Einwärtswendung und eine geringe Neigung
des oberen Endes der senkrechten retinalen Trennungslinie nach
innen vermittelt: es ist der obere Gerade des rechten Auges
gelähmt.

Fig. 13 führt die gleichen Verhältnisse des linksseitigen
oberen Geraden vor Augen.

Zeigt (Fig. 14) das dem rechten Auge angehörige falsche
Bild eine starke Abweichung nach unten und liegt es knapp an
der linken Seite des dem fixirenden linken Auge zugehörigen

Fig. 14.   Fig. 15.

Musculi recti inferiores.

senkrechten Bildes, mit dem oberen
Ende leicht nach rechts geneigt,
so kann die Parese nur einen starken Senker betreffen, welcher zugleich eine geringe Einwärtswendung und ferner eine schwache
Auswärtsdrehung des oberen
Endes der verticalen Trennungslinie
der Netzhaut zu seinen Functionen

zählt: man hat es mit einer Lähmung des rechten unteren
Geraden zu thun.

Bei einer Lähmung des linken unteren Geraden steht
(Fig. 15) das falsche Bild tiefer, zur Rechten des verticalen
wahren Bildes und mit dem oberen Ende leicht nach links geneigt (convergirend).

Lassen die beiden Doppelbilder blos eine horizontale
Seitenabweichung erkennen und fehlt jedweder verticaler Höhen-
unterschied sowie jede Neigung, so kann die Diagnose unbedingt
nur auf Lähmung eines seitlichen Geraden des einen oder
anderen Auges gestellt werden.

Ist (Fig. 16) das rechte, nahe der Meridianebene gelegene Bild
das wahre und dem rechten Auge zugehörig, das linke in wagrechter Richtung stark abweichende Bild dem linken Auge eigen,

so kann der gelähmte Muskel nur ein starker und reiner Links-
wender des linken Auges, der Rectus externus sinister sein.

Eine starke Ablenkung des dem linken Auge zugehörigen
falschen Bildes nach rechts und in horizontaler Richtung (Fig. 17)

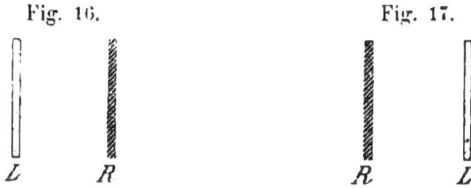

Fig. 16.   Fig. 17.

Musculi recti laterales oculi sinistri.

setzt einen starken Rechtswender des linken Auges voraus, begründet also die Diagnose auf Lähmung des linken inneren Geraden.

Fig. 18.   Fig. 19.

Musculi recti laterales oculi dextri.

Ist das dem linken Auge zugehörige Bild das wahre, so
wird die starke horizontale Abweichung des falschen Bildes nach
rechts (Fig. 18) die Paresis des rechten äusseren Geraden,
die wagrechte Ablenkung nach links (Fig. 19) die Lähmung des
rechten inneren Geraden offenbaren.

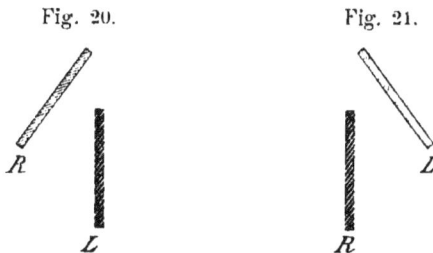

Fig. 20.   Fig. 21.

Paralysis nervi tertii.

Die vollständige Lähmung sämmtlicher vom dritten
Gehirnnervenpaare innervirter Bewegungsmuskeln des

Auges äussert sich durch gekreuzte Doppelbilder, das falsche
Bild weicht stark in horizontaler Richtung gegen das gesunde
Auge ab, steht höher als das wahre Bild und ist mit dem oberen
Ende gegen das letztere geneigt (convergent). Fig. 20 giebt
die gegenseitige Lage und Stellung der Doppelbilder für das rechte,
Fig. 21 für das linke Auge. Auch hierin spricht sich wieder die
Giltigkeit der angeführten Regel aus. Die starke horizontale
Abweichung des falschen Bildes manifestirt eine vorwiegende Einwärtswendung der betreffenden Muskeln; die verticale Abweichung spiegelt die Wirkung von Hebern wider und die auffällige Neigung des falschen Bildes setzt die Erkrankung eines
kräftigen Raddrehers voraus. In der That concurriren bei der
Einwärtswendung der innere Gerade und in geringem Maasse
der Rectus superior und inferior. Bei der Hebung kömmt der
untere Schiefe in Betracht, während die verticale Wirkung
des Rectus superior und inferior sich gegenseitig aufheben. Die
Neigung des falschen Bildes nach aussen ist aber in der rad-
drehenden Function des unteren Schiefen vorgezeichnet.

Es ist dieser diagnostische Schlüssel eigentlich nichts Anderes,
als die Anwendung der Hering'schen Projectionsgesetze [1] auf Augen,
deren Freibeweglichkeit durch Lähmung einzelner Muskeln oder
Muskelgruppen beeinträchtigt ist. Es ist hier nicht der Ort, auf
die physiologische Begründung dieser Gesetze einzugehen. Ich beschränke mich deshalb darauf, die praktische Brauchbarkeit
und Verlässlichkeit des fraglichen Schlüssels durch einige
klinische Beobachtungen zu erläutern.

Die Lähmung eines oberen schiefen Augenmuskels
kommt, wenn auch nicht häufig, doch oft genug vor, so dass sich
jeder einigermassen beschäftigte Augenarzt von der Richtigkeit
des Gesagten bald überzeugen kann. Ich halte es daher für überflüssig, Einzelnfälle vorzuführen.

[1] Stellwag. Lehrbuch. 1870. S. 871 u. f.

Dagegen ist die isolirte Lähmung eines unteren Schiefen eine sehr grosse Seltenheit. Ich finde in meinen Aufzeichnungen nur einen einzigen Fall, den linksseitigen Obliquus inferior betreffend.

Es war hier die auf den unteren Schiefen beschränkte Paresis plötzlich nach starkem Aetzen der Bindehaut wegen hochgradigen Trachoms aufgetreten und bestand, als der Kranke auf der Klinik sich vorstellte, bereits seit mehreren Jahren. Derselbe beschwerte sich ganz ausserordentlich darüber, dass bei alleiniger Benützung des linken Auges alle senkrechten Contouren mit dem oberen Ende stark nach links geneigt erscheinen und beim binoculären Sehen alle Gegenstände mit vorwaltenden verticalen Umrissen, z. B. ein Thurm, die Eckenkante eines Hauses, ja die Menschen wie gekniet aussähen, indem das obere Ende eine starke Neigung nach aussen, d. i. links, zeigte und die Mitte sich in einen nach aussen links offenen Winkel gebogen darstellte. Es spiegelt sich in diesen Angaben ganz deutlich das Bild der Fig. 11. Ganz scharfe und genaue Erhebungen über die gegenseitige Stellung und Lage der Doppelbilder waren in diesem Falle nicht möglich, da die Verstandeskräfte des 58 Jahre alten Pfründners Ch. M. nicht besonders entwickelt waren und ausserdem Herabsetzung der Sehschärfe durch Hornhautflecken und durch vorausgegangene exsudative Netzhautentzündung beider Augen feinere Unterscheidungen verhinderten.

Ein zweiter Fall, wo rechterseits der untere schiefe Augenmuskel seine Einwirkung auf das Auge dadurch verloren hatte, dass eine Kugel die innere untere Partie des Orbitalrandes und die Nasenwurzel durchschossen hatte, kann hier, wo von Lähmungen die Rede ist, füglich nicht erörtert werden, ist übrigens auch in der Erinnerung des Verfassers zu sehr abgeblasst, um massgebend sein zu können.

Einzelnlähmungen der oberen und unteren geraden Augenmuskeln sind ebenfalls nur sehr ausnahmsweise zu beobachten und werden dann gerne verkannt.

Als Beispiel einer Lähmung des linken unteren Geraden soll nachstehender Fall dienen. J. M., Dreehsler, 26 Jahre alt, leidet seit mehreren Monaten an Doppeltsehen, welches besonders bei gesenktem Blicke lästig wird und die Arbeit erschwert. Wird das rechte Auge in die Primärstellung gebracht, so steht das linke mit dem unteren Cornealrande etwa 2 Mm. höher ohne alle merkbare Seitenabweichung. Dabei fällt auf, dass der linke Bulbus etwas mehr hervortritt. In Folge des vermehrten Widerstandes, welcher damit der oberen Orbicularishälfte erwächst, klafft die linke Lidspalte mehr als die rechte. Der linke Bulbus führt alle Bewegungen scheinbar regelrecht durch, mit Ausnahme der Blicksenkung, bei welcher er hinter

dem rechten Bulbus zurückbleibt, indem er die verlängert gedachte Sehaxe
nur wenig unter die Wagrechte zu neigen vermag. Wird die Sehaxe aus
einer verticalen Erhebung in die horizontale nach abwärts bewegt, so geschieht
dies nicht in einer geraden Linie, sondern in einem scharfen mit der Conca-
vität nach aussen gekehrten Bogen. Die Stellung und Lage der Doppelbilder bei innervirter Primärstellung ist die in Fig. 15 angegebene. Das
dem linken Auge zugehörige Doppelbild steht zur Rechten des andern,
bedeutend tiefer und mit dem oberen Ende wenig gegen das Doppelbild
des fixirenden Auges geneigt (convergent). Eine pathognomonische Stellung der Gesichtsfläche ist nicht bemerkbar.

In einem andern Falle bestand eine isolirte Lähmung des linken
oberen Geraden. Er betraf einen dem Beamtenstande angehörigen 46jäh-
rigen Mann, welcher bei gehobener Blickebene ganz ausserordentlich von
Doppelbildern belästigt wurde und sich dadurch sehr beängstigt fühlte. Bei
der Primärstellung war eine Ablenkung des einen oder andern Auges mit
Sicherheit nicht nachzuweisen. Ebensowenig konnte bei der Primärstellung,
bei den verschiedenen Seitenblickrichtungen und bei einer Senkung der Blickebene eine Spaltung des Objectivbildes ermittelt werden, der Kranke gab
stets Einfachsehen an. Wurde die Blickebene aber gehoben, was durch
Neigung des Kopfes bewerkstelligt wurde, um die Blickebene senkrecht zur
Fläche der Schultafel zu erhalten, so zeigte sich das dem rechten Auge
zugehörige Doppelbild an der linken Seite des dem linken Auge eigenthümlichen senkrechten Doppelbildes bedeutend tiefer stehend und mit

Fig. 22.

dem oberen Ende divergirend (Fig. 22). Man musste also vermuthen, dass es sich um einen Senker der rechten Seite handle.
Dies widersprach aber dem alleinigen Hervortreten der Doppelbilder bei gehobener Blickebene. Anderseits konnte es weder der
rechte untere Gerade noch der obere Schiefe sein. Ersterer
vermittelt nämlich allerdings eine sehr geringe Einwärtswendung,
neigt aber die senkrechte Trennungslinie der Netzhaut mit dem
oberen Ende nach aussen, die Doppelbilder müssten nach oben hin
convergiren. Der obere Schiefe aber ist ein Auswärtswender
und bedingt gleichseitige Doppelbilder. Nach wiederholten Versuchen endlich stellte sich heraus, dass der Kranke sich über die Lage des
dem rechten Auge zugehörigen Doppelbildes täusche, dass dieses das senkrechte sei und dass das Doppelbild des linken Auges mit sehr kleiner
Seitenabweichung gekreuzt, bedeutend höher stehend und mit dem oberen
Ende nach links geneigt also divergent wahrgenommen werde, dass es
sich also in der That nur um den linken oberen Geraden handeln könne.
Das Einfachsehen bei innervirter Primärstellung erklärt sich daraus,
dass der Kranke die nahe aneinander stehenden Doppelbilder nicht zu trennen
vermochte und die geringe Neigung des oberen Endes an dem durch Ver-

schmelzung der beiden Doppelbilder entstandenen verlängerten einfachen
Bilde nicht erkannte.

Lähmungen der äusseren geraden Augenmuskeln
gehören zu den gewöhnlicheren Vorkommnissen auf oculistischem
Gebiete. Einzelnfälle dieser Art vorzuführen, erscheint vollkommen
überflüssig.

Isolirte Lähmungen der inneren Geraden offenbaren sich
nur höchst ausnahmsweise als absolute Paralysen oder Paresen, sie
sind fast immer blos relative Halb- oder Ganzlähmungen, sogenannte
Coordinationsstörungen, welche als Insufficientia musculi
interni, in den höher entwickelten Fällen aber als Strabismus
externus oder divergens, in den Lehrbüchern geführt werden.
Sie äussern sich bei völliger Freiheit der Blickrichtung durch
absoluten Mangel jeder Convergenzbewegung (ständiges Aussenschielen) oder durch mehr weniger auffällige Beschränkung der
Convergenzfähigkeit (periodisches Aussenschielen, Insufficienz des
inneren Geraden), sind also in der Bedeutung von Ganz- oder
Halblähmungen der Convergenz aufzufassen, bei welchen das
abgelenkte Auge desorientirt ist und dementsprechend beim
binocularen Sehacte die rein seitliche Abweichung des gekreuzten
Doppelbildes deutlich zum Ausdrucke bringt. [1]) Dadurch tritt das
divergente Schielen nicht sowohl in Gegensatz, als vielmehr
ausser alle nosologische Verbindung mit dem convergenten
Schielen.

---

[1]) Stellwag, Lehrbuch, 1870, S. 921, 926.

Druck von Adolf Holzhausen,
k. k. Hof- und Universitäts-Buchdrucker in Wien.

9 783743 357310